普通高等教育"十一五"国家级规划教材
国家林业局普通高等教育"十三五"规划教材

景观生态学

（第2版）

郭晋平　主编

中国林业出版社

内 容 介 绍

景观生态学是以景观为研究对象,重点研究景观的结构、功能和变化,以及景观的科学规划和有效管理的一门宏观生态学科。景观生态学的核心内容包括景观结构、景观功能、景观动态和景观规划与管理等4个大的方面。围绕这四大核心内容,本教材在吸收最新成果的基础上构建了完整的课程内容体系,力求做到系统性和实用性相结合,既具有科学严密性,又深入浅出,完整地、全面地介绍了景观生态学的核心思想、概念框架、理论体系、方法论特点和应用领域,专设一章介绍景观生态学数量化研究方法,包括景观生态学研究中的基本数据类型,如何应用地理信息系统技术进行空间数据收集、整理和分析,景观空间格局相关指标的分析和应用,建立空间数据库和空间分析模型的方法和技术。

本教材既可作为高等院校生态学、地理学、林学、园林及城市规划设计、水土保持、环境科学、资源和土地开发利用等相关专业的教材,也可作为相关业务部门管理人员、工程技术人员、研究人员和其他关注生态环境建设人士阅读的参考书。

图书在版编目(CIP)数据

景观生态学/郭晋平主编. —2版. —北京:中国林业出版社,2016.8(2024.8重印)
国家林业局普通高等教育"十三五"规划教材
ISBN 978 – 7 – 5038 – 8701 – 7

Ⅰ.①景… Ⅱ.①郭… Ⅲ.①景观学—生态学—高等学校—教材 Ⅳ.①Q149

中国版本图书馆 CIP 数据核字(2016)第 217271 号

审图号:GS京(2022)1177号

中国林业出版社教育出版分社

策划编辑:	肖基浒 吴 卉	责任编辑:	肖基浒
电 话:	(010)83143555	传 真:	(010)83143561

出版发行 中国林业出版社(100009 北京市西城区刘海胡同7号)
 E-mail:jiaocaipublic@163.com 电话:(010)83143500
 https:www.cfph.net
经　销　新华书店
印　刷　三河市祥达印刷包装有限公司
版　次　2007年1月第1版
　　　　 2016年8月第2版
印　次　2024年8月第8次印刷
开　本　850mm×1168mm 1/16
印　张　25
字　数　599千字
定　价　68.00元

未经许可,不得以任何方式复制或抄袭本书之部分或全部内容。

版权所有　侵权必究

《景观生态学》（第2版）编写人员

主　　编：郭晋平
副 主 编：周志翔　张芸香　颜　安　杨三红
编写人员：（按姓氏笔画排序）
　　　　　牛树奎（北京林业大学）
　　　　　方　晰（中南林业科技大学）
　　　　　冯茂松（四川农业大学）
　　　　　李传荣（山东农业大学）
　　　　　李素新（山西农业大学）
　　　　　张芸香（山西农业大学）
　　　　　杨三红（山西农业大学）
　　　　　周志翔（华中农业大学）
　　　　　屈　宇（河北农业大学）
　　　　　郭晋平（山西农业大学）
　　　　　谢正生（华南农业大学）
　　　　　葛之葳（南京林业大学）
　　　　　颜　安（新疆农业大学）

《⋯态学》(第1版)
⋯写人员

⋯平　周志翔
⋯：(按姓氏笔画排序)
　　牛树奎（北京林业大学）
　　张芸香（山西农业大学）
　　张和平（中南林业科技大学）
　　李明阳（南京林业大学）
　　李贤伟（四川农业大学）
　　周志翔（华中农业大学）
　　胡振华（山西农业大学）
　　郭晋平（山西农业大学）
　　谢正生（华南农业大学）

前 言
（第2版）

本教材是普通高等教育"十一五"国家级规划教材的修订版，该教材第1版自2007年由中国林业出版社出版以来，在全国高等农林院校广泛使用，先后印刷10次，对高等院校的景观生态学教学和景观生态学知识的普及发挥了重要作用，同时也收到广大教师、同行和读者的不少反馈意见。随着景观生态学应用领域不断拓展，应用案例迅速增加，新的理论和方法不断完善。党的二十大以来，国家教材委员会发布了《习近平新时代中国特色社会主义思想进课程教材指南》，对各类教材的编写工作和修订工作起到了重要的指导作用，以习近平新时代中国特色社会主义思想为指引，努力建设适应新时代要求、体现中国特色的高水平原创性教材。在此背景下，我们在修订过程中用扎实的理论、通俗的案例、祥实的数据将坚持"人与自然和谐共生"的科学自然观，"绿水青山就是金山银山"的绿色发展观，"良好生态环境是最普惠的民生福祉"的生态民生观，"山水林田湖草是生命共同体"的整体系统观，"用最严格制度保护生态环境"的严密法治观，"共谋全球生态文明建设之路"的全球共赢观等习近平生态文明思想融入教材，使学生认识到习近平生态文明思想为建设美丽中国、实现中华民族永续发展提供了根本遵循和保障，对于促进全球生态治理具有重要意义。

本次修订在维持教材原有基本结构体系相对稳定的基础上，与时俱进，推陈出新，将最新研究成果和发展动向纳入教材中，汲取了同行和广大读者提出的建议和意见，对第一版的结构体系做了适当调整，对部分内容进行了增减。主要变动有：将第1版的9章调整到第2版的12章，其中，第1版的第4章景观结构和景观异质性拆分为第2版第4章景观结构和第5章景观异质性与景观格局，其结构和内容相应做了调整和增减；第1版的第5章到第8章顺序调整为第2版第6章到第9章，部分章节增加了案例解析；第1版的第9章调整到第2版的第12章，并增加了常用景观分析软件Fragstats的介绍；增加了第10章典型景观生态规划和第11章景观生态学与全球变化。本次修订使得教材的逻辑结构更加系统和完整，内容更加充实。

本教材由郭晋平任主编，周志翔、张芸香、颜安、杨三红任副主编。具体分工是：第1章由郭晋平、颜安编写；第2章由张芸香编写；第3章由冯茂松编写；第4章由方晰编写；第5章由杨三红编写；第6章由周志翔编写；第7章由牛树奎编写；第8章由谢正生编写；第9章由李传荣编写；第10章由葛之葳编写；第11章由屈宇编写；第12章由李素新编写。最后由郭晋平负责统稿。第1版编委会成员胡振华教授、李贤伟教授、张和平教授和李明阳教授等，因不再承担课程教学任务或到龄退休等原因，分别推荐了新的编委会成员并对教材修改提出了很好的意见和建议，对他们的辛勤劳动和付出，在此表示衷心感谢。

  本次修订虽然做了较大的调整和修改，但在新成果如何整合到教材中还是遇到不少困难，尽管编委会成员查阅大量文献，付出大量心血，仍感取舍不易，肯定存在疏漏和不合理的地方，欢迎同行教师、广大读者和相关专家不断提出修改意见。

编 者

2024 年 8 月修改

前 言
（第1版）

在全球生态环境恶化，生物多样性受损，全球生命支持系统面临巨大压力和危胁的形势下，人们已经认识到人类自身活动与生物圈结构、功能和稳定性之间的必然联系，不断努力从不同尺度上揭示这些关系，分析和评价其效应和影响，建立基本原理和准则，以规范人类的行为，提高决策的科学性，实现人与自然的协调和共同发展，这是全人类面临的共同课题。景观正是研究资源、环境、人类活动协调问题的适当尺度，景观生态学的产生和发展为解决这些问题提供了一个新的思维模式和研究途径。

景观生态学是人们在宏观尺度上认识人类活动、资源环境及其相互关系的基础上形成的一门新兴学科。它以景观为研究对象，以人与自然协调发展思想为指导，研究景观格局的形成与动态，空间异质性与生态过程的相互关系，景观结构与功能及其变化过程的相互关系，探索其发生、发展的规律，特别是人类活动与景观结构、功能的反馈关系以及景观异质性的维持和管理，它将生态学中的结构与功能关系研究与地理学中人地相互作用的研究融为一体，在景观水平上使生态学研究具有整体观。景观生态学与其他生态学科相比，它更强调空间异质性、等级结构以及尺度的重要性，强调景观生态理论和研究成果在景观可持续管理中的应用。因此，景观生态学是认识和解决当今人类面临的资源、环境、生物多样性保护等重大理论和实践问题的有效途径，在资源开发利用、城市发展规划、土地利用规划和环境保护等方面都具有广阔的应用前景。

正因为该学科的独特性，景观生态学的教学越来越受到高等院校和一些科研机构的普遍重视，编写一本适合本科教学的新教材，一直是大家的共同希望。为此，本教材在吸收前人和同行研究成果的基础上，特别是吸收了徐化成先生编著的《景观生态学》教材和肖笃宁先生等编写的《景观生态学》研究生教材的成功经验，力求做到系统性和实用性相结合，既具有科学严密性，又深入浅出，既保证内容和体系的完整性，又积极吸收相关领域的最新研究成果，使学生能尽可能完整地、全面地理解和把握景观生态学的核心思想、概念框架、理论体系、方法论特点和应用领域。为便于学生学习和扩大知识面，本教材在每章都附加了本章提要、复习思考题和本章推荐阅读书目,促进学生自觉学习。

本教材各章节的编写分工是:第1章,郭晋平;第2章,胡振华;第3章,李贤伟;第4章,张和平、郭晋平;第5章,周志翔;第6章,牛树奎;第7章,李明阳;第8章,谢正生、郭晋平;第9章,张芸香。本教材由郭晋平和周志翔任主编,全书的最后统稿由郭晋平负责完成。本教材在编写过程中听取了肖笃宁先生和徐化成先生的许多宝贵意见,郑述剑老师和石晓东老师为本教材的插图清绘付出了辛勤劳动,中国林业出版社为本教材的顺利出版给予了巨大支持和帮助,在此一并致以衷心的感谢。

本教材可作为高等院校生态学、地理学、林学、园林及城市规划设计、水土保持、环境科学、资源和土地开发利用等相关专业的教材,也可作为相关业务部门的管理人员、工程技术人员、研究人员和其他关注生态环境建设人员阅读的参考书。

景观生态学是一门新兴学科,其概念框架、理论体系、方法论体系和应用领域都需要进一步完善,如何在指导景观生态规划、景观生态管理、景观生态保护和景观生态建设等方面发挥作用,还需要更多、更深入的研究和实践。由于作者水平所限,虽已竭尽全力,付出大量心血,书中仍难免有错误与疏漏之处,敬请广大读者和相关专家批评指正。

编 者

2006.4

目 录

前言(第2版)
前言(第1版)

第1章 绪 论 (1)
1.1 景 观 (1)
1.1.1 景观的概念 (2)
1.1.2 景观的基本特征 (5)
1.1.3 景观要素和景观结构成分 (6)
1.2 景观生态学 (7)
1.2.1 景观生态学的概念 (7)
1.2.2 景观生态学的特点 (8)
1.2.3 景观生态学的学科地位 (9)
1.3 景观生态学的发展历程 (11)
1.3.1 景观生态学的发展历史 (11)
1.3.2 景观生态学的主要学术流派 (16)
1.3.3 中国景观生态学的发展 (17)
1.3.4 中国景观生态学研究的特色与领域 (20)
1.4 景观生态学的发展趋势 (23)
1.4.1 景观生态学研究方向 (23)
1.4.2 景观生态学整合 (24)
1.4.3 景观生态学的研究热点和任务 (26)

第2章 景观生态学基本理论和原理 (31)
2.1 景观生态学基本理论 (31)
2.1.1 耗散结构与自组织理论 (32)
2.1.2 等级系统理论 (33)
2.1.3 空间异质性与景观格局 (35)

2.1.4 时空尺度 (36)
   2.1.5 空间镶嵌与生态交错带 (40)
   2.1.6 景观连接度与渗透理论 (41)
   2.1.7 岛屿生物地理学理论 (42)
   2.1.8 复合种群理论与源汇模型 (43)
 2.2 景观生态学的基本原理 (45)
   2.2.1 景观的系统整体性原理 (46)
   2.2.2 景观生态研究的尺度性原理 (46)
   2.2.3 景观生态流与空间再分配原理 (47)
   2.2.4 景观结构镶嵌性原理 (47)
   2.2.5 景观的文化性原理 (48)
   2.2.6 景观演化的人类主导性原理 (48)
   2.2.7 景观多重价值原理 (49)

第3章 景观形成因素 (51)
 3.1 地质地貌因素 (51)
   3.1.1 地貌营力 (51)
   3.1.2 主要岩石类型及其地貌特征 (52)
   3.1.3 中国主要地貌类型及其景观特征 (54)
 3.2 气候因素 (59)
   3.2.1 气候类型和气候分区 (59)
   3.2.2 气候与景观特征 (62)
   3.2.3 全球气候变化与景观变化 (63)
 3.3 土壤因素 (65)
   3.3.1 土壤及土壤分类 (65)
   3.3.2 土壤的地理分布规律 (66)
   3.3.3 土壤的景观意义 (70)
 3.4 植被因素 (71)
   3.4.1 植被类型 (71)
   3.4.2 植被分布 (72)
   3.4.3 中国植被分区 (74)
   3.4.4 植被对景观的作用 (76)
 3.5 干扰 (77)
   3.5.1 干扰的概念及类型 (77)
   3.5.2 干扰状况 (78)

3.5.3 干扰的景观意义 …………………………………………………… (79)

第4章 景观结构 …………………………………………………………… (82)

4.1 斑 块 …………………………………………………………………… (82)
4.1.1 斑块的定义 …………………………………………………… (82)
4.1.2 斑块的起源、类型及其主要特征 …………………………… (83)
4.1.3 斑块大小 ……………………………………………………… (85)
4.1.4 斑块形状 ……………………………………………………… (88)
4.1.5 斑块的数量结构与空间构型 ………………………………… (90)
4.1.6 斑块的尺度性和相对性 ……………………………………… (90)
4.1.7 斑块的其他生态特征 ………………………………………… (91)

4.2 廊 道 …………………………………………………………………… (92)
4.2.1 廊道的起源及其持续性 ……………………………………… (93)
4.2.2 廊道的类型 …………………………………………………… (93)
4.2.3 廊道的结构特征 ……………………………………………… (94)
4.2.4 廊道的功能 …………………………………………………… (95)
4.2.5 廊道典型类型 ………………………………………………… (97)

4.3 本 底 …………………………………………………………………… (98)
4.3.1 本底的判定标准 ……………………………………………… (98)
4.3.2 本底的结构特征 ……………………………………………… (99)

4.4 景观结构模型 ………………………………………………………… (103)
4.4.1 斑块—廊道—本底模型 ……………………………………… (103)
4.4.2 网络—结点模型 ……………………………………………… (104)
4.4.3 生态安全格局模型 …………………………………………… (107)
4.4.4 梯度格局模型 ………………………………………………… (110)
4.4.5 源—汇模型 …………………………………………………… (110)

第5章 景观异质性与景观格局 ………………………………………… (115)

5.1 景观异质性 …………………………………………………………… (115)
5.1.1 景观多样性 …………………………………………………… (115)
5.1.2 景观异质性 …………………………………………………… (117)
5.1.3 景观异质性与生物多样性 …………………………………… (121)

5.2 景观空间格局 ………………………………………………………… (125)
5.2.1 景观格局的概念和成因 ……………………………………… (125)
5.2.2 景观格局的意义 ……………………………………………… (125)

  5.2.3 景观格局的类型 ……………………………………………… (126)
  5.2.4 景观格局分析 …………………………………………………… (128)
  5.2.5 景观指数和景观分析软件 ……………………………………… (130)

第6章 景观生态流与景观功能 ……………………………………… (139)
 6.1 景观过程 …………………………………………………………… (140)
  6.1.1 景观过程的动力与运动机制 …………………………………… (140)
  6.1.2 景观生态流 ……………………………………………………… (143)
 6.2 景观要素的相互作用 ……………………………………………… (151)
  6.2.1 景观要素对流的影响 …………………………………………… (151)
  6.2.2 景观要素之间的相互作用 ……………………………………… (157)
 6.3 景观的一般功能 …………………………………………………… (163)
  6.3.1 景观的生产功能 ………………………………………………… (164)
  6.3.2 景观的生态功能 ………………………………………………… (166)
  6.3.3 景观的美学功能 ………………………………………………… (169)
  6.3.4 景观的文化功能 ………………………………………………… (173)

第7章 景观动态变化 ……………………………………………………… (177)
 7.1 景观稳定性和景观变化 …………………………………………… (177)
  7.1.1 景观稳定性概述 ………………………………………………… (178)
  7.1.2 景观变化的驱动因子及作用强度 ……………………………… (182)
  7.1.3 景观变化的一般规律和空间模式 ……………………………… (187)
 7.2 景观变化的时空尺度 ……………………………………………… (192)
  7.2.1 景观变化的尺度等级 …………………………………………… (193)
  7.2.2 景观变化的尺度依赖性 ………………………………………… (194)
  7.2.3 景观变化的尺度推绎 …………………………………………… (198)
 7.3 景观变化中人的作用 ……………………………………………… (200)
  7.3.1 自然景观中人类的干扰作用 …………………………………… (200)
  7.3.2 管理景观中人类的改造作用 …………………………………… (203)
  7.3.3 人工景观中人类的构建作用 …………………………………… (204)
 7.4 景观生态建设 ……………………………………………………… (205)
  7.4.1 景观生态建设概述 ……………………………………………… (205)
  7.4.2 农业景观生态建设 ……………………………………………… (207)
  7.4.3 城市景观生态建设 ……………………………………………… (211)

  7.4.4 干旱区景观生态建设 ……………………………………………………… (212)
  7.4.5 林业生态环境建设 ………………………………………………………… (214)

第8章　景观生态分类与评价 ……………………………………………………………… (218)

8.1　景观生态分类 ………………………………………………………………………… (218)
  8.1.1 景观生态分类的概念 ……………………………………………………… (218)
  8.1.2 景观生态分类的原则 ……………………………………………………… (219)
  8.1.3 景观生态分类的方法 ……………………………………………………… (219)
  8.1.4 景观制图 …………………………………………………………………… (224)

8.2　景观评价 ……………………………………………………………………………… (224)
  8.2.1 景观评价的概念和特点 …………………………………………………… (224)
  8.2.2 景观评价内容和方法 ……………………………………………………… (225)
  8.2.3 景观评价程序 ……………………………………………………………… (226)
  8.2.4 主要景观类型的生态评价 ………………………………………………… (227)

8.3　景观生态分类与评价实例 …………………………………………………………… (234)
  8.3.1 评价的时空范围 …………………………………………………………… (234)
  8.3.2 评价步骤 …………………………………………………………………… (234)
  8.3.3 构建评价体系 ……………………………………………………………… (236)
  8.3.4 景观保护等级划分 ………………………………………………………… (244)

第9章　景观生态规划 …………………………………………………………………… (246)

9.1　景观生态规划概述 …………………………………………………………………… (246)
  9.1.1 景观生态规划的概念 ……………………………………………………… (246)
  9.1.2 景观生态规划的原则 ……………………………………………………… (249)
  9.1.3 景观生态规划的目的和任务 ……………………………………………… (252)

9.2　景观生态规划内容和方法 …………………………………………………………… (252)
  9.2.1 景观生态规划的一般工作步骤 …………………………………………… (252)
  9.2.2 景观生态规划要点 ………………………………………………………… (255)
  9.2.3 景观生态规划方法 ………………………………………………………… (257)

9.3　国内外景观生态规划 ………………………………………………………………… (259)
  9.3.1 前捷克斯洛伐克的景观生态规划 ………………………………………… (260)
  9.3.2 德国的景观生态规划 ……………………………………………………… (263)
  9.3.3 日本的景观生态规划 ……………………………………………………… (265)
  9.3.4 美国的景观生态规划 ……………………………………………………… (266)

  9.3.5 中国的景观生态规划 ······(267)
- 9.4 景观生态规划案例 ······(268)
  - 9.4.1 泰安市东庄镇概况 ······(268)
  - 9.4.2 东庄镇景观生态适宜性和敏感性评价及分区 ······(269)
  - 9.4.3 东庄镇景观生态功能分区及规划 ······(274)

第10章 典型景观生态规划 ······(277)

- 10.1 森林景观生态规划 ······(277)
  - 10.1.1 森林景观生态规划的目的和任务 ······(277)
  - 10.1.2 河岸森林景观与流域生态安全 ······(278)
  - 10.1.3 森林公园规划 ······(279)
- 10.2 自然保护区景观生态规划 ······(284)
  - 10.2.1 自然保护区规划目标 ······(284)
  - 10.2.2 自然保护区景观生态规划 ······(285)
- 10.3 风景名胜区景观生态规划 ······(287)
  - 10.3.1 风景名胜区的分类 ······(287)
  - 10.3.2 风景名胜区发展面临的问题 ······(288)
  - 10.3.3 风景名胜区景观生态规划的原则 ······(289)
  - 10.3.4 风景名胜区景观生态规划的内容 ······(290)
- 10.4 湿地景观生态规划 ······(291)
  - 10.4.1 湿地及其景观结构与功能 ······(291)
  - 10.4.2 湿地景观面临的主要威胁 ······(292)
  - 10.4.3 湿地景观生态规划的原则 ······(293)
  - 10.4.4 湿地景观生态规划的途径和方法 ······(293)
- 10.5 乡村景观生态规划 ······(295)
  - 10.5.1 乡村景观生态规划概述 ······(295)
  - 10.5.2 乡村景观生态规划的重点 ······(297)
  - 10.5.3 典型乡村景观生态规划案例 ······(298)
- 10.6 城市绿地景观生态规划 ······(300)
  - 10.6.1 城市绿地景观的组成结构特点 ······(300)
  - 10.6.2 城市绿地景观生态规划的内容和原则 ······(301)
  - 10.6.3 城市绿地景观系统的规划目标和步骤 ······(302)
  - 10.6.4 城市绿地景观格局规划 ······(303)

第11章 景观生态学与全球变化 (305)

11.1 全球气候变化 (305)
11.1.1 全球气候变化 (305)
11.1.2 全球气候变化的成因 (306)
11.1.3 全球气候变化的后果 (306)
11.1.3 全球气候变化的图景 (307)

11.2 全球气候变化对景观的影响 (308)
11.2.1 全球气候变化对森林景观的影响 (308)
11.2.2 全球气候变化对湿地景观的影响 (313)
11.2.3 全球气候变化对城市景观的影响 (314)
11.2.4 全球气候变化对荒漠景观的影响 (315)
11.2.5 全球气候变化对农业景观的影响 (316)

11.3 景观对全球气候变化的响应 (317)
11.3.1 森林景观对全球变化的响应 (318)
11.3.2 山地景观对全球变化的响应 (320)
11.3.3 草原景观对全球变化的响应 (321)
11.3.4 城市景观对全球变化的响应 (322)
11.3.5 农业景观对全球变化的响应 (323)

11.4 景观生态学在全球变化研究中的应用 (323)
11.4.1 景观尺度上全球变化的研究 (323)
11.4.2 景观生态学在海洋资源环境中的应用 (325)
11.4.3 景观生态学在退化生态系统恢复中的理论应用 (328)
11.4.4 景观生态学在自然资源适应性管理中的应用 (331)

第12章 景观生态数量化方法 (334)

12.1 景观生态数量化研究方法概述 (334)
12.1.1 景观生态数量化研究的意义 (334)
12.1.2 景观生态数量化研究方法的分类 (335)

12.2 景观生态研究数据 (337)
12.2.1 景观生态研究的数据类型 (337)
12.2.2 景观生态研究数据的收集 (339)
12.2.3 景观要素分类 (340)
12.2.4 景观分类图的编绘 (345)
12.2.5 景观格局分析空间取样方法 (347)

12.3 景观要素斑块特征分析 (349)
12.3.1 景观要素斑块规模 (349)
12.3.2 景观要素斑块形状 (351)
12.4 景观异质性分析 (352)
12.4.1 景观斑块密度和边缘密度 (352)
12.4.2 景观多样性 (353)
12.4.3 景观镶嵌度和聚集度 (354)
12.5 景观要素空间相互关系分析 (356)
12.5.1 同质景观要素的空间关系 (356)
12.5.2 异质景观要素之间的空间关系 (356)
12.6 景观要素空间分布格局分析 (357)
12.6.1 景观要素空间分布随机性判定 (357)
12.6.2 景观要素空间分布趋势面分析 (362)
12.6.3 景观要素空间分布格局聚块样方方差分析 (363)
12.6.4 景观空间自相关分析 (364)
12.6.5 地统计分析 (365)
12.7 景观动态模拟预测模型 (366)
12.7.1 景观模型概述 (366)
12.7.2 马尔可夫模型及其应用 (368)
12.8 景观格局分析软件 Fragstats 及其应用 (372)
12.8.1 软件简介 (372)
12.8.2 软件数据格式 (373)
12.8.3 软件输出文件 (373)
12.8.4 软件指标简介 (374)
12.8.5 软件菜单及操作 (374)

参考文献 (378)

第1章 绪论

【本章提要】

景观是由一组以类似方式重复出现、相互作用的生态系统所组成的异质性陆地区域。景观生态学是以景观为对象,重点研究其结构、功能、变化及科学规划和有效管理的一门宏观生态学学科。景观生态学具有整体性和系统性、异质性和尺度性、综合性和宏观性、目的性和实践性以及注重人为活动等特点。本章介绍了景观生态学的研究内容、学科地位、主要学术流派、学科形成和发展历史、发展趋势和研究的热点问题、中国景观生态学研究特点以及面临的挑战和任务。

景观生态学是现代生态学的一个分支(Naveh and Lieberman,1994;Farina,1998),它的产生和发展得益于人们对大尺度生态环境问题的日益重视,得益于现代生态科学和地理科学的发展与融合,以及其他相关学科领域的知识积累。当代大尺度生态环境与可持续发展的问题,要求在比传统生态研究更大的时空尺度上阐明许多新的问题,包括人类活动影响在内的各种机制与过程,为土地利用和资源管理的决策提供更具可操作性的行动指南,这为景观生态学的发展提供了强大的推动力。现代遥感技术、计算机技术、地理信息技术及数学模型技术的发展,为景观生态学的发展提供了有力的技术支持。现代生态学、地理学、系统论和信息论等相关学科领域的发展,为景观生态学的发展奠定了坚实的理论基础,使景观生态学不仅成为分析、理解和把握中到大尺度生态问题的新范式,而且成为真正具有实用意义和广阔发展前景的生态学分支学科。

1.1 景观

景观是景观生态学的研究对象,是人类活动的基本场所,是许多生态过程发生和发展的载体,正确理解和科学界定景观的概念,把握景观的基本特征,是景观生态学科不断发展的基础。

1.1.1 景观的概念

由于景观生态学的多学科渊源，景观生态学研究者的专业背景多样，不同专业背景和不同地区的学者对景观生态学概念的理解也不尽相同。无论在西方文化还是中华文化中，景观都是一个色彩纷呈的名词，也是一个极其大众化的名词，一般公众、媒体和广告都将景观作为一个意义十分宽泛和模糊的名词加以应用，更容易引起人们的混淆和误解，为科学地界定和准确地理解景观概念带来了困难。

1.1.1.1 景观的美学概念

景观（landscape）一词的使用最早见于希伯来语《圣经·旧约全书》（*Book of Psalms*），用来描述耶路撒冷包括所罗门王的教堂、城堡和宫殿在内的优美风光。景观的这一视觉美学涵义与英语中的风景（scenery）一词相当（Naveh and Lieberman，1994），与汉语中的"风景""景色""景致"的涵义一致。虽然现在的景观概念已经发生了很深刻的变化，但在文学和艺术中，甚至在景观规划设计和园林工作者当中，包含这种视觉美学意义的景观概念仍然在普遍使用。

在英语中，景观一词在荷兰威廉一世时期 18 世纪初（1814—1839 年）与风景画家（landschapsschilders）一词一起从荷兰传入英国，并演变成对应的词汇（landscape painters）。直到 20 世纪 60 年代，美国景观评价仍主要从景观的视觉美学角度出发，评价景观的视觉质量或称风景质量。荷兰著名景观生态学家佐讷维尔德（Isaak S. Zonneveld）将它称作感知的景观（perception landscape）。

在汉语中，"景观"属于现代词汇，但"山水""风景""风光"等与景观具有相同或相近的意义。我国的山水画从东晋开始就已经从人物画的背景中脱胎而出，自立成门，并很快成为艺术家们的研究对象和关注的焦点。山水艺术美学理论不仅促进了风景画绘画艺术的发展，也使中国风景园林的规划、设计和建筑体现出独特的魅力，成为举世瞩目的一大流派。这里的"山水画"就是"风景画"，"山水园林"就是"风景园林"（俞孔坚，1987）。目前，大多数风景园林领域的研究人员、规划设计人员和管理人员所理解的景观主要还是这种视觉美学意义上的景观。

美学意义上的景观概念，直接从人类美学观念和身心享受出发来认识客体的特征，进行景观要素的分类、美学评价，并探索协调性的变化和维护（俞孔坚，1987）。风景旅游区、人类居住区美学设计和规划的原理和方法，至今仍然被许多人作为景观生态学的一个重要研究领域（肖笃宁，1991）。随着景观生态学研究的深入，在景观规划设计、景观保护、景观恢复和景观生态建设领域，保持和提高景观的宜人性就包含了对景观风景美学质量的要求。

因此，景观的美学概念就是从景观的外在形态特征方面对景观的认识，着重于从外部形态特征上把握地域客体的整体属性，使人类能够感知和认识，并能从中得到发展所需要的物质、能量、信息的空间实体。优美和谐的景观是人类精神娱乐的源泉，也是诗词、音乐、绘画、舞蹈等艺术领域伟大创造的源泉，是以广义艺术和美学为目的的景观建筑规划设计的对象。美学意义上的景观所具有的经济意义就是景观的娱乐和旅游价值，是景观评价的重要方面（Zonneveld，1995）。

1.1.1.2 景观的地理学概念

景观的地理学概念起源于德国。早在19世纪中叶,德国著名现代植物地理学和自然地理学的伟大先驱洪堡德(A. von Humboldt)第一次将景观(landschaft)作为一个科学概念引入地理学科,用来描述和代表"地球表面一个特定区域的总体特征",并逐渐被广泛应用于地貌学中,表示在形态、大小和成因等方面具有特殊性的一定地段或地域,反映了地理学研究中对整体上把握地理实体综合特征的客观要求。此后,阿培尔(A. Oppel)、威默尔(L. Wimmer)和施吕特尔(O. Schluter)等都对景观学的发展做出了重要贡献,把景观作为地理学研究的对象,阐明了在整体景观上发生的现象和规律,并主要强调了人类对景观的影响。20世纪20~30年代,帕萨格(S. Parsaarge)的景观学思想和景观研究成果对德国景观学的发展产生了重要影响,他认为,景观是由景观要素组成的地域复合体,并提出一个以斜坡、草地、谷底、池塘和沙丘等景观要素为基本单元的景观等级体系。该理论强调的也是地域空间实体的整体综合特征。但是,从科学发展史的角度来看,新的分支学科不断地从其母学科中分化出来仍然是学科发展的主要途径,如从古典地理学(geography)中分化出地质学(geology)、地貌学(geomorphology)、气候学(climatology)、水文学(hydrology)、土壤学(pedology, soil science)和植被科学(vegetation science)等。还原论的思想在科学思想中占主导地位,综合整体的思想在相关学科发展中的作用得不到充分发挥,在相当长的时期内,景观的概念逐渐失去其重要性。直到20世纪50年代,伴随着景观生态学的提出,景观概念才获得新生(Zonneveld, 1995)。

欧洲的地理学景观概念具有深刻的历史和环境背景方面的渊源,始终影响着欧洲景观生态学的发展。荷兰著名景观生态学家佐讷维尔德在其1995年出版的著名景观生态学著作《Land Ecology》中,把景观(landscape)看作土地(land)的同义语,把景观主要看作人类的栖息地,它包括人类、人类制成品以及决定环境的物质和精神功能的主要属性,并倾向于用土地取代景观以避免与风景相混淆(Zonneveld, 1995)。

俄罗斯地理学家道库恰耶夫也发展了景观的概念,特别是他的学生——俄罗斯、前苏联科学院院士、著名地理学家贝尔格(Л. С. ВЕРГ)。贝尔格把景观理解为不仅包括地表形态,而且包括地表其他对象和现象有规律地重复着的群聚,其中地形、气候、水、土壤、植被和动物的特征,以及一定程度上人类活动的特征,汇合为一个统一和谐的整体,典型地重复出现在地球上的一定地带范围内。这时的景观已经不是一个简单的地貌单元名词,而是包含一定组分,并且相互影响和作用的地理综合体。

对景观概念的上述理解接近于生态系统或苏卡乔夫(в. н. сукачеь)的生物地理群落概念(徐化成,1996)。但应当指出,它们之间的差别是明显的。首先,景观是一个具有明确边界的地域,而生态系统如果不特指某一具体对象时,不具有空间客体有形边界的含义。这正反映出生态系统概念强调系统组分的垂直结构及功能,而景观概念则从一开始就倾向于水平结构。其次,由于当时生态学相关研究成果和知识水平的局限性,对景观要素之间的相互作用和影响,作为整体各组分间内在联系的认识仍很不足(马克耶夫著,李世玢、陈传康等译,1965)。贝尔格早就指出,地理学家的任务应当是了解和说明作为复杂综合体的景观的构造和机制(Макееь, 1953)。但是,受当时相关学科发展水平的制约,这一观点显然未被当时的地理学家所重视,还曾被过激地指责为描述性的地质学的变种。实际上，贝尔格已经意识到地理学与生态学，特别是群落学的联系，并指出景观是比生物群落更高级的单位（组织层次），就好像是"群落之群落"。20世纪70年代中后期，苏联地理学家索恰瓦提出地理系统学说，试图用生态学的观点解决综合地理学问题（李世玢等译，1991），缩小了地理学与生态学之间的距离，他甚至借用德语中的"景观"一词提出了景观学（landschaphtology）的概念，用生态学的观点研究和理解地理现象，为苏联景观科学的发展奠定了基础。

1.1.1.3 景观的生态学概念

目前，人们逐步接受景观的生态学概念，或称之为生态学的景观。随着景观学说和生态学的发展，特别是生态学观点在景观研究中越来越受重视，一大批生态学、植物地理学、林学、动物学和水文学等学科的研究人员试图借助景观的综合特征，研究解决他们所面临的新问题。这一趋势促进了相关学科的交流与综合，为建立一个完整的景观生态学概念构架奠定了基础。

德国著名生物学和地理学家特罗尔（Carl Troll）被认为是景观生态学的创始人，他把景观定义为：将地圈、生物圈和智慧圈的人类建筑和制造物综合在一起的，供人类生存的总体空间可见实体（Naveh and Lieberman，1994）。特罗尔最初主要从事生物学研究，后来才转而从事地理学研究，并对著名生态学家坦斯利（A. G. Tansley）提出的生态系统概念情有独钟，这使他能更好地从整体和系统的角度把握地理空间实体的特征，将生态系统的思想与地理学的思想结合起来，成为建立地理学系统观和整体观的认识论基础。

荷兰景观生态学家普遍认为，景观是由生物、非生物和人类活动的相互作用产生和维持的，作为地球表面可识别的一部分，包括其外部形态与功能关系的综合体；强调人类活动在景观的形成、转化、维持等方面的作用，人类的作用既可能是积极的，也可能是消极的，对景观的影响既有文化方面，也有自然方面。景观生态学应当研究人类为获得物质利益而对景观自然属性的破坏，而景观的美学、考古学和历史学价值也应当给予充分的重视，以避免对资源的过度开发导致景观结构和功能的破坏。

美国景观生态学家福尔曼（R. T. T. Forman）和法国地理学家戈德伦（M. Godron）认为，景观是指由一组以类似方式重复出现的、相互作用的生态系统所组成的异质性陆地区域（Forman and Godron，1986），其空间尺度在数千米到数十千米范围。从这一概念中，人们可以更清楚地领会到地理学渊源和生态学思想，特别是生态系统和生态学观念的完美结合。

肖笃宁将景观定义为一个由不同土地单元镶嵌组成、具有明显视觉特征的地理实体，它处于生态系统之上、大地理区域之下的中间尺度，兼具经济、生态和文化的多重价值（肖笃宁，1997）。这一概念清楚地表述了景观具有空间异质性、地域性、可辨识性、可重复性和功能一致性的特征，又特别强调了景观的尺度性和多功能性。

2006年全国科学技术名词审定委员会公布的《生态学名词》书中，将景观一词解释为：人类尺度上、具有空间可量测性，由不同生态系统类型组成的异质性地理单元。而《地理学名词》中对于景观一词是这样解释的：反映同一自然空间、社会经济空间组成要素总体特征的集合体和空间体系，包括自然景观、经济景观和文化景观。

目前学术界基本从狭义和广义两个角度来理解景观的概念，类似于人们对生态系统的实体概念和抽象概念的理解。狭义的景观是指一般在几平方千米到数百平方千米范围内，由不同类型的生态系统以某种空间组织方式组成的异质性地理空间单元。广义的景观则没有地域空间范围的原则性限定，包括从微观到宏观不同空间尺度上，由不同类型的生态系统组成的异质性地理空间单元。显然，狭义的景观是景观生态学的主要研究对象，也是景观生态学发展的根据。而广义的景观概念强调应用景观生态学思想理解研究对象的特征和属性，进而应用景观生态学方法进行研究和管理，强调研究对象的空间异质性、尺度效应、多尺度耦合以及等级结构特征。具体空间尺度则可根据研究对象、研究方法和研究目的不同而灵活确定。在实际的景观生态研究和实践中，比较容易区分研究的主题是狭义的景观还是广义的景观。景观生态学是地理学与生物学之间的交叉学科，具体地说是地理学与生态学之间的交叉学科，它以景观为对象，通过能量流、物质流、物种流及信息流在地球表层的交换，研究景观的空间结构、内部功能、时间与空间的相互关系及时空模型的建立。景观生态学将地理学研究空间相互作用的水平方法与生态学研究功能相互作用的垂直方法结合起来，探讨空间异质性的发展和动态及其对生物和非生物过程的影响，以及空间异质性的管理。

1.1.2 景观的基本特征

科学准确地理解景观的现代概念，必须把握以下4个关键特征：

(1) 景观是一个生态学系统

景观由相互作用和相互影响的生态系统组成，这些相互作用和影响是通过组成景观的生态系统或称景观要素之间的物质、能量和信息流动实现的，进而形成整体的结构、功能、过程以及相应的动态变化规律。因此，景观具有系统整体性，具有一般系统的普遍特征，遵循一般系统论的基本规律。这些整体属性是景观要素之间相互作用和影响所产生的新属性，而不是景观要素属性的简单相加，应当进行整体与综合研究。

(2) 景观是具有一定自然和文化特征的地域空间实体

景观具有明确的空间范围和边界，这个地域空间范围由特定的自然地理条件(主要是地貌过程和生态学过程)、地域文化特征(包括土地及相关资源利用方式、生态伦理观念、生活方式等方面)以及它们之间的相互关系共同决定。景观对人类活动的影响不仅反映在经济活动中，如不同的土地利用方式，同时也反映在文化活动中，如旅游文化和建筑风格。景观的地域文化特征本身是景观整体特征的组成部分，同时也决定着景观的干扰状况(disturbance regime)。

(3) 景观是异质生态系统的镶嵌体

异质性是景观的基本属性。异质生态系统的空间构型(configuration)、空间配置(arrangement)和空间格局(pattern)是景观结构的重要表现形式，也是决定景观功能、过程及其变化的基础。

(4) 景观是人类活动和生存的基本空间

人类不可能在单一的生态系统内完成全部活动，而是在景观尺度上完成的。人类活动方式既对原有景观产生巨大的改造作用，同时也受景观的制约和影响。人类活动是构成景观的基本要素。

1.1.3 景观要素和景观结构成分

从不同角度对组成景观的生态系统进行划分和归类时，可以分别叫作景观要素和景观结构成分，此概念对研究景观结构和功能及其动态变化有重要意义。

1.1.3.1 景观要素

景观是由异质生态系统组成的陆地空间镶嵌体，这些相互作用、性质不同的生态系统称为景观要素（landscape element）。景观要素一般可根据其生态学或自然地理学性质分为不同的类型，如森林、草地、灌丛、河流、湖泊、农田、村庄和道路等。

景观是生物等级结构层次中的一个水平，但景观的实际空间尺度可以有很大的变化幅度，根据所要研究的问题确定划分景观要素的依据。对于同一个研究对象，可以将景观按不同的详细程度（分辨率）划分为不同的景观要素。可见，景观和景观要素本身的等级结构特征也很明显，两者既有本质区别，又是相对的。景观强调空间实体的整体性和异质性，而景观要素强调组成景观的空间单元的从属性和均质性。景观和景观要素都可以在不同的问题或等级尺度上处于不同的地位。例如，在一个林区景观中，包括成片的森林、高地牧场、河谷农田、湿地、河流、村庄、城镇、道路等，可以研究森林面积减少和破碎化、森林转化对流域生态过程的影响，森林与村庄、城镇和道路发展的关系等。但如果转而研究森林景观格局与森林植被类型演化和空间替代关系问题，就可以把流域内的一大片森林作为景观整体，而将每一个森林类型斑块或林分作为景观要素，研究其空间关系和演替关系等。例如，由白杆（*Picea wilsonii*）和青杆（*Picea meyeri*）组成的云杉林、华北落叶松林、山杨白桦林、油松林和辽东栎林等多种森林类型斑块依一定规律镶嵌组合而成的华北山地次生林景观。

景观生态研究中时间和空间尺度密切联系的特点是极其明显的，也是景观生态学的重要特点。无论是环境变迁、生态过程还是干扰事件，都在一定的时间和空间尺度上发生，也只有在相应的时间和空间尺度上才能辨别和研究，而且时间尺度和空间尺度是相互对应的。宏观时间尺度上的现象和过程，必定跨越较大的空间尺度，而在微观时间尺度上的事件或过程，也只能在较小的空间尺度上加以考察。因此，确定适当的时间和空间尺度或分辨率，对于景观生态学研究取得预期研究成果具有决定性意义，应当针对不同的问题建立适当的景观要素分类原则和方法。

1.1.3.2 景观结构成分

景观结构成分是生态学性质和自然地理学中性质各异，而形态特征和空间分布特征相似的景观要素，是对景观要素从空间结构的角度进行分析和考察时的重新划分。由于生态系统在景观中的空间形态特征和分布特征对它们在景观中的作用有明显影响，与其他景观要素的相互作用也有差异，划分景观结构成分可以更好地分析、研究和理解景观的结构特征以及景观要素在景观中的地位和作用。

在福尔曼提出的斑块—廊道—本底模型中（Forman 1995），将各类景观要素归结为斑块（patch）、廊道（corridor）和本底（matrix）三类成分，用来描述和分析景观的结构和景观要素的功能性特征。其中，斑块是外貌和属性与周围景观要素有明显区别的，空间可分辨的非线性景观要素。在一个林区景观中，斑块可以是一片森林、一片湿地、一个村庄或一片农田。廊道是景观中外貌和属性与周围景观要素有明显区别的，空间可分辨的带状景观要素，也可以说廊道就是带状斑块。本底是景观中分布范围最广、连接度最高、优势度最大，从而对景观结构、功能和动态变化起主要控制作用的景观要素。在网络—结点模型中，网络景观由线(廊道)和结点构成，如城市景观中的道路系统就可以用网络—结点模型加以描述和研究。在生态安全格局模型中，景观由通道、战略点和影响域等构成。在梯度格局模型中，通过对海拔梯度、海陆梯度和核心区—边缘梯度等的研究，并且与景观格局分析结合起来，探讨景观格局的梯度变化规律；在源—汇模型中，从格局和过程出发，将常规意义上的景观赋予一定的过程含义，通过分析"源""汇"景观在空间上的平衡，来探讨有利于调控生态过程的途径和方法。可见，不同的景观模型对景观结构成分的认识也不同。

1.2 景观生态学

1.2.1 景观生态学的概念

将景观学与生态学结合起来，并首次明确提出景观生态学(landscape ecology，其德文源词是 landschatsoecologie)概念的是德国地理学家特罗尔(Naveh and Lieberman，1984；Zonneveld，1995；尼夫著，林超译，1983)。特罗尔在利用航片研究东非土地利用和开发问题时形成景观生态学的概念，认为景观生态学作为一种综合整体思想的产生是"生物学和地理学的结合"，"是由于科学家在我们这个科学专门化的时代重新鼓励或者使人们更注意自然现象的综合观点的努力而产生的"(Carl Troll 著，王凤慧译，1983)，并特别强调这一思想的最重要的方面是"看待和研究景观时的方式、态度或角度(Zonneveld，1995)"。特罗尔在1968年把景观生态学定义为"对景观某一地域上生物群落与环境间的主要的、综合的、因果关系的研究，这些相互关系可以从明确的分布组合(景观镶嵌、景观组合)和各种大小不同等级的自然区划表现出来"。

荷兰国际航空调查与地球科学研究所的佐讷维尔德在1972年提出："景观生态学是景观科学的重要亚学科，它研究由不同要素彼此相互作用组成的整个实体的景观。"1981年，在荷兰举行的国际景观生态学会(IALE)第一次会议上，会议组委会主席库奈沃德提出："在时间空间中所有组成成分相互关系的研究称为景观生态学，但那些利用景观生物分布学与景观分类结合，描述图例、编制景观地图的工作，不是景观生态学。"

美国的瑞瑟(P. G. Risser)、卡尔(J. R. Karr)、福尔曼(R. T. T. Forman)等认为："景观生态学不是一门独立的学科，也不是生态学的简单分支。它是那些强调景观空间—时间模型的许多有关学科的综合交叉。"温克(A. P. Vink)认为："景观生态学(地生态学)是景观研究的一种方法，景观是维持自然生态系统和文化生态系统的；景观生态学研究生物圈、人类圈和地球表层或非生物组成之间的相互关系"。德国汉诺威技术大学景观管理和自然保护研究所的朗格(H. Langer)定义景观生态学为一个科学学科，它涉及景观有关系统的内部功能、空间组织和相互关系。

可见，不同专业的学者对景观生态学的理解和强调的重点不同，但都认为景观生态学是从不同方面对景观进行研究。然而，景观的概念在很长时间内是不明确的，虽然德国的帕萨格(S. Passarge)在1913年就提出了景观的概念，但直到1931年苏联的贝尔格才给景观下了一个稍微清晰的定义。他认为："地理景观是物体和现象的总体或组合，在这个组合中，地形、气候、水文、土壤、植被和动物界的特点，还有人的活动融合为统一的、协调的整体，典型地重复在地球一定的地带区域内"。1971年，德国的特罗尔将景观定义为"综合了地理圈、生物圈和智慧圈的人为事物的人类生活空间的总空间和可见实体"。这两个定义都将人类活动或人为事物包括在内。那么，对景观进行研究的景观生态学也必然包括人为事物。可见，景观生态学的内容相当广泛并具有很高的综合水平。

在福尔曼与戈德伦(G. R. Godron)合著的 Landscape Ecology 一书为景观生态学确定了一个更明确的概念。他们认为，景观生态学的研究对象是景观，研究重点是景观的结构、功能和变化。简言之，景观生态学是以景观为对象，研究其结构、功能及变化的生态学科(Forman and Godron, 1986)。我国景观生态学工作者较多地接受福尔曼和戈德伦对景观生态学的表述(肖笃宁等，1989；陈昌笃，1990；伍业钢等，1992；徐惠等，1993)，但显然这一概念突出了美国生态学研究注重基础理论和生态学过程研究的特点，一定程度上忽视了景观作为人类活动空间的意义和人类对景观的双重作用。徐化成在原有基础上对景观生态学的研究内容作了必要的扩展，他认为，景观生态学的研究内容不仅包括景观的结构、功能和变化，还包括景观的规划管理(徐化成，1996)。

综上所述，景观生态学是以景观为研究对象，重点研究景观的结构、功能和变化，以及景观的科学规划和有效管理的一门宏观生态学科。其研究内容包括4个方面：①景观结构，即景观组成单元的类型、多样性及其空间关系；②景观功能，即景观结构与生态学过程的拓扑作用或景观结构单元之间的拓扑作用；③景观动态，即景观在结构和功能方面随时间推移发生的变化；④景观规划与管理，即根据景观结构、功能和动态及其相互制约和影响机制，制订景观恢复、保护、建设和管理的计划和规划，确定相应的目标、措施和对策。

1.2.2 景观生态学的特点

景观生态学与其他生态学科相比，景观生态学明确强调空间异质性、等级结构和时空尺度在研究生态学格局和过程及其相互关系中的重要性，强调景观异质性的维持和发展，强调人类活动对景观和其他尺度上生态系统的影响，强调生态系统的空间结构和生态过程在多个时空尺度上的相互作用。就目前景观生态学的发展水平和研究现状来看，景观生态学的特点可以概括为以下4点。

(1) 整体性和系统性

景观生态学强调研究对象的整体特征和系统属性，避免单纯采用还原论的研究方法将景观分解为不同的组成部分，然后通过研究其组成部分的性质和特点推断整体的属性。虽然景观生态学仍然重视对景观要素或景观结构成分的基本属性和动态特点研究，但景观生态学更多地通过景观要素之间的空间关系和功能关系作为景观整体属性加以研究和分析，揭示景观整体对各种影响和控制因素的反应。

(2) 异质性和尺度性

景观的空间异质性是指景观系统的空间复杂性和变异性。空间异质性(spatial heterogeneity)是20世纪90年代以来生态学研究的一个重要理论问题。景观生态学是生态学学科群中唯一将时空分异特征作为自身研究重点的分支学科。由于景观异质性对景观稳定性、景观生产力和干扰在景观中的传播速率、方向和方式等都有显著影响，因此景观生态学对空间异质性更为重视。许多人认为，研究景观异质性的来源、维持和管理是景观生态学的一个重要方面。

尺度(scale)是研究对象的空间维度，一般用空间分辨率和空间范围来描述，表明对细节的把握能力和对整体的概括能力。尺度越小，对细节的把握能力越强，而对整体的概括能力越弱。生态学中的许多事件和过程都与特定的时间和空间尺度相联系，不同的生态学问题只能在相应的尺度上加以研究和解决，其研究结果也只能在相应的尺度上应用。由于对景观异质性和尺度效应的普遍重视，强调研究对象的空间格局、生态过程与时空尺度之间的相互作用和控制机制是景观生态学的重要特点。

(3) 综合性和宏观性

景观生态学重点研究宏观尺度问题，其重要特点和优势之一就是高度的空间综合能力。景观生态学在利用遥感技术(RS)、地理信息系统技术(GIS)、数学模型(Mathmatical Modelling)技术和空间分析技术(Spatial analysis)等高新技术研究和解决宏观综合问题方面具有明显的优势和特点，在景观水平上将资源、环境、经济和社会问题进行综合，以可持续的景观空间格局研究为中心，探讨人地关系和人类活动对景观的影响，研究可持续的、宜人的、生态安全的景观格局及其建设途径，为区域可持续发展规划提供理论和技术支持。

(4) 目的性和实践性

景观生态学的显著特点之一是具有很强的目的性和实践性。由于景观生态学中的很多问题直接来源于现实景观管理中与人类活动密切相关的实际问题，景观生态学研究成果通过景观规划途径在景观生态建设和管理实践中得到应用，其应用效果反过来成为进一步深入研究的现实基础，这种良性互动或反馈促进关系始终是景观生态学发展的源泉和动力。

1.2.3 景观生态学的学科地位

由于景观生态学的多向性和综合性，对于景观生态学的学科地位历来就有不同意见。在一门新兴学科的发展过程中，这种现象十分普遍，也很正常。

1.2.3.1 一门横断学科

景观生态学的起源和诞生之初就主要面向大尺度宏观问题，强调研究对象的整体性，强调认识论上的整体论途径和对还原论方法的批评。在还原论的思想方法仍然占据主导地位的时期，分解或分析的研究途径推动着学科不断分化。景观生态学并没有获得足够的发展空间。只有到了宏观大尺度问题不断出现，还原论的思想方法和各分支学科都无法单独解决人类面临的许多新问题的时候，景观生态学的整体综合性思想才逐渐受到人们的关注，景观生态学才获得进一步发展的机会。

由于景观生态学的产生是基于地理学和生物学(生态学)的结合(特罗尔著，王风慧译，1983），因此，许多人很自然地认为景观生态学是地理学与生态学的交叉学科，但荷兰著名景观生态学家佐讷维尔德和以色列学者纳维（Zev Naveh）认为，景观生态学并不是通常人们容易理解的"交叉学科"（inter-disciplinary science），而是一门"横断学科"（trans-disciplinary science），是在更高的水平上各相关分支学科的发展与整合（Zonneveld, 1995）。其关键在于，景观生态学的研究对象、科学思想和研究方法等不是原有学科的水平交叉，而是在更高水平或更大尺度上的整合。当然，许多人认为景观生态学是将地理学家在考察地理实体和自然现象之间的互相作用的"水平"途径与生态学家研究特定立地或生态单元（生态系统）各组成要素之间功能性相互作用的"垂直"途径相结合的结果（Naveh and Lieberman, 1994），其交叉学科的特点也非常明显，这种从不同方面对景观生态学的认识也是正确的。但必须强调，要对景观生态学学科特点有全面的理解，避免景观生态学成为概念模糊、内涵混乱、人人皆用的迷人辞藻。

从研究对象所涉及的层次、领域、问题和关系的多学科特点以及超越各单独学科范畴的特点来看，景观生态学显然是一门横断学科；而从其研究方法、途径和思路来看，将景观生态学看作一门多学科交叉学科也是合理的。

目前当然没有必要为争论景观生态学的学科地位或者它属于哪个母学科浪费太多精力，但有一点应当明确，如果不把揭示景观水平上的生态学过程和规律作为科学基础，景观生态学与20世纪50年代以前的景观学就不会有太大的差别。

1.2.3.2 景观水平上的生态学

以色列学者纳维（Zev Naveh）认为，景观生态学是现代生态学的分支，其核心问题是研究人与景观的关系，其研究目标是总体人类生态系统，它是联系植物学、动物学和人类学这些单独学科的研究对象和过程的纽带和桥梁（Naveh, 1982、1986、1987、1990; Naveh and Lieberman, 1994）。

生态学常根据研究对象的生物组织层次来划分其分支学科。如图1-1所示，不同的生物组织层次对应于不同的生态学分支学科，景观是处于生态系统之上、区域之下的一级生物组织层次。景观生态学是以景观为研究对象，研究其结构、功能、动态变化过程和规律及其有效控制和管理的科学，更简单地说就是"景观的生态学"（Naveh and Lieberman, 1984; Zonneveld, 1995）。

1.2.3.3 景观生态学与其他生态学分支的关系

景观生态学明确强调空间异质性、等级结构和尺度在研究生态学格局和过程中的重要性。空间格局及其变化如何影响各种生态过程一直是景观生态学的中心问题。景观生态学比其他生态学分支更突出空间结构和生态过程在多个尺度上的相互作用。在组织水平上，景观生态学研究所跨越的尺度较其他学科更广。景观的空间结构特征（包括空间梯度、斑块多样性、斑块格局、斑块连接度等）与生理生态过程、生物个体行为、种群动态、群落结构和动态，以及生态系统过程在不同时间、空间尺度上的关系都是景观生态学的研究范畴。

景观生态学不仅是生态学的一个新的分支，而且已逐渐成为生态学中一个新的概念构架。近年来，空间格局、过程、尺度、等级和缀块动态观点在生态学的各个领域中得到广泛应用（邬建国，2007）。

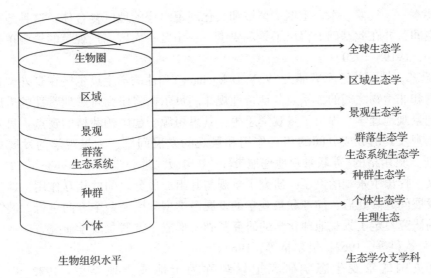

图 1-1 景观生态学学科位置示意
(引自郭晋平《森林景观生态研究》,2001)

1.3 景观生态学的发展历程

1.3.1 景观生态学的发展历史

纵观景观生态学的产生和发展,可以将景观生态学的发展历程划分为萌芽(19世纪初~20世纪30年代)、形成(20世纪40~70年代)和发展(20世纪80年代至今)3个阶段。

1.3.1.1 萌芽阶段

景观生态学发展的萌芽阶段是地理学的景观学与生物学的生态学从各自独立发展逐步走向结合的一个时期。

1806年,德国著名现代植物地理学和自然地理学的伟大先驱洪堡德(A. von Humboldt)把景观作为地理学术语,他认为景观是具有一定风光特征外表的地理区域的集合体,地理学应该研究地球上自然现象的相互关系(A. von Humboldt,1806)。1885年,德国学者阿培尔与威默尔发表了《历史景观学》一书,他们着眼于景观的全貌和事物在景观中的相互联系,并从历史发展角度加以研究,对景观学的发展做出了重要贡献。1906年,施吕特尔(O. Schluter)在慕尼黑的就职演说中,以"人的地理学的目标"为题,提出景观研究以人文研究为主,把研究对象局限在可以观察到的人文物质事物。施吕特尔注重在形态分类基础上精确描述景观,强调人类对景观的影响。20世纪二三十年代,德国的格拉德曼(E. Gradmann)和施米德(A. Schmid)继承了施吕特尔的思想,侧重研究古代文化景观和自然景观向人类居住地或文化景观的转变。同时代的德国地质学家和地理学家帕萨格的景观学思想对德国景观学发展也有很大影响,他的基本观点和方法在1919—1920年出版的《景观学基础》(三卷)和1921—1930年出版的《比较景观学》(五卷)中得以体现。帕萨格认为景观是由景观要素——气候、水、土壤、植被和文化现象组成的地区复合体,这种地区复合体称为景观空间,并在此基础上提出了景观要素——小区—大区—景观带的景观单元等级体系(Passarge,1919、1920)。

19世纪末,俄国的道库恰耶夫(V. V. Dokuchaev)和他的学生贝尔格在野外调查中发现自然界生物和非生物之间的关系及其地带性规律。贝尔格将研究自然地带性的道库恰耶夫原理扩展到景观地理学,提出了景观学思想,其思想源于德国帕萨格的观点;贝尔格的理论阐明了景观及其组成成分间的相互作用和景观的发展问题,为景观学的发展奠定了基础。1931年,贝尔格的《苏联景观地理地带》一书出版,进一步明确和补充了1913年所下的景观定义,提出了景观的例子,研究了景观与其组成成分之间的相互作用,谈到了景观的起源与发展问题。此后,前苏联景观学的发展沿类型和区域两个方向进行。波雷诺夫和彼列尔曼的研究奠定了景观地球化学的研究基础,形成了苏联景观学研究方向——景观地球化学(伊萨钦科等,1962;贝尔格等,1964)。

美国和英国的景观生态学研究把景观称为土地或土地类型。1922年,巴罗斯(H. Barrows)在美国地理学家协会发表了题为"作为人类生态学的地理学"的会长就职演说,阐述了景观应该主要研究人与地域之间的相互关系。

生物学家海克尔(E. H. P. A. Haeckel)于1866年在《有机体普通形态学》一书中首次提出生态学一词,成为生物科学的里程碑之一。他认为生物学的研究领域不只包括有机体自身,还应包括其与非生物环境的相互关系;生态学是关于自然规律约束的生命—空间相互关系的研究。生态学的发展经历了个体生态学、种群和群落生态学等,从1900年左右开始,生态学才被公认为生物学中的一个独立领域(奥德姆,1981)。1935年,坦斯利(A. G. Tansley)提出了"生态系统"概念,用来表示由生物与其相关的非生物环境中景观综合体思想的发展。他指出:"整体系统(在自然意义上)不仅包括有机综合体,也包括我们称之为生物群落环境的自然要素的统一体——广义上的栖息地要素,生态系统可以归结为地球表层的基本自然单元"。地理学的景观学和生物学的生态学从不同的角度独立平行发展,现代景观学与现代生态学各自的局限性以及发展需求的互补性使得二者逐步结合,为景观生态学的诞生奠定了基础。

1.3.1.2 形成阶段

随着景观学和生态学的发展,生态学观点在景观研究中越来越受重视。一大批生态学家、地理学家和林学家,试图借助景观概念的综合特征解决生态学研究中出现的新问题。

景观生态学一词是德国著名植物地理学家特罗尔(C. Troll)于1939年通过航空相片研究东非土地利用问题时正式提出的,他认为景观生态学的概念由两种科学观点结合而产生:一种是地理学的(景观);另一种是生物学的(生态学)。景观生态学是研究支配一个区域不同地域单元的自然——生物综合体的相互关系;景观生态学不是一门新的科学,或是科学的新分支,而是综合研究的特殊观点(Troll,1939)。此后的大多数研究都在"景观生态学"这一名称下开展。20世纪30年代末,苏卡乔夫(V. N. Sukachev)提出的生物地理群落概念对生态学与地理学的融合起了很大作用。苏卡乔夫认为生物地理群落学说是景观学的特殊分支,生物地理群落是植物群落所占据的生态条件一致的地表,是植物、动物、微生物、小气候、地质构造、土壤和水文状况相互作用的总体,是景观的最小组成单元。

澳大利亚从20世纪四五十年代开始，进行了有计划的土地调查，其思想和方法对现代景观生态学的发展有很大的促进作用。

20世纪60年代以后，环境保护运动的兴起，人类面临的资源、环境、人口、粮食和土地生产力等大尺度生态问题受到越来越多的重视，许多国际性研究计划开始实施，为景观生态学的形成提供了前所未有的机遇，综合整体思想在这些研究中的价值得到普遍认识。遥感技术和计算机技术的发展为景观生态学的产生奠定了技术基础，而系统论、控制论、信息论和耗散结构理论等新科学思想的发展为景观生态学的形成提供了理论基础。从20世纪60年代开始，德国、荷兰和捷克成为景观生态学研究的3个中心。特别值得提到的是，1968年林特伦私立理论和应用植物社会学研究所所长塔克森（R. Taxen）教授主持召开了德国"首届国际景观生态学研讨会"。邦奇伍德（K. Buchwald）和恩格尔哈特（H. Engelhart）于1968年编辑出版了《景观管理与自然保护综合手册》，把景观生态学作为科学基础。德国建立了多个以研究景观生态学为目的、采用景观生态学观点和方法进行研究的学术机构，在大学和研究所开设有关讲座或课程，为景观生态学的发展做了组织和人才上的准备。

荷兰的国际空间调查与地球科学研究所在佐讷维尔德（I. S. Zonneveld）的领导下，利用航空摄影、卫星图片解译进行景观生态学研究。阿姆斯特丹大学的温克（A. P. Vink）也在景观生态学领域进行了卓有成效的工作。1960年，利尔森自然管理研究所的莱文（C. G. Leeuwen）与韦斯特霍夫（V. Westhoff）一起发展了自然保护区和景观生态管理的理论基础和实践准则，其主要特点是着眼于长期的土地利用变化中人的能动作用。1971年，韦斯特霍夫提出依"自然度"将景观类型划分为自然景观、近自然景观、半自然景观及农业景观。从20世纪70年代开始，景观生态学比较广泛地应用在荷兰土地利用评价与规划以及自然保护与环境管理等方面。

1962年，捷克斯洛伐克科学院成立景观管理与保护研究所，主要任务是从生态学观点出发研究景观保护与管理的理论与实践问题。1964年，捷克斯洛伐克科学院成立了建筑理论与环境管理研究室，将建筑和镇规划的概念扩展到环境领域，尤其是环境管理与保护领域。1967年，捷克斯洛伐克"首届景观生态学学术讨论会"召开，讨论的主题包括景观生态学研究的理论、方法及应用，涉及景观平衡、农业景观、景观生态规划等方面。鲁茨卡（M. Ruiffka）倡导的"景观生态规划"已形成一套较完整的方法体系，在区域经济规划和国土规划中发挥了重要作用。1971年，设在捷克的景观管理与保护研究所与环境管理研究室合并为景观生态研究所；相应地，斯洛伐克成立了实验生物与生态研究所，将生态学家、地理学家、社会学家、经济学家和技术专家等组织起来，为景观生态学提供了良好的发展条件。捷克斯洛伐克在国际景观生态学的研究和国际交流方面做出了突出贡献。

20世纪70年代中后期，前苏联学者索恰瓦（V. B. Sochava）发表了地理系统学说，将地理系统定义为一切的地球空间，在这些空间内，自然界各组成成分相互联系，作为统一的整体同宇宙圈和人类社会发生作用（索恰瓦，1991中译本）。地理系统学说正不断接近生态学，以生态学的观点解决综合的地理学问题，在将来很长一段时期内仍将保持其迫切性。此外，系统论研究的不断深入也促进了地理学与生态学的跨学科研究。

1.3.1.3 发展阶段

1982年10月，第六届景观生态问题国际研讨会在捷克斯洛伐克召开，来自15个国家的114位科学家参会。国际景观生态学会(International Association of Landscape Ecology, IALE)正式成立,并选出了首届执行委员会,大会通过了国际景观生态学会章程,执行委员会设立了景观生态学基本问题、地理信息系统、土地生态学、城市生态学(城市区域的环境优化)、自然保护、景观建筑与视觉景观、土地评价与规划和国际景观生态学研究进展8个学术委员会。

1987年,第二届国际景观生态学大会在联邦德国的蒙斯特举行。会议议题是景观生态学中的连接性与连通性问题。1987年7月,以美国生态学家戈利(F. Golley)为主编的《景观生态学》杂志正式出版。刊物的出版为各国学者交流学术思想、迅速报道研究成果开辟了专门园地,极大地促进了景观生态学研究水平的提高,促进了景观生态知识的广泛传播,推进了学科的迅速发展。

1991年,第三届国际景观生态学大会在加拿大渥太华举行,会议围绕农业景观中的物质循环、区域生态危险评价、区域景观的土地系统过程等问题进行讨论。1995年,第四届国际景观生态学大会在法国图卢兹举行,会议围绕农业景观的发展,对景观生态学发展的未来进行探讨。1999年,第五届国际景观生态学大会在美国科罗拉多州的斯诺马斯举行,会议主题为"景观生态学——科学和行为",包括生态模型与土地管理、全球变化和景观研究趋势、景观生态学概念和方法在环境领域的应用、岛屿景观生态学和森林景观生态研究等。2003年,在澳大利亚达尔文市举行了第六届国际景观生态学大会,强调景观生态学前沿,加强景观生态学整体性研究,注重景观生态学欧美学派的交融及传统知识与现代方法的结合。2007年,在荷兰瓦赫宁根召开了第七届国际景观生态学大会,以"25年来的景观生态学:实践中的科学原理"为主题,对景观生态学与决策管理、湿地、森林、城市、农业和生物多样性等研究领域的关系、研究现状和未来进行了分析。2011年,在中国北京召开了第八届国际景观生态学大会,会议议题是"景观生态学:为了持续的环境与文化",包括文化景观——自然与社会的关系、迎接人类面临的挑战——整合景观生态学可持续发展、快速发展地区的景观变化与模型构建、生境与生态保护、多空间尺度下的长期生态学研究、景观与城市规划——人类在自然中的作用和景观生态学在快速城市化进程中的作用等。第九届国际景观生态学大会于2015年7月在美国波特兰举行,就景观生态学前沿、理论与方法、景观生态学科分支研究及其应用、土地利用与景观规划、景观保育与管理等开展了研讨和交流,跨越尺度、跨越多学科边界的全球性研究成为本次会议的重点,旨在揭示全球快速变化背景下自然、社会复杂过程中的挑战和机遇,寻求潜在有效的管理途径。

IALE的成立,为景观生态学研究创造了一个国际交流平台,标志着景观生态学进入了蓬勃发展的新阶段;IALE举办的一系列学术会议,促进了景观生态学在深度和广度方面的发展,理论创新和应用也得到了提升(傅伯杰和王仰麟,1990;傅伯杰,1991),景观生态学作为一门新学科已初具规模。

欧洲、北美洲、亚洲和大洋洲等的许多国家先后成立了IALE分支机构,并定期举办地区性的景观生态学国际交流或研讨会。景观生态学的研究队伍不断壮大,包括了地理、生态、土地、建筑和规划等领域越来越多的学者;景观生态学的研究和教学活动也由中欧国家(德国、荷兰、捷克、斯洛伐克)扩展到美国、加拿大、澳大利亚、法国、英国、日本、瑞典、阿根廷等。美国的景观生态学起步虽然晚于欧洲，但发展速度很快，尤其注重生态学传统，强调景观生态研究的生物学基础，致力于将景观时空格局与生态过程紧密联系，以便更好地理解景观的行为。

这一时期，景观生态学的专著大量出版，为景观生态学奠定了坚实的理论基础，充实了景观生态学的内容，同时拓宽了景观生态学研究领域。国外具有代表性的有《景观生态学透视》（首届国际景观生态学大会论文集）（Tjallingli and de Veer, 1982）、《景观生态学和土地利用》（Vink, 1983）、《景观生态学：理论与应用》（Naveh and Lieberman, 1984、1994）、《景观生态学：方向与方法》（Risser et al., 1984）、《景观生态学》（Forman and Godron, 1986）、《变化着的景观——生态学透视》（Zonneveld and Forman, 1990）、《景观生态学的定量方法》（Turner and Gardner, 1990）、《土地镶嵌：景观和区域生态学》（Forman, 1995a）、《景观生态学的原理和方法》（Farina, 1998）。一些专著侧重于学科领域的某一个方面，如《综合景观生态学与自然资源管理》（Liu and Taylor, 2002）、《景观生态学在生物保护中的应用》（Gutzwiller, 2002）、《异质景观中的生态功能》（Loven and Jones, 2005）、《空间分析：生态学家的向导》（Fortin and Dale, 2005）、《生境破碎化与景观变化》（Lindenmayer and Fischer, 2006）、《廊道生态学：联系景观与多样性保护的科学与实践》（Hilty et al., 2006）、《破碎化景观的生态学》（Collinage and Forman, 2009）。由中国学者独立编写或者翻译的景观生态学相关著作陆续出版，如《实用景观生态学》《森林景观生态研究》《景观生态学原理及应用》《景观生态学：格局、过程、尺度与等级》《景观生态学》《景观与恢复生态学：跨学科的挑战》《景观与恢复生态学：跨学科的挑战》《景观生态学案例分析：河流景观格局与生态脆弱性评价》《城市生态景观格局及生态环境效应》《森林景观恢复：不只是种树》《城市景观生态学与生态安全：以广州为例》和《源汇景观格局分析及其应用》等。

在这个时期，景观生态学作为一门本科生课程，相继在许多大学开设，成为中国培养青年景观生态科技工作者的主要平台。与此同时，中国学者在国际期刊上发表的文章数量显著增加。中国学者在不同区域开展了大量的景观格局与生态过程的相互作用机理及尺度效应的研究，在区域尺度取得了一系列重要成果。在进行景观格局指数计算同时，开始反思这些格局指数的生态学意义，并逐渐提出了一些新的理论和格局指数计算方法。中国学者在跟踪国际景观生态学研究的同时，紧密结合中国特色，从土地利用格局与生态过程及尺度效应、城市生态用地与景观安全格局构建、景观生态规划与自然保护区网络优化、森林景观动态模拟与生态系统管理、绿洲景观演变与生态水文平衡过程、景观破碎化与遗传多样性保护、多水塘系统与湿地景观格局设计、稻—鸭/鱼农田景观与生态系统健康、梯田文化景观与多功能维持、源汇景观格局分析与水土流失危险评价等方面开展了系统研究。

中国学者正是从这一时期开始，通过积极参与国际景观生态协会组织的学术会议和专题讨论会，接受和传播景观生态学思想和方法，成立国际景观生态学会中国分会，并在国家自然科学基金委员会的支持下开展了大量研究工作，使中国的景观生态学研究在国际学术舞台上产生了一定的影响（Naveh and Lieberman, 1994）。2011年，由IALE-China在北京成功举办了第八届国际景观生态学大会，表明中国景观生态学研究取得的成就已经获得了国际景观生态学界的认可，同时也标志着中国景观生态学科技工作者已经成为国际景观生态学领域的一支重要力量。中国景观生态学研究在不断跟踪国际前沿的基础上，也逐渐形成了独具特色的研究领域，逐渐开拓出中国景观生态学的研究方向。

这一时期景观生态学学术交流与合作空前活跃，理论与应用成果不断丰富，应用领域不断拓展，在世界范围内形成了具有特色的研究性的学术流派，如欧洲的景观规划设计研究，俄罗斯的景观地球化学研究，加拿大和澳大利亚的生态分类研究，美国的景观结构和功能研究以及中国的景观生态建设研究。

目前，景观生态学仍处于迅速发展阶段。在许多国家和地区，景观生态学各个领域的研究成果得到重视和高度评价，研究范围不断扩展，水平也在迅速提高，景观生态学作为一个面向实际、立足于解决实际问题的独立的新兴应用生态学科体系正在形成。

1.3.2 景观生态学的主要学术流派

由于景观生态学的发展建立在相关学科理论与技术最新成果的基础上，起点高，综合性强，既具有多学科综合交叉的特征，又具有学科独特的理论与方法体系，充分展示了新型前沿学科的强大生命力。各国紧密结合资源、环境和发展等重大问题，以景观生态为题或应用景观生态学方法和原理，开展了大量研究工作，呈现出蓬勃发展之势。但各国景观特点不同，形成和接受景观生态学概念，开展景观生态研究的环境背景差异较大，初期从事景观生态研究的学者的专业背景各异，使景观生态研究在其形成阶段就形成各具特色的流派（肖笃宁，1992）。不同流派对景观生态学的基本理论和方法论问题，有着不尽相同的认识。

1.3.2.1 欧洲的景观规划设计研究

以荷兰著名景观生态学家佐讷维尔德和温克，德国的哈伯，原捷克斯洛伐克的马卓尔（E. Mazure）和鲁瑞卡为主要代表的欧洲流派，从土地评价和土地合理利用规划、设计以及自然保护区和国家公园的景观规划设计工作出发，发展了以人为中心的景观生态规划设计思想，重点对以人类经营的生态系统（managed ecosystem）为主的景观，如农业景观、城郊景观的最优规划与设计进行研究。

1.3.2.2 俄罗斯的景观地球化学研究

俄罗斯在继承和发展贝尔格景观学说、苏卡乔夫生物地理群落学说、维尔纳茨基生物地球化学和生物圈学说以及索恰瓦地理系统学说的基础上，在景观区划与景观地球化学方面突出了自己的特色，景观地球化学研究主要任务是对景观中化学元素的迁移过程和机制进行研究。

1.3.2.3 加拿大和澳大利亚的土地生态分类研究

加拿大和澳大利亚从土地生态分类和土地利用规划方向上发展了景观生态学的应用研究，在强调土地的生态属性和功能的基础上，建立了较为完整的土地分类、土地生产力评价与利用原则、方法和分类体系。特别是在加拿大，景观分类的生境和生态系统途径已经广泛应用，不列颠哥伦比亚和安大略更形成了多个景观分类系统，这些景观分类系统的共同特点是将气候、土壤、地形和植被方面的特征结合起来，建立景观分类的等级结构系统（Sims et al., 1992; Sims & Uhlig, 1992）。其中，主要以不列颠哥伦比亚的生物地理气候系统（Biogeoclimatic system）（Pjar et al., 1987）、落基山地区的生境系统（Pfister & Arno, 1980）以及安大略黏土（湖相沉积）带（Ontario clay belt）（Jones et al., 1983a, 1983b）、安大略 Algonquin 生态区(Algonquin region of Ontario)(Merchant et al., 1989)和西北安大略(northwest Ontario)(Sims, 1990; Sims et al., 1989; Harris et al., 1996; Racey et al., 1996)的森林生态系统分类(forest ecosystem classification)为典型代表。它们与土地(立地)生产力评价和生长、收获预测密切联系，直接为景观经营管理的规划服务，其研究规模和面向实践的特色代表了当前景观生态研究的一个重要方向。

1.3.2.4 美国的景观结构与功能研究

以丹色瑞(P. Dansereau)、福尔曼(R. T. T. Forman)、瑞瑟(P. G. Risser)、特纳(Monica G. Turner)和富兰克林(Jerry F. Franklin)等为主要代表的美国流派，对国际景观生态学的发展做出了重要贡献。由于独特的自然地理景观优势、雄厚的生态学研究基础以及对自然与环境资源的重视，美国将系统生态学和景观综合整体思想作为景观生态研究的基础，致力于建立和完善景观生态学的基本理论和概念框架，形成了以自然景观为主，侧重研究景观生态学过程、功能及变化的研究特色(Forman and Godron, 1986; Turner, 1987; Burgess and Sharper, 1981)。在景观空间结构分析、景观生态功能研究、景观动态分析，乃至景观控制与景观资源管理等方面的研究，正逐渐形成较为完整的体系(Turner and Garner, 1991; Risser et al., 1984; Turner, 1987)。特别是在森林景观结构、功能及其动态，森林破碎化及其生态效应，生物多样性和濒危(或受威胁)物种保护的景观管理途径，森林景观管理与水文质量控制，高地景观与低地环境质量及生产力的相互关系等方面开展了研究工作(Peterson and Squiers, 1995; Ripple et al., 1991; Holt et al., 1995; Runkle, 1982; Franklin and Forman, 1987)。在森林资源的可持续管理研究中，广泛应用和借鉴景观生态学方法和理论，发展了"新林业"思想和森林"生态系统经营"思想，把森林资源管理与区域可持续发展、生物多样性保持及全球变化局部行动等重大问题联系起来，在社会发展、环境保护、土地利用决策中发挥了重要作用(Franklin and Forman, 1987)。

1.3.2.5 中国的景观生态建设

中国在大型防护林体系建设、各植被区森林生态系统结构和功能研究、农林复合经营系统、水土流失和荒漠化治理、生态农业等方面有较雄厚的研究基础，为景观生态学的发展提供了广阔的天地，为在相关研究中应用和发展景观生态学提供了条件。加上中国资源有限、人口众多、环境容量不足的特点，许多地方的景观受人为活动干扰的历史非常悠久，发生了广泛而深刻的变化，这决定了我国景观生态学研究和实践除了景观保护、景观恢复外，更多地离不开对景观的建设，在充分认识景观变化的生态学原理的基础上，发挥人类在景观中积极的建设性作用，以加速景观的正向演替。因此，中国景观生态学从起步开始就承担了面向实践、服务建设的重任，在景观生态规划、建设和管理方面正逐步形成自己的特色。

1.3.3 中国景观生态学的发展

中国的景观生态研究从20世纪80年代大量引入景观生态学概念、理论和方法开始，吸引了一批从事地理学、生态学以及林学、农学、环境乃至风景园林规划与管理的教学和研究人员参与其中。景观生态学的综合整体思想逐渐被多数人接受，为重新考虑生态学研究的一些基本问题提供了一个新的概念构架。由于前辈科学家的推动和相关学科专家的努力，我国在生态农业、大型防护林体系建设、大农业、农林复合经营、生态经济、土地荒漠化控制、土地承载力、植被潜在生产力等方面的研究工作有雄厚的基础，给景观生态学发展提供了广阔的天地，为相关研究中应用和体现综合整体思想创造了条件，准备了人才。概括起来，可以将中国景观生态学发展划分为起步、快速发展和迅速发展3个阶段。

1.3.3.1 起步阶段

1980年代以前主要侧重于概念、理论、方法的引进和探索。林超、李继侗、陈昌笃、陈传康、刘慎谔、黄锡畴、王献溥、李世玢和祝廷成等一大批地理学和植物地理学工作者通过努力，逐步将苏联的景观生态学研究引入中国，主要探讨了地生物学和地生态学的研究方向，并开始探索景观生态学研究的核心、内容和方法等问题。从20世纪80年代开始，大量景观生态学研究人员发表相关文章，介绍国外景观生态学研究工作，以及景观生态学的概念、特点与学科体系等问题。黄锡畴1981年在《地理科学》上发表《德意志联邦共和国生态环境现状及保护》文章，介绍了德国景观生态学研究工作，1984年在《地理学报》发表了第1篇关于中国景观生态学研究的文章——《长白山高山苔原的景观生态分析》；刘安国于1981年在《地理科学》上发表《捷克斯洛伐克的景观生态研究》，介绍捷克景观生态学研究的特点；林超于1983年在《地理译报》上发表了两篇景观生态学的译文，特罗尔的《景观生态学》和E.纳夫的《景观生态学发展阶段》，第一次介绍了景观生态学的概念与特点；董雅文于1983年在《地理学报》发表《苏联、捷克斯洛伐克等国的现代地理学》，介绍了东欧景观生态学的研究工作；傅伯杰于1983年在《生态学杂志》发表《地理学的新领域：景观生态学》，介绍了景观生态学的学科特点；陈昌笃于1986年在《生态学报》上发表《评介Z.纳维等著的景观生态学》，论述了地生态学的研究特点和方向；景贵和于1986年在《地理学报》上发表了《土地生态评价与土地生态设计》一文，从景观生态学角度系统阐述了土地生态评价与土地生态设计的思想和方法；李哈滨于1988年在《生态学进展》（现《应用生态学报》）上发表了《景观生态学——生态学领域里的新概念构架》，从生态学分支学科角度进一步阐述了景观生态学的概念框架；肖笃宁于1988年在《生态学杂志》上发表文章，论述了景观生态学的发展与应用；同年第4期和第6期的《生态学杂志》分别发表了金维根的《土地资源研究与景观生态学》和肖笃宁等的《景观生态学的发展与应用》。这一系列文章的发表极大地促进了中国学者对景观生态学及相关研究内容体系的认识。

1.3.3.2 发展阶段

20世纪90年代，景观生态学在中国得到了迅速发展，第一届全国景观生态学学术研讨会于1989年在沈阳召开，此后出现大量论文。1990年，肖笃宁等在《应用生态学报》第1期上发表了《沈阳西郊景观结构变化的研究》一文，该文是中国学者参照北美学派的研究方法而开展的景观格局研究的典范著作。同年出版了景贵和的《吉林省中西部沙化土地景观生态建设》论文集。此外，还有伍业钢和李哈滨的《景观生态学的理论发展》(1992)和《景观生态学的数量研究方法》(1992)、傅伯杰的《黄土区农业景观空间格局分析》(1995)、《景观多样性分析及其制图研究》(1995)、《景观多样性的类型及其生态意义》(1996)、王仰麟的《渭南地区景观生态规划与设计》(1995)、《景观生态分类的理论方法》(1996)、陈利顶的《景观连接度的生态学意义及其应用》(1996)、《黄河三角洲地区人类活动对景观结构的影响分析》(1996)、王宪礼等的《辽河三角洲湿地的景观格局分析》(1997)、马克明等的《景观多样性测度：格局多样性的亲和度分析》(1998)、邵国凡等的《应用地理信息系统模拟森林景观动态的研究》(1991)。

1990年，肖笃宁等主持翻译出版了 R. T. T. Forman 和 M. Godron 的《景观生态学》，直接推动了中国景观生态学的发展。1993年，又相继出版了3本景观生态学的专著，分别是许慧、王家骥编著的《景观生态学的理论与应用》、董雅文编著的《城市景观生态》以及宗跃光编著的《城市景观规划的理论与方法》。

森林景观生态研究是中国开展景观生态学研究较早的领域之一，研究内容包括森林景观结构、森林景观空间格局分析、森林景观动态及群落生态效应、森林边际效应及动态、森林景观格局与生物多样性等方面。彭小麟于1991年提出森林景观中的边缘效应影响问题；而徐化成(1994)、刘先银等(1994)较早地将景观生态学原理和方法应用到森林景观生态研究中。之后，以郭晋平等为代表的课题组开展国家自然科学基金课题《森林景观动态及其群落生态效应的研究》，首次对森林景观生态进行了比较全面、系统和深入的研究，其研究成果《森林景观生态研究》(2001)是中国森林景观生态研究领域的第一部专著；臧润国等(1999)主要探讨了森林斑块动态与物种共存机制及森林生物多样性问题；马克明等(1999—2000)对北京东灵山地区的森林景观格局、森林生物多样性、景观多样性进行研究；刘灿然等(1999—2000)对北京地区的植被景观斑块特征等也作了颇有意义的探索。1995年中国林业出版社出版了徐化成主编的《景观生态学》教材。1996年5月在北京举办了"第二届全国景观生态学术讨论会"，同时成立了"国际景观生态学会中国分会"。

此时期中国景观生态学的研究特点主要是对景观格局指数的分析和计算，研究典型地区不同时期景观格局演变的特征，但对于景观格局演变的生态学意义缺乏深入思考，多属于跟踪性研究，在景观生态学理论和方法上缺乏系统性探讨。

1.3.3.3 迅速发展阶段

由中国学者独立编写的景观生态学著作陆续出版，如《实用景观生态学》(赵羿等，2001)、《森林景观生态研究》(郭晋平，2001)、《景观生态学原理及应用》(傅伯杰等，2001)、《景观生态学——格局、过程、尺度与等级》(邬建国，2001)。景观生态学作为一门本科生课程相继开设，中国在国际期刊上发表的文章数量显著增加。中国学者在不同区域开展了大量的景观格局与生态过程的相互作用机理及尺度效应的研究，在区域尺度取得了一系列重要成果。在进行景观格局指数计算的同时，开始反思这些格局指数的生态学意义，并提出了新的理论和格局指数计算方法。

中国学者在跟踪国际景观生态学研究的同时，紧密结合中国特色，从土地利用格局与生态过程及尺度效应、城市生态用地与景观安全格局构建、景观生态规划与自然保护区网络优化、森林景观动态模拟与生态系统管理、绿洲景观演变与生态水文平衡过程、景观破碎化与遗传多样性保护、多水塘系统与湿地景观格局设计、稻—鸭/鱼农田景观与生态系统健康、梯田文化景观与多功能维持、源汇景观格局分析与水土流失危险评价等方面开展了系统研究。

2011年，IALE - China 在北京举办了第八届国际景观生态学大会，中国景观生态学研究获得了国际景观生态学界的认可，同时也标志着中国景观生态学科技工作者已经成为国际景观生态学领域的一支重要力量。中国景观生态学研究逐渐形成了独具特色的研究领域，逐渐开拓出中国景观生态学的研究方向。

1.3.4 中国景观生态学研究的特色与领域

1.3.4.1 城郊和农业景观生态研究

城郊和农业景观为主要研究对象，应用格局分析指标研究和分析景观整体特征及其变化，探讨土地利用格局的变化趋势及其与经济发展的关系。肖笃宁等（1991）以多期航片资料为基础，研究了沈阳市东陵区 1959—1988 年景观格局变化的基本过程和特征，并对变化趋势进行了预测。徐岚和赵羿（1993）进一步利用马尔可夫模型对土地利用格局的变化趋势进行了预测。赵羿和吴彦明等（1993）对该地区土地生产力现状和景观生产潜力进行了分析，但该研究与前述景观格局及其动态的研究没有足够的联系，仍属传统土地生产潜力研究。谢志霄和肖笃宁等（1996）在原有研究的基础上，进一步对景观动态预测模型进行了改进，将网格样点位置和决策优先水平作为影响因素介入模型中，改善了模型模拟效果。傅伯杰（1995）通过黄土区农业景观格局分析，提出了 4 个格局分指标。陈利顶和傅伯杰（1996）利用土地利用现状图对山东省东营市土地利用格局进行了分析，应用景观多样性、优势度、破碎度和分离度指标，分析了人类活动与景观结构之间的关系。

1.3.4.2 森林景观生态研究

我国在森林景观生态学研究方面，也开展了卓有成效的工作，包括森林景观结构（徐化成，1998；郭晋平，1999a）、森林景观空间格局分析（徐化成，1998；郭晋平等，1999b、1999c；Guo jinping et al.，1999）、森林景观动态及其群落生态效应（郭晋平，1999、2000a）、森林边际效应及动态（彭少麟，1991）、森林斑块动态与物种共存（臧润国等，1999）、森林景观格局与生物多样性等，已逐步成为森林资源管理、森林资源合理利用、自然保护区设计与管理和流域管理的理论基础。

我国的林区森林景观生态研究，在继承群落生态和生态系统生态研究成果的基础上，逐步将注意力转向森林异质镶嵌体的结构及其动态。从群落组成结构分析和群落分类，向群落梯度分析、排序和群落种群空间分布格局及其动态分析转移，从通过种群年龄结构分析探讨群落演替动态规律，转向分析斑块组成结构、年龄结构和空间结构，揭示森林镶嵌体动态，反映了对森林动态变化格局与过程的新理解，促进了研究工作向综合多尺度分析发展，使"镶嵌稳态学说"被更多人接受。如在群落中优势种群的年龄结构与森林斑块动态、群落空间结构与梯度分析、种群空间分布格局等方面，许多研究做了大量工作（徐化成，1994；胡远满，徐文铎，1996；孙伟中，赵士洞，1997）。在森林景观时空格局变化研究（徐化成 1994；刘先银，徐化成，1994；郭晋平，1997b），火干扰对森林景观格局的影响（徐化成，1994，1998；寇晓军，1997）等方面取得了进展。徐化成等对大兴安岭原始兴安落叶松林区景观格局与动态的研究，即起始于对该地区兴安落叶松种群时空格局（徐化成，范兆飞 1993；徐化成，范兆飞，1994）和群落结构的变化与林火干扰状况相互关系的研究（范兆飞，徐化成等，1992）。在利用航片资料对该地区景观格局及其动态进行研究时，理所当然地将影响森林景观格局及异质性的林火干扰与景观格局动态相联系（徐化成，1994），并主要分析了景观组成结构、年龄结构和粒级结构及其变化，进一步体现了研究的连续继承关系，体现了理解景观结构与功能关系的整体思想。在利用林场历史林相图对属于华北石质山地次生林区的山海关林场景观结构与动态分析中(刘先银,徐化成等,1994),更多地应用格局分析指标分析了研究地区景观结构的变化过程与趋势。郭晋平等对山西关帝山和管涔山林区次生林景观恢复过程中森林景观动态及其群落生态效应的研究工作,也受到了相关领域研究人员的普遍重视。邵国凡在1992年就介绍了应用地理信息系统技术与森林演替动态模型相结合,模拟森林景观动态的设想,但至今未见成果报道(邵国凡等,1991)。而类似彭少麟对森林群落边际效应的研究(彭少麟,1991)理应成为景观生态研究的重要组成部分,更应当作为深化森林景观生态研究的基础而得到加强,但这类研究并未引起足够的重视,也未见进一步深入研究的报道。

我国森林景观生态研究与国外相比,起步较晚,在深度和广度上存在较大的差距。在景观时空动态模型建立、人类活动与自然干扰对景观影响的定量化研究、景观管理与生态保护等方面需要进一步加强(陈利顶等,1996;王政权,1999)。在江河上游森林景观变化与流域生态过程之间的关系方面研究成果也很少,尤其关于森林景观格局及其变化与流域水文效应之间的关系,缺乏有力的定量化研究成果,现有的小尺度植被水文效应研究成果常被简单地推广到流域尺度上,很难使上游高地景观管理在流域规划和管理中的重要意义被普遍接受(杨玉坡等,1993;赵魁义等,1994;周梅等,1994a、1994b)。许多研究局限于对流域空间结构的分析,或者从水文地质、气候等因素与流域水资源供应和合理利用等宽泛的领域进行分析(陈吉泉等,1999;王根绪,程国栋,1999;王根绪,1999;龚家栋,1999)。有些水生生物和水生态领域的学者虽然提出了流域生态学的概念(蔡庆华,吴刚,1998),但对其理论核心、研究对象和范围等基本问题还缺乏全面和一致的认识,将流域生态学看作对流域范围内所有自然和文化实体进行包罗万象的研究。从减灾防灾的角度出发,对流域生态环境和水文地质状况的研究成果较多,但对流域中上游高地和河岸森林的保护、恢复和经营管理方面的问题无法提供有效的指导(钟祥浩等,1992)。

1.3.4.3 湿地景观生态研究

湿地是介于陆地与水生环境之间的过渡带,兼有两种系统的某些特征,被一些科学家称为"自然之窗"。湿地往往是珍贵鸟类、水禽的繁殖与栖息地,具有重要的生物保护价值。湿地生态过程是指湿地发生与演化过程,湿地的物理、化学和生物过程。物理过程研究包括湿地水分或水流的运行机制,湿地植被影响的沉积过程与沉积通量和湿地开发前后局地与区域热量平衡等。化学过程包括氮、磷等营养元素在湿地系统中的流动与转化,湿地温室气体循环机制及其对全球变化贡献的定量估算,湿地对重金属和其他污染物的吸收、螯合、转化和富集作用等。生物过程包括湿地的净第一性生产力,湿地生物物种的生态适应,湿地有机质积累和分解速率,湿地生态系统的营养结构、物流和能量流动等。湿地发生与演化过程是指湿地系统的自然演替过程。

在我国的湿地景观生态研究中,最具代表性的是对辽河三角洲湿地景观的研究,包括对湿地景观格局的研究、湿地景观格局对养分去除功能的影响以及运用景观生态决策评价支持系统(LEDESS),探索景观规划预案对丹顶鹤、黑嘴鸭等珍稀水禽的生境适宜性、生态承载力等方面的影响。在区域、景观尺度上对水文过程、生物地球化学过程、湿地景观格局与生态过程相互关系等主要湿地生态过程的研究都取得了一定的成果。

对湿地生态过程的研究,未来需要拓展到流域景观尺度上,运用"3S"技术和景观生态学原理对湿地景观格局与过程进行宏观综合研究,更好地把握湿地生态过程,实现对湿地养分和污染物的管理控制。

1.3.4.4　林农复合经营或农用林业研究

林农复合经营或农用林业研究,包括农田树篱和林网结构、空间配置与生态功能及林农复合人工生态系统的结构与功能关系的研究。农用林业或林农复合经营研究在我国已取得丰硕成果。尽管许多研究还未纳入景观生态研究的范畴,结构与功能关系的研究也多集中于小气候效应、农田生态效应、系统投入产出关系、能量流动和物质循环机制及其经济效益的分析等方面,但生态农业的良好前景及其在农业持续发展中的作用,使这一研究领域集中了许多研究者,并取得了丰硕的成果(马世骏,1990;熊文愈等,1991;李文华等,1993)。

1.3.4.5　城市景观生态研究

城市化是社会发展的一种趋势,城市化过程中人类活动给城市景观带来的影响以及由此引发的土地利用格局的变化成为城市景观生态研究的热点问题(肖笃宁等,1991;徐岗等,1993;傅伯杰,1995;谢志霄等,1996;曾辉等,1999;张金屯等,1999,陈浮等,2001),开展了城市廊道与网络(宗跃光,1999;Edward,2002)、城市景观生态分类等研究(王仰麟,1996;肖笃宁等,1998;李团胜等,1999;韩荡,2003)。景观生态学在城市景观生态规划中的应用主要集中在环境敏感区的保护规划、生态绿地空间规划和城市外貌与建筑景观规划3个方面。城市绿地景观生态是景观生态学研究的热点之一。围绕城市绿地系统规划,一些学者利用景观生态学原理与方法探讨了城市绿地的景观空间格局(Wayne et al.,1997;李贞等,1998;周志翔等,2001;唐冬芹等,2001;高峻等,2000,2002;张涛等,2002),俞孔坚(1998)提出了生态安全格局的理论和方法,并将研究应用于城市绿地系统规划和城市景观规划中(Patrick et al.,2000)。随着城市绿地景观生态研究的不断深入,研究者开始进行城市生态绿地的尺度(John 1998)、绿地破碎化(郑淑颖等,2000)、绿地景观异质性(李贞等,2000;车生泉,2001)、景观可达性(俞孔坚等,1999)、景观格局与功能的关系(周志翔等,2002,2004;祝宁等,2002)等领域的研究。

尽管城市景观生态研究起步晚,但景观生态学理论与方法在城市生态规划和建设中具有广阔的应用前景。目前,城市景观的研究主要集中于以下几个方面:

(1) 城市景观的格局研究

现阶段我国城市景观大多是以人为活动占优为主的景观类型,受限于该地区城市经济的发展和居民生产生活要求,与其他生态系统和景观比较,在时空格局和组分结构上具有明显的差异性。近年来,我国城市景观和城郊景观的整体格局研究备受关注。城市景观凭借其强大的辐射和渗透力不仅决定了其本身的结构和格局特征,还影响着周围景观。研究城市景观格局具体实例时,要将城市景观与周围环境的景观类型,尤其是对其影响较为敏感的景观作为整体共同研究。

(2) 城市景观的生态合理性研究

随着城市发展速度的不断加快,城市景观的结构、功能等存在的不合理性不断积累,致使生态矛盾在某一特定发展阶段被暴露。按照现代人居建设要求,对城市景观生态合理性的研究成为研究的重点,对推进城市发展、完善城市生态功能有重要作用。

(3) 城市景观的动态和驱动机制研究

当前,我国城市景观动态研究的重点是在特定社会经济发展条件下,总结建设用地规模、时空分布特征以及景观格局的重建特点等；探索城市景观和周边环境的其他景观之间的作用和影响；分析其动态变化特点和驱动机制，从而预测未来的发展方向和可能发生的约束问题，为城市今后的发展设计和景观整体规划提供科学依据。

(4) 城市景观的生物多样性研究

城市景观作为特别的景观类型，在构成和特征方面与周围其他景观有着本质的不同。高强度的人类活动和发展历程，使得城市内的动植物种类和群落结构拥有显著的驯化特征。近年来城市景观生物的保护研究备受重视，主要目的是：通过城市内生物种类、结构和行为特征与人类活动的关系研究，为总结人类活动与生物多样性的关系提供理论依据；通过生物多样性的保护工作，提高城市与自然的和谐程度，改善生态结构质量，促进城市生态调控工作的开展。

经过20多年特别是近十多年的发展，我国学者在景观生态学的研究领域开展了广泛和深入的研究，为发展我国以景观生态建设为特色的景观生态学奠定了良好的基础。只有充分认识已经取得的研究成果及其对学科发展的意义，才能结合中国实际，广泛发挥我国学者的聪明才智，发展有中国特色的景观生态学。

1.4 景观生态学的发展趋势

1.4.1 景观生态学研究方向

有些景观生态学家不同意将景观生态学人为地分为基础研究和应用研究两部分（Naveh and Lieberman, 1994; Weins, 1999），但为了叙述方便，在坚持景观生态学综合整体性原则的前提下，我们仍将目前的景观生态学研究分为静态研究、动态研究和应用研究3个方面。这3个方面是密切联系的有机整体，许多研究成果本身就是这3个方面研究工作的结合。

1.4.1.1 静态研究

静态研究着重对特定景观的结构和在一定结构控制下的功能进行研究，描述景观的特定状态，揭示景观格局与景观生态功能之间的关系，阐明不同景观要素之间的相互影响和制约关系。景观空间结构与各种生态过程相互联系和相互影响，形成复杂的反馈关系，通过多种内在反馈控制机制形成动态平衡，是构成景观动态变化的动力基础。景观结构对景观过程具有重要控制作用，而景观尺度上的不同生态过程，也相应地在景观结构形成和变化过程中起着决定性作用。对空间格局与生态过程相互关系的研究，是揭示生态学过程成因机制的根本途径，但景观格局一般比景观过程和功能更容易把握。通过建立景观格局与景观生态过程之间的关系模型，根据景观格局特征预测景观过程的基本特征，开展生态监测评价，可以显著地提高景观生态研究的预测能力，指导景观规划设计和建设。景观过程与景观功能有密切的联系，景观过程决定景观功能，也影响景观格局和景观功能的动态变化，景观功能是景观过程所引起的景观要素之间的空间相互作用及其效应，景观过程是景观生态流的表现形式，景观生态流是景观过程和景观功能的载体。静态研究具体内容包括景观生态分类与制图、景观特征与格局分析、景观要素之间的相互作用、景观干扰状况及干扰扩散与传播、景观中人类或其他物种的活动方式、景观格局对物种行为的影响、景观的文化含义和文化的景观背景、景观多功能和多重价值评价、景观生产力和承载力等多个方面。

1.4.1.2 动态研究

景观动态研究重点对特定景观的动态变化过程、趋势及其控制机制进行研究，揭示景观演化的基本过程和规律，阐明景观变化的基本控制因素和控制机制，建立景观动态模型，预测景观动态变化趋势，为制定景观管理与控制技术途径提供理论基础。

动态研究主要内容包括关键性景观生态过程研究、景观格局动态演化过程和规律的研究、景观动态模型的建立和景观动态预测、景观再生产过程及调控机制研究、景观稳定性与可持续性研究、景观生态安全格局研究等。

景观在自然和人为的干扰作用和影响下不断变化。景观变化包含景观动态和景观的稳定性两个方面，景观动态的历史过程很大程度上伴随着人口数量不断增长和社会经济的发展而发生，其结果显著改变原始的自然景观，同时生态学过程也发生显著变化。

景观动态变化的成因包含地质地貌、气候的影响、动植物的定居、土壤的发育、水文和自然干扰等因素，同时人口数量变化、科学技术进步、经济体制变革、政策制定和文化观念改变也对景观变化产生了深刻的影响，成为景观变化中重要的驱动因子。

景观生态学的研究需要考虑景观格局和过程的相互作用，在景观水平上的野外控制实验难度较大，有时甚至不可能实现，因此，许多研究只能通过计算机模拟，建立景观动态模拟模型，分析景观动态的过程，揭示景观结构、功能和过程之间的相互关系，通过参数的控制模拟系统的结构、功能或过程，检验不同参数对系统行为的影响，进而确定和比较系统在不同条件下的反应，并对景观的未来变化作出预测，为景观的有效管理与科学规划提供依据。

1.4.1.3 应用研究

景观生态学应用研究是景观生态研究的出发点和落脚点，是景观生态学体现面向实践和面向问题特色的关键，是在景观生态学静态研究和动态研究的基础上，为人类合理开发、利用、管理、保护和建设景观而制定规划、设计及其实施技术和实践活动，主要包括景观生态保护、景观生态恢复、景观生态管理、景观生态建设、景观动态监测和预警等。

1.4.2 景观生态学整合

1.4.2.1 景观生态学发展趋势概述

从认识论的角度来看，景观生态学的学科发展已经经历了基本建设阶段、问题与交流阶段，正进入整合与发展阶段。

(1) 基本建设阶段

在基本建设阶段，景观生态学的发展以基本概念、基本理论和方法论体系的建立为主要任务。通过从母体学科和相关学科中引用和发展，通过研究补充和完善以及与相关学科的结合和交叉等途径，逐步建立了景观生态学的基本概念框架体系和基本理论体系。包括等级结构理论与空间尺度、渗透理论与假设检验、岛屿生物地理学理论、异质种群理论、经济地理学理论—中心位置理论和区位理论等，逐步成为景观生态学理论体系的核心内容。包括遥感技术、地理信息系统技术、数量化格局分析技术、空间地统计技术、模型技术、实验方法与尺度外推等研究方法，逐步成为景观生态学研究的主要手段，并渐趋普及和成熟。

(2) 问题与交流阶段

在问题与交流阶段，景观生态学家提出许多问题，如什么是研究景观格局与过程的合适尺度、景观格局如何制约生态过程、为哪个或哪些物种规划景观、如何测度和评价干扰状况及其效应、人类如何包含于景观的生态过程中，等等。通过交流促进了多学科的参与，如一定物种或生态过程需要多大的生境、破碎景观中如何通过廊道空间配置使物种得以持续、不同管理方式的景观中如何保持景观的多重价值、森林破碎化如何影响森林健康和稳定性、森林景观斑块特征是否对森林生态演替有明显影响、其控制关系如何、不同土地利用方式的空间配置模式对土地生产力的长期影响等问题，不仅吸引了景观生态学家的参与，也吸引了动物生态学、植物生态学、保护生物学、林学、农学、土地资源学、环境学、土地规划与管理乃至人文社会等众多学科领域的研究者，共同参与相关问题的研究，促进了多学科交流与合作，推动了景观水平上的多学科综合研究。

(3) 整合与发展阶段

在整合与发展阶段，景观生态学将在原有基础上进一步推进研究与应用的整合，并相应地推进时空尺度匹配、多学科的整合以及研究者、决策者和景观利用者三者的整合。学科发展的基本任务包括接受景观变化的必然性、认识景观变化的积极意义、充分认识空间概念的力量、探索景观过程的物理学表达方式、逐步减少景观生态过程研究和景观动态预测的不确定性、发展和建立景观规划设计原则等，以提高景观生态学解决现实问题的能力。

1.4.2.2 景观生态学的学科整合

景观生态学的学科整合将主要表现在以下 4 个方面：

(1) 3 个研究方向的整合

如前所述，许多学者不赞成将景观生态学分为基础理论研究和应用研究。这是在全面而深刻地理解景观生态学学科特点的基础上提出的有科学预见性的忠告，避免将一门体现综合整体性特征的学科再由于研究思想路线的错误而带回到机械还原论的老路上。

景观生态学 3 个研究方向的整合主要表现为：①对任何景观的动态研究要取得突破，必须有深厚的静态研究基础，而静态研究的目的也正在于提高对景观变化的预测能力，减少不确定性；②静态和动态研究成果所提供的知识为景观规划设计提供理论指导，应用研究中遇到的深层次问题和应用研究成果又为静态和动态研究指明方向；③对景观实施更加科学合理的、符合可持续发展要求的保护、恢复、改善、建设和管理，既是景观生态学产生和发展的社会经济基础和出发点，也是景观生态学的归宿。3 个研究方向之间的这种良性互动关系不断推进景观生态学的发展。景观生态规划设计是实际应用景观生态学理论和原则解决人类社会生态优化和可持续发展现实问题的基本途径，景观生态规划设计的目标包括现有的宜人景观的保护和管理、退化景观的恢复和重建、耕作和文化景观(cultural landscape)的生态建设等。

(2) 时空尺度的匹配

景观生态学强调生态学过程的时间和空间尺度性。不同生态过程有不同的时空尺度，不同时空尺度上发生着不同性质和形式的生态过程，某些生态过程是跨尺度的，但在不同时空尺度上有不同的表现或特征。随着景观生态研究水平的提高，走向整合的景观生态学必然进一步要求时空尺度的匹配，才能真正认识景观生态过程与景观格局之间的关系，掌握景观功能的影响因素和调控机制。景观生态学研究中的时空尺度匹配还包括景观生态研究与社会经营管理时空尺度的匹配、不同时空尺度上生态过程之间的关系、相关知识的尺度外推、社会经济发展决策中不同时空尺度之间的协调等。

(3) 多学科的整合

景观生态学是一门新兴的横断学科，多学科的整合是由景观生态学学科性质和研究对象的综合性和复杂性决定的。多学科的整合不仅要求生态学和地理学更加紧密地结合，也要求恢复景观生态学与景观美学和景观建筑设计的结合，更需要景观生态学与经济、社会、规划设计和管理决策科学的整合。这种多学科的整合不是简单地在相关研究和实践中应用有关学科的一些理论和方法，而是将景观上出现和发生的现象，或者与景观格局和过程有相互影响和联系的现象或过程，作为景观生态学必须研究的内容进行综合整体研究，并通过综合研究成果在景观规划设计中的应用，促进学科的整合和发展。

(4) 三者的整合

三者的整合是指景观生态学研究者、景观管理决策者和景观利用者之间的整合。景观是开放系统。景观生态学研究的目的是促进对景观的可持续开发利用。景观生态学研究者应当使研究成果能够促进景观管理决策水平的提高，并被景观利用者接受，就必然要求景观生态学研究者在对相关问题的研究中，不仅要把决策者和决策过程作为重要影响因素，更应当研究景观利用者的需求和行为特征，避免纠缠于枝节问题，通过与公众和政策决策者之间的双向交流，真正发挥景观生态研究面向现实问题的优势。

1.4.3 景观生态学的研究热点和任务

由于景观生态学的学科具有鲜明的优势和特色，面对日益严峻的气候变化、人口压力、环境恶化、土地退化、沙漠化、资源枯竭和生物多样性丧失等景观和区域尺度的社会经济和生态环境问题，景观生态学在发展过程中逐步形成了比较明显的核心问题、热点问题和热点地区。

1.4.3.1 景观生态学研究的热点问题

总结回顾近年来国内外景观生态学的研究成果和报道，可以将景观生态学研究的热点问题概括为以下几个方面：

①扰对景观格局和过程的影响，干扰在景观中的传播与扩散；
②景观格局形成机制及其与景观过程的关系，景观格局的生态和环境效应；
③在中小尺度实验研究基础上进行尺度推绎，加强对景观生态学方法论的研究；
④景观动态模拟预测及多尺度空间耦合等模型及复杂性科学在景观生态研究中的应用；
⑤景观的多重价值评价和作为社会经济发展规划与决策基础的景观社会经济研究；
⑥人类在景观中的作用，重点和关键景观的景观规划设计；
⑦对全球快速化背景下自然和社会复杂过程进行有效管理的途径。

以上研究的热点问题可以分为三类。①和②是为建立和发展景观生态学基本原理和理论，提高景观生态学的可预测性，并同时为解决具体生态环境和社会经济发展问题提供基本原则和理论指导而进行的研究。问题③和④着重于继续推进景观生态学研究方法的改进和完善，提高景观生态学的方法论的创新和预测能力，深入揭示景观动态变化规律。后三个问题是在全球快速变化的背景下，与社会经济发展和生物多样性保护及可持续发展等与景观生态学密切相关的研究领域中许多亟待解决的实际应用问题的集中体现。

当前景观生态学的研究热点还包括：景观恢复力和适应性、景观生态学与文化保护、景观与城市规划、生物多样性对气候变化的响应、景观规划与管理等方面。景观生态学研究越来越重视经济观念与生态学研究的融合，生态学家越来越重视经济要素在自然保护中的作用，同时，自然生态价值的经济学量化也正引起人们的重视；在景观格局与过程的关系研究上，以不同方法从不同侧面，剖析景观格局对自然生态过程的影响，在理论上加深对景观异质性作用的了解。例如，景观格局与过程对鸟类繁殖、迁移、觅食等活动影响。在景观变化分析方面，重要成果包括自然和人为干扰条件下森林景观格局动态的模拟模型，可选择性未来景观分析模型等，对由自然和人为干扰条件下过去、未来景观变化进行了对多方位，参数的分析。在景观生态过程研究方面，主要有流域尺度上的生态过程研究；不同管理措施下林地演替过程的研究；河谷景观的生态功能研究等。

1.4.3.2 景观生态学研究热点区域

国内外景观生态学研究的热点地区正是目前国际生态环境领域最具挑战意义和对区域乃至全球生态环境具有关键意义的区域。

(1) 流域系统

包括流域上游景观格局及其变化与下游的关系、流域高地与河谷关系、流域高地和河岸植被空间格局的水文效应以及其他流域生态学效应、流域生态安全保障和流域生态安全格局等。

(2) 湿地

湿地是陆地和水域的交汇处，水位接近或处于地表面，或有浅层积水，至少周期性地以水生植物为植物优势种、底层土主要是湿土或者在每年的生长季节底层有时被水淹没。包括湿地功能、湿地景观格局与湿地功能调控、湿地生物多样性保护的景观途径、减缓径流和蓄洪防旱、固定二氧化碳和调节区域气候、降解污染和净化水质、提供丰富的动植物食品资源和丰富的工业原料及能量来源、为人类提供聚集场所、娱乐场所、科研和教育场所以及湿地保护与恢复等。

(3) 文化景观

文化景观是人类为了满足某种需要利用自然界提供的材料在自然景观之上叠加人类活动的结果而形成的景观。文化景观的研究包括文化多样性与景观多样性的关系、文化景观保护、土地利用方式的社会经济基础和景观生态学背景。

(4) 城—乡过渡带和生态脆弱带

随着城镇化进程的加速和生态环境的日益恶化，城市化过程中的景观保护、城乡过渡地带的景观变化、自然和半自然景观要素的科学配置、生态脆弱区景观的保护与恢复等方面的研究尤为重要。

(5) 重点或关键性自然景观

包括重点和关键性自然景观的景观价值，重要物种栖息地，绿洲景观，有重要科学研究价值和教育意义的景观，对维护地方、区域乃至全球生态环境安全和健康有重要作用的景观，具有重要自然美学和旅游价值的景观。

(6) 城市景观

城市景观作为受人为干扰强度最大的景观类型之一，对原有景观产生深刻的影响，也是与人类生活密切相关的复杂开放的景观生态系统，已经成为人们关注的景观生态学研究的热点区域之一。当前城市景观生态研究已经进入快速发展的时期，在城市景观演变动态模型、热岛效应、城市景观安全格局的构建等方面的研究取得了一些成绩，但随着全球城市化进程的加快，景观生态学的研究将面临巨大的机遇和挑战。

(7) 公路及公路网

作为一种线性基础设施，道路在促进人类经济和社会发展的同时，也对景观和生态环境产生巨大的影响，如路域理化环境的污染、动植物栖息地的干扰、水土流失的加剧、生物多样性的减少、地质灾害的诱发、景观视觉质量的下降等问题。随着景观生态学的发展，越来越多学者将该学科理论与方法用于道路及道路网生态效应研究，对道路生态学影响、道路景观美学评价、道路景观规划设计等方面已有广泛研究。国内的道路景观生态学研究多集中在边坡生态恢复、绿化设计、道路环境污染等方面，研究深度和广度较欠缺，今后应加强国外新方法与理论引入，以典型旅游公路为突破口，开展细致深入的景观调查、路线优选、构造物设计等景观规划设计工作。

1.4.3.3 中国景观生态学发展方向

纵观国际景观生态学发展历史和未来趋势，结合中国生态环境建设和社会经济可持续发展的实际和要求，中国景观生态学的发展应当紧紧围绕提高景观多重价值，加强景观生态建设研究，发展有中国特色的景观生态学——景观生态建设。

生态建设是根据生态学规律调节人与自然的关系，组织可再生资源利用和生态系统管理，实现积极的生态平衡，建设适于人类生存的环境的一系列实践活动。景观生态建设是景观生态学与生态建设思想的结合，是景观生态学发展的必然趋势和生态建设思想发展的必然要求。它是指在景观及区域尺度上，在对景观格局与过程相互制约和控制机制，以及人类活动方式和强度对景观再生产过程的影响进行综合研究的基础上，通过景观规划设计，对景观结构实施积极和科学的调节、控制和建设，从而实现景观功能优化和景观可持续管理的一种生态环境建设途径。

加强景观生态建设研究的意义在于发挥我国生态环境建设领域研究与实践基础实力雄厚的优势，体现中国景观生态研究特色，提高景观生态研究水平。根据我国自然条件和社会经济状况的实际，自然景观所剩无几，特别是经济发展较快的东部地区，人工景观和人类经营的景观占绝对优势，许多景观由于人类长期不合理的开发利用而退化，景观多重价值受到严重损害，仅仅进行景观保护的研究与实践显然不够，即使加上景观生态恢复也不能满足我国加强生态环境建设和可持续景观建设的要求。必须深刻认识人类活动对景观格局和功能的客观影响，主动调整人类活动方式，发挥人的建设性积极作用，改善受损和受胁迫景观，实现积极的生态平衡。既不能片面学习北美景观生态学，忽视人的积极作用，又不能过分强调人的积极意义而背离客观规律。要在深入研究、认识自然规律的基础上"师法自然",为人类社会的可持续发展建设可持续景观。

我国的景观生态学应着重加强以下3个方面的研究：

(1) 紧密结合国际景观生态学发展动向,加强理论研究

加强景观生态学学科领域的拓展,如景观遗传学、宜居景观生态学、可持续景观生态学、功能景观生态学等,格局—过程的定量识别与研究方法,基于格局—过程耦合的生态服务评价模型的建立,探讨和建立具有生态学意义的景观格局指数。

(2) 结合社会经济发展需求,合理选择研究地区

选择合理研究地区,如城市景观、城乡过渡带景观、文化遗产景观、农业与乡村景观、典型的生态脆弱地区和公路网景观等。

(3) 紧密结合中国生态环境面临的实际问题,在应用层面开展有针对性的研究

如流域景观与区域生态安全格局、生物多样性保护与国家生态安全格局；快速城镇化过程与区域生态服务功能及其生态安全；城市生态安全；城市生态服务与人居环境健康；景观服务/生态系统服务权衡与景观可持续性；气候变化及其效应,生态过程与生态系统恢复和保护,土地退化过程与治理,人地相互作用过程和人与自然和谐发展。

可持续景观应当是具有多重价值的景观、生态安全的景观和适于人类生活的景观。景观生态学作为一门应用性较强的学科,如何更好地将景观生态理论和方法应用到实际中,仍是科技工作者面临的巨大挑战。要在继续开展景观生态学基础理论研究的同时,加强对景观多重价值及其评价、人类活动的景观生态效应、景观安全与景观可持续性、景观规划与设计和景观生态建设模式试验示范等方面的研究。

复习思考题

1. 什么是景观？如何理解景观的美学概念和地理学概念？
2. 景观有哪些基本特征？如何理解景观要素和景观结构成分？
3. 什么是景观生态学？其主要研究内容有哪些方面？
4. 景观生态学有哪些特点？如何认识其学科地位？
5. 国际景观生态学有哪些主要学术流派？各有什么特点？
6. 中国景观生态学研究有哪些特色和优势？
7. 如何理解景观生态学的发展趋势？如何把握景观生态学的研究热点？

本章推荐阅读书目

1. 郭晋平. 森林景观生态研究. 北京大学出版社,2001.
2. 邬建国. 景观生态学——格局、过程、尺度与等级(第2版). 高等教育出版社,2007.
3. 肖笃宁,李秀珍,高峻等. 景观生态学(第2版). 科学出版社,2010.
4. 肖笃宁. 景观生态学研究进展. 湖南科学技术出版社,1999.

5. Forman R T T, Godron M. Landscape ecology. John Wiley & sons, 1986.

6. Naveh Z, Lieberman A S. Landscape Ecology: Theory and Application. Springer – Verlag., 1994.

7. 傅博杰，陈利顶，马克明等. 景观生态学原理及应用(第2版). 科学出版社，2011.

8. 陈利顶，李秀珍，傅伯杰等. 中国景观生态学发展历程与未来研究重点. 生态学报，2014，34(12)：3129 – 3141.

第 2 章 景观生态学基本理论和原理

【本章提要】

景观生态学是一门新兴学科，正在从一门应用色彩很强的学科分支发展成为一门有独立理论体系和方法论特点的学科。一般认为，景观生态学理论体系应当包括耗散结构与自组织理论、等级结构系统理论、时空尺度和空间异质性、渗透理论、复合种群理论和源—汇模型、岛屿生物地理学理论等基本理论；还应当包括系统整体性原理、尺度性原理、生态流及其空间再分配原理、结构镶嵌性原理、文化性原理、人类主导性原理和多重价值原理等基本原理。本章概要介绍了这些理论和原理的要点，作为理解和掌握景观复杂性的基本范式。

景观生态学作为一门新兴的交叉性横断学科，其理论体系正在不断发展过程中，许多研究者从不同的学科基础出发，采用不同观点和方法对不同类型的景观进行研究，为建立和完善景观生态学理论体系做出了重要贡献。当前景观生态学面临的挑战仍然是发展整合的景观生态学，使采用不同方法解决不同问题的景观生态研究者在景观生态学理论和原理上找到共同基础，进一步完善景观生态学的理论体系，使之从一门应用色彩很强的学科分支发展成为一门有独立理论体系和方法论特点的学科，成为从生物学、地学以及人文科学等范围广泛的角度研究景观问题的基础。

景观生态学的基本理论和原理主要有 3 个来源：①来自其母体学科，特别是生态学和地理学；②来自相关学科，特别是系统科学和信息科学；③景观生态学研究领域具有普遍意义的研究成果的抽象和提高。

2.1 景观生态学基本理论

尽管对景观生态学理论体系的认识还不一致，但等级结构理论、时空尺度、异质性与景观格局、渗透理论、复合种群和源—汇模型、岛屿生物地理学理论、自组织理论与景观再生产以及干扰与景观稳定性等,在景观生态学理论框架中占有重要地位,为理解景观复杂性提供了新的范式,为景观生态学学科体系的建立和发展奠定了基础。

2.1.1 耗散结构与自组织理论

2.1.1.1 耗散结构理论概述

非可逆过程热力学第一和第二定律不仅是物理学的重要理论基础,也被认为是整个生态学的基本理论或普遍规律(general law)(Lawton,1999)。它主要研究一个系统在近热力学平衡态的线性区域的动态过程和机制,而耗散结构理论是关于系统在远离平衡态的行为特征和规律的理论基础。比利时物理学家普利高津在非线性非平衡态热力学方面的理论研究举世瞩目,他首先提出了耗散结构理论(Prigogine,1978),为生态系统生态学研究提供了强大的理论武器。

普利高津根据系统与外界环境的关系,把系统分为孤立系统(与外界环境既无能量又无物质交换)、封闭系统(与环境只有能量交换)和开放系统(与环境既有能量又有物质交换)3类。在任何系统中,系统的总熵(系统无序程度的量度)由两部分组成:①由系统内部热力学过程产生的熵;②由系统内部与外部物质、能量交换过程中产生的熵。可由如下公式表示:

$$ds = ds_i + ds_e \tag{2-1}$$

式中 ds——系统总熵的变化;

ds_i——系统内部产生的熵的变化;

ds_e——由系统与外界环境物质、能量交换而产生的熵的变化。

在任何系统,ds_i总是大于或等于零。对于孤立系统,ds_e必然是零;对于非孤立系统,ds_e可能大于零,也可能小于零。由于系统总熵的变化是上述两部分的代数和,所以系统总熵可能是正值或负值。当系统总熵的变化小于零时,其总熵值呈下降趋势。热力学第二定律认为,系统的熵总是增加的,在平衡态时达到最大值。此时,熵变化为零,系统具有最大无序性。显然,热力学第二定律只适应于孤立系统,无法解释生态系统的演替、进化和稳定性等生态过程和现象。

由于ds_i总是大于或等于零,当ds_e等于零时,系统总熵或无序性只能增加或保持不变。当ds_e大于零时,系统的总熵值增加,系统加速达到其热力学平衡态,系统的初始结构破坏,有序性下降,系统丧失原有功能。当ds_e远远小于零时,系统可以通过获得物质和能量从外部环境中不断吸收负熵流,使系统的总熵值减小,有序性增加,信息(负熵)量增加,并可能形成新的组织结构,从而使系统处于远离热力学平衡态的亚稳态(Meta-stable state)。由于系统必须靠耗散系统内部不断增加的熵达到并维持这种新的远离热力学平衡态,因此称这种新的稳定结构为耗散结构,它是系统与环境相互作用达到某一临界值时出现的有序结构,它的形成是一个由量变到质变、由无序到有序的过程,因而被看作一个自组织过程。

根据耗散结构理论,耗散结构的形成至少要满足3个要求:系统必须处于远离热力学平衡态的非线性区域;系统是开放的;系统的不同要素之间必须有非线性相互作用,主要是负反馈机制的存在。

在稳定状态下，耗散系统的熵发生率小于任何相邻的非稳定态，这称为最小耗散原理。这种熵的局部最小化是所有生命形式存在的重要热力学基础。系统组分的非线性作用和随机性使耗散结构对局部性扰动产生响应而出现涨落现象，一个小的随机性涨落可通过系统结构引起自我放大效应，使系统的熵产生率增加，直至出现新的稳定态，使熵值重新达到局部最小化。虽然涨落意味着系统的不稳定，但是新的耗散结构形成的触发机制或作用杠杆，是系统发展进化的动力源泉，正是这种自组织过程产生了分层稳定性，使许多开放系统呈现等级结构系统的特征。

2.1.1.2 耗散结构理论的意义

生态系统是耗散结构系统。首先，生态系统是开放系统，它与外界环境不断发生物质和能量交换；其次，所有生态系统都远离热力学平衡态，平衡意味着生命活动的终止和生态系统的彻底崩溃；第三，生态系统中普遍存在着非线性动力学过程，如种群控制机制、种间相互作用以及生物地球化学过程中的反馈调节机制。当生态系统从环境中不断获得物质和能量时，系统的总熵减小，信息量增加，结构复杂性随之增加。当生态系统达到顶极状态时，负熵和有序性达到最大，生态系统形成远离平衡态的稳定结构——耗散结构，该生态系统在结构和功能方面的有序性和稳定性都依赖于来自外界环境的连续不断的负熵流。

森林景观系统通过植物光合作用和其他生理过程将太阳能变成生物能，使一部分自由能固定在生态系统中，提高了系统的有序性，其中一部分能量又以热量形式在呼吸和其他代谢过程中耗散，以维持系统各种过程的正常运行，使景观总体的组织有序化和信息量随着食物网络中结构和种类多样性的增加而增加，同时景观系统的熵产生率不断减小，使系统结构和功能保持稳定。许多半自然景观或人工景观系统的稳定性更依赖于从外界环境持续地输入能量、物质和信息。在这类景观中，尽管有频繁的放牧、采伐和收获等干扰，但由于人为措施促进了光合作用，加速了系统与外界环境的物质、能量和信息交换，使系统通过耗散自由能增加其结构复杂性，保护和恢复系统的功能。

2.1.2 等级系统理论

等级系统理论(hierarchy theory)是由帕蒂(H. H. Pattee)和西蒙(H. A. Simon)等在20世纪60~70年代，在一般系统论的基础上，结合信息论、非平衡热力学、数学和现代哲学等新兴科学成果，逐步发展起来的一种新系统观，是关于复杂系统结构、功能和动态的系统理论。生态学科从80年代开始引入，逐渐受到生态学家的重视，并被作为推动生态学科发展的新概念构架而赋予明确的生态学意义(McIntosh, 1987)。但在麦金托什1985年出版的关于生态学理论与概念发展的著名专著中，还没有等级系统理论的地位(麦金托什著，徐嵩龄译，1992)。可见，等级系统理论的形成和发展实际与景观生态学的发展同步，与系统综合整体哲学思想的发展有密切联系。

2.1.2.1 等级系统理论概述

自然界是一个具有多水平分层等级结构的有序整体，在这个有序整体中，每个层次或水平上的系统都是由低一级层次或水平上的系统组成，并产生新的整体属性。这一规律从亚原子—原子的物理和化学水平到各层次的亚有机体——有机体(有机大分子、细胞器、细胞、组织、器官、生物个体等)的生物学水平,再到超有机体(种群、群落、生态系统等)的生态学和社会学水平,直到全球乃至银河系都可以表现出来(Naveh,1993)。等级系统中的任何一个子系统都有自己的上一级归属关系,即它属于上一级系统的组成部分,也有其对下一级的控制关系,即它由下一级子系统构成。但应当指出,这种关系不是直线梯级结构关系,而是树状分支结构关系,而且同一水平上的分支之间也有相互联系和影响(Naveh,1993)。

等级结构系统的每一层次都有其整体结构和行为特征,并具有自我调节和控制机制。一定层次上系统的整体属性既取决于其各子系统的组成和结构关系,也取决于同一层次上各相关系统之间的相互影响,并受控于上一级系统的整体特征,而很难与更低级层次或更高层次上系统的属性和行为建立直接联系,这就要求人们在对复杂等级系统进行研究时,要全面认识系统的这种双向性或两重性,正确进行系统的分解,并始终将对系统组分的认识置于系统整体特征的控制之下(邬建国,1991)。人们可以在不了解系统每一个组分的结构和行为细节的情况下,在一定等级水平上把握系统的整体属性和行为特征,这对于研究复杂大系统具有重要意义。对于景观复杂性,等级结构理论提供了一个把握系统不同结构成分在人类可见的尺度上与其他结构成分之间相互联系的新范式(Farina,1998)。

复杂性是等级结构系统的基本属性,系统的复杂性不仅由系统组成要素的多样性所决定,还取决于系统组成要素之间相互关系的多样性或生态过程的多样性。在等级结构系统中,系统独立于其组分而存在,且一般具有自组织性,因而可以看成一个控制系统。景观是复杂的等级组织结构系统,应当充分认识系统的组织结构水平,选择最佳时空尺度,才能把握复杂系统的整体属性和过程特征。

等级系统具有垂直结构和水平结构,前者指等级系统的层次数目、特征及其相互作用关系,后者指同一层次上亚系统的数目、特征及其相互作用关系。这两种结构都具有相对离散性和可分解性,垂直结构的可分解性是因为不同层次具有不同的过程速率(如行为频率、缓冲时间、循环时间和反应时间),水平结构的可分解性则来自于同一层次上整体元内部及相互作用强度的差异。

系统通过不同等级之间过程速率的差异,表现其等级组织关系,从一定等级水平的系统到另一个水平,生态现象的特征随之变化。从不同等级或层次的过程或行为特征来看,低层次上的过程速率相对较快,而高层次上的过程速率相对较慢,在等级结构系统中总可以根据生态过程速率的不同区分出各个层次。系统的每一个层次上都与其他层次紧密联系,并对通过其边界的信号进行过滤。高频率是低层次系统的特征,低频率是高层次上生态过程的特征。生态过程和速率的不连续性与空间结构和分布上的不连续性有密切联系,可以作为判断等级结构系统边界的标准。近年来,复杂性科学的发展更加注重系统的自组织和适应性特征,源于一般系统论和非平衡热力学的等级理论也在朝此方向发展。

2.1.2.2 等级系统理论的意义

等级系统理论明确提出了在等级结构系统中,不同等级层次上的系统都具有不同的结构、功能和过程,需要重点解决的问题也不相同。特定的问题既需要在一定的时间和空间尺度即一定的生态系统等级水平上加以研究,还需要在其相邻的上下不同等级水平和尺度上考察其效应和控制机制。

提高林地生产力，研究合理的林分结构，只能在群落和种群水平上才能找到应有的解决方法和途径。相反，研究流域水文效应与高地森林经营方式之间的关系，只能在景观水平上寻找答案。为了研究森林抚育、采伐方式、林种和树种的空间配置对流域水文状况的影响，确定森林经营活动的理想方式，在群落尺度上只能为这些研究提供依据和支持，但不能作为整体规划和决策的最佳尺度。对个别群落的研究只能说明森林采伐对流域水文效应的局部影响，并不能说明当景观内其余部分的森林也同样进行采伐时，对流域水文效应会有什么影响，也不能说明在景观整体水平上以某种空间配置格局进行采伐时，是否会给流域水文状况带来不可接受的损失。这都是传统森林经营工作中常被忽视的问题，通过对森林等级结构的理解，在景观尺度上的相关研究可以为森林经营管理提供有力的理论支持。

2.1.3 空间异质性与景观格局

异质性在生态学领域中是指在一个景观中，景观元素类型、组合及其属性在时间或空间上的变异程度，是景观区别于其他生命层次的最显著特征。系统和系统属性在时间维上的变异实际就是系统和系统属性的动态变化，因此生态学中的异质性一般是指空间异质性。空间异质性(spatial heterogeneity)是指生态学过程和格局在空间分布上的不均匀性和复杂性。

2.1.3.1 景观异质性的意义

景观异质性是景观尺度上景观要素组成和空间结构上的变异性和复杂性。由于景观生态学特别强调空间异质性在景观结构、功能及其动态变化过程中的作用，许多人甚至认为景观生态学的实质就是对景观异质性的产生、变化、维持和调控进行研究和实践的科学。因此，景观异质性概念与其相关的异质共生理论、异质性—稳定性理论等一起成为景观生态学的基本理论。

景观异质性不仅是景观结构的重要特征和决定因素，而且对景观的功能及其动态过程有重要影响。它决定着景观的整体生产力、承载力、抗干扰能力、恢复能力和生物多样性(李晓文，1999；俞孔坚，1998、1999)。

景观异质性的来源主要是环境资源的异质性、生态演替和干扰。其中，生态演替和干扰与景观异质性之间的关系，建立以太阳能为主要能源的耗散结构，提高景观自组织水平，是指导人类积极进行景观生态建设和调整生产、生活方式的理论基础。

2.1.3.2 异质共生理论与景观稳定性

自然界的异质共生现象十分普遍。由竞争排斥、生态位分化和协同进化等长期和短期的生态学过程建立起来的复杂反馈控制机制，是生态系统保持其长期稳定性和生产力的基础。景观是由异质景观要素以一定方式组合构成的系统，景观要素之间通过物质、能量和信息(物种)的流动和交换保持着密切的联系，决定着景观要素之间的相互影响和控制关系，也决定着景观的整体功能，并对景观的整体结构有反馈控制作用。景观异质共生理论是指导景观生态建设和景观规划设计的理论基础(肖笃宁，景贵和，1991)。

异质性与稳定性的关系始终是景观生态学的一个基本认识。正如多样性与稳定性的关系一样，在一定范围内增加系统的多样性有利于提高其稳定性，这一点在景观尺度上有更明显的表现。景观的空间异质性能提高景观对干扰的扩散阻力,缓解某些灾害性压力对景观稳定性的威胁,并通过景观系统中多样化的景观要素之间的复杂反馈调节关系使系统结构和功能的波动幅度控制在系统可调节的范围之内。

2.1.3.3 景观格局

景观生态学中的格局一般是指空间格局,它表示景观要素斑块和其他结构成分的类型、数目以及空间分布与配置模式、景观空间格局是景观结构的重要特征之一,是景观异质性的外在表现形式。因此,景观异质性与景观空间格局在概念上和实际应用中是密切联系的,并且都对尺度有很强的依赖性。探讨格局与过程之间的关系是景观生态学的核心内容,为此发展了一系列景观格局指数和空间分析方法进行定量描述。

2.1.4 时空尺度

尺度(scale)的原始涵义来自地图学中的图幅和图形分辨率或比例尺,它代表了地图要素的综合水平和详细程度。虽然地理学或地图学中"比例尺"和景观生态学中"尺度"的英文都是 scale,但生态学研究中的尺度与地理学或地图学中比例尺既有联系又有明显区别。景观生态学尺度是对研究对象在空间上或时间上的测度,分别称为空间尺度和时间尺度。时间和空间尺度包含于任何景观的生态过程之中(Wiens,1989)。无论空间尺度或时间尺度,一般都包含范围(extent)和分辨率(resolution)两方面的意义,在对景观本身的空间特征进行描述时,还会用到粒度(grain)。范围是指研究对象在空间或时间上的持续范围。分辨率是指研究对象时间和空间特征的最小单元。一般大尺度(或称粗尺度,coarse scale)常指较大空间范围内的景观特征,往往对应于较小的比例尺和较低的分辨率;而小尺度(或称细尺度,fine scale)常指小空间范围内的景观特征,往往对应于较大的比例尺和较高的分辨率。

(1)空间尺度

空间尺度(spatial scale)一般是指研究对象的空间规模和空间分辨率,研究对象的变化涉及的总体空间范围和该变化能被有效辨识的最小空间范围,一般用面积单位表示,在某些采用样线法或样带法研究的景观中也可以用长度单位进行测度。在实际的景观生态学研究中,空间尺度最终要落实到由欲研究的景观生态过程和功能所决定的空间地域范围,最低级别或最小的生态学空间单元。如研究流域高地森林景观与流域水文过程的关系,就必然将流域集水区范围作为研究范围,而把具有不同水文学特征的森林类型作为最小的生态学单元,实际可分辨的森林类型斑块最小面积也相应地由森林类型的对比度和研究资料的分辨率决定。

(2)时间尺度

时间尺度(temporal scale)是指某一过程和事件的持续时间和考察其过程和变化的时间间隔,即生态过程和现象持续多长时间或在多大的时间间隔上表现出来。

由于不同研究对象或同一研究对象的不同过程总是在特定的时间尺度上发生,相应地在不同时间尺度上表现为不同的生态学效应,应当在适当的时间尺度上进行研究,才能达到预期的研究目的。如森林景观斑块演替研究中,完成全部演替过程所需要的时间决定了研究的时间范围,而观测取样的时间间隔决定了研究能在多大程度上了解演替过程中斑块特征变化的细节。反过来,不同的自然地理、演替历史和干扰历史决定了森林景观斑块演替的速率和进程,也在客观上决定了研究的时间范围和观测取样间隔期的长短。

(3) 组织尺度

景观生态学研究中用生态学组织层次定义的研究范围和空间分辨率称为组织尺度(organizational scale)。显然,由个体(individual)、种群(population)、群落(community)、生态系统(ecosystem)、景观(landscape)和区域(region)组成的生物组织等级结构系统,不同层次对应着不同的空间尺度,不同层次上各种生态过程的时间尺度也有明显差别。一般从个体、种群、群落、生态系统、景观到区域乃至全球(global),虽然在各层次的具体研究对象之间,实际的时间和空间尺度可能会有一定的重叠和交叉,但不同等级层次上生态学研究的空间和时间尺度都趋于增大。生态系统等级水平与时空尺度之间的关系如图 2-1 所示。而不同的时空尺度上生态学的研究内容有较大差异(图 2-2)。

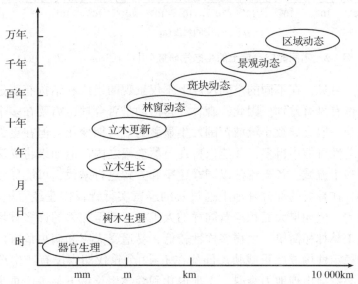

图 2-1　生态系统等级水平与时空尺度关系示意

(4) 尺度效应

生态学系统的结构、功能及其动态变化在不同的空间和时间尺度上有不同的表现,也会产生不同的生态效应。

从空间尺度来看,在较大的尺度上观察一片未经人为干扰的森林,人们会觉得森林在相当长的时期内都没有发生明显的变化。但是,如果将观测和研究的尺度缩小,就不难发现其中的个别大径木或小片大径木由于风暴、雷电等因素而倒伏,在整个森林面积上散布着大小不一的林窗和林中空地。在整体上并未显示出显著变化的情况下,镶嵌体中较小尺度的斑块上都发生了显著的变化。与此类似,东北大兴安岭北部未开发的原始林区,以不同色深表示不同林龄的兴安落叶松林构成的基本背景,不同大小的火烧迹地斑块散布其中,低地、沼泽沿河谷分布,散布在高地上的一些樟子松林构成另一些深色调斑块。在空中观察时(航片和卫星影像),这种景观结构长期没有变化,但地面调查分析发现,林火、风倒和昆虫危害使许多林木死亡,局部林地变成林窗、林中空地或迹地,并且这些斑块都

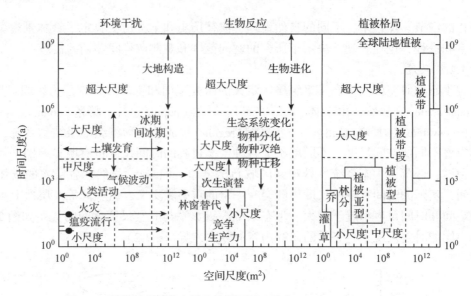

图 2-2　不同时空尺度上的生态学研究（引自 Delcourt et al.，1983）

处于恢复过程中。可见，在不同的空间尺度上不仅景观的组成和结构有明显的不同，景观的动态变化特征也有显著差别。因此，森林经营活动是否合理，需要在多个尺度上加以考察。森林采伐活动一般会导致小流域范围发生显著的短时期变化，但在更大流域范围内考察时，变化的显著性可能小得多，并能保持在自然变幅之内。但如果将支流水平上合理的经营方式推广到整个流域，各支流都以同样速率和方式进行采伐，可能导致整个流域的灾难性后果。同样，在林场的部分林地上通过集约经营实行皆伐作业经营短轮伐期人工林，无疑是合理可行的。但如果大面积经营同样的人工林，甚至相邻的许多林场采用相同的经营方式，由于人工林林相简单，生物多样性较低，易遭受火灾和病虫危害的影响，将对森林景观的健康和稳定性构成严重威胁。即使在 1~2 个轮伐期内没有产生严重后果，在更长的时间尺度上必然会出现地力衰退、土地退化和森林生长量下降等严重生态问题。而对于独特而美丽的森林景观、关键性物种的栖息地、特殊用途的木材持续供应基地和社区村落的水源保护林等，除了满足大尺度上景观稳定性与健康等方面的要求外，还必须同时在小尺度上考虑自身的可持续性。

　　从时间尺度来看，在地球形成和发展历史的时间尺度上考察地球及表面的变化，从生命出现到现在也不过是地球发展史中短暂的一瞬，而人类出现的历史则更短，其变化非常巨大。将地球表面的事物放在人类进化历史的时间尺度上去考察，可以发现，如果不是人类的大规模破坏，热带雨林几乎没有变化；如果不是气候变暖的速率远远超出了地质时期的正常速率，人们就不会对全球气候的变化表现出极大的关注；如果不是物种消失的速率远远超出了地质时期的物种消失速率，人们就不会对生物多样性的丧失如此担忧。例如气候的年际变幅很大，但仅仅根据今年比去年干热，不可能得出全球气候正在变暖的结论，常常要在数百年的时间尺度上加以考察，才能得出可靠的结论。在森林群落中由单株大径木死亡所导致的小尺度变化要频繁得多，而整个森林群落的演替循环却需要在更长的时间尺度上表现出来。如果在森林景观被再次破坏以前有充足的时间恢复到干扰前的状态，就可以恢复并保持其完整性和稳定性；如果干扰的间隔期比恢复期短，反复的干扰可能导致森林景观不可恢复的衰退甚至崩溃。如果某生态过程发生在很短的时间内，而研究这种变化的时间尺度很大，就可能忽略这种变化的存在；如果生态过程发生在很长的时间里，而研究这种变化的时间尺度很小，也不可能观察到显著的变化。

(5) 尺度的对应性和相对性

时间尺度、空间尺度和组织尺度三者之间一般是相互对应的。由于从生态学研究的总体而言尺度是连续的，三种尺度之间的关系并不是一一对应，但三者之间的对应性也是明显的。一般处于较高组织层次上的研究对象，具有较大的空间尺度，其时间尺度也较长。如长白山阔叶红松林群落动态镶嵌稳定过程中，空间范围数十到上百公顷（$10 \sim 100 \ hm^2$），周转期数百年（$300 \sim 700 \ a$）；而由树倒引起的林隙动态恢复过程，空间范围数百平方米（$100 \sim 600 \ m^2$），相应的恢复更新时间几十年（$60 \sim 90 \ a$）（臧润国等，1998）。

尺度的大小是相对的，而且很难确定一个统一的尺度划分标准，这是由研究对象的复杂性和多样性决定的。对林分中林冠空隙或林窗（forest gap）动态的研究相对于森林景观中森林类型斑块演替的研究，属于小尺度研究；对种群动态的研究相对于群落演替的研究，也属于小尺度研究；而森林景观中森林类型斑块演替的研究，相对于森林景观动态的流域生态效应研究是小尺度研究。

Delcourt 和 Delcourt（1988）提出将景观生态学研究的景观分成即小尺度（microscale）、中尺度（mesoscale）、大尺度（macroscale）和巨尺度（megascale）4个尺度水平（表 2-1）。

表 2-1 4 个尺度的时间和空间范围及动态过程

尺度水平	空间范围（m^2）	时间范围（a）	生态学问题或过程
小尺度（microscale）	$1 \sim 10^6$	$1 \sim 500$	风、火和采伐等干扰，土壤侵蚀和潜移、沙丘移动、崩塌、滑坡、河流运移和沉积等地貌过程，动物种群循环波动、林冠空隙演替和弃耕地的演替，森林景观破碎化、过渡带或边际带的增加、廊道适宜性的变化等
中尺度（mesoscale）	$10^6 \sim 10^{10}$	$500 \sim 10^4$	二级河流的流域、冰期或间冰期发生的过程或事件，包括人类文明进步过程
大尺度（macroscale）	$10^{10} \sim 10^{12}$	$10^4 \sim 10^6$	冰期间冰期循环，物种形成和灭绝
巨尺度（megascale）	$>10^{12}$	$10^6 \sim 4.6 \times 10^9$	板块构造运动等地质事件与大陆地质过程

从表 2-1 不难看出，从不同的角度和生态学问题的考虑范围，可以对尺度作不同的划分。尺度的大小是相对的，是否在研究和实践中严格按照上述标准进行划分并不重要，重要的是更好地理解景观生态学的尺度依赖性，明确景观生态学研究中，某一尺度上发现的问题往往需要在更小尺度上去揭示其形成原因和制约机制，在更大尺度上寻找综合的解决途径。

(6) 尺度外推

在景观生态学研究中，人们往往需要利用某一尺度上获得的信息或知识来推断其他尺度上的特征，这一过程称为尺度外推（scaling），包括尺度上推（scaling up）和尺度下推（scaling down）。尺度外推关系到景观生态学的方方面面，同时也是普通生态学中的关键问题（Urban，2005）。尺度外推的对象是景观格局与生态学过程之间的跨尺度相互作用问题,这种相互作用经常表现为非线性和动态性的特点,对于理解和预测景观生态过程来说,仍然是一大挑战(Peter et al.,2007)。由于生态学系统的复杂性,尺度外推极其困难,因而需要采取更慎重和科学的态度,在充分掌握外推过程中尺度效应的基础上,以数学模型和计算机模拟为主要工具和手段来进行。同时,由于宏观尺度的可控制性实验研究代价高昂,如美国的"生物圈Ⅱ",有时甚至根本不可能实施,尺度外推始终是景观生态学研究中富有挑战性的领域。

(7) 景观粒度

景观的粒度(grain)是指组成景观镶嵌体(mosaic)的景观要素斑块的平均大小(规模)及其分异程度。它来源于对航空相片和卫星影像的观测,景观要素斑块在景观镶嵌体中的视觉表现就是颗粒的粗糙程度。粗粒景观(coarse grain landscape)一般指由较大的异质景观要素斑块镶嵌构成的景观,而细粒景观(fine grain landscape)对应于由较小的异质景观要素斑块镶嵌而成的景观。粗粒景观一般在较大尺度上有较高的异质性,当研究和观测的空间尺度缩小时景观异质性降低。与此相反,细粒景观在较小尺度上的异质性较高,当研究和观测的空间尺度增大时景观异质性降低。同样的景观,对于不同的研究对象和生态学过程,其粒度有很大的差异。例如:对于活动范围大、要求多种生境的大型哺乳动物来说粒度很细的景观,但对于小型啮齿动物来说却是粒度很粗的异质性景观。

2.1.5 空间镶嵌与生态交错带

2.1.5.1 空间镶嵌

美国生态学家福尔曼和法国生态学家戈德伦(1986)认为,组成景观的结构单元有3类:斑块(patch)、廊道(corridor)和本底(matrix)。对三类景观结构单元可以从结构特征和形态上去认识,也可以从功能的角度去认识。但由于景观要素功能的复杂性,一般首先从形态特征方面加以区分。

近年来,以斑块、廊道和本底为核心的一系列概念、理论和方法已逐渐形成现代景观生态学的一个重要方面,福尔曼(1995)称之为景观生态学的"斑块—廊道—本底模式"。这一模式提供了一种描述生态系统的"空间语言",使得对景观结构、功能和动态的表述更为具体和形象。斑块—廊道—本底模式还有利于考虑景观结构与功能之间的拓扑关系,比较它们在时间上的变化。然而必须指出,在实际研究中,有时要确切地区分斑块、廊道和本底很困难也是不必要的。广义而言,把本底看作景观中占绝对主导地位的斑块未尝不可。由于景观结构单元的划分总是与观察尺度相联系,所以斑块、廊道和本底的区分往往是相对的。如某一尺度上的斑块可能成为较小尺度上的本底,同时又是较大尺度上廊道的一部分。

2.1.5.2 生态交错带

生态交错带是相邻生态系统之间的过渡带,其特征由相邻生态系统之间相互作用的空间、时间及强度决定(Holland,1988)。通俗地说,生态交错带就是由两个不同性质斑块的交界和各自的边缘构成的斑块之间的过渡地带。生态交错带最显著的特征是具有明显的边缘效应。边缘效应或边际效应(edge effect)是指斑块边缘部分由于受两侧生态系统的共同影响和交互作用而表现出与斑块内部不同的生态学特征和功能的现象。斑块内部的土壤条件、小气候条件(如光照、温度、湿度、风速)、物种组成等方面都与边际部分有明显差异。因此，在异质景观要素(生态系统)之间边际带是客观存在的，当研究的问题涉及边际带两侧不同生态系统的作用时，往往被称为生态交错带或过渡带。许多研究表明，生态交错带或边际带通常具有较高的生物多样性和初级生产力，物质循环和能量流动速率更快，生态过程更活跃。一些需要稳定而相对单一环境资源条件的内部物种(interior species)，往往集中分布在斑块内部；而另一些需要多种环境资源条件或适应多变环境的物种，主要分布在边际带，称为边缘物种(edge species)。一般内部物种更容易受由于生境退化和破碎化而灭绝的威胁。因此，斑块大小变化的一个重要生态效应是导致内部生境的变化。边际带的宽度和边际效应的大小与斑块的大小和相邻斑块或本底的特征及其差异程度密切相关。

由于边际效应，生态系统光合作用效率以及养分循环和收支平衡特点，都会受到斑块大小及有关结构特征的影响。斑块边缘常常是风蚀或水土流失的起始或程度严重之处。一般斑块越小，越易受到外围环境或本底中各种干扰的影响。而这些影响的大小不仅与斑块的面积有关，同时也与斑块的形状及其边界特征有关。

2.1.6 景观连接度与渗透理论

2.1.6.1 景观连接度

景观连接度(landscape connectivity)是对景观空间结构单元相互之间连续性的量度，包括结构连接度(structural connectivity)和功能连接度(functional connectivity)。结构连接度是指景观在空间结构特征上表现出来的连续性，主要受需要研究的特定景观要素的空间分布特征和空间关系的控制，可通过对景观要素图进行拓扑分析加以确定。功能连接度比结构连接度复杂得多，是指从景观要素的生态过程和功能关系为主要特征和指标反映的景观连续性。也有人将景观结构连接度称作景观连通性(landscape connectedness)，而景观连接度专指景观功能连接度，并严格区分两者的概念和属性。

景观连接度对研究尺度和研究对象的特征尺度有很强的依赖性，不同尺度上的景观空间结构特征、生态学过程和功能都有所不同，景观连接度的差别也很大；同时，结构连接度和功能连接度之间有着密切的联系，许多景观生态过程和功能与景观的功能连接度依赖于景观的结构连接度，但也有许多景观或景观的许多生态过程和功能的连接度与结构连接度没有必然联系。仅考虑景观的结构连接度，而不考虑景观生态过程和功能关系，不可能真正揭示景观结构与功能之间的关系及其动态变化的特征和机制，不可能得出确实指导景观规划和管理的可靠结论。

2.1.6.2 渗透理论

渗透理论(Percolation theory)最初用以描述胶体和玻璃类物质的物理特性，并逐渐成为研究流体在介质中运动的理论基础，用于研究流体在介质中的扩散行为(图2-3)。其中的临界阈限(critical threshold)现象也常在景观生态过程中发现，如种群动态、水土流失过程、干扰蔓延、动物的运动和传播等，在景观生态研究中有很大应用价值，特别是作为景观中性模型建模的理论基础，受到了高度重视(Gardner et al., 1987)。

在流体分子的不规则热运动和随机扩散过程中，粒子可以在介质中随机运动到任何位置，但渗透过程中粒子的行为方式显著不同。临界阈限是景观中景观单元之间生态连接度

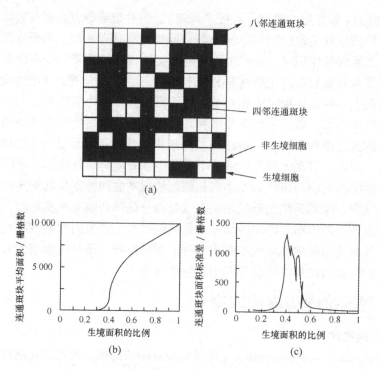

图 2-3 渗透理论的基本概念(引自 Green, 1994)
(a)一个 10×10 的随机栅格景观，其中黑色细胞代表生境，白色细胞代表非生境；
(b)和(c)分别表示连通斑块的平均面积及其标准差随生境面积增加的变化趋势

的一个关键值，当景观单元之间的连接度达到某一临界值时，生态过程或事件在景观中的扩散类似于随机过程，否则就说明在景观中存在类似于半透膜的过滤器，甚至是使景观完全分割破碎化的景观阻力。对于不同的生态过程或功能，临界阈限的生态学意义及其对人类的作用有很大不相同。如对于林火、病虫害、水土流失等过程来说，应尽可能使其连接度降低到临界阈限以下，以降低灾害蔓延的可能性；而对于物种保护来说，应提高其景观连接度，以增加种群交流的机会，提高种群抗干扰能力。对于不同性质和管理目标的景观，确定景观连接度的临界值，对于景观合理规划和管理都具有重要意义。

2.1.6.3 中性模型

自1980年以来，在景观生态研究中渗透理论作为建立景观中性模型(neutral models)的理论基础而占有重要地位。美国生态学家 R. Garnder 认为，景观中性模型是"不包含地形变化、空间聚集性、干扰历史和其他生态学过程及其影响的模型"。中性模型主要用来研究景观格局与过程的相互作用，检验相关假设。当景观生态过程偏离中性模型的模拟或预测结果时，说明某种景观格局可能对景观生态过程有影响或控制作用。将中性模型的某些参数与景观格局特征相联系，成为建立基于渗透理论的景观动态变化机理模型的重要途径。

2.1.7 岛屿生物地理学理论

岛屿生物地理学研究从物种—面积关系开始(MacArthur & Wilson, 1963, 1967)。对岛屿生物地理现象的关注可追溯到近代生物学先驱达尔文关于岛屿生物物种多样性的记述。MacArthur 和 Wilson 于 1967 年提出的"均衡理论"(equilibrium theory),标志着岛屿生物地理学理论成为成熟的理论。群落生态学研究中关于物种数量与取样面积关系的许多结论,促进了该理论向陆地生境研究推广,当把生境斑块看作被其他非生境景观要素所包围的孤立"岛屿"时,类似岛屿生境的基本假设可以在一定条件下存在,并可应用于景观生态学研究中。

岛屿生物地理学理论中物种数量与岛屿面积之间的关系表达为:

$$S = c \cdot A^z \tag{2-2}$$

式中　S——岛屿的生物物种数;
　　　A——岛屿面积;
　　　c——与单位面积平均物种数有关的常数;
　　　z——待定参数,与岛屿的地理位置、隔离度和邻域状况等有关。

景观中生境斑块的面积、形状、数目以及空间关系,都会影响生物多样性和各种生态学过程。考虑到景观斑块的不同特征,种与面积的一般关系可表达为:

物种丰富度 $= f$(生境多样性,干扰,斑块面积,演替阶段,本底特征,
　　　　　　斑块隔离程度)

斑块数量的增加常伴随着物种的增加。岛屿生物地理学理论(MacArther & Wilson,1967)将生境斑块的面积和隔离程度与物种多样性联系在一起,成为早期北美景观生态学研究的理论基础,对斑块动态理论和景观生态学的发展有重要的启发作用。

岛屿生物地理学理论是研究物种生存过程的时空耦合理论,既涉及物种的空间分布,又涉及物种的迁移、扩散、存活及动态平衡,把生境斑块的空间特征与物种数量联系在一起,为生态学概念和理论的发展奠定了基础。岛屿生物地理学理论最直接的应用价值是为生物保护的自然保护区设计提供了原则性指导,并为景观生态学的发展奠定了理论基础,通过与其他相关理论的结合为景观综合规划设计提供理论依据。

2.1.8　复合种群理论与源汇模型

景观生态学与生物多样性保护和种群生态过程密切相关,基本理论是复合种群理论和源汇模型,源汇模型更进一步推广到其他生态流过程。

2.1.8.1　复合种群理论

森林破碎化的加剧已经成为自然生境变化的共同问题,产生了许多相互隔离的林地小斑块,破碎化林地斑块中的物种要比连续的森林景观中少得多,特别是一些对生境敏感的内部物种的数量更少。生活在异质景观中的种群被有害或不利生境隔离时,物种就地灭绝的危险性更高,这些相互分离的种群一般被看作复合种群的组分,由于只能通过个体迁出和迁入来保证种群内个体之间的联系,其再定居的可能性将主要取决于物种扩散能力等多种因素,它也是复合种群动态过程的基础。

美国生态学家莱文斯(R. Levins)在 1970 年首次采用了复合种群(meta-population)一词描述种群(Glipin and Hanski,1991;Hanski and Gipin,1997),并将其定义为"由经常局部性绝灭,但又能重新定居而再生的种群所组成的种群"。莱文斯不再把注意力放在一个种

群上,而是更多地关注这种由一组相互联系的亚种群组成的总体。换言之,复合种群是由空间上相互隔离,但又有功能联系(繁殖体或生物个体的交流)的2个或2个以上亚种群(sub-population)组成的种群系统。复合种群是一个复合系统,由灭绝和再定居过程产生的种群个体数量波动保证了亚种群之间的基因联系,这种情况在受干扰和破碎化的生境中普遍存在。亚种群一般分布在特定的生境斑块中,而复合种群的生存环境则对应于景观镶嵌体。"Meta"一词正是强调这种空间复合体特征。所有种群的生境在空间上均具有不同程度的异质性,但它们并不全是复合种群。

过去一直将出生率和死亡率作为种群生态过程中的重要特征,但事实上扩散也是控制复合种群统计学特征和空间结构的重要因素。汉森(Hansson, 1991)认为有3个因素影响扩散:资源阈限,当食物资源水平低于某一关键性水平时,将导致生物个体在斑块间的运动,资源冲突,扩散是避免对食物、繁殖地和水源等有限资源竞争的必然反应;避免近亲繁殖,它既可能是基本因素,也可能是一般因素,并且可能与种群密度无关。复合种群理论有两个基本要点:亚种群频繁地从生境斑块中消失(斑块水平的局部性绝灭);亚种群之间有繁殖体或个体的交流,从而使复合种群在景观水平上表现出复合稳定性。因此,复合种群动态往往涉及3个空间尺度:

①亚种群尺度或斑块尺度(subpopulation or patch scale) 生物个体通过日常采食和繁殖活动发生非常频繁的相互作用,从而形成局部范围的亚种群单元。

②复合种群或景观尺度(meta-population or landscape scale) 不同亚种群之间通过植物种子和其他繁殖体传播,或通过动物运动发生交换。这种经常靠外来繁殖体或个体维持生存的亚种群所在的斑块称为"汇斑块"(sink patch),而为汇斑块提供生物繁殖体和个体的斑块称为"源斑块"(source patch)。

③地理区域尺度(geographic regional scale) 这一尺度有了研究物种的地理分布,即生物个体或种群的生长和繁殖活动不可能超越这一空间范围。

在一定的区域范围内可能有若干个复合种群,但一般很少有相互交流和作用。但在考虑很大的时间尺度(如进化或地质过程)时,地理区域范围内的一些偶发作用也会对复合种群的结构和功能特征有显著影响。

复合种群理论是关于种群在景观斑块复合体中运动和消长的理论,也是关于空间格局和种群生态学过程相互作用的理论,对景观生态学和保育生物学具有重要意义,虽然关于复合种群动态的野外实验研究才刚刚开始,但这些研究是检验、充实和完善复合种群理论的基础。

复合种群概念与岛屿生物地理学有密切联系,它将种群定居与灭绝过程作为建立该理论的基础。当生境斑块被隔离以致复合种群过程不能发挥作用时,生境破碎化对物种的持续生存将产生极大的危害。应用复合种群模型可以对破碎化环境中的物种动态进行模拟和预测,建立有效的生物保护景观生态规划和管理途径,提高生态学的综合能力。

2.1.8.2 源—汇模型

出生率高于死亡率且迁入率高于迁出率的种群称为源。反过来,当种群的出生与死亡之间的平稳为负时,幼体的出生无法补偿成体的死亡,这样的种群称为汇种群。如果没有足够的个体迁入,汇种群将面临灭绝。

在过去的种群动态研究中，多数模型将生境看作同质的，种群的每个个体都处于相同的环境条件中。但实际上同一物种的个体和亚种群栖息的生境在资源可及度上都是异质的。由 Pulliam 于 1998 年初提出的源—汇模型作为一个种群统计模型正是在异质性和景观镶嵌体概念基础上提出的，当异质性和景观镶嵌体概念被普遍接受后，更得到普遍认同，并将包含源种群的生境看作源斑块，而将汇种群所占居的生境作为汇斑块。

源—汇模型在景观生态学解释个体在景观镶嵌体的各部分具有不同分布特征时极为有用，它与复合种群概念、景观镶嵌体中生境斑块的异质条件和亚种群之间的个体交流等有密切关系，并成为研究种群动态和稳定机制的基础。

确定生境斑块的源—汇特征对研究种群动态至关重要，特别是避免受随机事件的影响，应当对长期观察给予足够的重视，对生境质量做出客观的评价，除了考虑生境在生物学方面的适宜性外，还应从生境斑块的大小、形状和边际特征等方面分析其源—汇属性。Watkinsont 和 Sutherlands(1995)还创造了假汇这个名词，用来阐明两种特殊生境。生境斑块中适宜性高的斑块具有更大的承载力，承载力低的生境斑块并不会导致种群就地灭绝，但由于迁入率过高而出现超载，导致死亡率很高，如果缺乏长期观测，常被看作汇斑块。真汇与假汇之间的区别在于，如果迁入率降低，真汇的种群趋于灭绝，而假汇只表现为种群缩小。相反，有些情况下某些生境的适宜性似乎很好，但实际上它们没有足够的容量保证种群成功完成其再生产过程，从而导致种群局部灭绝，这样的生境斑块称为陷阱。可见，陷阱是一种看似源的汇(Pulliam, 1996)，在人类经营的景观中普遍存在。如农业景观中食物供应能吸引大量个体，但由于农业生产和其他人类活动的干扰，降低了种群再生产的成功率，从而导致整个种群数量下降，并带来严重后果。源—汇模型在景观生态学中可以得到很有意义的应用，即使对于完全改变其生境的迁徙物种来说，也可以推广到源—汇模型。

许多研究表明，种群的个体分布并不总是与生境适宜性一致，适宜的生境经常未被种群占据，种群密度也并非总能作为生境质量的指标。某一物种的个体经常会出现在不适宜的生境中，甚至会集中到汇生境中，如果没有持续的迁入量，将导致种群就地灭绝。岛屿生物地理学和复合种群模型也从不同侧面证实了上述过程。

生境破碎化导致的生境斑块源—汇属性变化对复合种群动态和生境斑块质量的影响，是景观生态学研究中生物多样性保护的重要研究领域。

2.2 景观生态学的基本原理

Risser(1987)、Forman 和 Godron(1986)、Turner(1987, 1990)等景观生态学研究者，曾就景观生态学的一般原理提出建设性意见。其中又以 Forman(1995)提出的 12 条较为系统。从他们表述的实质内容既有许多相近之处，又不够全面。肖笃宁(1999)就景观生态学原理提出 9 项原理：土地镶嵌与景观异质性，尺度效应与景观层秩性，景观结构与功能的联系和反馈，能量与养分的空间流动，物种迁移与生态演替，景观变化与稳定性，人为活动/干扰、改造、构建，景观规划的空间配置，景观的视觉多样性与生态美学。还有一些学者如 Naveh(1994)，将系统科学理论引入景观生态学学科理论体系，重视生物圈与技术圈的交叉，提出总体人类生态系统(total human ecological system)的概念。

本书在综合多位学者研究成果的基础上，将景观生态学基本原理总结为 7 个方面。

2.2.1 景观的系统整体性原理

景观是由景观要素有机联系组成的复杂系统，含有等级结构，具有独立的完整结构，相应的生态学、经济学和社会学功能具有明显的视觉特征和美学价值。景观是具有明确边界、在空间上可辨识的地理实体。一个健康的景观具有结构上的完整性、功能上的整体性和连续性以及动态上的相对稳定性。

从系统的整体性出发研究景观的结构、功能与变化，将分析与综合、归纳与演绎互相补充，可深化研究内容，使结论更具逻辑性和精确性。通过结构分析、功能评价、过程监测与动态预测等方法，采取形式化语言、图解模式和数学模式等表达方式，以得出景观系统综合模式的最好表达。

景观的系统整体性不仅表现在景观总是由异质的景观要素组成，景观要素的空间结构关系和生态过程中的功能关系等水平方向上，而且还表现在景观在等级系统结构中垂直方向上不同等级水平之间的关系上。景观的系统整体性明确了景观生态学的研究方向和方法论特点：①在深入研究景观要素或结构成分之间相互关系的基础上，把握景观整体的结构特征、整体功能和动态变化规律，有针对性地提出景观调节、控制和管理的基本途径；②把景观放在区域可持续发展的大背景下，作为区域的组成部分，确定景观的作用，明确景观管理的目标，规划景观管理措施。

2.2.2 景观生态研究的尺度性原理

景观生态研究一般对应于中尺度的范围，即从几平方千米到几百平方千米，从几年到几百年。特定的问题必然对应着特定的时间与空间尺度，一般需要在更小的尺度上揭示其成因机制，在更大的尺度上综合变化过程，并确定控制途径。在一定的时间和空间尺度上得出的研究结果不能简单地推广到其他尺度上。

格局与过程研究的时空尺度化是当代景观生态学研究的热点之一，尺度分析和尺度效应对于景观生态学研究有重要的意义(O'Neill and Milne, 1989；肖笃宁，1997)。尺度分析一般是将小尺度上的斑块格局经过重新组合而在较大尺度上形成空间格局的过程，并伴随着斑块形状规则化和景观异质性减小。尺度效应表现为：随尺度的增大，景观出现不同类型的最小斑块，最小斑块面积逐步减少。由于在景观尺度上进行控制性实验往往代价高昂，人们越来越重视尺度外推或转换技术，试图通过建立景观模型和应用 GIS 技术，根据研究目的选择最佳研究尺度，并把不同尺度上的研究结果推广到其他尺度。然而尺度外推涉及如何穿越不同尺度生态约束体系的限制，由于不同时空尺度的聚合会产生不同的估计偏差，信息总是随着粒度或尺度的变化而逐步损失，信息损失的速率与空间格局有关，因此，尺度外推和转换技术也是景观生态研究中的热点和难点。

时空尺度具有对应性和协调性，通常研究的地区越大，相关的时间尺度就越长。生态系统在小尺度上常表现出非平衡特征，而大尺度上仍可表现为平衡态特征。景观系统常可以将景观要素的局部不稳定性通过景观结构加以吸收和转化，使景观整体保持动态镶嵌稳定结构。如大兴安岭的针叶林景观经常发生弱度的地表火，火烧轮回期30年左右，这种林火干扰常形成粗粒结构，火烧迹地斑块的平均大小与落叶松林地斑块的平均规模40~50 hm² 接近。在这种林火干扰状况的控制下，兴安落叶松林景观仍可保持大尺度上的生态稳定结构。可见，系统的尺度性与系统的可持续性有着密切联系，小尺度上某一干扰事件可能会导致生态系统出现激烈波动，而在大尺度上这些波动可通过各种反馈调节过程被吸收或转化，为系统提供较大的稳定性。

大尺度空间过程包括土地利用和土地覆盖变化、生境破碎化、引入种的散布、区域性气候波动和流域水文变化等。其对应的时间尺度是人类的世代几十年，是景观生态学最为关注的"人类尺度"，是分析景观建设和管理对景观生态过程影响的最佳尺度。

2.2.3　景观生态流与空间再分配原理

在景观各空间组分之间流动的物质、能量、物种和其他信息称为景观生态流。生态流是景观生态过程重要的外在表现形式，受景观格局的影响和控制。景观格局的变化必然伴随着物种、养分和能量的流动和空间再分配，即景观再生产的过程。

物质运动过程总是伴随着一系列能量转化，它需要通过克服景观阻力来实现对景观的控制，斑块间的物质流可视为在不同能级上的有序运动，斑块的能级特征由其空间位置、物质组成、生物因素以及其他环境参数决定。景观生态流的动态过程表现为聚集和扩散两种趋势。

景观中的能量、养分和物种主要通过5种媒介或传输机制从一种景观要素迁移到另一种景观要素，即风、水、飞行动物、地面动物和人。

景观水平上的生态流有扩散、传输和运动3种驱动力。扩散与景观异质性有密切联系，是一种类似于热力学分子扩散的随机运动过程，扩散是一种低能耗过程，仅在小尺度上起作用，并且是使景观趋于均质化的主要动力。传输（物质流）是物质沿能量梯度下降方向（包括景观要素的边界和景观梯度）的流动，是物质在外部能量推动下的运动过程，其运动的方向比较明确，如水土流失过程。传输是景观尺度上物质、能量和信息流动的主要作用力，如水流的侵蚀、搬运与沉积是景观中最活跃的过程之一。运动是物质（主要是动物）通过消耗自身能量在景观中实现的空间移动，是与动物和人类活动密切相关的生态流驱动力，这种迁移最主要的生态特征是使物质、能量在景观中维持高度聚集状态。

总之，扩散作用形成最少的聚集格局，传输居中，而运动可在景观中形成最明显的聚集格局。因此，在无任何干扰时，森林景观生态演化使其水平结构趋于均质化，而垂直分异得到加强。在这些过程中，景观要素的边际带对通过边际带的生态流进行过滤，对生态流的性质、流向和流量等都有重要影响。

2.2.4　景观结构镶嵌性原理

景观和区域的空间异质性有梯度和镶嵌两种表现形式。镶嵌性是研究对象聚集或分散的特征，在景观中形成明确的边界，使连续的空间实体出现中断和空间突变。因此，景观的镶嵌性是比景观梯度更加普遍的景观属性。Forman提出的斑块—廊道—本底模型就是对景观镶嵌性的一种理论表述。

景观斑块是地理、气候、生物和人文等要素构成的空间综合体,具有特定的结构形态和独特的物质、能量、信息输入与输出特征。斑块的大小、形状和边界,廊道的曲直、宽窄和连接度,本底的连通性、孔隙度、聚集度等,构成了景观镶嵌特征丰富多彩的景观。

景观的镶嵌格局或斑块—廊道—本底组合格局,是决定景观生态流的性质、方向和速率的主要因素,同时景观的镶嵌格局本身也是景观生态流的产物,即由景观生态流所控制的景观再生产过程的产物。因此,景观的结构和功能以及格局与过程之间的联系与反馈始终是景观生态学研究的重要课题。

2.2.5 景观的文化性原理

景观是人类活动的场所,景观的属性与人类活动密不可分,不是单纯的自然综合体,往往由于不同的人类活动方式而带有明显不同的文化色彩。景观同时也对生活在其中的人们的生活习惯、自然观、生态伦理观、土地利用方式等文化特征产生直接或显著的影响,即"一方水土养一方人"。人类对景观的感知、认识和价值取向直接作用于景观,同时也受景观的影响。人类的文化背景强烈地影响着景观的空间格局和外貌,反映出不同地区人们的文化价值观。如我国的北大荒地区就是汉族移民在黑土漫岗上的开发活动所创造的粗粒农业景观,而朝鲜族移民在东部山区的宽谷盆地中创造了以水田为主的细粒农业景观。

按照人类活动的影响程度可将景观划分为自然景观(natural landscape)、管理的景观(managed landscape)和人工景观(manmade landscape),并将管理的景观和人工景观等附带有人类文化或文明痕迹或属性的景观称为文化景观(cultural landscape)。

文化景观实际是人类文明景观,是人类活动方式或特征给自然景观留下的文化烙印,反映景观的文化特征和景观中人类与自然的关系。大量的人工建筑物,如城市、工矿和大型水利工程等自然界原先不存在的景观要素,完全改变了景观的原始外貌,人类成为景观中主要的生态组分,是文化景观的特征。这类景观多表现为规则化的空间布局,高度特化的功能,高强度能量流和物质流维持着景观系统的基本结构和功能,因而对文化景观的生态研究不仅涉及自然科学,更需要人文科学的交叉和整合。

2.2.6 景观演化的人类主导性原理

景观系统同其他自然系统一样,其宏观运动过程是不可逆的。系统通过从外界环境引入负熵而提高其有序性,从而实现系统的进化或演化。

景观演化的动力机制有自然干扰和人为活动两个方面,由于人类活动对景观影响的普遍性与深刻性,在作为人类生存环境的各类景观中,人类活动对景观演化的主导作用非常明显。人类通过对景观变化的方向和速率进行有目的的调控,可以实现景观的定向演化和持续发展。

通常我们把人为活动对于自然景观的影响称为干扰,对管理景观的影响由于其定向性和深刻性称为改造,而对人工景观的影响更是决定性的,称为构建。在人和自然界的关系上有建设和破坏两个侧面,共生互利才是方向。

应用生物控制共生原理进行景观生态建设是景观演化中人类主导性的积极体现(景贵

和，1991）。景观生态建设是指一定地域、生态系统、适用于特定景观类型的生态工程，以景观单元空间结构的调整和重新构建为基本手段，改善受胁迫或受损生态系统的功能，提高其基本生产力和稳定性，将人类活动对于景观演化的影响导入良性循环。

我国各地的劳动人民在长期的生产实践中创造出许多成功的景观生态建设模式，如珠江三角洲湿地景观的基塘系统，黄土高原侵蚀景观的小流域综合治理模式，北方风沙干旱区农业景观中的林—草—田镶嵌格局和复合生态系统模式等（肖笃宁，1997b）。

景观稳定性取决于景观空间结构对于外部干扰的阻抗和恢复能力，其中景观系统能承受人类活动作用的阈值称为景观生态系统承载力。其限制变量为环境状况对人类活动的反作用，如景观空间结构的拥挤程度、景观中主要生态系统的稳定性、可更新自然资源的利用强度、环境质量以及人类身心健康的适应与感受性等。

2.2.7 景观多重价值原理

景观作为一个由不同土地单元镶嵌组成、具有明显视觉特征的地理实体，兼具经济、生态和美学价值，这种多重性价值判断是景观规划和管理的基础。

景观的经济价值主要体现在生物生产力和土地资源开发等方面，景观的生态价值主要体现在生物多样性和环境功能等方面，这些已经研究得十分清楚。而景观美学价值却是一个范围广泛、内涵丰富、较难确定的问题，随着时代的发展，人们的审美观也在变化。景观的宜人性可理解为比较适于人类生存、走向生态文明的人居环境，包含景观通达性、建筑经济性、生态稳定性、环境清洁度、空间拥挤度和景色优美度等内容。

对景观生态学基本原理的认识永无止境，随着景观生态学研究的深入和研究水平的不断提高，景观生态学科学体系的建设也将迎来新的历史时期。

复习思考题

1. 景观生态学的基本理论有哪些？
2. 耗散结构和自组织理论的核心思想是什么？
3. 等级结构系统理论的基本观点有哪些？有什么意义？
4. 什么是空间异质性？景观空间异质性的涵义是什么？
5. 什么是景观生态学尺度？如何理解空间尺度、时间尺度和组织尺度的涵义？
6. 什么是尺度效应？如何理解尺度的相对性？什么是尺度外推？
7. 什么是景观粒度？粗粒景观和细粒景观有什么差异？
8. 什么是生态交错带？什么是边际效应？
9. 如何理解渗透理论及其意义？中性模型有什么特点？
10. 岛屿生物地理学理论的核心思想是什么？其意义是什么？
11. 复合种群理论的核心内容有哪些？源—汇模型对景观生态学研究有什么意义？
12. 景观生态学基本原理有哪些？其各自在景观生态学研究与实践中的意义是什么？

本章推荐阅读书目

1. 郭晋平. 森林景观生态研究. 北京大学出版社, 2001.
2. 邬建国. 景观生态学——格局、过程、尺度与等级(第 2 版). 高等教育出版社, 2007.
3. 傅伯杰, 陈利顶, 马克明等. 景观生态学原理及应用(第 2 版). 科学出版社, 2011.
4. 肖笃宁, 李秀珍, 高峻等. 景观生态学(第 2 版). 科学出版社, 2010.
5. Forman R T T, Godron M. Landscape Ecology. John Wiley & Sons, 1986.
7. Farina A. Principles and Method in Landscape Ecology. Chapman & Hall, 1997.
8. Naveh Z, Lieberman A S. Landscape Ecology: Theory and Application. Springer-Verlag, 1993.

第3章 景观形成因素

【本章提要】

景观是异质性地域实体，是各种自然地理要素、生态过程以及自然和人为干扰共同作用形成的，其内部具有密切的联系，有完整的结构和功能。其中，地质地貌、气候、土壤、植被和干扰是决定景观形成和变化特征的基本因素，综合地、完整地、系统地理解这些因素的作用才能准确认识景观的本质特征，理解景观变化的动力机制和过程。本章介绍了影响和控制景观形成和变化的基本因素及其作用，如何把握景观的自然地理特征、地域文化特征及其相互关系。

景观是由相互作用和相互影响的生态系统组成的，兼具自然和文化特征，具有明确空间范围和边界的地域空间实体，是特定的自然地理条件及其生态学过程、地域文化特征，及其相互关系等多种因素共同作用的结果。概括地说，景观形成因素主要有地质地貌、气候、土壤、植被和干扰5个方面，其中，人类活动对景观的形成具有特殊作用。

3.1 地质地貌因素

地貌是指地球表面内外营力相互作用形成的多种多样的外貌或形态，是景观的基本构成要素之一。

3.1.1 地貌营力

地貌形成和发展的动力，包括地质构造运动、火山活动、岩石性质、气候以及人类活动等多种内营力和外营力。

内营力也称作内力，是指地球内能产生的作用力，主要表现为地壳运动、岩浆活动及地震等。内营力能量十分巨大，对地貌的影响也最为深刻，世界上的巨型和大型地貌主要是由内营力作用造成的。

外营力也称作外力，是指太阳辐射能通过大气、水和生物作用并以风化作用、流水作用、冰川作用、风力作用和波浪作用等形式表现的作用力。外营力在内营力形成的地貌基础上发挥作用，使其简化或者复杂化。

地貌形成的内营力和外营力过程是相互联系的，不同营力导致的地貌形成和变化过程就是不同的地貌过程，会形成不同的地貌类型。内外营力均与重力有关，因此重力作用是地貌形成的前提。岩石是地貌的物质基础，岩性与地质构造导致喀斯特地貌、黄土地貌等特殊地貌的发育。气候对区域外力及其组合具有决定性影响，因此湿润区流水作用旺盛，干旱区风力作用强大，热带和亚热带碳酸盐岩区喀斯特作用普遍，而寒区以冰川冰缘作用占优势。

3.1.1.1 地质构造运动

地质构造是指在地壳运动过程中，地壳中的岩石受地质营力的作用而发生变形，从而形成褶皱、断裂、节理等各种构造。构造运动造成地球表面巨大起伏，成为形成地表宏观地貌特征的决定性因素。具体来说，陆地上巨大的高原、盆地、平原多与地块整体升降运动有关。巨大的山脉、山系则与地壳褶皱带相联系。在中观尺度上，呈上升运动的水平构造是形成桌状山、方山与丹霞地貌的前提；单斜构造是形成单面山、猪背山必不可少的条件；褶曲构造可形成背斜山与向斜谷、穹状山与坳陷盆地；断层构造可形成断层崖、断层三角面、断层谷、错断山脊、地垒山与地堑谷、断块山与断陷盆地等众多地貌类型。地壳升降运动可在短距离、小范围内形成巨大的地表高度差异，因而不同高度的地貌特征表现出垂直分异。

3.1.1.2 火山作用

火山作用包括由岩浆上升喷出地表所引起的全部作用过程，主要有熔透式喷发、裂隙式喷发和中心式喷发3种形式。由于火山喷发方式和喷发物的不同，可形成火山锥、火山口、熔岩高原等不同类型的火山地貌。

3.1.1.3 岩石性质

由于各种岩石的理化性质有很大差别，而且在地质历史上经历过不同程度的构造变形，在承受外营力作用的过程中，产生了各种各样的地貌。我国境内各个地质时代的岩层都有出露，各地的岩性很不一致，特别在一些多轮回的褶皱山地，岩性更为复杂。从地貌意义较大的岩层来说，古老的结晶岩一般比较坚硬，具有较强的抗蚀能力，它们通常构成褶皱山系的核心部分，在地貌上往往表现为高峻的山地或峰脊，如天山、祁连山、昆仑山、秦岭—淮阳山、阴山—燕山等山脉，以及五台山和泰山等著名山地景观。古生代和中生代的沉积岩在我国境内很广，这些岩层的沉积环境不同，岩性相差悬殊，特别是古生代的碳酸盐类岩石和中生代的陆相红色岩系，对于我国地貌的形成具有重要意义。第四纪松散沉积物几乎未经成岩作用，以各种方式堆积于地面，不仅在构造下沉区形成了大面积的平原，甚至覆盖于某些上升剥蚀区，尤其是第四纪黄土，在我国北方堆积范围之广、厚度之大，为世界罕见。此外，不同时期侵入或喷发的岩浆岩，沿着一定构造部位出现，形成了与沉积岩迥然不同的地貌。

3.1.2 主要岩石类型及其地貌特征

地壳由不同成因、不同化学成分和不同矿物成分的岩石组成，这些差异主要反映在岩石的性质上，决定着岩石的形态意义和在外力作用下的稳定程度。较坚硬的岩石总是形成正地貌形态，不太坚硬的岩石总是形成负地貌形态。另外，岩石的相对稳定性在很大程度上还取决于周围环境条件。因此，某种岩石在地貌形成中的形态意义，必须考虑岩石的性质及其在具体自然地理条件下的表现。各类岩石之间的关系如图3-1所示。

(1) 花岗岩类

花岗岩是侵入岩中分布广泛、出露较多的岩石，一般以岩基、岩株的形式产出，形成大规模岩性均一的侵入体，在节理或断裂集中的地方往往形成按节理发育的峭壁、断崖和陡壁等地貌景观。

由花岗岩形成的石柱、石峰、石林、峰林等景观，大多属于直立柱状高峰，大则峭壁千仞，小则形成花岗岩石林景观。由花岗岩组成的风景名山如黄山、华山和九华山等常危峰耸立、秀峰如林，具有奇险的自然景观特色，有很高的观赏性。另外，石蛋地貌是花岗岩中的节理不断受到侵蚀和风化，使岩体分离成一块块单独的大岩块，经球状风化后形成。石蛋地貌在世界各地均可见到，其中以中国东南沿海地区为多，如厦门的鼓浪屿和广州市龙头山森林公园。

(2) 火山岩类

火山岩为隐晶质致密块状岩石，抗风化能力较强，以玄武岩和流纹岩为主。玄武岩为基性火山岩，流动性好，易形成大面积的熔岩流和熔岩被，多成六棱柱或近似六棱柱的多边形柱状，像蜂巢一般，英国的巨人堤最为典型，我国长白山、龙岗山和五大连池等均由玄武岩组成；流纹岩为酸性火山岩，流动性差，多呈块状熔岩，以火山锥形式产出，易形成悬崖陡壁，壁面色彩多变，如我国的天目山、天台山和雁荡山等。火山岩发育而成的地貌山势雄伟，山峰峻峭，火山锥和火山湖镶嵌分布，岩石形态各异，石柱、石墩、悬崖、峪口、岩龙、岩舌、岩浆河、熔岩洞、水洞、风洞和冰洞比比皆是，形成独特的地貌特征。

(3) 沉积岩类

沉积岩是由风化的碎屑物和溶解的物质经过搬运作用、沉积作用和成岩作用形成，砂砾岩和石灰岩均是典型的沉积岩。我国广西桂林、湖南张家界峰林、广东丹霞山、福建武夷山和甘肃麦积山等风景名山都属于沉积岩组成。

在由红色砂岩和石英砂岩组成的嶂石岩地貌中，丹霞长墙延续不断。由于其岩性较刚硬，反圆化性能强，所有造型始终保留着锋利的轮廓，崖顶常有剥蚀平台，其形成的石柱和峰林以塔柱和排峰的形式出现。由红色砂岩组成的丹霞地貌中，由于其岩性较弱，容易发生表层剥落的圆化作用，无论是陡壁还是峰林，山体的轮廓线都呈现边界钝圆的特色。此外，丹霞地貌中由于受垂直节理发育影响，风化过程中往往沿节理面产生崩塌，形成峰林、孤峰和石柱等奇观造型。湖南张家界就是由砂岩构成的峰林景观。丹霞景观主要以晚白垩纪/早第三纪的砂砾岩为基础，岩石坚硬，垂直节理发育，岩层厚度大，产状平缓是其形成的主要条件。在差异风化、侵蚀、溶蚀和重力作用下，多形成顶部平坦、崖壁陡峭的城堡状、塔状、峰林状等奇险、绚丽、热烈的景观。此类景观以海拔 $100 \sim 500 \text{ m}$ 的低山丘陵为主体。广东仁化丹霞山的丹霞景观发育最为典型，地表水侵蚀时又可形成山重水复的碧水丹霞景观。此外，甘肃天水麦积山、四川成都青城山、安徽黄山齐云山、河北承德避暑山庄以及由风力吹蚀的新疆魔鬼城均属于丹霞景观。

石灰岩分布区多丘陵起伏，其发育的陡壁常与河流曲流的下切侵蚀作用有一定关系，崖岩壁陡，常以峰林形式出现。如云南路南和四川兴文石林的奇特造型，既有"万千石笋拔地起，森严刀剑指向天"的威严气势，又有"母子携游""阿诗玛"等优美形象。峰林多分布在开阔的岩溶谷底或平原上，形成"平地涌千峰"的壮丽景象和"群峰倒影山浮水"的妖娆美景。另外，在地表水和地下水作用下便形成特有的岩溶景观，其中含有钟乳石、石笋、石柱和石幔等迷宫般的洞府景观。桂林地区的峰林和溶洞几乎都由此种石灰岩溶蚀而成。

(4) 变质岩类

在地壳发展过程中，原来已经生成的各种岩石由于地壳运动等物理化学条件改变，其成分、结构和构造发生了一系列变化，形成的岩石称为变质岩。

由变质岩组成的名山中，高峻雄伟的山峰均由质地坚硬、抗风化能力强的石英岩、混合岩等变质岩组成；而片理结构发育的片岩沿片理遭受风化剥蚀，多形成起伏和平缓的低山丘陵，成为高大山脉的陪衬。混合岩和混合花岗岩则构成高耸的山巅或岭脊。泰山南坡遍布的头角峥嵘、体态嶙峋的峰岩巨石由混合岩组成。嵩山主要由石英岩组成，因经受褶皱和断裂的作用，岩层有的直立，有的倾斜，有的褶皱如波浪起伏，有的断错如刀劈斧削，其中的悬崖陡峭壁立千仞，使嵩山更显得挺拔峻峭。

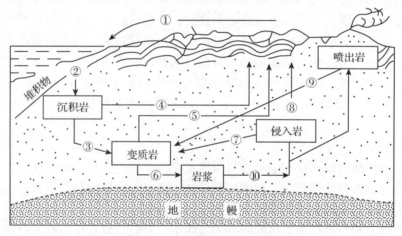

图 3-1　各类岩石之间的关系

3.1.3　中国主要地貌类型及其景观特征

3.1.3.1　中国地貌分类

我国学者提出的地貌分类方案较多，其中运用较广泛的是原中国科学院地理研究所在 1983 年提出的"中国 1∶100 万地貌图的制作规范"，其地貌分类体系是以形态成因为基础，采用分析组合方法，依分布规模，先宏观后微观、先群体后个体进行的 5 级分类。

第一级是以现代海岸线为界，划分为陆地地貌和海底地貌两大类。

第二级是将受大地构造控制形成的陆地地貌类型划分为大平原、大高原、大盆地和大山地 4 种大型地貌类型，它们都由不同的基本形态类型组合而成；受大地构造控制形成的海底地貌类型分为大陆架、大陆坡、大陆隆(裙)和深海平原(深海盆)4 种基本形态成因类型。

第三级是陆地地貌受内营力和外营力共同作用形成的基本形态成因类型,划分为平原、台地、丘陵和山地 4 种地貌类型;根据绝对高度,山地可分为极高山、高山、中山和低山四类(表 3-1),我国以绝对高度大于 5 000 m 为极高山,3 500～5 000 m 为高山,1 000～3 500 m 为中山,小于 1 000 m 为低山,按海拔高度和平均坡度、起伏频率和高差再进一步划分。

表 3-1 中国山地和丘陵分级指标

名　称		绝对高度(m)	相对高度(m)
极高山		>5 000	>1 000
高山	深切割	3 500～5 000	>1 000
	中等切割	3 500～5 000	500～1 000
	浅切割	3 500～5 000	100～500
中山	深切割	1 000～3 500	>1 000
	中等切割	1 000～3 500	5 00～1 000
	浅切割	1 000～3 500	100～500
低山	中等切割	500～1 000	5 00～1 000
	浅切割	500～1 000	100～500
丘陵		500～1 000	<100

资料来源:据《中国地貌区划》。

第四级是指陆地地貌在相似的主要内、外营力共同作用下形成的基本形态成因类型,如"火山与熔岩的""流水的""风成的""黄土的""喀斯特的""冰川的""冻土的""海成的""湖成的"9 类,与上述基本形态类型共组成 92 类基本形态成因类型。

3.1.3.2　火山与熔岩地貌

(1)火山地貌

火山是地下深处的岩浆喷出地面堆积而成的山体。按照形态和成因,火山构造地貌可分为锥状火山和盾状火山两大类。锥状火山呈截顶锥形,山顶一般有火山口,山坡坡度 30°～40°。火山的组成物质大部分是中性或酸性的熔岩和火山碎屑物。盾状火山是基性熔岩如玄武岩岩浆的中心式喷发活动形成的,以熔岩流形式堆积成的火山锥,一般只有 10°左右的坡度,形如盾状突起,火山碎屑物较少。

(2)熔岩地貌

熔岩从裂隙溢出地表后,沿地面流动,形成熔岩丘、熔岩垄岗和熔岩盖、熔岩隧道、熔岩堰塞湖等各种熔岩地貌。

3.1.3.3　喀斯特地貌

喀斯特地貌是地下水与地表水对可溶性硫酸盐、碳酸盐和卤盐类岩石溶蚀与沉淀、侵蚀与沉积,以及重力崩塌、塌陷、堆积等作用,并在地表形成独特的岩溶地貌景观或在深部形成各种溶洞、通道和空洞等岩溶地貌,分为地表喀斯特地貌和地下喀斯特地貌两大类。喀斯特地貌在我国广西、贵州、云南等省(自治区)分布广泛。

(1) 地表喀斯特地貌

地表喀斯特地貌按形态成因特点可分为溶沟与石芽、溶斗和落水洞、溶蚀洼地、大型溶蚀盆地、干谷与盲谷、喀斯特石山和溶蚀平原等10种类型。

(2) 地下喀斯特地貌

地下喀斯特地貌是喀斯特地区最富有特色的地貌，其中最主要的有溶洞和地下河两种。溶洞是地下水沿岩石裂隙或落水洞向下运动时发生溶蚀，形成各种形态的管道和洞穴，并相互沟通或合并，形成统一的地下水位。地下河是石灰岩地区地下水沿裂隙溶蚀而成的地下水汇集和排泄通道。

3.1.3.4 冰川地貌

冰川是塑造地表地形的强大外营力之一，是一种巨大的侵蚀力量，凡是经冰川作用过的地区，都能形成冰蚀地貌、冰碛地貌、冰水堆积地貌和冰面地貌一系列冰川地貌。

(1) 冰蚀地貌

典型冰蚀地貌有冰斗、槽谷(U形谷)、峡湾、刃脊、角峰、羊背石、卷毛岩、冰川磨光面、悬谷和冰川三角面等。

(2) 冰碛地貌

冰川遗留的各种堆积物总称为冰碛。冰碛是研究古冰川和恢复古地理环境的重要根据，主要有冰碛丘陵、侧碛堤、终碛堤和鼓丘等。

(3) 冰水堆积地貌

冰水堆积地貌因分布位置、物质结构和形态特征不同可以分为冰水扇和冰水河谷沉积平原、季候泥、冰砾阜与冰砾阜阶地、锅穴、蛇形丘等。

(4) 冰面地貌

冰川表面因受冰层褶皱、断裂、冰床坡度变化、差别消融、流水侵蚀等影响而形成的地貌形态统称为冰面地貌，主要有冰瀑、冰裂隙、冰川弧拱、冰面河、冰面湖、冰蘑菇和冰塔林等。

3.1.3.5 冻土地貌

在极地高纬度地区和高山高原的地下，当地温终年处于0℃以下时，被冻结的外岩(土)层称为冻土。由冻融作用形成的各种地貌称为冻土地貌，主要包括石海、石河、石环、石带和冰丘等类型。

(1) 石海、石河和石冰川

石海是在平坦的山顶或缓坡上堆积的由于融冻风化作用而崩解的大块石砾，这种由砾石组成的地面称为石海。

(2) 多边形土

多边形土也称为构造土，是冻土地面松散沉积物因冻裂和冻融分选而形成、具有一定几何形态的各种微地貌和沉积构造。根据物质组成和作用性质，可以分为泥质构造土和石质构造土两类。

(3) 冻胀丘和冰丘

冻胀丘也称为冰核丘，是活动层内的地下水在冬季汇聚并冻结膨胀时隆起的小丘，一般发生在湿地、干涸的湖床或山坡上。冰核丘的平面呈椭圆形或圆形，顶部扁平，周边较陡。它的结构是顶部为1m至数米厚的粉砂土或泥炭土，其下为纯冰的核心，核心周围为冻结的砂层或土层。

冰丘是因冻胀作用使土层局部隆起而产生的丘状地貌。一般发育在冻土区的湖积或冲积层中，大小不等，一年生冰丘分布在活动层内，高数十厘米至数米；多年生冰丘深入到多年冻结层中，规模较大。

(4) 热融地貌与融冻泥流阶地

热融地貌是指因热融作用而使地下冰融化所产生的地貌现象。在冻土区由于气候转暖、砍伐森林或开垦荒地等人类活动的影响，多年冻土层上部地下冰融化，活动层深度加大，土体体积缩小，土层由于重力而发生沉陷，形成了沉陷漏斗、浅洼地和沉陷盆地等热融地貌。它们积水以后称为热融湖，常分布于多年冻土发育的平原或高原地区。

泥流阶地是融冻泥流在向下移动过程中，遇到障碍或坡度变缓时产生的台阶状地貌。阶地面平缓，略向下倾斜，有时呈舌状伸出，前缘有一坡坎，坡度较陡。

3.1.3.6 流水地貌

流水是形成陆地地貌的主要外营力之一。由流水作用塑造的各种地貌统称为流水地貌，包括坡面流水地貌、沟谷流水地貌、河流地貌和河口区地貌等。

(1) 坡面流水地貌

降水或冰雪融水在坡面直接形成薄层片流，片流受坡面微小起伏影响汇集为无数没有固定流路的网状细流，因而坡面流水对地表的侵蚀比较均匀。由坡面流水作用形成的地貌类型主要包括浅凹地、深凹地和坡积裙等。

(2) 沟谷流水地貌

沟谷地貌是由于坡面细流最终汇集为流路相对固定、侵蚀能力显著增强的沟谷水流而形成的。由于在不同的部位其作用方式和强度不同，沟谷流水地貌包括上游集水盆、中游沟谷和下游扇形地以及由泥石流作用形成的地貌。

(3) 河流地貌

河谷是以河流作用为主，并在坡面流水与沟谷流水参与下形成的狭长形凹地，是一种常见地貌形态。河谷通常由谷坡和谷底组成。谷坡位于谷底两侧，其发育过程除受河流作用外，坡面岩性、风化作用、重力作用、坡面流水及沟谷流水的作用也有影响。谷底形态也因地而异，山地河流的谷底仅有河床，平原盆地河流谷底则发育河床和河漫滩。河床是平水期河水淹没的河槽，河漫滩是汛期洪水淹没而平水期露出水面的河床两侧的谷底。

(4) 河口区地貌

河流入海或入湖，与注入水体相互作用的地段即为河口地区。河口区的营力主要是海洋或湖泊与河流的相互作用。河口区的地貌主要有三角洲和三角湾。

三角洲是河流入海形成的泥沙堆积体，在河流和海洋共同作用下发展形成。其平面形态多呈三角形，顶端指向上游，底边对着外海。三角洲沉积的物质以粉沙、黏土为主，沉积结构包括顶积层、前积层和底积层3层。三角洲在平面上表现为由陆向海的带状分布，在垂直方向上表现为自上而下的成层分布。按照河口水流、波浪和潮汐作用的相对强度，三角洲分为河流型、波浪和潮汐型等3种类型；按照三角洲发育因素、沉积相和沙体分布特征，三角洲分为高度建设性三角洲和高度破坏性三角洲。

三角湾也叫河口湾，是指平原河口区被海水淹没的港湾，湾口开阔呈喇叭状。它是在河沙很少而河流和潮流作用很强的情况下形成的。沉积物主要来自于河流和潮流的输沙。

3.1.3.7 风成地貌和黄土地貌

干旱区强烈的物理风化作用使地表广泛发育沙质风化物，植被稀少且地表经常处于干燥状态，使沙粒容易被风力扬尘、搬运和易地堆积。充足的沙源与多风或多大风的气候特点相结合，使风沙作用成为干旱区最主要的地貌外营力，并形成独特的风沙地貌景观。风沙地貌景观包括风蚀地貌和风积地貌。

（1）风蚀地貌

风蚀地貌是地表岩石遭受长期风蚀作用而形成的特殊地貌，主要有风棱石与石窝、风蚀柱与风蚀蘑菇、风蚀洼地与风蚀盆地、风蚀残丘与雅丹地貌等。

（2）风积地貌

风积地貌主要是指各种沙丘地貌，依据沙丘形态与风向的关系，可分为横向沙丘、纵向沙垄与多风向形成的沙丘3种基本类型。

（3）荒漠地貌

荒漠是指气候干旱、地表缺水、植物稀少以及岩石裸露或沙砾覆盖地面的自然地理景观。按地貌形态和地表组成物质，可以分为岩漠（石质荒漠）、砾漠（砾质荒漠）、沙漠（沙质荒漠）和泥漠（泥质荒漠）4类。

（4）黄土地貌

黄土地貌是黄土堆积层经过流水侵蚀作用而成的地貌，以我国黄土高原地区最为典型，其地貌特点是千沟万壑、丘陵起伏、梁峁逶迤，即使部分平原地区有平坦的顶部，也因受流水侵蚀沟谷分割呈桌状。黄土地貌可进一步分为沟谷地貌、沟间地貌和潜蚀地貌3大类。

黄土沟谷地貌按形态特征可分为细沟、浅沟、切沟、冲沟与河沟等类型。黄土沟间地貌主要有塬、梁和峁三大类，而且黄土沟间地貌都易形成陷穴、崩塌和滑坡。潜蚀地貌是流水沿着黄土中的裂隙和孔隙下渗，进行潜蚀，使土粒流失，产生洞穴，最后引起地面崩塌，形成黄土地区特有的潜蚀地貌，主要有黄土蝶、黄土陷穴、黄土桥和黄土柱等类型。

3.1.3.8 海岸地貌

由波浪、潮汐、沿岸流与陆地相互作用形成海岸地貌，主要有海蚀地貌和海积地貌两大类。海岸地貌通常分布在平均海平面上下10~20 m，宽度在数千米至数十千米的地带内。

（1）海蚀地貌

岩石海岸在波浪的长期侵蚀作用下形成海蚀地貌形态，包括海蚀崖、海蚀穴、海蚀拱桥与海蚀柱、海蚀平台和水下堆积台阶等。其中，海蚀崖、海蚀穴、海蚀拱桥与海蚀柱具有观赏价值。

（2）海积地貌

海岸带的松散物质，如波浪侵蚀海岸造成的碎屑物、河流冲积物和海洋生物的贝壳等,在波浪的反复作用下被进一步研磨和分选,形成细颗粒的泥沙沉积物。由于波浪作用的减弱,这些沉积物会在某些地方堆积,形成各种类型的海积地貌,包括毗岸地貌(海滩)、接岸地貌(各种沙嘴)、封岸地貌(拦湾坝、连岛坝)和离岸地貌(离岸坝)等。海滩具有很高的旅游价值。

3.1.3.9 湖泊地貌

在湖浪对湖岸的长期作用下,湖岸带形成各种侵蚀地貌和堆积地貌,它们与海岸带的堆积地貌和侵蚀地貌极其相似,只是规模较小。

湖蚀地貌主要有湖蚀穴、湖蚀柱、湖蚀崖和湖蚀平台等。湖积地貌主要有浅滩、湖滨三角洲和湖滨阶地等。

3.1.3.10 坡地重力地貌

坡地上的风化碎屑或不稳定的岩体、土体在重力作用下,以单个落石、碎屑流或整块土体、岩体沿坡向下运动的过程,叫作重力作用或块体运动。由重力作用导致的地貌称为重力地貌。根据重力作用或块体运动发生的环境、运动过程以及所形成的地形和堆积物特点,一般将重力地貌及其堆积物分为:崩塌及崩塌堆积地貌、滑坡及滑坡堆积物、土屑蠕动等。

3.2 气候因素

气候是景观分异的重要因素。首先,从岩石的风化过程到地形地貌的形成过程要受气候的控制。其次,气候影响土壤过程,影响土壤水分和养分的贮存、运输和转化过程,从而影响土壤的发育过程。第三,气候影响植被及其生产力,包括植被的区系组成、群落结构和演替,以及生态系统的物质和能量过程。

3.2.1 气候类型和气候分区

气候是某一地域多年某一时段内的大气统计状态,即某一地区大气的温度、降水、气压、风和湿度等气象要素在较长时期内的平均值或统计量及其年周期波动。气候是天气的综合表现,包括太阳辐射、温度、降水和风等因素。太阳辐射及其时空分布是气候形成的根源,温度和降水是直接影响因素,常作为气候分类和区划的主要依据。

3.2.1.1 气候类型

全球各地由于地理经纬度和海陆分布关系的差异,形成了多样化的气候,并对景观格局与过程产生显著影响和控制作用(图3-2)。对气候进行分类是认识气候及其景观意义的基础。气候分类方法可概括为实验分类法和成因分类法两大类。实验分类法是根据大量观测记录,以某些气候要素的长期统计平均值及其季节变化为依据,结合自然界的植物分布、土壤水分平衡、水文情况及自然景观等因素对照划分气候类型。成因分类法是根据气候形成的辐射因子、环流因子和下垫面因子来划分气候带和气候型。一般先从辐射和环流来划分气候带,然后再就大陆东西岸位置、海陆影响和地形等因素与环流结合来确定气候型。

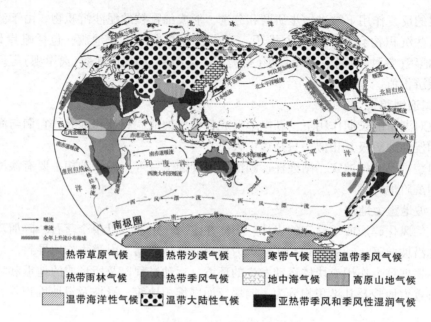

图 3-2　世界气候类型

柯本气候分类法是以气温和降水两个气候要素为基础,并参照自然植被的分布而确定的。它首先用平均气温(A、C、D、E)和降水量与蒸发量的比率(B)划分出 5 种气候(A—热带多雨气候;B—干燥气候;C—温暖湿润气候;D—冷温带(低温)气候;E—极地气候);再分出亚类(S—半干燥;W—干燥;f—湿润;w—冬季为干季;s—夏季为干季;m—雨林气候,仅限于 A 类),综合为 12 种气候类型。为了表示气候的进一步变化,柯本还加上了第三级的因素(a—夏季炎热,最热月温度高于 22℃,属 C、D 气候类;b—夏季温暖,最暖月温度低于 22℃,属 C、D 气候类;c—夏季凉爽,短促,温度高于 10℃,属 C、D 气候类;d—冬季严寒,最冷月温度低于 -38℃,只属于 D 气候类;h—干热,年平均气温高于 18℃,只属于 B 气候类;k—干冷,年平均气温在 18℃以下,只属于 B 气候类)构成完整的柯本气候分类(表 3-2)。

表 3-2　柯本气候分类

气候带	特征	气候型	特征
A 热带多雨气候	全年炎热,最冷月平均气温≥18℃	Af 热带雨林气候	全年多雨,最干月降水量≥60 mm
		Aw 热带疏林草原气候	有干季和湿季,最干月降水量小于 60 mm 也小于 (100 − r/250) mm
		Am 热带季风气候	受季风影响,一年中有 1 个特别多雨的雨季。最干月降水量小于 60 mm 但大于 (100 − r/250) mm
B 干燥气候	全年降水稀少,分为冬雨区、夏雨区和年雨区,以确定干带的界限	Bs 草原气候	冬雨区 $r < 20t$,年雨区 $r < 20(t+7)$,夏雨区 $r < 20(t+14)$
		Bw 沙漠气候	冬雨区 $r < 10t$,年雨区 $r < 10(t+7)$,夏雨区 $r < 10(t+14)$

(续)

气候带	特征	气候型	特征
C 温暖温润气候	最热月平均气温>10℃，最冷月平均气温0~18℃	Cs 夏干温暖气候（地中海气候）	气候温暖，夏半年最干月降水量<40 mm，小于冬季最多雨月降水量的1/3
		Cw 冬干温暖气候	气候温暖，冬半年最干月降水量小于夏季最多雨月降水量的1/10
		Cf 常湿温暖气候	气候温暖，全年降水分配均匀，不满足上述比例者
D 冷温带气候	最热月平均气温>10℃，最冷月平均气温0℃以下	Df 常湿冷温气候	冬长、低温，全年降水量分配均匀
		Dw 冬干冷温气候	冬长、低温，夏季最多月降水量至少是冬季最干月降水量的10倍
E 极地气候	全年寒冷，最热月平均气温<10℃	ET 苔原气候	最热月平均气温大于0℃，小于10℃，可生长苔藓、地衣类植物
		EF 冰原气候	最热月平均气温在0℃以下，终年冰雪不化

注：① r 表示年降水量(mm)，t 表示年平均气温(℃)。

② 夏雨区指一年中占年降水量≥70%的降水集中在夏季6个月(北半球4~9月)；冬雨区指一年中占年降水量≥70%的降水集中在冬季6个月(北半球10月至翌年3月)；年雨区指降水全年分配均匀，不满足上述比例者。

3.2.1.2 中国气候区划

对气候进行合理区划，对了解各地区气候特点、认识不同气候间的差异、充分利用气候资源、减少不利气候影响具有重要的意义。

(1) 气候区划的指标

热量和水分常作为气候区划的主要指标。中国南北纬度跨度约50°，不同地区高差悬殊，热量差异十分显著，而对于植物自然分布来说，热量又起主导作用。因此，热量条件通常为第一级区划的指标，划分出热量带；在同一热量带中根据水分条件的不同再划分出气候区；在同一气候区内根据其他气候要素的差异划分出若干小区。

在气候区划中采用的热量指标种类繁多，主要有：年平均气温、某月平均气温、最热月气温、最冷月气温、气温年较差、高于或低于某个界限温度的月数、日平均气温≥10℃的积温、日平均气温≥10℃的天数和最大可能蒸发量等。

气候区划中采用的水分指标有：年降水量、有效雨量、湿润系数和干燥度等。其中湿润系数和干燥度在计算中都包含了水分的收支两个方面，比单纯的降水量更能反映出某地的干湿特征。

(2) 中国科学院的中国气候区划

中国科学院的中国气候区划主要考虑了热量和水分两项指标。用日平均气温≥10℃稳定期积温、最热月平均气温、最冷月平均气温、极端最低气温的多年平均值作为热量指标。用干燥指数 K 作为水分指标。干燥指数 K 的计算公式为：

$$K = \frac{E}{r} = \frac{0.16 \sum t}{r} \tag{3-1}$$

式中　E ——可能蒸发量(≥10℃整个稳定期)；

　　　r ——降水量(≥10℃稳定期内)。

根据热量指标把全国区划分成6个气候带和1个高原气候地区。根据热量和水分两级指标，以大行政区为主，把中国划分成8个一级区(气候地区)、32个二级区(气候省)和68个三级区(气候州)。

(3) 中国气象局的气候区划

中国气象局的气候区划以日平均气温≥10℃积温、最冷月平均气温和极端最低气温等作为一级区划(气候带)的指标，把中国从南到北划分为9个气候带，青藏高原另划为高原气候区。用年干燥度作为二级区(气候大区)划分指标，用季节干燥度作为三级区(气候区)划分指标(表3-3)。年干燥度为年最大可能蒸发量与年降水量之比，最大可能蒸发量用彭曼公式计算。东北地区冬季较长，采用积温2 000℃指标划分气候区；青藏高原各月气温较低，按最热月平均气温划分气候区。

表3-3 气候大区和气候区的干燥度指标

气候大区	年干燥度	气候区	季干燥度
A 湿润	<1.00	A 湿润	1
B 亚湿润	1.00~1.49	B 亚湿润	1.00~1.49
C 亚干旱	1.50~3.49	C 亚干旱	1.50~1.99
D 干旱	≥3.50	D 干旱	≥2.00

根据上述区划指标及分类系统把全国区划分成9个气候带和1个高原气候区域。9个气候带又划分成18个气候大区和36个气候区。高原气候区域又划分成4个气候大区和9个气候区。

3.2.2 气候与景观特征

气候对景观的发育有至关重要的作用，由赤道向两极，在不同气候影响下形成各具特色的景观(图3-3)。

3.2.2.1 赤道及热带景观

(1) 赤道景观

赤道地区终年高温，降雨充沛。在高温高湿的影响下，化学反应速度快，土壤底部的基岩变化剧烈，整个景观几乎全由森林本底组成，只有植被和河流之间的对比度较为明显。

(2) 热带雨林和季雨林景观

由赤道向南北回归线之间，气温依然较高，但降雨明显少于赤道，空气较干燥。离赤道越远，干燥度越大，降水集中在雨季。森林呈片段分布，无林带被热带稀树草原或暂时性植被代替。

(3) 热带荒漠景观

荒漠地区降雨量低，植被零星分布，荒漠上的嵌块体大都较粗糙，出现大面积裸地。绿洲是荒漠中较重要的景观，通常聚集在河流廊道或低洼湿地。

3.2.2.2 温带气候区景观

温带地区的降雨集中在夏季，沿海附近盛行海洋性气候，而内陆为年气温变化明显的

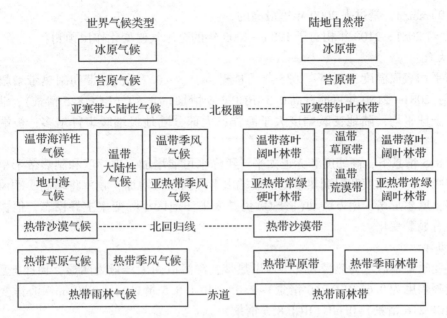

图 3-3 世界气候类型与陆地自然带的对应关系

大陆性气候。温带气候一般会产生生物堆积，化学反应程度和景观变化不剧烈，而且能够保留侵蚀期形成的地形。

3.2.2.3 寒带气候景观

由于极地冷气团的影响，形成严寒的冬天。在平原区，冻融作用使土壤变得疏松；高山地区形成冰川广阔的山谷，并留下阶梯式不规则剖面；当冰川消退后，大的大陆冰体留下浑圆的丘陵和山地，中间分布有狭长湖泊。

3.2.3 全球气候变化与景观变化

3.2.3.1 全球气候变化

20 世纪，包括温度和降水在内的主要气候特征值发生变化，有的地区还呈现出趋势性变化，这种变化在全球特别是在北半球广大地区观测到。美国、中国、俄罗斯、加拿大、英国、欧洲大陆、澳大利亚等国家或地区的观测资料显示出气候变化的总趋势：温度升高，降水增多，极端天气情况频繁发生；但地区间的差异很大，气候变化的强烈程度以北半球最甚。

各国政府对气候变化极为关注。由各国科学家组成的"政府间气候变化委员会"（IPCC）先后于 1990 年、1995 年、2001 年、2007 年和 2013 年对全球气候变化状况进行了评估，得出重要结论：

①1880—2012 年，全球平均地表温度升高 0.85(0.65~1.06)℃，1951—2012 年升温速率 0.12(0.08~0.14)℃/10a，是 1880 年以来升温速率的 2 倍；

②近地球 8 km 内大气层温度、多年冻土层温度和海洋热含量均有不同程度增高；

③冰盖、山地冰川、积雪和海冰范围逐渐减少，非极地冰川出现大范围退缩；

④全球海平面在 1901—2010 年间上升了 0.19(0.17~0.21)m，上升平均速率为 1.7

(1.5~1.9)mm/a，是过去2000年里最高的；

IPCC对2081—2100年相对于1986—2005年的全球气候变化作出预测：

(1) 大气

全球平均表面温度，2016—2035年可能升高0.3~0.7℃，热带和副热带增幅大于中纬度地区；2081—2100年可能升高0.3(RCP 2.6情景)~4.8℃(RCP 8.5情景)，北极变暖速率高于全球平均，陆地变暖幅度大于海洋；大部分陆地极端暖事件增多，极端冷事件减少。

RCP 8.5情景下，高纬度和赤道太平洋年降水可能增加，中纬度和副热带干旱地区平均降水将减少，中纬度和湿润热带地区极端水事件强度将增加，频率将增高。季风影响地区将增多，厄尔尼诺–南方涛动(ENSO)仍是太平洋地区年际变率主导模态，但振幅和空间分布将有显著变化。

(2) 海洋

海洋变暖最强区域为热带和北半球副热带，深海以南大洋最为明显，预计上层100 m内海洋变暖幅度为0.6(RCP 2.6情景)~2.0℃(RCP 8.5情景)，1 000 m深海洋变暖幅度为0.3(RCP 2.6情景)~0.6℃(RCP 8.5情景)。

2081—2100年间全球平均海平面上升区间可能为0.26(RCP 2.6情景)~0.82 m(RCP 8.5情景)，上升速度为每年8~16 mm。

(3) 冰冻圈

北极海冰范围9月份减少幅度为43%(RCP 2.6情景)~94%(RCP 8.5情景)，2月份减少幅度为8%(RCP 2.6情景)~34%(RCP 8.5情景)；全球冰川体积(不包括南极)预估减少15%~55%(RCP 2.6情景)，RCP 8.5情景下为35%~85%；积雪范围将减少7%~25%，多年冻土范围(上层3.5m)将减少37%~81%。

3.2.3.2 全球气候变化对景观的影响

全球气候变化会显著改变地球植被的类型和比例，亚热带森林、极地沙漠、冻原和北方森林的面积将大幅下降，而热带稀树草原、热带雨林和热带沙漠会大面积增加；气候变暖引起的海平面上升将改变沿海生态系统，造成一些物种的局部就地灭绝；全球气候变化还会对全球生物多样性、土地利用格局及降雨模式等产生间接影响，进而影响人类的发展。

(1) 海平面上升对海岸景观的影响

由于气温升高导致高山冰川和两极冰盖的融化以及海水体积的膨胀，人类引起的温室效应正在加快海平面上升的进程。

随着海平面上升，沿海地区高出海平面的低地景观有可能被海水淹没，大量土地资源流失。其中受影响最大的是沿海地区的湿地景观。湿地景观变化会改变或弱化其蓄水防洪、净化水质、调节区域气候和维持生物多样性等功能，长时间尺度的作用结果必然对环境产生显著的累积效应。

海平面上升对沿海低地景观、岛屿景观等也将产生重大影响。如现有的港口设备和海岸建筑物或被淹没或遭到强烈侵蚀和冲刷；大片低地地下水位上升，使地基软化，对建筑物构成威胁；导致土壤盐渍化，土地退化；一些岛屿将不复存在；大岛面积缩小，受飓风侵袭的程度和强度将增强；淡水受海水污染，威胁人类和生物生存；引起海水倒灌与洪水、风暴加剧等。

(2) 景观单元中物种流对全球气候变化的响应

大量证据表明，随着全球气候的变化特别是气温的变化，物种的分布有沿海拔和纬度梯度移动趋势。按海拔每升高 500 m 气温下降 3℃ 推算，物种在海拔上移动 500 m 相当于在纬度方向移动约 250 km。但在温带地区，Peters & Parling (1985) 认为，全球温度上升 3℃，对于许多物种来说，在纬度方向的移动至少为 300 km。同时群落中的物种对气候变化的反应不同，即移动速度存在差异，群落内的物种并不都随群落同步向一个方向移动，在移动中群落的物种集常发生变化。

理论上，当温度升高时，物种就向两极方向推进占领新的生境，同时其分布范围向远离赤道的方向发展。因此，赤道生物向以前温带物种生存的地区扩展，而温带物种向以前北方群落生长的地区扩展。这一现象已从古生物和古气候资料中得到证实。在过去的 200 年中，地球经历了 10 个冷暖交替循环。在暖期，两极冰盖融化，海平面升高，物种延伸其分布接近极地，并迁移到高海拔地区。在冷期，海平面下降，物种向赤道方向和低海拔地区移动，许多物种在这个过程中由于不适应而灭绝。

由于物种为了适应气候变化而以不同的速度迁移，景观单元中的物种流可能会分离成为若干个单一的物种，从而影响整个景观生态系统中的能量流、物质流和物种流。

3.3 土壤因素

土壤是各种成土因素综合作用的产物，其空间分布呈现一定的规律性。在一定条件下总是分布着一定类型的土壤；不同的土壤类型总有其地理空间分布范围；土壤的发育、变化等动态过程是景观变化的重要驱动力。

3.3.1 土壤及土壤分类

3.3.1.1 土壤

土壤是具有一定肥力，能够生长植物的地球陆地的疏松表层。它给植物提供生长空间、矿质元素和水分，是生态系统中物质与能量交换的场所，是生态系统的重要成分之一。同时，土壤本身也是独立的生态系统，内部生存有许多生物，并与周围进行物质和能量交换。

3.3.1.2 土壤的形成过程

土壤的本质是肥力，土壤的形成和发育过程就是肥力的形成过程，土壤的形成和发展是地质大循环和生物小循环相互作用的结果。土壤肥力的变化取决于大小循环的强弱及其对比情况，这种对比关系取决于母质、气候、地形、时间和生物五大因素。

土壤形成是地质大循环与生物小循环综合作用的结果。地质大循环是地质表层的岩石矿物经过物理和化学风化，形成细小的颗粒，同时一部分元素溶解于水，经过淋溶与搬运，这些风化物随着流水进入海洋，在海洋中经过长期的地质作用形成各种类型的沉积岩，并随着地壳的上升又回到陆地上，这个过程称为地质大循环。生物小循环是土壤中的生物，特别是绿色植物选择吸收各种矿质营养以后，通过光合作用合成有机物，一部分作为营养物质供动物食用，当有机体死亡后生物残体通过微生物的分解作用，各种营养位置重新释放，供给土壤生物循环利用，促进土壤肥力的形成和发展，这一周而复始的过程称为生物小循环。

地质大循环和生物小循环共同构成土壤发育的基础，两种循环过程相互渗透、不可分割，没有地质大循环，生物小循环不能进行，没有生物小循环，土壤难以形成(图3-4)。

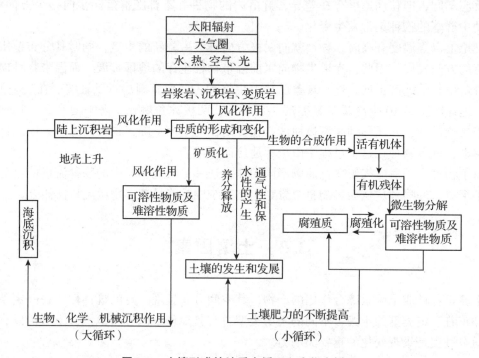

图3-4　土壤形成的地质大循环和生物小循环

3.3.1.3 土壤分类

土壤分类反映土壤形态、理化性质和生产力水平，中国土壤分类在1954年拟订的"中国土壤分类表"基础上经多次修订形成，1978年提出的"中国土壤分类暂行草案"，既吸收了前苏联的土壤分类理论和思想，也包括了中国民间的一些群众名称，如"海绵土""黑沙土""绵土"等土类。1992年正式发表的《中国土壤系统分类》(修订方案)是土壤分类研究成果的集中体现，该系统按7级建立分类系统，即土纲、亚纲、土类、亚类、土属、土种和变种。目前该系统只有前4级，根据主要土壤形成过程或影响成土过程的主要性质，共划分了13个土纲，即有机土、灰土、变性土、盐成土、均腐殖质土、铁铝土、铁硅铝土、硅铝土、干旱土、潮湿土、火山灰土、人为土和初育土。该系统进一步划分了33个亚纲、77个土类和301个亚类。

3.3.2 土壤的地理分布规律

土壤的地理分布规律，既有与生物、气候(主要是水分和热量)条件相适应，表现为广

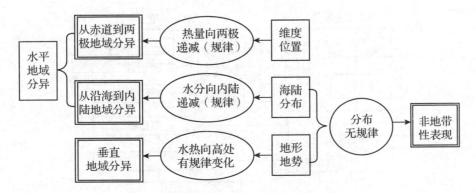

图 3-5　土壤分布的地带性和地域性规律

域的(地带性)水平分布规律和垂直分布规律，也有与地方性(地域性)的母质、地形、水文和成土年龄等相适应，表现为地域性的分布规律(图 3-5)。

3.3.2.1　土壤的地带性分布规律

地带性土壤(zonal soil)是由生物气候条件决定而发育的土壤，这种土壤是广域(广大空间)分布的土壤。由于生物和气候等成土因素具有三维空间的立体变化，作为成土因素综合作用产物的土壤，必然有三维空间的分布状态。

(1) 土壤分布的水平地带性

土壤的水平地带性规律，包括纬度地带性和经度地带性两种分布规律。我国的森林土壤水平分布规律基本由两个地带谱构成：东部沿海地区沿纬度方向排列的湿润海洋性森林土壤带谱，和西部干旱内陆沿经度方向排列的草原土壤带谱。

土壤的纬度地带性是指地带性土类(亚类)大致沿经线(东西)延伸，导致地带性土类大致平行于纬线(南北)并依纬度呈带状分布的规律(热量差异引起的)。这种分布规律在欧亚大陆的西部表现最为明显；而在欧亚大陆东部，由于受到季风的影响，我国东部地区比较湿润，欧亚热带和亚热带的荒漠土被森林植被下的红壤、黄壤和砖红壤取代。

我国的土壤分布规律(图 3-6)基本符合纬度地带性，即东部沿海地区从温带至热带森林土壤分布呈现有规律的更替：棕壤→黄棕壤→红壤、黄壤→赤红壤→砖红壤。但也有例外，由于受山体走向的影响，我国东北地区、东部沿海地区，从北至南森林土壤纬度地带性分布的规律是：棕色针叶林土(棕色泰加林土、灰化土)→暗棕壤→棕壤→黄棕壤→红壤、黄壤→赤红壤→砖红壤。

土壤的经度地带性(相性)是指地带性土类(亚类)大致沿纬度(南北)延伸，按经度(东西)方向由沿海向内陆变化的规律(由水分差异引起)。在我国温带内陆地区，由东至西分布的土壤有黑钙土→栗钙土→棕钙土→灰钙土→灰漠土→棕漠土→戈壁大沙漠。这种分布反映了距海洋远近而产生的大气湿度差异，也称作土壤气候相。

(2) 土壤分布的垂直地带性

土壤分布的垂直地带性是指随山体海拔升高，热量递减，降水先递增后降低，引起植被等成土因素按海拔高度呈现有规律的变化，土壤类型也相应呈垂直分布带现象。山地土壤各类型的垂直排列顺序结构形式，称为土壤垂直带谱。位于山地基部与当地地带性一致

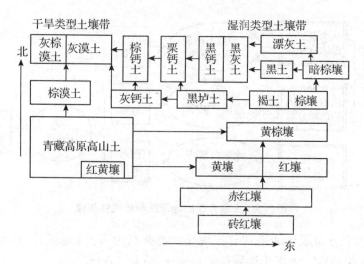

图 3-6　中国土壤水平地带分布规律

的土壤带，称为基带。除基带外，垂直带谱中的主要土壤带称建谱土带，其土类称建谱土类。土壤垂直带谱由基带土壤开始随山体高度增高，依次出现一系列与较高纬度带相似的土壤类型。但垂直带不能简单地视为水平地带的立体化，垂直带并不完全与水平带等同。

山体垂直自然带谱的复杂程度决定于纬度、海拔和相对高度 3 个因素，它们之间的关系可通过图 3-7 反映出来。

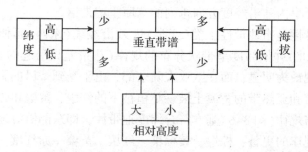

图 3-7　山体垂直自然带谱的复杂程度与纬度、海拔和相对高度的关系

山体所在纬度愈低自然带谱愈复杂，纬度愈高愈简单；山体的海拔高度愈高，自然带谱愈复杂（有极限），海拔愈低愈简单；山顶、山麓之间相对高度大则自然带谱复杂，相对高度小则简单。

在相似的经度上，从低纬度到高纬度土壤垂直带谱由繁变简，同类土壤的分布高度有降低的趋势。如地处热带、海拔 1 879 m 的海南五指山，由 5 个土壤垂直带谱组成；而位于温带、海拔 2 170 m 的长白山有 4 个垂直带；大兴安岭只有 2~3 个垂直带。

在相似的纬度，由湿润到半湿润、半干旱及干旱地区，山地土壤垂直带谱由复杂趋向简单，同类土壤的分布高度则逐渐升高。如暖温带湿润地区、海拔 1 100 m 的千山有山地棕壤和山地暗棕壤两个土壤垂直带；半湿润区海拔 2 050 m 的灵雾山自上而下有褐土、淋溶褐土、棕壤、暗棕壤和山地草甸土 5 个土壤垂直带；半干旱地区海拔 2 000~3 000 m 的大青山有山地栗钙土、灰褐土和黑钙土3个土壤垂直带；干旱区海拔4 000 m以上的祁连山西段只有山地棕钙土、高山草原土和高山寒漠土3个垂直带。

在相同或相似的地理位置，山体越高，相对高差越大，土壤垂直带谱越完整。如我国喜马拉雅山脉许多山峰土壤垂直带谱之繁为世界各地少有。山地坡向不同，特别是作为水平土壤地带分界线的山地两侧，山地下部建谱土壤类型各异，向上则渐趋一致，但同一土带分布高度仍有差别。喜马拉雅山脉土壤的分布规律如图3-8所示。

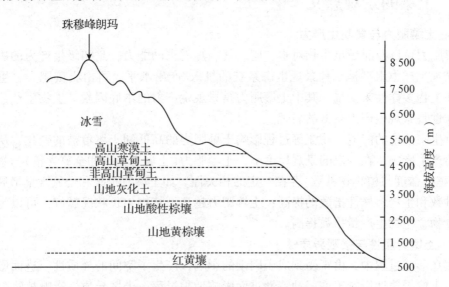

图 3-8　喜马拉雅山脉土壤垂直带谱

3.3.2.2　土壤的地域性分布规律

土壤的地域性(地方性)分布是指同一土壤地带范围内的一个地区，由于中、小地形及人为耕作影响，成土母质，水文地质等引起的不同土壤组合的分布规律。

(1) 土壤的中域分异

土壤的中域分异是指中地形条件下，地带性土类与非地带性土类按不同地形部位呈现有规律的组合现象。一般有枝形、扇形和盆形3种组合形式。枝形土壤组合广泛出现于高原与山地丘陵区，由于河谷发育，随水系的树枝状伸展，形成树枝状土壤组合，由地带性土壤、水成土和半成土壤组成。如我国黄土高原沟谷多呈树状，由黑垆土、黄绵土和潮土组成。扇形土壤组合主要是不同土壤类型沿洪积——冲积扇呈有规律的分布。由于沉积物的分选，洪积扇上部物质粗，多为地带性土壤，下部地下水位升高，出现草甸土或盐渍土。盆形土壤组合，是以湖泊洼地为中心向周围所形成的土壤组合。如在荒漠地带由山麓到盆地中心常见的荒漠土、草甸土、风沙土和盐土等。

(2) 土壤的微域分异

土壤的微域分异是指在小地形影响下，短距离内土种、变种，甚至土类和亚类既重复出现又依次更替的现象。如在黑钙土地带的高地上，出现淋溶黑钙土、黑钙土和碳酸盐黑钙土；在黑钙土地带低洼地上，则出现盐化草甸土、盐渍土或盐化沼泽土。

(3) 土壤化学元素的地域分异

土壤中的元素含量不仅决定于成土母岩的化学组成，而且取决于诸成土因素(气候、生物、地形、时间)的综合作用、元素的地球化学过程(淋溶、迁移、沉积与积累)。成土母质和成土因素在区域上的明显差异，决定了土壤中元素含量的区域性，所以，在土壤环境研究中，探讨化学元素在地理空间上的分布变化规律，揭示其背景含量水平及区域分布总趋势，同时对于区域土壤环境化学与质量评价、土壤环境保护、土地资源评价与规划等研究有重要的实用价值。

3.3.3 土壤的景观意义

3.3.3.1 土壤肥力与景观生产力

土壤肥力可以及时满足生物对水、肥、气、热需求的能力，是初级生产力的决定因素之一。景观生产力水平是一种景观生态系统的投入/产出水平，可由土壤肥力、生物生产量指数和生物多样性来衡量，其中土壤肥力是景观生产力的本底因素，生物生产量指数和生物多样性是景观生产力高低的表现。

土壤生态系统的能流、物流等过程影响土壤肥力的高低和土壤覆被的变化，从而对景观生产力产生影响。在一定的景观尺度下，土壤肥力(土壤有机碳和全氮含量)与景观特征生产力(植被盖度与植物物种数)存在一定的相关性。如土壤有机碳和全氮含量格局制约了植物物种数和生物多样性指数的提高；土壤肥力越高，植物生长状况越好，可以为更多动物提供食物，生物生产量指数提高。

3.3.3.2 土壤异质性与景观异质性

土壤在形成过程中，由于受到成土因素的影响，产生了空间的异质性，进而影响景观异质性。土壤异质性影响土壤侵蚀特性进而影响地貌过程，土壤异质性影响植物分布进而影响植被景观，土壤异质性也会影响土壤生物群落并进而影响景观多样性。

景观特性与土壤性质有密切的关系，许多研究集中于土壤性质在景观地域分异规律及空间异质性中的作用，揭示土壤空间变异的特性，并将土壤的理化性质与景观特性(如坡度、坡型、坡位和坡向等)有机结合，将各种景观的特性进行数量化处理，得出土壤有机质含量与地形、坡向、海拔高度、母质和植被类型等的相关关系。目前研究土壤景观空间尺度上的时间异质性，集中在利用"3S"技术进行不同时期土壤性质的对比，在现有的动态研究中土壤有机质的动态研究相对较多，主要集中于土壤在不同土地利用方式之后有机碳的时空变化，并利用地统计学的方法探讨碳的空间异质性。

观察土壤异质性在不同时空尺度上的动态变化，还可了解土壤景观的空间等级结构，从样点、样地、生态系统、景观到区域，不同等级水平上土壤生态系统的空间和时间尺度大小不一样。

3.3.3.3 土壤退化与景观变化

土壤退化包括数量减少和质量降低两个方面。数量减少表现为表土丧失、整个土体毁失或土地被非农业占用。质量降低表现在土壤物理、化学性质和生物性质方面。我国土壤退化的主要类型包括土壤侵蚀、土壤沙化、土壤盐渍化与次生盐渍化、土壤潜育化与次生潜育化、土壤污染等。

土壤退化是在自然因素变化的基础上，由于不合理的生产活动破坏了植被，使土壤失去了生物保护膜，有益生物失去了存活的基地，物质和能量循环受到严重的干扰甚至破坏，最终导致景观发生变化。土壤退化过程是很复杂的。土壤退化各阶段景观具有明显不同的植被类群、生长状况、覆盖度、土壤侵蚀和水土流失状况。

3.4 植被因素

植被是指某个地区或整个地球表面所有生活植物的总体，包括由自然生长的植物组成的自然植被和由人工经营、栽培管理的各种作物、林木组成的人工植被等两类。聚生在地表的各种植物，彼此以一定的相互关系形成有规律的组合，这种组合称为植物群落。因此，一个地区的植被就是该地区所有植物群落的总体。

3.4.1 植被类型

植被是重要的景观元素，受自然环境中其他因子(如光、热、水、气、土等)的深刻影响，同时又反作用于自然环境。植被是景观生产力的基础，也是景观分类的重要依据。植被是景观形成和变化的重要影响因素。

3.4.1.1 森林

森林的发育过程受环境制约，反过来也影响周围环境。受土壤和气候等因素地带性差异的影响，形成红树林、热带雨林、季雨林、热带疏林、热带稀树草原、常绿阔叶林、硬叶常绿林、落叶阔叶林、针阔混交林、针叶林和欧石南灌木群落等 11 种森林群落类型。

3.4.1.2 草原

草原地区的气候介于温带荒漠和落叶林之间，水热条件从温带半干旱到半湿润。草原植被土壤主要是黑钙土、栗钙土和棕钙土。草原植物中普遍存在旱生结构，植物的地下部分强烈发育。在水热条件较优越的地区，草原植被覆盖度较高；在干燥地区，草原植被覆盖度逐渐稀疏。草原有明显季相变化。

世界草原分布很广，有欧亚大草原、北美高草草原和南美的盘帕斯草原等。我国草原是欧亚草原的一部分，从松辽平原经内蒙古高原直达黄土高原，从东北—西南呈连续带状分布。此外，还见于青藏高原、新疆阿尔泰山前地区以及荒漠区的山地。根据建群种的生物学和生态学特点，我国的草原可分为草甸草原、典型草原、荒漠草原和高寒草原 4 种类型。

3.4.1.3 荒漠

荒漠是由旱生半乔木、半灌木、小灌木和灌木占优势的稀疏植被。荒漠气候极为干燥，年降水量小于 250 mm，夏季炎热，日温差大，多大风和尘暴，植物常受风蚀和沙埋。

荒漠植被十分稀疏，有些地方甚至大面积裸露。植物种类很少，但生态型和生活型多样，以各种生理—生态方式适应严酷的生态条件，如叶面缩小或退化、具肉质茎或肉质叶、发达的根系等。

荒漠主要分布在亚热带和温带干旱地区，包括非洲荒漠、美洲荒漠、大洋洲荒漠和亚洲荒漠等。我国荒漠位于欧亚荒漠的东部，分布于西北各省份。按荒漠植被建群种的生活型，可以分为小乔木荒漠、灌木荒漠和半灌木及小半灌木荒漠 3 种植被亚型。

3.4.1.4 冻原

冻原是有微温的北极和北极—高山成分的藓类、地衣、小灌木、矮灌木及多年生草本组成的植物群落。冻原区冬季严寒漫长，夏季短促凉爽，最暖月平均温度一般不超过10℃，植物生长期仅2~3个月。永冻层的存在常引起土壤沼泽化。

冻原是一类非常独特的植被类型，其植被种类组成贫乏，约有100~200种；结构简单，层次少且不明显，一般分为1~2层，最多不超过3层，即小灌木和矮灌木层、草本层、藓类地衣层。冻原植物生活型多种多样，以适应不利的生态条件，如多年生、常绿、矮生、耐寒和长日照植物等。

冻原主要分布在欧亚大陆和北美。在欧亚大陆，从南到北可分为森林冻原、灌木冻原、藓类地衣冻原和北极冻原。我国冻原仅分布在长白山和阿尔泰山的高山带。长白山冻原基本上属于小灌木藓类冻原，主要以仙女木(*Dryas octopetala*)、牙疙瘩(*Vaccinium vitis-idaea*)等矮小灌木为主；阿尔泰山属于干旱性的山地冻原，种类成分较少，以镰刀藓(*Drepanocladus*)、真藓(*Bryum*)、冰岛衣(*Cetraria*)等藓类和地衣为主。

3.4.1.5 隐域植被

隐域植被不形成任何全球性的地带分布格局，而存在于多个带中，如草甸、沼泽、水生植被等。

草甸是以多年生中生草本植物为主的植物群落，是在中度湿润条件下形成和发展起来的植被类型。草甸植被分布非常广泛，起源也不一致，有的是原生草甸，有的是森林破坏后形成的次生草甸，有的属于植被演替过程中的一个过渡阶段。按草甸分布的地形部位，草甸分为河漫滩草甸、大陆草甸、山地草甸、亚高山草甸和高山草甸；按群落性质，草甸分为典型草甸、草原化草甸、荒原草甸、沼泽草甸和泥炭草甸等。我国的草甸主要分布在东北、华北和西北地区。

沼泽是生长多年生植物的积水地区，是一种湿生植被类型。沼泽分布极为广泛，除南极洲冰盖外，广布于世界各地，尤其在森林带、森林冻原亚带和冻原带中分布最广。沼泽出现在积水的低地和地形的低洼部位，由少数特殊科属的物种组成，如泥炭藓科、莎草科、禾本科、杜鹃花科、毛茛科和天南星科等，生活型多样，营养生长部分高出水面，适应厌氧条件。东北平原和川西北若尔盖高原是我国沼泽植被分布最集中、面积最大的地区。按其外貌和基本建群种的生活型，沼泽可分为木本沼泽、草本沼泽和藓类沼泽三大类。

水生植被是长于水体环境，由水生植物组成的植被类型。水生植物多为广布种，甚至是世界种。在不同的自然带内，水生植物的种类大致相同。水生植被的组成除维管束植物外，最多的是低等藻类植物，其自然分布与水的深度、透明度及水底本底状况有关。

3.4.2 植被分布

植被在陆地上的分布主要取决于气候条件，特别是热量和水分及二者的组合情况。陆地气候的分布特点，导致植被分布表现为地带性分布和非地带性分布两种格局的交替组合。

3.4.2.1 植被的地带性分布

气候在经度、纬度和海拔高度方向上呈现规律性变化，植被的分布也沿着这3个环境梯度变化，表现为植被的地带性分布规律。

(1) 植被分布的水平地带性

植被的水平地带性表现为纬向地带性和经向地带性两个方面。纬向地带性是指植被沿纬度方向有规律地更替。北半球由于太阳辐射，呈现出提供给地球的热量从南到北逐渐减少的规律性变化，因而形成不同的气候带。植被也形呈带状分布，从南到北依次出现热带雨林、亚热带常绿阔叶林、温带落叶阔叶林、寒温带针叶林、寒带冻原和极地荒漠等类型。经向地带性是指以水分条件为主导因素，在同一气候带内植被由沿海向内陆发生更替。如我国温带地区在沿海分布落叶阔叶林，离海较远的地区分布着草原植被，在内陆分布着荒漠植被。

(2) 植被分布的垂直地带性

植被随海拔升高依次呈条带状更替，称为植被分布的垂直地带性。山地植被垂直带的组合排列和更迭顺序形成一定的体系，称为植被垂直带谱。各山地由于所处地理位置不同，垂直带谱不同。同一气候带，由于离海距离的远近而引起的干旱程度不同，植被垂直带谱也不同，因而可把植被垂直带分为海洋型垂直带谱和大陆型垂直带谱。一般大陆型垂直带谱每个带所处的海拔高度，比海洋型同一植被带的高度大，而且垂直带的宽度变小。

(3) 植被地带性分布规律的主要控制因素

其他景观因素特别是气候因素（热量和水分）决定植被的分布和类型。与气候带相应，植被呈纬向地带性分布；在同一热量带内，由于海陆分布、大气环流及大地形等综合作用的结果，各地水分条件不一，植被分布呈现明显的经向地带性分布。在山地，随着海拔的升高，温度、降水量、太阳辐射和土壤条件等发生变化，植被呈垂直地带性分布（图 3-9）。

3.4.2.2 植被的非地带性分布

受局部地区中小地形或土壤等条件空间异质性的影响，植被分布出现非地带性特征。一些植被类型不是固定在某一植被带，而是出现在两个以上的植被带。如盐生植被既出现

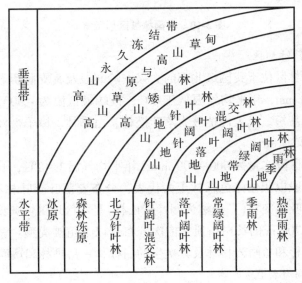

图 3-9 植被垂直地带性与水平地带性关系示意（引自孙儒泳、李博等，1993）

在草原带和荒漠带,也出现在其他带的沿海地区。沼泽植被几乎出现在所有的植被带中。水生植被普遍分布在世界各地的湖泊、池塘和河流等淡水水域。这些植被统称非地带性植被。它们的分布常常受制于自然地理条件的差异、植被演替过程以及干扰引起的退化,呈斑点或条状嵌入地带性植被类型中。

3.4.3 中国植被分区

根据植被的空间分布规律及组成或特征,可将植被划分为不同的植被区域,叫作植被分区或植被区划。按照《中国植被》,我国植被划分为 8 个植被区(图 3-10)。

Ⅰ.寒温带落叶针叶林区域
Ⅱ.温带针叶阔叶混交林区域
Ⅲ.暖温带落叶阔叶林区域
Ⅳ.亚热带常绿阔叶林区域
Ⅴ.热带季雨林、雨林区域
Ⅵ.温带草原区域
Ⅶ.温带荒漠区域
Ⅷ.青藏高原高寒植被区域

图 3-10 中国植被区划示意

(1) 寒温带落叶针叶林区

寒温带落叶针叶林区位于我国最北部的大兴安岭北段及其支脉伊勒呼里山的山地。年平均降水量 360~500 mm,年平均气温低于 0℃,极端最低温为 -50℃;冬季寒冷晴燥少雪而漫长,温暖季节甚短。代表性植被为落叶松林、白桦林、樟子松林和柞树林。

(2) 温带针阔混交林区

温带针阔混交林区降水量为 600~900 mm,年平均气温 1~8℃,气候温和湿润,冬季长、夏季短,土壤一般以灰化棕色森林土为代表,分布着落叶阔叶林和常绿针叶混交林。其中,红松—落叶阔叶混交林(一般称为阔叶红松林)是本区地带性典型植被。其他如从海拔 300 m 的低地至 2 700 m 的长白山顶,依次分布着以下植被类型:蒙古栎林、红松—落叶阔叶混交林、臭冷杉和鱼鳞云杉林及其次生的白桦林、岳桦林和矮灌木冻原。

(3) 暖温带落叶阔叶林区

暖温带落叶阔叶林区东为辽东、胶东半岛,中为华北和淮北平原,西为黄土高原南部和渭河平原及甘肃的成徽盆地，年降水量500～1000mm，年平均气温8～14℃。落叶阔叶林主要以槲树、辽东栎、槲栎等为优势组成；常绿针叶林以油松和赤松(*Pinus densiflora*)为主，生长在酸性棕壤上。落叶阔叶混交林和侧柏生长在中性和钙质褐色土上。海滨有较广泛的盐生草甸分布。

(4) 热带常绿阔叶林区

热带常绿阔叶林区占据中国东南部和西南部的广大区域，以各种类型的亚热带森林为主。东部亚区气候温暖湿润，干湿季不如西部亚区分明，年降水量1 000～2 000 mm，年平均气温为16～20℃，有以青冈(*Cyclobalanopsis glauca*)、柯(*Lithocarpus glablra*)等为主的常绿阔叶林，以马尾松和杉木为主的常绿针叶林以及毛竹林，生长在酸性的黄壤、红壤和灰化土上。此外，还有柏木(*Cupressus funebris*)林和慈竹(*Sinocalamus affinis*)林等。植被的垂直分布可以二郎山东坡为代表，从山底到3 300m的山顶依次有常绿阔叶林、常绿阔叶—落叶阔叶混交林、峨眉冷杉(*Abies fabri*)林和箭竹灌丛的垂直分布系列。

在西部亚区，气候多受印度洋湿润季风的影响，干季和湿季交替明显，年降水量低于1 000 mm，年平均气温为9～13℃。在山地阳坡有以川滇高山栎为主的硬叶常绿栎林；而在干旱河谷底部则有以仙人掌和霸王鞭为主的肉质刺灌丛。常绿阔叶林由滇青冈、高山栲和白皮柯(*L. dealbatus*)为优势组成；常绿针叶林则以云南松、华山松和干香柏(*Cupressus duclouxiana*)为主。

(5) 热带雨林季雨林区

热带雨林季雨林区位于中国最南部，年平均气温21～26℃，年降水量1 200～2 200 mm，典型土壤为砖红壤。在阴湿的沟谷中有常绿阔叶雨林；在石灰岩丘陵或较干燥的地方，生长的是热带半常绿阔叶林(热带季雨林)；在沿海海滨，分布着由红海榄、红树和海莲构成的红树林。

(6) 温带草原区

中国的东北和内蒙古高原东部半干旱气候条件下形成了广阔的草原，属于温带草原区，年降水量150～600mm。本区东部，在壤质黑钙土或暗栗钙土上分布着以羊草和线叶菊为主的中旱生草原和草甸；在沙土上有稀疏的以樟子松和榆树为主的疏林。典型草原见于内蒙古高原和黄土高原的西部，优势种为大针茅、克氏针茅、本氏针茅、短花针茅、戈壁针茅、沙叶针茅和糙隐子草；在沙质土和沙丘上还有一些落叶灌丛，由柳树、锦鸡儿属和蒿属的种类构成；盐生草甸和一年生多汁盐生植被常见于地下水位较高的土壤上。

(7) 温带荒漠区

温带荒漠区包括内蒙古西部、甘肃、青海柴达木盆地和新疆的准噶尔盆地与塔里木盆地。气候非常干燥，大部分地区年降水量50～150 mm 或更少。

本区沙漠中生长有梭梭柴、白梭梭和白沙蒿等少数植物；在砾质戈壁上，生长有膜果麻黄、泡泡刺、珍珠猪毛菜和琵琶柴；以盐爪爪(*Kalidium* spp.)、白刺(*Nitraria sibirica*)、盐穗木和盐节草为主的肉质多汁的盐生矮半灌木荒漠在盐土上很常见；而合头草稀疏地分布在石质荒漠上。

在温带荒漠区河流两岸地带，常有胡杨林分布，有时还伴生有沙枣。祁连山、天山、昆仑山和阿尔泰山的高山山坡上，有大面积的草地；在山地的上部有几乎全由云杉组成的用材林。

(8) 青藏高原高寒植被区

青藏高原中东部和南部海拔 4 000 m 以上，全年无夏，冰雪融水形成沼泽和湖泊，发育着以高山蒿草和西藏蒿草等为主的高山草甸。在高原中部地区的高山上分布着以紫花针茅和羽柱针茅为主的高寒草原。在西藏高原西北部海拔 5 000 m 以上地区，分布着十分稀疏的植被，植物种类较少。有些匍匐在地面，有些是垫状植物，以适应风吹和寒冷，并利于保湿。垫状驼绒藜和藏亚菊常见于沙质荒漠上。

在该区东部，尤其是东南部的横断山脉地区，由于水热条件较好，分布着以森林为代表的大面积针阔混交林和针叶林，局部地区还分布着亚热带常绿阔叶林。

3.4.4 植被对景观的作用

植被是景观的基本外在表现形式之一，地表覆盖的植被类型是景观的主要特征，景观的许多特征和变化规律都是由植被决定的。因此，植被往往是景观分类的重要依据，也是景观生态研究的主要内容。

(1) 植被类型与景观异质性

植被类型表现为植物群落的种类组成、外貌和结构、地理分布等特征及其生态环境的地域分异性。植被作为景观元素，植被类型的差异即反映群落外貌等特征的差异，从而表现为不同的景观。

(2) 植被的动态与景观变化

植被总是处于不断变化和发展中，可以表现为季节性变化、逐年变化和植被演替，且三种变化形式相互联系。季节性变化表现为植被的季相，随着气候的季节性周期变化，整个植被外貌发生明显的季相更替。由于各地方的年气象和水文条件不完全相同，植物的生长条件有年际的改变，从而发生年际波动。在草甸、草原，在水文状况按年改变的如河漫滩等地方年际改变有特别明显的表现。演替是植被群落动态中最重要的特征，没有一个群落是永远存在的，终将被其他群落所更替。随着植被这 3 种形式的动态变化，景观也表现出相应的变化。

(3) 植被对地貌过程的改变和控制作用

植被对其他景观因素如气候、土壤甚至地形都有影响。由于植被的作用，群落内的光照、温度、空气组成、风、水和土壤等状况与群落外有很大差别。如林区的降水量要显著高于无林区，森林植被对所在地区的水文状况有重要影响。

(4) 植被为野生生物提供栖息地

在生态系统中，动物和微生物组分依附于植物组分，植物为它们提供食物和隐蔽场所或栖居地。植物的空间分布也支配着动物和微生物的空间分布。不同生活型的植物定居在一起，导致了空间层次的分化，如森林的林冠层、林下层、灌木层、草本层以及枯枝落叶层等，其中每一个层次都为森林中的动物和微生物提供了一个生境。植被的结构越复杂，为动物和微生物提供的生境就越多，动物和微生物的种类越丰富，它们的机能越多样。

3.5 干　扰

干扰(disturbance)是自然界中普遍存在的现象，引起群落、生态系统和景观等生物层次的非平衡特性，并在其结构形成和动态发展中有重要的作用。景观生态学非常重视对干扰的研究，认为干扰是景观异质性的一个主要来源，既改变景观格局同时又受景观格局的制约。干扰的后果具有双重性，既有建设性的一面，又有破坏性的一面。

3.5.1 干扰的概念及类型

3.5.1.1 干扰的概念和意义

干扰是自然界中非常重要的生态过程，由于研究背景和侧重点不同，干扰也有不同的定义。Sousa(1984)认为干扰是一种突发性事件，对个体或群体产生破坏或毁灭性作用。Pickett和White(1985)将干扰定义为相对非连续的事件，它破坏生态系统、群落或种群的结构，改变资源、养分的有效性或者物理环境。Forman和Godron(1986)将干扰定义为显著地改变系统正常格局的事件。Crawley(1986)认为干扰是指导致裸露地表、疏松土壤、透光空隙从而为新成员创造小生境的过程。Grime等(1979)认为干扰与植物生物量的部分和全部破坏相联系，可由食草动物、病原体和人类活动(包括践踏、刈割、犁耕)造成，也可由风害、霜冻、干旱、土壤侵蚀和火灾等造成。Turner(1989)认为干扰是破坏生态系统、群落或种群结构，并改变资源、本底的适宜性，或对物理环境在任何时间上发生的相对不连续事件。

以上对干扰的定义或重机制、或重起因、或重结果，都不完全全面和准确。而基于各种生物系统的广泛适用定义应强调干扰事件、系统过程影响和干扰结果等的统一，可界定干扰为阻断原有生物系统生态过程的非连续性事件，在干扰作用下，种群或群落的组成和结构发生改变，生态系统环境状况和资源基础遭到破坏，系统的功能受到损伤。

3.5.1.2 干扰的类型

由于干扰的来源、规模和后果等方面差异很大，系统地对干扰进行分类是困难的，但可以从需要的角度对干扰进行适当的划分。

(1) 自然干扰和人为干扰

干扰按其产生源可以分为自然干扰(natural disturbance)和人为干扰(human disturbance)。

自然干扰指在自然情况下发生的干扰，包括偶发性的破坏性事件和环境的波动。偶发性的破坏性事件包括泥石流、雪崩、风暴、冰暴、闪电、食草动物大暴发、病虫害、滑坡、地震、火山喷发和洪涝灾害等。它们常对事件发生区的生物系统产生破坏性甚至毁灭性的影响。非连续性的环境波动包括周期性的气候干湿变化与冷热交替等过程，即气候波动，它们对系统的结构、功能和组成产生明显的影响。

人为干扰是指人类的生产活动和对资源的改造利用等过程对自然生态系统造成的影响，如砍伐、挖采、放牧、开荒、农田施肥、兴修水库、道路建设、矿山开发、践踏、旅游、土地利用改变以及工业污染等。人为干扰的方式多种多样，影响的空间范围大小差别很大，对某一生态系统的影响程度也有很大差异。如将一片森林或草地开垦为农田，就从根本上毁灭了原有的生态系统，而轻度或中度放牧只是改变原有草原群落各物种的作用和比例，而对群落的总体组成和基本性质影响较小。

有些干扰既可能是人为干扰也可能是自然干扰或者这两种干扰共同作用的结果，如水土流失和外来生物种入侵等。

(2) 细尺度干扰和粗尺度干扰

干扰按其发生的范围可分为小规模的细尺度干扰或小型干扰(fine scale disturbance)和大规模的粗尺度干扰或大型干扰(caoce scale disturbance)。如林冠空隙干扰属于细尺度干扰，而大面积的风倒和较大范围的森林火灾则属于粗尺度干扰。不同的森林植被类型中，细尺度干扰和粗尺度干扰所占的比例不同。一般寒温带针叶林以大型的火干扰占优势，而热带雨林和温带森林则以小型的林冠空隙干扰占优势。

(3) 内部干扰和外部干扰

干扰按其功能分为内部干扰(internal disturbance)和外部干扰(external disturbance)。内部干扰是在相对静止的长时间内发生的小规模干扰，由生态系统内的干扰源引起，包括树倒、机械摩擦、种间竞争和生物相克作用等。内部干扰的存在使得生态系统不断繁衍，对生态系统的演替起重要作用；外部干扰是短期发生的大规模干扰，由生态系统外部因素引起，如强烈的火灾、风沙、冰雹、霜冻、洪水、雪压、干旱、人为砍伐及放牧等，使生态系统抗逆性下降，阻碍生态系统演替的进程。内部干扰是连续的必然的事件，而外部干扰是随机的偶然性事件。

(4) 破坏性干扰和增益性干扰

按干扰性质可分为破坏性干扰(destructive disturbance)和增益性干扰(gain disturbance)。多数自然干扰和人为干扰会导致生态系统破坏、生态平衡失调和生态功能退化，有时甚至是毁灭性的，如各种地质、气候灾害和乱砍滥伐、滥牧等掠夺式经营，这类干扰称为破坏性干扰；但干扰并不总是一种对景观的破坏行为，有些干扰是人类经营利用景观的正常活动，如合理采伐、修枝、人工更新和低效林改造等，它可以促进景观的发育和繁衍，延续景观功能的发挥。在生物意义上，中度的干扰可以增加生态系统的生物多样性，有益于生态系统稳定性的提高，如适度的火干扰消除了地表积聚的枯枝落叶层，改变了局部小气候、土壤结构与养分，进而促进或保持较高的第一生产力，同时可以维持物种的结构和多样性，这些积极的、有益的和必要的干扰称为增益性干扰。

3.5.2 干扰状况

干扰状况(disturbance regime)的研究，是认识景观生态系统长期动态变化规律的基础。

3.5.2.1 干扰状况的概念

干扰状况是描述干扰特征的一个重要概念，是某个地区或特定立地上某种干扰因素各种参数(如干扰发生的规模、强度、频率、分布和周期等)的综合。可从空间和时间的分布格局以及干扰对生态系统的影响等方面来说明干扰状况。

3.5.2.2 干扰状况指标

对干扰状况的研究包括干扰在空间上的分布，干扰与地理地貌，环境条件及群落梯度的关系，干扰在时间上分布格局，干扰重发间隔期，干扰频率，干扰轮回期，干扰强度和干扰烈度等。此外，干扰之间还存在协同作用，即一种干扰对另一种干扰的影响。常用的干扰状况指标有：干扰规模、干扰强度、干扰的频率和干扰的空间分布。

①干扰规模　指被干扰的面积，该面积可以表示为每次事件的面积，每个时间段的面积，每个时间段、每次干扰类型的总面积。通常以总有效面积的百分数表示。

②干扰强度　从干扰因素本身看，在一定时间内、一定面积上该事件的物理力（干扰程度），如火灾发生时，单位时间、单位面积所释放的热量。干扰烈度主要反映干扰对有机体、群落或生态系统的影响。一般干扰强度和干扰烈度通用。

③干扰的频率　指单位时间内发生干扰事件的次数；干扰的周期包括干扰的重现间隔期和干扰的轮回期，前者是指两次干扰之间的平均间隔时间，即干扰频率的倒数；后者是指将研究区域干扰1次所需的平均时间。

④干扰的空间分布　指干扰在不同空间的分配与组合规律，包括与地理、地形、环境以及群落梯度的关系。如干扰斑块的大小、形状和分散程度等指标均可表明干扰空间分布的特点。

3.5.3　干扰的景观意义

干扰引起景观中各种要素的改变，导致景观中局部地区光、水、能量和土壤养分的改变，影响植物对土壤养分的吸收和利用，引起土地覆被的变化。干扰还可以影响土壤生物循环、水分循环和养分循环，直接影响斑块性质及其镶嵌状况，在景观中形成不同的斑块镶嵌体，进而对景观的结构、功能与动态过程产生影响。

干扰可以改变景观格局，同时又受制于景观格局。干扰可以改变资源和环境的质量及其空间规模、形状和分布，从而改变景观格局；干扰对景观的影响在很大程度上还与景观性质有关，对干扰敏感的景观结构，受到的影响较大，而对干扰不敏感的景观结构，受到的影响较小。

3.5.3.1　干扰的多样性和多向性

(1) 干扰类型的多样性

历时长的景观必然面临多种干扰的作用，即干扰类型具有多样性。如牧场退化可能是由于干旱、虫害及火灾等自然干扰，也可能存在过度放牧、烧荒等人为干扰。在一些易变性体系中，干扰可能具有一种累积效应。如野生动物的活动场所被道路一分为二，当道路两边的动物进行种间接触时极有可能被车辆的轰鸣声所惊吓，多次的干扰很可能使物种间交流逐渐淡化。对于多重干扰，各种干扰之间的相互作用，和干扰在一个景观中的累积影响等难题，景观生态学家进行了深入的研究，而这些问题的解决对保护敏感性生境具有十分重要的意义。

(2) 干扰作用的多向性

自然界中发生的同样事件，在某种条件下可能对生态系统形成干扰，在另外一种环境条件下可能是生态系统的正常波动。是否对生态系统形成干扰不仅取决于干扰本身，同时还取决于干扰发生的客体。对干扰事件反应不敏感或抗干扰能力较强的生态系统，往往在干扰发生时不会受到较大影响，这种干扰行为只能成为系统演变的自然过程。

对于不同的干扰客体，干扰的作用可能表现为积极的促进作用或破坏性的阻碍作用。如天然草原群落的放牧干扰，它使草原群落形成与一定放牧压力水平相适应的放牧生态系统，阻断在自然条件下草原群落的生态演替过程，但对组成群落的植物种群和个体的作用也有明显区别：放牧可以抑制或破坏羊草种群或个体的发展，但对冷蒿种群或个体来说，放牧则对其发展产生积极的促进作用。

3.5.3.2 干扰与景观异质性

(1) 景观异质性

干扰是景观异质性的重要来源。干扰总会使原来的景观单元发生某种程度的变化，在复杂多样、规模不一的干扰作用下，异质性的景观逐渐形成。Forman 和 Gordon 认为，干扰增强，景观异质性将增加，但在极强干扰下，景观异质性可能更高或更低。一般认为，低强度的干扰可以增加景观的异质性，而中高强度的干扰会降低景观的异质性。如山区的小规模森林火灾，可以形成一些新的小斑块，增加了山地景观的异质性，在森林火灾较大时，可能烧掉山区的森林、灌丛和草地，将大片山地变为均质的荒凉景观。

(2) 景观破碎化

干扰对景观破碎化的影响比较复杂。一些规模较小的干扰可以导致景观破碎化，如山区森林火灾，强度较小时将在本底中形成小斑块，导致景观结构破碎化，直接影响物种的生存和生物多样性保护。当火灾足够大时，将导致景观的均质化而不是进一步破碎化。这是因为在较大干扰条件下，景观中现存的各种异质性斑块将遭到毁灭，整个区域一片荒芜，火灾过后的景观会形成一个较大的均匀本底。但这种干扰同时也破坏了原有景观生态系统的特征和功能。

景观对干扰的反应存在一个阈值，只有在干扰规模和强度高于这个阈值时，景观格局才会发生质的变化，而在较小干扰作用下干扰不会对景观稳定性产生影响。

3.5.3.3 干扰与景观变化

干扰与景观变化关系十分密切，干扰可以直接改变景观，也可以通过其他过程间接引起景观变化。

(1) 干扰对景观的直接改变

景观可以看作干扰的产物，干扰对景观变化有重要作用。影响景观变化的因素有干扰频率、恢复速率、干扰强度和范围、景观的大小或空间范围。

干扰是景观环境、资源的时空异质性和生物多样性的重要来源，它既可能是景观的破坏因子，也可能是景观维持和发展的因素。在稳定性限度之内景观的变化，使景观逐步走向更高层次的稳定。脆弱生态环境中的景观(如沙漠环境景观)常是多变和难以预测的，同时存在灾难性和无规律性，系统内部的反馈控制能力很弱，不能及时有效地对人为干扰和环境变化作出自身反馈调控，系统极易受损。

(2) 干扰引起的景观演替或退化

干扰对于景观演替的重要性表现在多个方面：干扰影响斑块内的环境条件和异质性；干扰的强度不仅影响立地的开放性，也影响繁殖体的生存和更新；干扰的持续时间能决定立地对特定物种的有效性；干扰通过对个体的综合影响，改变种群的年龄结构、大小和遗传结构，而且生活史特征与干扰方式的交互作用可能导致种群响应模式的进化；干扰也影响群落的物种丰富度、优势度和结构。

自然干扰作用总是使生态系统退回到生态演替的早期状态。一些周期性的自然干扰使生态系统呈周期性演替现象,成为生态演替不可缺少的动因。生态演替过程中一系列变化所产生的正负反馈作用,使演替趋于稳定状态。但人为干扰对景观演替的影响明显不同,它可能使景观演替加速或延缓,也可能改变演替方向,甚至导致逆行演替。逆行演替使景观的结构和功能受到很大的破坏。如半干旱草地的长期放牧导致水分、氮素和其他土壤营养物质的时间和空间异质性增强,进而使荒漠灌木侵入和草沙漠化。在非洲的稀树草原地带,放牧改变了植被的种量组成、植被高度和土壤种子库。

复习思考题

1. 影响景观形成的主要因素有哪些？
2. 地质特征和地貌形态对景观特征的作用有哪些？
3. 气候如何影响景观形成和变化？按气候分类的景观类型有哪些？全球气候变化对景观有哪些影响？
4. 什么是土壤的地域性分布？我国土壤地带性分布规律是什么？对景观形成及其异质性有哪些影响？
5. 地球表面的植被有哪些类型？各有哪些特点？植被对景观的作用有哪些？
6. 什么是干扰和干扰状况？描述干扰状况有哪些指标？干扰有哪些类型？
7. 干扰与景观异质性的关系是什么？干扰如何影响景观变化？为什么说干扰是景观的一种重要的生态过程？

本章推荐阅读书目

1. 伍光和,王乃昂,胡双熙等. 自然地理学. 高等教育出版社,2008.
2. 余晓新,牛健植,关文彬等. 景观生态学. 高等教育出版社,2006.
3. 傅伯杰,陈利顶,马克明等. 景观生态学原理及应用(第 2 版). 科学出版社,2011.
4. 左建. 地质地貌学. 中国水利水电出版社,2007.
5. 姜世中. 气象学与气候学. 科学出版社,2010.
6. 邬建国. 景观生态学——格局、过程、尺度与等级(第 2 版). 高等教育出版社,2007.

第4章 景观结构

【本章提要】

景观结构与环境资源格局和各种生态过程之间通过多种内在反馈机制形成动态平衡关系,是景观生态学的核心内容之一。分析景观结构是景观生态研究与实践的基础。本章重点阐述了斑块、廊道、本底的结构特征以及几种景观结构模型,主要包括斑块-廊道-本底模型、网络-结点模型、生态安全格局模型、景观梯度格局模型、"源""汇"模型,以便理解和掌握景观结构的基本特征。

景观结构(landscape structure)是指景观组成要素的类型、数量、大小、形状及其在空间上的组合形式。换句话说,景观结构就是不同生态系统或景观空间单元的数量关系及其空间组合特征,强调的是空间特征(大小、形状及空间组合)和非空间特征(数量、面积比例)(李团胜等,2009)。景观结构是景观功能的载体,强烈影响景观功能及其生态学过程。因此,认识景观结构的基本特征是揭示景观功能及其生态学过程和优化景观功能的基础。

景观由一组相互作用的生态系统构成。构成景观的基本的、相对均质的生态系统或单元即景观要素。Forman 和 Godron(1986)在观察和比较各种景观的基础上,认为组成景观的景观要素类型主要有 3 种:斑块(patch)、廊道(corridor)和本底(matrix),用来描述和分析景观结构、景观功能和景观动态变化特征,并将景观规划与管理也看作是对这 3 类要素的调整和控制。这种分类体系目前已为大多数学者所接受(邬建国,2000)。

4.1 斑 块

4.1.1 斑块的定义

斑块(patch)是指在一定尺度下,在性质或外观上不同于周围环境的非线性的、内部具有相对同质性的地表区域。

斑块是构成景观基本结构和功能的空间单元。由于成因或起源不同，斑块大小、形状及外部特征各异，可以是有生命的，如动植物群落，也可以是无生命的，如裸岩和建筑物。它可能是自然的，如森林中的沼泽地和沙漠中的绿洲等，也可能是人工的，如人工林、树木园和村落等。不同斑块及其组合特征不同（图 4-1）。景观生态学更注重研究有生命的斑块（肖笃宁等，2003）。

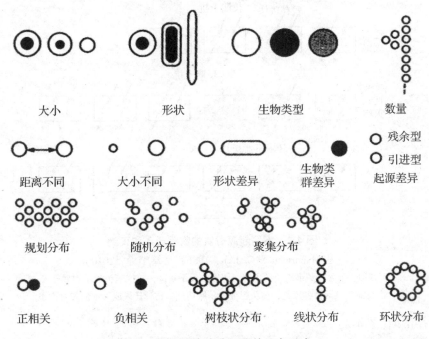

图 4-1 景观斑块的特征及其组合形式

（引自 Forman & Godron, 1981；肖笃宁等，2003）

4.1.2 斑块的起源、类型及其主要特征

斑块主要起源于环境异质性、自然干扰和人类活动。根据起源或成因，斑块可以分为干扰斑块、残存斑块、环境资源斑块和引入斑块 4 种类型。

4.1.2.1 干扰斑块

干扰斑块（disturbance patch）是由于景观中局部干扰而形成的小面积斑块。如飓风、冰雹、雪崩、泥石流、虫害、火灾、哺乳动物的践踏、食草动物的取食和树木死亡等自然干扰都会造成干扰斑块；森林砍伐、垦荒、围田和采矿等人类活动也可以造成干扰斑块。与其他斑块相比，干扰斑块通常消失最快，稳定性最低，平均年龄最短，周转速率最高。

干扰斑块的形成和发展伴随着群落的演替过程。在干扰之前，斑块所处地段可能是比较稳定的顶极群落，强烈干扰发生后，首先被先锋群落占据。随着群落的发育和环境的改变，演替后期物种逐步取代先锋物种，经过一段时间的演替，干扰斑块可能变得与周围本底难以区别而消失。但如果重复干扰或长期干扰（chronic disturbance），如长期放牧的草场，周期性洪水或干旱等，使干扰斑块的演替过程反复受阻，斑块可以保持一定的稳定性

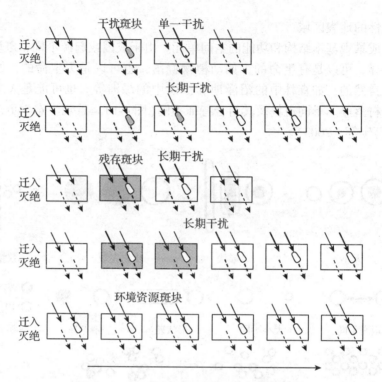

图 4-2　不同起源斑块的物种迁入和灭绝

(引自 Forman & Godron, 1986；肖笃宁等, 2010)

正方形表示含有圆形斑块的本底，阴影表示干扰区，实线箭头表示物种迁入，虚线箭头表示物种灭绝，箭头粗细表示所估计的物种迁入或灭绝的相对大小

和较长的存留期(图 4-2)。

4.1.2.2　残存斑块

残存斑块(remnant patch)是景观中大面积干扰后残存的局部未受干扰的自然或半自然生态系统或者某一自然生态系统的片段。如大面积林火干扰后幸存的未过火地段，大面积虫害爆发后保留的未受侵害的局部植被，大范围森林砍伐后保留的局部林地，农业活动和城市化进程中残存的小片森林斑块或草原斑块等。

由于残存斑块与干扰斑块都起源于人为干扰或自然干扰，因此残存斑块的某些特征与干扰斑块类似：最初生物种群数量发生变化，接着发生演替，最终与本底融合，具有较高的周转率；种群大小、迁入和灭绝的速度都在干扰发生之初变化较大，随后进入演替阶段；当本底与斑块融合为一体后，两者都将消失。

长期干扰也可以使残存斑块长期存在，如大片农田中保留的原始林地。但残存斑块很难保持未受干扰前的本底状况。在景观本底受干扰后，某些物种会迁入到残存斑块，有的甚至定居下来，从而改变了原来的物种组成。随着本底的演替，残存斑块内的物种也会发生一系列变化，最终与本底融为一体，但这种新景观与干扰前的景观可能完全不同。如沙漠发展过程中，最初在水源较好的地方残存一些绿洲，但随着风沙推进，最终绿洲消失，完全变成了沙漠。

干扰斑块和残存斑块在外部形式上似乎有一种反正对应关系，但残存斑块与干扰斑块在景观中的地位与作用不同。如在森林中发生林火，当林火范围较小时，形成的火烧迹地为干扰斑块，周围未烧的森林为本底，为火烧迹地的恢复提供物种而成为物种"源"，火烧迹地成为物种的"汇"；如果林火蔓延，过火面积很大，仅在局部有少数团块状的林分未烧到，此时火烧迹地为本底，未过火的林分为残存斑块，残存斑块保存的物种可为火烧迹地的恢复提供物种，成为物种"源"，火烧迹地(本底)成为物种"汇"。

4.1.2.3 环境资源斑块

环境资源斑块(environmental resource patch)是指起源于自然环境资源空间分布的不均性(自然环境资源的空间分布不均匀性导致系统与系统的差异，即自然环境资源的空间异质性)或镶嵌分布形成的斑块，如森林中的沼泽、冰川活动留下的泥炭地和沙漠中的绿洲等。在大兴安岭林区，山坡中下部分布大片的兴安落叶松，而山坡顶部是小片团块状的樟子松，这时兴安落叶松林是本底，樟子松林为环境资源斑块，它们都是由于环境资源条件(土壤类型、水分、养分以及与地形有关的各种因素)在空间上分布的不均匀造成的，斑块中的生物明显不同于周围的本底。

由于自然环境资源的空间分布具有相对稳定性，环境资源斑块的持续时间较长，即斑块寿命较长，稳定性高，周转速率很低，斑块与本底之间的生态交错区可能很宽，形成逐步变化的梯度。

4.1.2.4 引入斑块

引入斑块(introduced patch)是指由人类有意或无意将动植物引入某些地区而形成的，或者完全由人工建造和维护的斑块。它主要包括：种植斑块(植物园、动物园、人工林、作物地和高尔夫球场)和聚居斑块(城市及居民区绿地和乡村等)。

① 种植斑块(planted patch)　指自然植被景观中因人类种植活动形成的斑块。种植斑块的物种动态及其周转速率取决于人类的管理活动。一旦停止人为管理，本底中的物种将会侵入，从而进入演替进程，种植斑块与本底融合。由于人类锄草、灭虫、翻土、施肥和浇水等维护活动，引入物种能够长期占优势，改变或延缓自然演替过程，如人工林。种植斑块往往对病虫害等干扰抵抗力弱，稳定性差，需要投入很大的人力和能量来维持。

② 聚居地(residential)　聚居地包括房屋、院落和毗邻的周围环境。聚居地是由人为建筑活动造成的建筑物和其他设施组成的斑块。聚居地生态系统包括4种类型来源的生物：人、主动引入的动植物、不慎引入的有害生物和从异地移入的本地种。

聚居地是人造的斑块，它的存在取决于人的维护程度和持续时间，具有不稳定性，城市和乡村差异很大。城市及其郊区范围较大，常单独成为城市景观；而小城镇、村舍和乡村居民点看作乡村景观中的聚居地斑块。

斑块的测度指标可以分为：斑块大小、斑块形状、斑块内缘比和斑块数量结构与空间构型等。

4.1.3 斑块大小

斑块大小也称为斑块规模(patch size)，是最容易识别的斑块特征。从生物学角度，当斑块形状一样时，斑块大小一方面影响能量和营养物质在景观中的分布，从而影响景观空间异质性，另一方面还影响斑块中物种的数量，进而影响斑块乃至景观的稳定性。

4.1.3.1 斑块大小对能量和营养物质分布的影响

(1) 斑块大小与边缘效应

①边缘的定义及类型　边缘是指斑块与本底之间、斑块与斑块之间存在的过渡带,也称为生态交错区或边界。边缘分为固有边缘和诱导边缘。

环境资源差异造成的边缘为固有边缘,过渡缓慢、连续性强、变化小。如环境资源斑块与本底之间的过渡缓慢,存在一个逐渐变化的梯度,边缘较宽。

天然或人为干扰造成的边缘称为诱导边缘,过渡显著,多为短期现象。如干扰斑块或残存斑块与本底之间的过渡较突然,边缘较窄。

②边缘效应　边缘是相邻两种景观要素直接相互作用的场所,物质、能量密度及物种组成特征也与两侧景观要素的内部有较大的差异。边缘对能量、营养物质以及物种分布的影响称为边缘效应(edge-effect)。

边缘效应在性质上有正效应(聚集效应)和负效应。正效应表现出效应区(交错区、交接区、边缘)比相邻的群落具有更优良的特性,如生产力提高、物种多样性增加等;相反,负效应主要表现在交错区物种种类组分减少,植株生理生态指标下降,生物量和生产力降低等。

(2) 斑块大小与斑块的内缘比

景观斑块之间的物质交换或能量流动随着边缘的增加而增加,这是景观生态学"边缘效应"的一种表现。一般斑块越小,单位面积斑块的边缘长度越大,斑块越易受到外围环境或本底中各种干扰的影响,斑块与周围其他景观要素之间的物质交换越强烈,斑块的稳定性越差。因此,景观生态学研究中常用斑块内缘比反映斑块的特征。

斑块内缘比(D),是指斑块内部面积与外侧边缘带面积之比(肖笃宁等,2003),即

$$D = A_内/A_外 \tag{4-1}$$

如果各斑块的边缘宽度相对一致,对于形状一样、大小不同的斑块,其内/缘比不同。一般斑块内缘比与斑块面积成正比,即斑块面积越大,斑块内缘比越大(图4-3)。

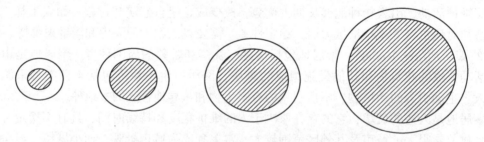

图 4-3　形状相同、大小不同的斑块,其内缘比不同(边缘宽度一致)

对于面积相同、形状不同的斑块,内缘比也不同。较大的圆形或正方形斑块属于等径斑块,内缘比较大,而矩形斑块内缘比较低甚至为零,此时长条形斑块全部由边缘组成(图4-4)。

当边缘效应为聚集效应时,有:① 大斑块内缘比大,能量和营养物质在边缘的比例小,相反,小斑块内缘比小,能量和营养物质在边缘的比例大;② 在斑块的边缘部位,无论是植物还是动物的产量和数量都明显高于斑块内部。如森林中边缘的林木生长旺盛,下层的灌木、草本多,甚至各层中花果产量也明显比内部高,使得小斑块单位面积上的能

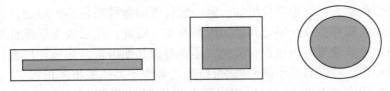

图 4-4 大小相同、形状不同的斑块内缘比不同（边缘宽度一致）

量和营养物质含量（或密度）明显高于大斑块。相反，如果边缘效应为负效应，则小斑块的能量与营养物质含量（或密度）要小一些。可见，斑块大小对能量和营养物质在斑块中的分布有明显影响。

对于单个斑块，大斑块的能量和营养物质总量高于小斑块，对于主要生活在单个斑块的物种，大斑块能提供更充足的能量和物质。

4.1.3.2 斑块大小对物种数量的影响

物种多样性与生境面积之间的关系是地理学和生态学中的研究热点之一。物种多样性与生境面积呈曲线关系，即物种数量（S）与生境面积（A）之间的关系可以用以下关系式表示：

$$S = C \cdot A^z \tag{4-2}$$

式中 S——物种数量；
  A——生境（岛屿）面积；
  C——同一地区为常数，其变化反映地理位置变化对物种丰富度的影响；
  z——常数，在 0.18~0.35 之间，通常取 0.263。

一般斑块中能量和矿质养分的总量与其面积成正比，物种多样性、生产力水平也随斑块面积的增加而增加。大致规律为：面积增加 10 倍，物种增加 2 倍；面积增加 100 倍，物种增加 4 倍；面积增加 1 000 倍，物种的数量增加 8 倍。即斑块面积每增加 10 倍，斑块中物种的数量成 2 的幂函数增加（傅伯杰，1996），因此 $S = C \cdot A^z$（图 4-5）。

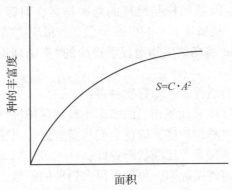

图 4-5 斑块大小与物种数量之间的关系示意（引自傅伯杰，2001）

斑块物种丰富度随着斑块面积的增加而增加。可从以下 3 个方面得到解释：①面积越大，记录的种越多，这已在植物群落调查中得到证实；②面积较大，遇到稀有种的机会越多；③面积小，支持的种群较小，对外界干扰的抵抗能力较差。因为小种群往往容易近亲繁殖，因环境变化或突发事件而灭绝。

随着斑块面积增大,物种数量增加,但一定程度后物种数量不再增加,说明斑块物种丰富度除与斑块面积有关外,还与其他的因素有关。因此,在景观规划或自然保护区规划时,除了考虑物种数量与斑块面积有关外,还要考虑其他因素,如地理位置、最小存活种群以及维持最小存活种群的最小面积(或维持生态系统完整的最小面积)。

根据岛屿生物地理学理论,可以用以下数学模型来描述陆地斑块物种丰富度的复杂过程:

物种丰富度 = f(生境多样性,干扰,面积,斑块隔离程度,年龄,本底异质性,边界不连续性)

斑块大小主要通过影响斑块的能量和营养物质总量来实现对生物多样性支撑,同时较大的斑块为生境异质性提供客观基础,对种群灭绝率也有抑制作用。而隔离因素主要影响斑块间的物种交流,斑块间的生物有机体动态是生物多样性维持的重要机制。

从生物多样性保护角度分析,斑块面积应该是生物保护设计中首要考虑的设计要素,而且景观中生物多样性的保护潜力是斑块大小状况的函数。

可见,景观中斑块大小不同,斑块能量、营养物质含量(或密度)、物种数量不同,导致景观斑块之间能量、营养物质和生产力水平的差异,进而影响景观的空间异质性和稳定性。

4.1.3.3 斑块大小的测度指标

斑块大小用斑块面积表示,通常以平方米或公顷为单位。斑块面积的测度一般用图上面积量测的方法,传统方法有方格法和求积仪法,斑块形状的复杂性使其面积的测定费时费力且精度不高。随着 GIS 的广泛应用,斑块面积测度变得简单且精确。

斑块面积的测度指标主要有:斑块平均面积、最大(或最小)斑块面积、斑块面积标准差或变动(异)系数、斑块内部生境面积和斑块粒级结构等。

4.1.3.4 斑块大小与自然保护区

自然保护区是目前物种多样性保护最重要的途径,对整个生态系统和地球环境有重要的意义。保护区面积越大,能够保护与维持的物种越多,但客观条件限制了保护区的面积,所以在设计保护区时,从斑块大小的生态学意义分析应遵循一定的原则。

1975 年,Jared Diamond 将岛屿生物地理学理论的"平衡理论"应用于自然保护区的设计,提出了 6 条原则:

① 大自然保护区比小自然保护区保存物种多;
② 单一的大自然保护区比总面积相当的多个小自然保护区好(生境相同);
③ 若必须设计多个小自然保护区,应使它们尽量靠近,以减少隔离程度;
④ 使多个保护区呈簇状配置,比线状配置好;
⑤ 将多个保护区用廊道连接起来,可便于很多物种的扩散;
⑥ 应尽可能使保护区呈圆形。

随着保护生物学的发展,这些原则有了新的修订和发展,具体参见第 10 章"自然保护区规划的目标和原理"。

4.1.4 斑块形状

斑块的内缘比不仅与斑块大小有关,还与斑块形状密切相关。斑块边缘是斑块与相邻斑块相互作用的主要场所,当斑块面积一样、形状不同时,其边缘长度不同,生态效应也不同。因此,斑块形状和斑块大小一样受关注。景观中斑块的形状多种多样,是景观空间结构的重要特征,对野生生物生境保护和森林经营有重要意义。

4.1.4.1 斑块形状的测度

为了准确描述斑块形状的特点及其复杂性,可以使用长宽比(拉伸度)、周长面积比(紧密度或斑块形状系数)以及分维数等指标。如斑块长宽比或周长面积比越接近方形或圆形的值,其形状越"紧密"。根据形状和功能的一般原理,紧密型形状的斑块单位面积的边缘带面积比例小,有利于保蓄能量、养分和生物;而长宽比很大或边界蜿蜒曲折的松散型形状,有利于斑块内部与外界环境的相互作用,尤其是能量、物质和生物的交换。

描述斑块形状特征的指数还有类斑形状指数、类斑近圆指数、类斑方形指数和类斑分维数等。

4.1.4.2 斑块形状对物种分布的影响

斑块形状有多方面的生态效应。斑块形状不同,其内缘比有很大差异,相关的生态效应也不同。从表 4-1 中可以看出斑块形状对生物多样性、生物扩散和觅食的影响。

表 4-1 不同斑块形状及其生态意义

特 征	圆形斑块	条带状、环状、半岛状
内缘比率	高	低
边缘长度及其与本底相互作用	少	多
斑块内屏障出现概率	低	高
斑块内生境多样性的概率	低	高
物种迁移的廊道作用	低	高
物种多样性(生境多样性不变)	高	低
斑块内动物觅食效率	高	低

资料来源:刘茂松等,2004。

斑块形状对生物多样性的影响很大,相同面积的生境斑块,形状规则的内缘比高,内部生境面积大。圆形或正方形斑块与相同面积的矩形斑块相比,具有较多的内部面积和较少的边缘,与本底相互作用较小,斑块内部最大直线距离较短,内部障碍少,生境异质性也较小;而狭长斑块可能全是边缘带,其总边界较长,内缘比率低,内部种稀少。

斑块形状对生物的扩散和觅食也具有重要作用,从而在一定程度上影响斑块的物种丰富度。斑块的狭长形状外延部分称为半岛,在景观内可起到物种迁移通道的作用。在半岛的前端,动物迁移路径的密度较高,这一现象叫作漏斗效应(funnel effect)。但对于两侧斑块,半岛是一种障碍物。通过林地迁移的动物,更容易发现与迁移方向垂直的采伐迹地,而忽略圆形或与迁移方向平行的采伐迹地。生物地理学家常通过分析物种分布区的形状来了解物种动态,确定分布区是稳定、扩展还是收缩,甚至根据斑块的形状来推断物种是否迁移及迁移路线。

园林设计非常重视不同形状景观要素的配置,规则的几何形状和复杂多变的形状是设计艺术的体现。在木材生产中,长形伐区比紧凑型伐区需要更多的道路设施,而相同面积的长形伐区更容易得到更新和恢复。

当斑块大小一样时，不同形状将会影响能量、营养物质和物种数量在景观中的分配状况，从而影响景观空间异质性和稳定性。因此，可以通过改变景观斑块的形状以改变景观的异质性和稳定性。

4.1.5 斑块的数量结构与空间构型

在现实景观中，一般是各种大小不同的斑块同时存在于景观中，具有不同的生态功能。大斑块对地下蓄水层和湖泊的水质具有保护作用，有利于生境敏感种的生存，为大型脊椎动物提供核心生境和躲避场所，为景观中其他组成部分提供物种源，能维持更接近自然的干扰体系，在环境变化情况下对物种绝灭过程具有缓冲作用。小斑块作为物种传播和局部绝灭后重新定居的生境和"踏脚石"(stepping stone)，从而增加景观的连接度，为许多边缘种、小型生物类群以及稀有种提供生境。显然，大斑块对保护对生境破碎化敏感的物种极为重要，但如果要理解整个景观斑块的结构和功能，需同时考虑大小斑块及其相互关系(邬建国, 2000)。因此，景观中斑块的数量特征及空间的分布对生态过程的影响是景观规划、管理必须考虑的重要方面。

4.1.5.1 景观斑块数量结构的表示方法

斑块数量结构特征是景观最基本的特征之一。研究某一景观时，可以用4种方法表示斑块数量结构：①群落类型或生态系统类型；②景观中各个斑块的起源类型；③各斑块面积的大小等级及相应数量；④景观中各斑块的形状类别。

以上4种表示方法可以采用斑块的数量、面积绝对值或面积相对值，描述某一景观的斑块数量结构。反映景观斑块构成的数量结构特征可称为景观斑块谱，是景观异质性的重要内容之一。

4.1.5.2 斑块的空间构型及其测度指标

斑块一般不是孤立存在于景观中，而是不同类型或同一类斑块在景观空间上呈现一定分布、排列组合格局，不断相互作用。斑块在景观空间上的分布、位置和排列特征称为斑块空间构型，是景观空间异质性的一种表现。一般可将景观斑块空间构型分为随机分布、规则分布和聚集分布3种格局(图4-6)。

斑块空间构型测度指标主要有：单个斑块的隔离度(isolation)、斑块间的易达性(accessibility)、斑块间的相互作用(interaction)、斑块总隔离度(total isolation)和多个斑块的分散度(dispersion)等，详见"第9章景观生态规划"。

研究斑块空间构型不仅能深入了解斑块成因，而且能了解斑块间潜在的相互作用。一方面，斑块的空间构型受干扰状况影响，当干扰呈相对离散且随机发生时，景观斑块的格局也是随机的。另一方面，斑块的空间构型也影响干扰传播的效果，常表现为两点：①如果一个斑块是火灾或害虫爆发源，当景观中各斑块相对隔离时，火灾或害虫干扰可能不会进一步扩散，即干扰传播的阻力也相对较大；②不同类型斑块镶嵌在一起，能够形成一种有效的屏障，阻碍干扰的传播。不论某一特定的斑块是干扰源还是干扰的障碍物，斑块空间构型对干扰在景观中的扩散都有重要影响。

4.1.6 斑块的尺度性和相对性

对于不同的研究对象和景观过程，在不同的研究尺度上，景观中的斑块是相对的，依

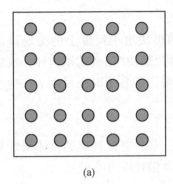 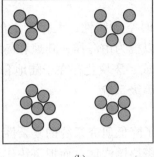 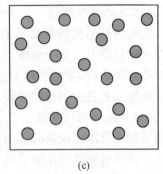

图 4-6　景观斑块的空间分布格局
(a)规则分布　(b)聚集分布　(c)随机分布

尺度变化而变化。大尺度上的同质斑块在小尺度上可能是一组更小斑块的镶嵌体，小尺度上异质的斑块组合在大尺度上可能是同一属性的同质斑块。对于不同的问题要选择确定恰当的研究尺度，进行不同的景观要素分类和斑块划分。

(1) 斑块的尺度性

景观中的斑块具有明显的尺度性，即采用不同尺度对同一景观进行研究时，斑块的划分结果可能差别很大。当采用较大的尺度时，一些原来较小的斑块可能会消失，而大斑块的数量和面积都可能增加。当采用较小尺度时，一些原来的同质大斑块可能被划分为更小的斑块，使大斑块的数量和面积减少而小斑块的数量增加，原来被忽略的小斑块被识别出来(布仁仓等，1999)。

(2) 斑块的相对性

景观生态学研究的主要目的是掌握景观格局与过程的关系，通过调节景观结构，优化景观功能，这决定了斑块的相对性。不同研究对象包含不同的物种和生态过程，对某一物种来说同质性的斑块，对另一物种来说可能是由若干更小的异质性斑块组成的镶嵌体；同样，对某一生态过程来说的异质性斑块组合，对于另一个生态过程可能是同质性斑块。因此，在实际景观生态学研究与实践中，斑块划分的详细程度一定要与研究对象和研究目的相适应，确定核心研究尺度，同时兼顾相邻尺度，建立合理的结构要素分类系统，进行适当的斑块划分。

4.1.7　斑块的其他生态特征

森林、农田、草地和湖泊等不同类型的生态系统斑块通过空间镶嵌形成景观，景观空间格局和生态过程都受斑块大小、形状、属性、持续时间和动态特征的影响，掌握斑块特征是了解景观结构的基础。景观要素的斑块特征是景观本质属性的外在表现，景观要素斑块特征还表现出许多重要的生态学特征。

(1) 斑块的可感知特征

斑块的可感知特征除了表现为斑块的大小和形状外，还表现为斑块属性、持续时间以及边界特征等。一片森林、一个湖泊或一块农田都可作为某一特定景观中的斑块，而林窗或浮游植物种群聚集体则是不同群落内部的斑块。

(2) 斑块的内部结构

斑块的内部结构具有明显的时空等级性，大尺度上的斑块由小尺度上的斑块镶嵌而成。在全球尺度上，整个地球可以视为由海洋、陆地和岛屿"斑块"组成的镶嵌体，而它们又由更小的斑块（如生物群落）组成。斑块化存在于陆地和海洋的各个时空尺度上，生态学的研究对象正是各种类型的斑块等级系统。

(3) 斑块的相对均质性

当研究大尺度的现象时，为了降低研究系统的复杂性，准确把握系统的整体属性和结构特征，往往将整体看作异质性斑块镶嵌体，而把斑块作为相对均质的单元。

(4) 斑块的动态性

斑块的许多基本特征都随时间不断变化，包括斑块的形态特征和内部属性。斑块的动态变化是景观动态变化的基础，虽然景观动态不是斑块动态的简单相加，但必须将斑块动态作为研究和掌握景观整体动态变化过程和规律的基本参数之一。因此，斑块的动态性也是斑块的基本特征，斑块的其他特征一定是某一时间点上的表现，对景观的许多研究结论也只能放在一定的时间尺度上加以认识。

(5) 斑块的生物依赖性

斑块化依赖于生物感知的尺度或人们观察和研究的尺度。鸟、鹿、地鼠、甲虫、鱼和浮游生物等不同的生物，对斑块化的感知和响应尺度存在明显差异，它与生物的个体大小和活动范围关系密切。人类活动的不同内容和方式也有不同的尺度，在大尺度上观察会忽视小尺度上的斑块，而小尺度上观察也不易测得大尺度的斑块化。斑块化成因和机制也随尺度而变化，存在对应的成因和机制等级系统。

(6) 斑块等级系统

对于任何物种或个体，在斑块化的最小尺度与最大尺度之间的全部斑块构成了该物种或个体的斑块等级系统。一般某一等级水平的斑块的功能在高一级水平上体现出来，而其内部结构和动态机制需要通过考察下一级水平的斑块特征和动态才能揭示出来，两个等级水平之间的相互关系随二者之间等级水平的跨度增加而减弱。

(7) 核心等级水平与斑块敏感性

核心等级水平是景观等级结构系统中最能集中体现研究对象或过程特征的等级水平，相应的时空尺度称为核心尺度。研究能量流动和物质循环的核心等级水平往往是生态系统，而研究异质种群动态的核心等级水平是景观。生物只在特定的斑块等级系统范围内才可能表现出对斑块敏感的行为特征，而对其斑块等级系统以外时空尺度上的斑块特征不表现相关性。研究斑块动态机制和生态学效应需要考虑包括核心水平在内的3个相邻等级水平。

4.2 廊　道

廊道（corridor）是指景观中与相邻两侧环境不同的线性或带状结构，可以看作一个线状或带状斑块。它既可以呈隔离的条状，如公路、河道；也可以与周围本底呈过渡性连续分布，如某些更新过程中的带状采伐迹地。廊道两端通常与大型斑块相连，如公路、铁路两端的城(镇)，树篱两端的大型自然植被斑块等。

廊道是景观的重要结构成分，是景观生态流发生的主要通道，对景观美学特征、景观生态过程和功能都有重要作用。在现代景观规划设计中，廊道常常不可或缺，如何建立生态廊道是解决人类剧烈活动造成的景观破碎化和众多环境问题的重要措施。

4.2.1 廊道的起源及其持续性

廊道的起源与斑块相似，不同起源的廊道有不同的生态学特征，其稳定性也不相同。

4.2.1.1 廊道的起源类型

廊道产生的机理与斑块相同，与斑块的起源和成因相似。廊道可分为干扰型、残留型、环境资源型和人为引入型4种。带状干扰可以产生干扰廊道，如带状采运作业、铁路和动力线的修建；来自周围本底上的干扰产生残留廊道，如森林采伐留下的林带，或穿越农田的铁路两侧的天然草原带，都是大面积植被的残遗群落；环境资源在空间上的异质性产生环境资源廊道，如河流；人为引入廊道主要是种植廊道，防护林带、穿过郊区的高速公路或许多矮小多刺的树篱，都是人类种植形成的廊道。

4.2.1.2 廊道的持续性

廊道的持续性或稳定性与其起源密切相关。环境资源廊道如河流，是相对长期和稳定的，而带状采伐迹地的干扰廊道是短期和变化相对较快的，因为树木很快会重新生长。影响廊道持续性的另一个重要因素是人的维护，如人们经常给公路两侧的林带喷施农药和除草，以保持林带植被的繁茂。这类廊道的构筑、维护和使用取决于人类长期管理，即不仅需要消耗人体肌肉能量，还需要输入各种化学能量。

4.2.2 廊道的类型

人们常将廊道按宽度分为线状廊道和带状廊道，更多是根据廊道本身的属性来认识廊道，其中最重要、研究较多的是河流廊道和树篱廊道。

(1) 线状廊道和带状廊道

景观中，线状廊道全部由边缘物种占优势的狭长条带(宽常为12 m以下)构成，如道路、堤坝、灌渠、输电线、树篱和排水沟等。线状廊道因其宽度所限，相邻本底的环境条件，如风、人类活动以及物种和土壤，对其内部环境和物种影响很大。

在农业景观中，道路往往就地取土，与沟渠伴生。沿河流走向的堤坝束缚了水的自然漫溢；而沿海岸线修筑的堤坝如辽河三角洲地区因阻断潮汐通道而破坏了原有的生态洄游路线，以致造成严重的生态后果。在温带地区，树篱(hedgerow)是一种很常见的线状廊道，通常与耕地相邻接，我国的农田防护林体系就是由这种树篱廊道构成，在防风固沙、改善农田小气候和提高农作物产量上有很大作用。防护林的树种往往比较单一，如杨树、柳树、枣树、泡桐和紫穗槐等，且树龄一致，水平和垂直结构较均一，生物多样性低。一些沿篱笆或沟渠形成的再生树篱和林区采伐形成的残存树篱，生物多样性相对较高。

带状廊道是指较宽的带状景观要素，有一定的内部生境，内部物种较丰富，如我国北方地区沿铁路或高速公路栽植的白杨林带、东南沿海地区较宽的防护林带和河岸植被带。

无论是高于还是低于周围环境的带状廊道,其宽度对物种的影响都是显而易见的。城市景观规划中,不同宽度的绿化带,对于维持生物多样性、改善城市环境的作用有很大不同。

线状廊道与带状廊道的基本生态差异主要在于宽度,带状廊道较宽,每边都有边缘效应,足可包含一个内部环境。

研究表明,树篱宽度为 12 m 时,树篱廊道和物种多样性之间存在一个明显阈值,介于 3~12 m 之间,廊道宽度与物种多样性之间的相关性接近于零;宽度大于 12 m 的树篱,植物物种多样性平均为狭窄树篱的 2 倍以上。边缘物种与廊道宽度无关。可以认为,树篱宽度小于 12 m 的为线状廊道,大于 12 m 的为带状廊道(肖笃宁等,2003)。当然,这两种区分应与研究对象和尺度相联系。

(2) 河流廊道

河流廊道是指河流及其两侧分布的与周围本底不同的植被带,包括河床边缘、漫滩、堤坝及部分岸上的高地。河流廊道的宽度随河流的大小和水文特性而变化,其生境特点表现为水分丰富、空气湿度高、土壤肥力较高,季节性洪水泛滥时易被淹没。

河流廊道能控制水流和营养流,一般宽阔的河流廊道内水质较好,河流中沉积物和悬浮颗粒含量较低。廊道宽度超出边缘效应的范围时,包括漫滩、堤岸和高地植被带在内,是高地森林内部种运动的通道。许多高地物种不能忍受河漫滩土壤中高水分含量和周期性的洪水等环境条件,但它们能顺利地沿河漫滩或河岸带迁移。河流廊道中的河岸带植被能显著降低河水的温度,较低河水温度是鲑鱼等水生生物栖息和繁殖的必备条件;河岸带植被的凋落物是河流食物链的基础,为陆地物种的迁移和栖息提供了适宜环境。廊道中的动物也有特殊作用,如河狸取食河岸植被中的树木,使河漫滩植被保持变化,在有河狸生存的河流其生境多样性和物种多样性都较高。

河流廊道是对人类社会十分重要的生态系统。它控制河水和从周围陆地进入河流的物质运动,也影响着河流自身的运输。对河流廊道的研究,特别是河岸带植被的变化及其景观生态学意义的研究,近年来已经成为重要的研究领域。由于原始河流廊道受到更为严重的破坏和人为改变,河岸带植被的保护和恢复更是研究热点(郭晋平等,2002)。

4.2.3 廊道的结构特征

由于廊道在景观格局和功能方面的特殊性,人们对廊道结构上的特殊性也给予更多的关注,许多典型廊道的结构特征得到了较普遍的认同。廊道结构特征通常用曲度、连通性、间断区和结点、长度和宽度以及横向结构等表示。

(1) 曲度

廊道曲度(curvilinearity)即廊道的弯曲程度,也称为通直度,对景观物流和能流起着重要作用,是廊道最重要的特征之一。如弯曲河道与自然或人工取直后的河道对河岸线侵蚀、航运等方面的影响明显不同,盘山公路与平原上的高速公路也存在明显差异。一般廊道愈直,距离愈短,生物或物质在景观中移动越快,但并不是越直越好,如旅行中的道路和河流要有自然的弯曲度等。常用廊道两点间的实际距离与其空间直线距离之比和分维数来描述廊道的弯曲度。

(2) 连通性

连通性(connectivity)是廊道在空间上的连续程度,可简单地用单位长度上间断点或断开区(gaps)的数量表示，也可用连通度表示。廊道有无断开区是确定通道功能和功能效率的重要因素。如农田防护林为拖拉机的进出留出裂口是必要的，河流决堤会造成巨大灾害。因此，连通性是廊道结构的主要量度指标，一般认为连接度越高，廊道的功能水平越高。

(3) 间断和结点

间断和结点不是随机地沿廊道分布。一些类似的植被斑块连接在廊道上，以结点(node)的形式出现，可以作为临时性栖息地，有利于提高廊道的通道功能，对生物沿廊道的移动有重要影响。廊道的交叉处很容易出现结点，如两条公路交叉处的重叠植被、河流系统支流的交汇点、河曲部位出现的宽阔河滩植被和防护林带的交叉点都是重要的结点。由廊道连接的一系列结点结构可为景观提供许多互相联系的物种源，有利于物种在生境斑块之间的迁移，在景观规划管理中作用很大。

(4) 廊道长度和宽度

长度和宽度可以表示廊道的线性特征。长度可以确定廊道与本底接触的程度，宽度可以确定廊道对本底的干扰和对动植物阻隔的程度，通常用平均宽度值和宽度变化值表示。无论纵向的通道功能还是横向的过滤和屏障功能，都与廊道的宽度有关。对廊道宽度的认识要全面，除了关注廊道上的结点和断点外，也要对一些特殊的狭窄处予以充分重视。廊道上出现的类似地峡的狭窄地方，对物种在景观中沿廊道的运动会产生重要影响。在保护区设计时，应当尽量加入廊道。如果达不到一定的宽度，廊道不但不能维护保护对象，反而为外来物种的入侵创造条件。对于廊道的宽度，目前尚没有一个定量标准。

(5) 廊道横向结构

廊道结构在横断面上一般由1个中央区和两侧的边缘区构成。中央区与边缘区的物种组成差异很大，两侧边缘区的物种取决于周围相邻景观要素的特征。不同类型的廊道其横向结构特征差别很大，传统的防护林合理结构问题主要是指林带的横向结构，而河岸带的横向结构是影响河岸植被带生态功能的主要因素，保护和恢复建设合理的河岸植被带结构也是近年来的研究热点。

与周围景观要素的高度相比，廊道可分为高位廊道和低位廊道。防风林带比周围景观要素高，林区的作业林道较低，廊道与其两侧景观要素之间不同的高度差异对廊道边缘宽度有重要影响。草原上有乔木植被带的河流廊道有较宽的边缘带，草原牧场植被中的小路可能只有较窄的边缘带，且易与本底融合而消失。

其中，廊道的宽度和间断点对沿廊道或横穿廊道的物种流起着重要作用(详细参看6.2.2 景观要素之间的相互作用中"廊道对流的影响")。

4.2.4 廊道的功能

廊道是景观的重要组分，其主要功能可归纳为传输通道功能、过滤和阻抑功能、生境功能以及物种源汇功能(图4-7)。

(1) 传输通道功能

廊道最明显的功能是作为景观生态流的通道和传输功能。植物繁殖体、动物以及其他物质随植被或河流廊道在景观中运动，铁路、高速公路和运河是重要的人工运输通道，崎

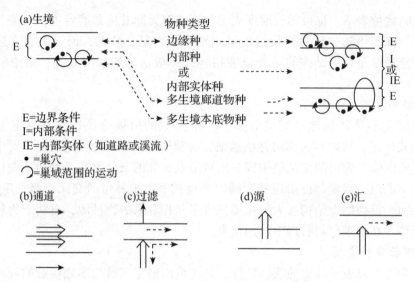

图 4-7 廊道的功能(引自 Forman, 1995; 李团胜等, 2009)
(a)左边是窄廊道, 右边是宽廊道, 多生境物种利用两种或两种以上生境
(b)在廊道的内部或旁边运动的可能性增加 (c)~(e)本底和廊道之间的运动和流

岖山地上牲畜践踏的小径是动物迁移的有效途径, 动力线和输气输油管道可输送能量。这些功能主要表现在对沿廊道纵向运动的过程中产生的作用。

(2) 过滤和屏障功能

廊道对景观中的能量、物质和生物流有过滤、阻碍、截流和屏障的作用, 统称过滤和屏障功能。因此, 道路、河流和地面管线等许多人工建筑的廊道对生物起到隔离作用, 尽管某些廊道在纵向上的通道功能很显著, 但它们在横向上常是自然景观中降低生境适宜性的主要廊道类型; 相反, 防风林带和树篱等廊道的过滤和屏障功能也恰恰是其生态保护作用的基础。Stormt 等(1976)发现, 红狐总是避开河流和高速公路等景观廊道活动。大型河流对于水生动物是一条生境通道, 而对于狼、狐狸等很多陆生动物的迁移是障碍。

(3) 生境(栖息地)功能

在林丛很少的景观(如城市景观)中, 树篱常常是许多林地物种生存和传播的"庇护所"。其中, 带状廊道具有内部生境, 可为内部种提供栖息地, 如林带、河岸植被带等廊道在促进个体扩散和有效保持复合种群方面具有重要作用; 而线状廊道主要由边缘生境组成, 可以为多数边缘种提供栖息地。可见, 廊道在维持生物多样性和景观多样性中具有重要的意义。

(4) 物种源汇功能

河岸带和树篱防护林带等廊道, 一方面具有较高的生物量和若干野生动植物种群, 为景观中其他组分起到源的作用, 另一方面也阻截和吸收来自农田水土流失的养分与其他物质, 从而起到汇的作用。

另外, 廊道也能提供资源或产品, 包括燃料、饲料、用材、薪材、果品和野生动物等, 具有生产功能; 杭州西湖的苏堤、颐和园昆明湖东侧的长廊及各种绿篱和观赏路径等风景园林廊道具有美学功能等。

4.2.5 廊道典型类型

4.2.5.1 绿色道路廊道

(1) 城市道路绿化

城市道路绿化(简称"绿道")的生态效应已引起广泛重视,尤其是绿道的宽度与其生态功能之间的关系。城市道路廊道断面有 5 种形式:三板四带式(a)、四板五带式(b)、一板二带式(c)、一板四带式(d)和二板三带式(e)(图 4-8)。

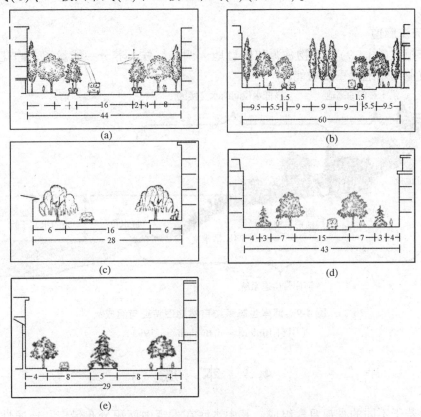

图 4-8 城市道路绿化断面结构图(引自杨赍丽,1995)

(a)三板四带式 (b)四板五带式 (c)一板二带式

(d)一板四带式 (e)二板三带式

(2) 高速公路绿化

高速公路常用较宽的绿带将道路隔开,绿带上种植矮小的灌木和花卉,不可种植乔木,宽度最少为 4 m;干道两侧要各留出 20~30 m 的安全防护带,由低至高依次种植草坪或宿根花卉、灌木、乔木,既起防护作用,又不妨碍行车视线。

(3) 铁路绿化

铁路两侧种植乔木时,要离铁路外轨至少 10 m,种植灌木时至少为 6 m;边坡不能种植乔木,可采用草本或矮小灌木护坡,以防水土冲刷,保证行驶安全;通过市区或居民区时,应在可能的条件下留出较宽的地带种植乔灌木,减少噪声对居民的影响;公路与铁路平交时，应留出50 m的安全视距，距铁路中心400 m以内，不可种植遮挡视线的乔灌木；铁路转弯处内径小于150 m，可种植小灌木和草本，不得种植乔木。

4.2.5.2 农田防护林廊道

农田防护林是防护林体系的主要林种之一，是指将一定宽度、结构、走向和间距的林带栽植在农田田块四周，通过林带对气流、温度、水分和土壤等环境因子的影响改善农田小气候，减轻和防御各种农业自然灾害，创造有利于农作物生长发育的环境，以保证稳产、高产，并能提供多种效益的人工林。大量实践和研究证明，农田防护林对农作物的增产效果明显。

4.2.5.3 河流廊道

河岸带植被(图4-9)具有物种源和栖息地、调节气候、养分——能量源、净化水质以及农、林、牧业的基地等重要功能。

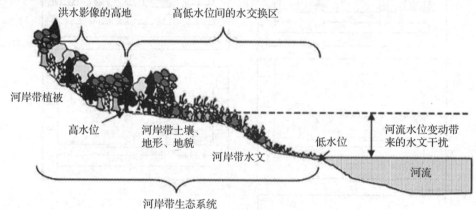

图4-9　河岸生态系统自然地理特征与组成
(引自 Binford and Buchenau, 1993)

4.3 本　底

景观由若干不同的景观要素组成。其中本底在景观中面积分布最广、连通性最高，在很大程度上决定着景观的性质，对景观的动态变化起主导作用的景观要素。本底也称为基质、模地等，如广阔的草原、沙漠、连片分布的森林等。对本底的判定、结构分析和管理是景观生态学研究的重要内容。

4.3.1 本底的判定标准

在研究景观时，有时难以确定每个景观要素的作用，因此，有必要区分本底与斑块。在概念上区分斑块和本底较容易，但在实际景观中确定本底有时会很困难。判断本底一般可采用相对面积、连通性和动态控制作用3个标准。

(1) 相对面积

面积是本底在景观中作用大小的重要指标，因此常采用相对面积(relative area)作为定义本底的第一条标准。相对面积是某一类景观要素面积占景观总面积的比例，相对面积最大的景观要素类型往往也控制景观中的流。如果景观中某一类景观要素面积最大，占景观总面积的50%以上甚至超过其他要素面积总和，可以认为该要素是本底。本底的面积是表现其在景观中作用的重要参数，对其内部物种的多样性有重要影响，本底中占优势的物种在景观中也是优势种。

但是，相对面积不是判定本底的唯一标准。在异质性很强的景观中，如果任何一种景观要素的面积都低于50%，则需要用其他标准判定。

(2) 连通性

用相对面积作为标准判定本底有时可能产生失误，如树篱网的覆盖面积一般只占总面积的1/10以下，直观上使人怀疑树篱网是不是本底，为此引入了连通性标准。

如果景观中某一要素连通较为完好，并环绕其他所有景观要素时，即使其相对面积比较小，也可以认为是本底，如具有一定规模农田的林网和树篱等。这类本底通过连接不同的景观要素，把整个景观联系在一起。

连通性(connectivity)高的景观要素具有3方面的作用：该要素可作为一种分隔其他景观要素的物理屏障；当以细长条带相交形式连接时，景观要素可起到一组廊道的作用，便于物种迁移和基因交换；该要素可环绕其他景观要素，使其形成孤立的"生物岛屿"。

(3) 动态控制作用

动态控制作用是指对景观动态变化的起点、速度、方向起主导和控制作用。如果景观中的某一要素对景观动态的控制(dynamic control)程度较其他要素类型大，可以认为该景观要素是本底。从生态意义上看，对景观的动态控制作用是判断景观本底最根本的标准。

要了解景观中各种要素类型对景观动态的影响，需要进行野外调查或查阅资料，研究物种的组成及各物种的生活史特征。如当树篱网由先锋树种及演替后期物种混合构成，并在景观中到处分布时，这些树木的种子和果实可以被风、鸟和哺乳动物传播到附近的田野中，从而起到种源的作用，使农田在失去人为管理后不久就恢复为森林群落，这说明树篱网对景观动态有控制作用。以森林为本底的景观中，采伐迹地或火烧迹地的动态变化也受森林本底的控制。

在实际中，对不熟悉的景观判定其本底时，可将3个标准结合使用。首先计算全部景观要素类型的相对面积和连通度，如果仍不能确定景观本底，则需进行野外观测或查阅资料。

布仁仓等(1999)采用景观类型面积、分维数和与其他景观类型之间的相邻关系等进行本底的判别，认为以上3个指标均为最大或至少2个指标为最大的景观要素类型是本底。其中，面积说明本底在整个景观中的优势度，分维数表明其形状的复杂性，相邻景观要素类型的数量体现了其对整个景观中物质能量流动方向的控制作用。

4.3.2 本底的结构特征

本底的结构特征对景观的整体功能和动态变化有很大的控制作用，许多研究将本底结构特征归结为孔隙率、边界形状和连通性3个方面。

4.3.2.1 孔隙度

(1) 孔隙度的概念

孔隙度是指单位面积本底中斑块的数目，是景观斑块密度的量度，包括边界闭合(斑

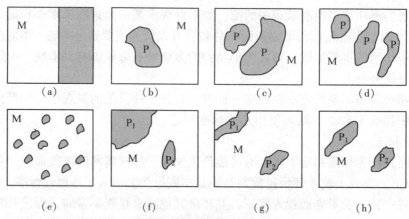

图 4-10 本底的孔隙度和连通性(引自肖笃宁等，2003)

(a)M = 本底，P = 斑块。其中：(b)~(e)本底连接完全；
(f)本底连接完全，但 M 和 P 哪个为本底不能断定；(g)的本底连接不完全，
需要扩大到(h)之后才能确定 P_1 的边界是闭合的

块边界不接触所研究空间或景观的周界)的斑块数目。单位面积本底上具有闭合边界的斑块数量越多，本底的孔隙度越高(图 4-10)。孔隙度与斑块大小无关。

(2)孔隙度的生态意义

① 本底孔隙度在一定程度上可指示现有景观中斑块的隔离程度，而斑块的隔离程度影响物种的隔离程度及其基因交换，进而影响到其遗传分化。

② 本底孔隙度是景观边缘效应总量的一个指标。孔隙度高，表明单位面积本底中斑块数量多，边缘面积所占比例大，边缘周长大，边缘效应的总量越高。

③ 本底孔隙度在一定程度上可指示现有景观本底内部生境条件的稳定性。孔隙率低，说明本底环境受斑块影响小，本底的内部生境条件稳定性好，对大型动物生境的适宜性有重要意义，反之，本底环境受斑块的影响大，本底内部环境条件多变，不利于大型动物的生存。例如，在针叶林景观中，田鼠经常出没在草地斑块上。在某些季节，田鼠会进入森林本底，啃食更新幼苗。当草地斑块的孔隙度较低时，田鼠对森林的影响很小，当孔隙度高时，田鼠危害则很大。

在实际生产活动中，孔隙度的研究也有重要意义。如在城镇人工建筑景观中，绿地斑块有重要的作用。绿地斑块的大小和距离直接影响居民的生活质量、城市美化和绿地功能的发挥。在森林景观中，采伐迹地是一种典型的森林本底中的孔隙，采伐迹地斑块大小、密度和相邻配置模式既影响采伐技术和经济效益，也影响森林野生动物的生存繁衍。

4.3.2.2 边界形状

(1)边界的概念及基本特征

边界也称为生态交错区，是在特定时空尺度下相对均质的景观之间存在的异质性过渡区域。即相邻生态系统之间的过渡区，往往也是尺度较大的不同景观类型之间的边界地带，如沙漠边缘、海陆交错带、山地与平原的交错地带等。

生态过渡带和景观边界的实际含义没有严格区别，在特征上都受到时间和空间尺度以

及相邻生态系统之间作用强度的影响。

生态交错带常表现出以下基本特征：

①生态交错带是一个生态应力带 边界代表两个相邻群落间的过渡带，两种群落成分处在激烈竞争的动态平衡之中。其组成、空间结构、时空分布范围对外界环境的变化比较敏感，被认为是两个相邻生态学系统间的生态应力带(Farina, 1998)。

②生态交错带具有边际效应 边界的环境条件趋于异质化，明显不同于两个相邻群落的环境条件。如林缘风速较大，促进了蒸发，导致边缘生境干燥。在生物多样性方面生态交错带不但含有两个相邻群落中偏爱边缘生境的物种，而且特化的生境导致出现某些特有种或边缘种，物种数目一般比斑块内部丰富，生产力高，表现为显著的边际效应。

③生态交错带阻碍物种分布 边界犹如栅栏一样，阻碍和限制一些物种的分布。如高山林线，被认为是研究林木分布界线的理想地带。在某种意义上，边界具有半透膜的作用，它一方面适于边缘物种生存，另一方面阻碍了内部物种的扩散。

④生态交错带具有空间异质性 边界最主要的空间特性就是其高度异质性，表现为界面上的突变性(sharpness)和对比度(contrast)，体现出多个生态系统共存的多宜性。相邻生态系统或景观单元通过边界相互渗透、连接和区分，其内部环境因子和生物因子发生梯度上的突变，对比度大，边界内的生境等值线密度高，生态位分化强烈，物种丰富，特有成分多，种间关系复杂，食物链较长。

(2)边界的形状及其结构特征

边界的形状多种多样，对本底与斑块间的相互作用至关重要。通常可分为3种边界形状(图4-11)：扩展形，沿凸面边界向周围扩展；残遗形，处于缩减状态，有凹面边界；稳定形，相对平缓波浪边界。此外，还有一种指状边界，常见于山区沿谷底分布的植被景观(肖笃宁等，2003)。

两个斑块间的相互作用与其公共界面的大小有关。具有最小的周长与面积之比最小的形状，与外界的能量、物质或有机体交换少，受到的干扰相对少，是节省资源的系统特征，如圆形对保护能量、物质或有机体作用明显；相反，周长与面积之比较大的形状，有利于与外界环境进行能量、物质和生物有机体的交换。

边界的结构特征表现在内部结构的等级结构特征和水平空间格局的多态性两个方面。

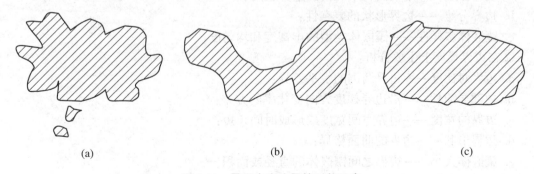

图4-11 景观本底边界的形状示意
(a)扩展形 (b)残遗形 (c)稳定形

①等级结构特征　边界内不同类型和等级的功能单元并存。某一空间尺度的边界可以看成比其低一级尺度的斑块集合体，同时也是比其高一级尺度的交错带的组成部分，不同尺度和水平上的边界，其结构特征及功能不同。影响群落边界的因素主要是小地形等微环境条件，而地带性植被边界主要受气候条件的制约，海陆边界则是地质历史过程的产物，这些大尺度边界一般面积较大，变化较慢。

②空间格局　边界在水平结构上展现出不同的空间格局，如直线状格局、锯齿状格局、碎片化格局，随边界的发育历史而变化。当其处于景观演替的相对稳定阶段时，来自界面两边的作用力相等，处于直线状格局；当受到外界干扰后，由于来自相邻生态系统或景观单元作用力的方向和强度不等，边界从线状格局变为锯齿状格局；随后，当两侧的作用力逐步恢复平衡后，边界又会从锯齿状格局变为碎片化格局；碎片化格局如果经过较长时期的演化，各类斑块消失，还可以恢复到直线状格局（图4-12）。

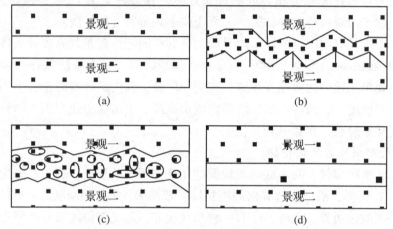

图4-12　边界的水平结构与演化（转引自肖笃宁等，1997。有改动）
(a)未受干扰期　(b)受干扰初期　(c)受干扰中期　(d)受干扰末期

(3) 边界空间结构分析指标

边界空间结构可以在整体景观尺度和边界自身尺度上进行分析。

①在整体景观尺度上主要分析：

a. 边界密度——单位面积景观内的边界长度；

b. 边界分维——边界形状的复杂性；

c. 镶嵌体多样性——镶嵌体类型的丰富度和均匀度。

②在边界尺度上主要分析：

a. 边界对比度——边界两侧的水平差异；

b. 内部异质性——沿边界梯度方向变化率的方差；

c. 边界的宽度——边界空间宽度或形成时间长短；

d. 边界形状——边界的曲面格局；

e. 镶嵌体大小——边界之间镶嵌体的直径或面积。

(4) 边界的作用

景观边界的作用主要表现在以下5个方面：

① 通道或廊道(conduit or corridor)作用　景观边界是生态系统或景观要素之间的生态流(能量流、物质流、信息流和物种流)流动通道。

② 过滤和障碍(filter or barrier)作用　在景观要素之间的生态流在流动过程中,景观边界犹如细胞的半透膜起着过滤作用,使一些组分顺利通过,另一些组分则受到阻碍,从而影响不同景观要素之间物流、能流和物种流过程的发生。通常把景观边缘的这种半透膜作用称为边界功能(boundary function)。

③ 源(source)的作用　由于景观边界两侧物质和能量水平存在明显的差异,导致生态流自景观边界向相邻景观要素的净流动,起到源的作用。这种作用受景观边界宽度、垂直结构和形状等影响。

④ 汇(sink)的作用　景观边界的汇效应是指景观边界吸收和聚集来自两侧景观要素的生态流的功能,即对物质起截留作用,是生态交错带研究的主要内容。如白洋淀湖周围过渡带湿地对营养物质和有机污染物的截留。

⑤生境(habitat)的作用　景观边界有其特有的生物和环境特征,是边缘物种的栖息地,成为水禽和其他野生动物的避难所。

4.3.2.3　连通性和连接度

有人将景观结构连接度称作景观连通性(landscape connectedness),而用景观连接度专指景观功能连接度,并严格区分两者的概念和属性。景观的连通性测定景观的结构特征,主要反映在斑块的大小、形状,同类斑块之间的空间距离,以及廊道的存在与否等方面。景观的连接度要通过斑块之间生物种迁移或者其他生态过程进展的顺利程度来衡量。

廊道互相交叉构成网络,而包围着斑块的网络可以看成本底。本底的连通性在生物多样性保护中起着关键作用。

景观连接度包括结构连接度(structural connectivity)和功能连接度(functional connectivity)。结构连接度是指景观在空间结构特征上表现出来的连续性。它主要受需要研究的特定景观要素的空间分布特征和空间关系的控制,可通过拓扑分析景观要素图加以确定。功能连接度比结构连接度复杂得多,它是指从景观要素的生态过程和功能关系为主要特征和指标反映的景观连续性。景观连接度对研究尺度和研究对象的特征尺度有很强的依赖性,不同尺度上的景观空间结构特征、生态学过程和功能都有所不同,景观连接度的差别也很大;同时,结构连接度和功能连接度之间有密切的联系,许多景观生态过程和功能与景观的功能连接度依赖于景观的结构连接度,但也有许多景观或景观的许多生态过程和功能的连接度与结构连接度没有必然联系。仅仅考虑景观的结构连接度,而不考虑景观的生态过程和功能关系,不可能揭示景观结构与功能之间的真正关系及其动态变化的特征和机制,也不可能得出能确实指导景观规划和管理的可靠结论。

4.4　景观结构模型

4.4.1　斑块—廊道—本底模型

Forman 和 Godron(1981,1986)在观察和比较各种不同景观的基础上,将各类景观要素归结为斑块(patch)、廊道(corridor)和本底(matrix)3类成分,用来描述景观结构和景观要素的功能性特征。

在景观中,任何一点都是属于斑块、廊道和本底的,它们构成了景观的基本空间单元,斑块—廊道—本底的组合是最常见和最简单的景观空间格局构型。近年来,以斑块、廊道和本底为核心的一系列概念、理论和方法已逐渐成为现代景观生态学的一个重要方面。Forman(1995)把它称为景观生态学的"斑块—廊道—本底"模式(patch-corridor-matrix model)。

"斑块—廊道—本底"模式是基于许多领域的长期研究成果,尤其是岛屿生物地理学和群落斑块动态研究的基础上形成和发展起来的,它为具体而形象地描述景观结构、功能和动态提供了一种"空间语言"(spatial language)。"斑块—廊道—本底"模式还有利于考虑景观结构与功能之间的相互关系,比较它们在时间上的变化,被大多数学者接受。

有关斑块、廊道、本底的详细内容请参看本章的4.1斑块、4.2廊道、4.3本底。

4.4.2 网络—结点模型

网络是本底的一种特殊形式。把不同生态系统相互连接起来,是景观中最常见的结构。如我国东北西部半干旱区,通过防护林带把农业生态系统、草原生态系统和城市生态系统连接起来,构成一个多功能的复杂网络。某些特殊网络,如小路和公路,对于动物和人的移动起作用。因此,网络—结点模型也是描述景观结构和空间格局的重要模型。

4.4.2.1 网络结构类型

网络结构包括由廊道相互连接形成的廊道网络,和由同质性和(或)异质性景观斑块通过廊道的空间联系形成的斑块网络。

通常意义上的网络是指廊道网络,如树篱、道路、防护林带和沟渠等都可以交织成的网状结构,最有代表性的廊道网络是树篱网络或人工营造林网。在网络—结点模型中,廊道(corridor)、结点(node)和网眼(net)是基本结构成分。农田防护林网和河流网等一些现实景观,用网络结点模型进行描述更具针对性。

4.4.2.2 网络结构特征及其影响因素

(1) 网络结构特征

网络在一些景观中只是一种廊道,而在另一些景观中可能是本底。无论哪种类型的网络景观,其结构特征主要表现在网络结点、网状格局和网眼大小、网络的连接程度(连通性)以及网络的闭合性(环度)等方面,其影响因素也有共同规律。

①结点 结点(或交点)是两条或两条以上的廊道交汇之处。网络中廊道的交点多种多样,常见的有"十"字形、"T"字形、"L"字形和终点(如与林地斑块连接或城镇连接)。一些交点宽度较大,作为独立的景观要素又太小,但可起到特殊的作用,称作结点。结点一般比网络的其他地方有较高的物种丰富度、更好的立地条件或生境适宜性。研究表明,结点的鸟类种类比廊道周围多。网络景观中内部种和边缘种的分布随距离结点的远近而有明显变化,内部种随距离增大而迅速下降,而对边缘种并没有明显影响。

②网状格局 具有线性特征的景观要素相互连接并含有许多环路,从而构成一个网状格局。不同网络景观形成不同的网状格局,可表现为网格状(树篱网)、树枝状(河流水系)和环圈状(城市公路网)等不同类型的网状格局,其中树篱网就是一个典型的由网格状

树篱廊道为主体构成的景观；而河流水系及其河岸带系统构成典型的树枝状网络格局，河流的交汇点构成网络结点。

③网眼（网格）大小　网络内景观要素的大小、形状、环境条件、物种丰度和人类活动等因素对网络本身有重要影响。同时，网络又影响被包围的景观要素。网眼的大小对这种影响起着重要的作用。

可用网线间的平均距离或网络所环绕的景观要素的平均面积来表示网格的大小。网眼大小有重要的生态和经济意义。如防护林网的网眼大小与防护效应关系密切，研究网眼大小与物种粒度的关系特别重要。物种在完成其觅食、护巢和繁殖功能时对网线间的平均距离或网眼的大小相当敏感。美国麋鹿通常避开道路，当道路密度达到 2 km/km^2 时，麋鹿有效生境减少至 1/4。法国一种领地较小的食肉性甲虫，在农田平均网眼面积大于 4 hm^2 时会消失。相反，领地较大的物种，如猫头鹰，通常网眼面积大于 7 hm^2 时才会消失。

在城市规划建设中，人们通常主要用道路把市区分割为许多小区。如果道路过密，形成的网眼过小，必然对网眼内的生态环境、人们的生活生产等产生不良影响，同时道路维护等花费巨大；但是道路过稀，对城市各种生产活动也产生较大的不便。因此，合理的道路密度成为城市建设的一个重要问题。

④网络连通性　连通性是网络的重要特征，在一个系统中所有交点被廊道连接起来的程度就是网络的连通性。连通性是网络复杂度的一个指标。γ 指数法特别适于计算网络连通性。γ 指数是一个网络中连接廊道数与最大可能连接廊道数之比。

$$\gamma = \frac{L}{L_{\max}} = \frac{L}{n(n-1)/2} \tag{4-3}$$

式中　L——连接廊道数；

　　　n——节点数；

　　　$L_{\max}$——最大可能的连接廊道数；

　　　γ——指数的变化范围为 0~1.0。γ 指数为 0 时表示没有节点相连，γ 指数为 1.0 时表示每个节点都彼此相连。如图 4-13 中，(a) 网络，γ 指数为 0.15；(b) 网络，γ 指数为 0.23。

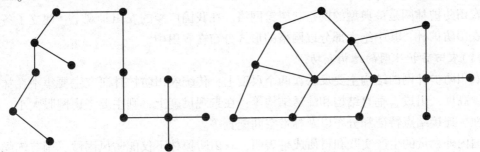

图 4-13　拓扑空间上连接程度和环度不同的两个网络（引自徐岚，1991）
(a) 网络中有 12 个连接、13 个节点　(b) 网络中有 18 个连接、13 个节点

连通性是景观设计中应考虑的景观结构特征，如设计自然保护区时，要考虑网络连通性对各种动植物迁移、寻食、繁殖和躲避干扰等活动的影响。在城市景观规划中，也要考

虑交通网络的连通性。

⑤网络环度　环度是指连接网络中现有结点的环路存在程度，表示能流、物流和物种迁移路线的可选择程度，也是网络复杂度的一个指标。网络环度用α指数测量。α指数用网络中实际环路数与网络中最大可能出现的环路数之比表示。无环的网络连接廊道数比节点少1个（$L=n-1$），若我们在这个网络上增加1个闭合连接，就形成1个环路。因此，当有环路存在时，$L \geq n-1$。现存的环路数与现存连接数的关系，用$L-n+1$表示，即一个网络中独立环路的实际数。

网络中最大可能出现的环路数是最大可能的连接廊道数即$[n(n-1)]/2$减去无环路网络连接数$(n-1)$。因此，α指数为：

$$\alpha = \frac{(L-n+1)}{\frac{n(n-1)}{2}-(n-1)} \tag{4-4}$$

式中，α指数的变化范围为0~1.0，α为0时，表示网络无环路；α为1.0时，表示网络具有最大可能的环路数。如图4-13中，(a)网络，α指数为0，(b)网络，α指数为0.09。

以图4-13中(a)网络和(b)网络为例：假设一个物种沿着(a)网络通过景观，则没有可供选择的路线，而如果沿着(b)网络通过景观，就有多种可供选择的路线，从而可以躲避干扰或天敌，减少时间和路程。

(2) 网络结构的影响因素

网状格局的形状及其成因与多种因子关系密切。其中，当地的历史和文化通常是决定景观网络空间格局的重要因素，网络格局总是随着经济、社会以及环境的变化而变化。以树篱为例，山坡上的树篱如果沿山坡向下种植则对排水有利，而沿等高线排列则有利于蓄水。山区的侵蚀过程在很大程度上取决于河流廊道的格局，坡降大的河流流速快，河谷深窄，两岸陡峭，而河谷宽阔的干流和支流坡降小并容易形成河曲，但人为活动对河流网络的河岸带影响很大，对河流驳岸的改造和建设常改变河流与河岸带和高地的生态关系，影响河流网络景观的正常生态过程和景观格局的形成以及变化。

4.4.2.3　农田防护林网

农田防护林网是最典型的网格状树篱网络。在我国广袤的农田景观上，建立了各种类型的农田防护林，其中绝大部分以网格的形式分布在农田中。

(1) 农田防护林网的结构和功能

农田防护林网的结构主要反映在两个尺度上：传统农田防护林研究主要集中在林带的宽度、高度、组成、垂直结构和疏透结构等；在景观尺度上，则主要考虑网眼大小、网络连通性、连接结点特征和分布以及林带空间配置等。

国内外大量的生产实践和科研成果表明，农田防护林不仅能防风固沙、调节气候、保护农田，而且改变了农区以农田为主的单调景观格局，增加了植物种群和与之依存的动物及微生物种群，稳定了农田系统的整体生态功能，改善了农田生产条件，从而直接或间接地保护环境，保证农业生产的持续发展。

(2) 农田防护林网络结构的测度

作为由防护林带相互连接而成的农田防护林网络系统，其结点是每2条或2条以上林带的连接点和交叉点以及单条林带的端点。测度景观水平上农田林网的空间结构和布局主要使用林网的连接度、环通度、带斑比和优势度等指标。

4.4.2.4 城市绿地网络系统

完善的城市绿地系统属于网络系统,研究城市绿地系统的网络结构特征与其景观生态功能的关系是城市绿地系统规划设计的基础。

(1) 城市绿地系统的网络结构

城市绿地网络结构系统主要由公园绿地、生产绿地、防护绿地、附属绿地和其他绿地五大类构成。道路绿带状防护绿地、河流和滨河带状绿地等绿地廊道,将城市公园绿地、苗圃生产绿地、街头绿地、单位庭园绿地、自然保护地、农用地和山地等绿地斑块连接起来,共同形成一个完整的、自然、多样、高效并有一定自我维持能力的景观绿地网络系统,促进城市与自然的协调。

(2) 城市绿地网络系统的属性

绿地网络构建包括连接性、绿地网络的结点、绿地网络的多向利用和多样性以及市民的可及性等要素。

① 连接性 是自然体系的本质特征。在人类干预之前,自然景观具有高度连接性。通过自然廊道连接郊野植被、郊区和城区,特别是自然保护地,可以形成各异质生境斑块的生境自然连续体,促进绿地网络生境景观结构的多样性和稳定性。要打破城乡界限,保护、恢复和建设廊道,提高绿地网络的连接性,以保证物种的适宜生存环境,廊道应尽可能宽和连续,廊道生境应满足目标植物的需求,形成网状结构,增加物种在景观中迁移路线的可选择性,加强廊道生境建设,丰富生境类型,扩大目标物种范围。

② 绿地系统网络的结点 城市景观中绿地系统发挥其整体生态功能需要一定的面积,特别是重要的结点位置要有必要的核心立地(core sites)功能。在具体规划实施中,绿地系统网络结点的规划建设是一条重要出路,占地相对较少而生态功能较强。除了充分发挥公园、街头绿地和自然保护地等成片绿地的作用外,还应考虑优化绿地空间布局,增加网络中结点的数量,并尽量提高结点之间的连接性。

③ 多向利用和多样性 城市绿地网络系统的功能和利用应突破传统美化和娱乐的范围,充分考虑绿地系统在减轻污染、野生生物保护、防洪减灾、改善水质、环境教育、社区凝聚、当地交通以及其他需求等方面的作用。将生态多样性和文化特色结合起来,采取多样性和多元化方式,构筑多功能和多用途的绿色空间。如城市公园的建设除满足游憩娱乐功能外,还要增加生境类型,促进绿地群落自然化,为城市生物多样性保护创造条件。

④ 可及性 城市绿地景观的建设目的是面向市民,体现以人为本,要重视绿地的服务半径,使市民充分、便捷地利用和享受绿色空间提供的生态服务,实现人与环境的协调可持续发展。

4.4.3 生态安全格局模型

一些基本的景观改变和管理措施被认为有利于生物保护,包括核心栖息地保护、缓冲区、廊道的建立和栖息地的恢复等(俞孔坚,1998)。问题是如何定义缓冲区、设置廊道或在何处引入栖息地斑块,才能有效地影响生态过程,实现生物保护的目的。这些问题对自然保护区的管理和规划，以及更大范围内的景观乃至区域生态规划都具有重要的战略意义。

4.4.3.1 生态安全格局的概念及其组分

无论景观是均质还是异质的，景观中的各点对某种生态过程的重要性都不一样。其中一些现有或潜在的生态基础设施（如关键的局部、点和空间关系）对控制景观水平生态过程有关键性的作用，构成景观生态安全格局。因此，景观中有某种潜在的空间格局，称为生态安全格局(securty patterns, SP)，它由景观中某些关键性的局部、位置和空间联系构成（俞孔坚，1999）。

生态安全格局对维护或控制某种生态过程有非常重要的意义。生态安全格局的组分对景观生态过程来说具有主动、空间联系和高效的优势，因此对生物保护和景观改变具有重要的意义。生物的空间运动和栖息地的维护需要克服景观阻力完成，所以阻力面（流动表面）反映了生物扩散和维持的动态。生态安全格局可以根据流动表面的空间特性来判别。一个典型的生物保护安全格局由源、缓冲区、源间连接、辐射道和战略点组成，这些潜在的景观结构与过程动态曲线上的某些门槛相对应，生态安全格局可作为捍卫生物安全、维护生态过程的相对高效的空间战略。

生态安全格局组分对于控制生态过程的战略意义体现在以下3个方面：

① 主动优势(initiative)　生态安全格局组分一旦被某生态过程占领后，就有先入为主的优势，有利于过程对全局或局部的景观控制。

② 空间联系优势(coordination)　生态安全格局组分一旦被某生态过程占领，就有利于在孤立的景观要素之间建立空间联系。

③ 高效优势(efficiency)　某生态安全格局组分一旦被某生态过程占领，就为生态过程控制全局或局部景观在物质、能量上达到高效和经济。在某种意义上，高效优势是生态安全格局的总体特征，它也包含在主动优势和空间联系优势之中。以生物保护为例，一个典型的安全格局包含以下景观组分：

a. 源(source)：现存的乡土物种栖息地，它是物种扩散和维持的元点。

b. 缓冲区(buffer zone)：环绕源的周边地区，是相对的物种扩散低阻力区。

c. 源间连接(inter-source linkage)：相邻两源之间最易联系的低阻力通道。

d. 辐射道(radiating routes)：由源向外围景观辐射的低阻力通道。

e. 战略点(strategic point)：对沟通相邻源之间联系有关键意义的"跳板"(stepping stone)。

除了辐射道和战略点以外，生态安全格局的其他景观组分在景观生态学和生物保护学中多有论及。如何根据生态过程动态表面的空间特征来判别这些潜在的战略性景观组分，以指导景观生态设计和景观改造是重要的研究问题之一。

4.4.3.2 生态安全格局的判别

(1) 源的确定

在大多数情况下，景观生态规划的保护对象是多个物种和群体，而且它们都具有广泛的代表性，能充分反映保护地的多种生境特点。在区系成分调查的基础上，可以确定作为主要保护对象的物种和相应的生境。

（2）建立阻力面模型

物种对景观的利用被看作是对空间的竞争性控制和覆盖过程。而这种控制和覆盖必须克服阻力来实现。所以，阻力面可以反映物种空间运动的趋势。有多种模型可能用于建立阻力面（趋势面）模型。以最小累积阻力模型（minimum cumulative resistance，MCR）为例。该模型考虑3方面的因素，即源、距离和景观界面特征。基本公式如下：

$$MCR = f\min \sum_{j=n}^{i=m}(D_{ij} \cdot R_i) \tag{4-5}$$

式中 f——一个未知的正函数，反映空间中任一点的最小阻力与其到所有源的距离和景观基面特征的正相关关系；

D_{ij}——物种从源 j 到空间某一点所穿越的某景观的基面 i 空间距离；

R_i——景观 i 对某物种运动的阻力。

尽管函数 f 通常是未知的，但 $(D_{ij} \cdot R_i)$ 之累积值可以被认为是物种从源到空间某一点的某一路径的相对易达性的衡量。其中从所有源到该点阻力的最小值被用来衡量该点的易达性。因此，阻力面反映了物种运动的潜在可能性及趋势。

（3）根据阻力面来判别安全格局

阻力面是反映物种运动趋势的时空连续体，类似地形表面。阻力面可以用等阻力线表示为一种矢量图（图4-14）（俞孔坚，1999）。这一阻力表面在源处下陷（dip），在最不易达到的地区阻力面呈峰状（peak）凸起，而两陷之间有低阻力的谷线（course）相连，两峰之间有高阻力的脊线（ridge）相连。每一谷线和脊线上都各有一鞍（在这里不妨把 pass 和 pale 两者都称为鞍），它们是谷线或脊线上的极值（最大或最小）。根据阻力面，进行空间分析可以判别缓冲区、源间连接、辐射道和战略点。自然保护的主要对象不同，生物保护的景观安全格局也不同。具体到某一自然保护区，只有在充分调查保护区各种重要的自然条件、社会经济条件，研究保护对象的生

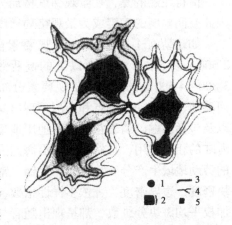

图4-14 阻力面与生态安全格局假设模型
1. 源 2. 阻力面和等阻线 3. 源间通道
4. 辐射道 5. 战略点

理生态习性、保护对象所在的生物群落中关键性的结构及特点的前提下，结合景观生态学基本原理，才能有针对性地构建生物保护的景观安全格局。

4.4.3.3 生态安全格局判别的意义

生态安全格局将水平生态过程作为一种对景观的控制过程来对待。通过对关键性景观局部、位置和空间联系的控制，栖息地的布置呈某种战略性格局，有可能形成超越于实际存在的景观要素以外的强有力的生态势力圈，从而使某种生态过程的健康与安全得以有效维护。生态安全格局方法旨在判别、维护和强化景观生态基础设施。判别生态安全格局是为了指导景观改变而不仅仅是对现存景观的描述。理论地理学的表面模型对判别保护生态安全格局有启发意义。

生态安全格局的功能组分基本与景观生态学的景观分析模型相对应，如斑块、廊道和本底模型。一个生态安全格局意味着如何选择、维护和在某些潜在的战略部位引入斑块，

使它们成为"跳板",意味着如何构筑源间联系廊道和辐射道。导致生态安全格局部分或全部破坏的景观改变对于某种生物保护安全水平来说是不能接受的,因为它将导致生态过程的急剧恶化。一个可接受的生态规划和景观改变意味着维护和强化生态安全格局。这有利于减少景观改变决策失误所导致的不可逆转的后果。

4.4.4 梯度格局模型

景观梯度格局是指沿某一方向景观特征有规律地逐渐变化的空间特性,如海拔梯度、海陆梯度和核心区—边缘梯度等,包括垂直梯度性和水平梯度性。

梯度分析方法起源于植被科学研究植被群落的演化与不同环境条件下植被群落的差异,能够显示研究目标在空间上的分布规律,被用于研究土壤湿度、海拔和盐分等自然梯度,揭示生态系统的结构和功能与环境之间的关系(McDonnell et al., 1997;贾开心等, 2006)。现被广泛用于调查城市化对植物分布的影响和生态系统特征方面的研究,在景观生态学中也得到了一定的应用,将它与景观格局分析结合起来,探讨景观格局的梯度变化规律。

值得注意的是,在景观梯度格局分析中,景观格局的计算范围不再是整个研究区域,因此空间幅度的确定成为景观格局梯度分析中不可避免的问题。

如疏勒河上游山区各景观要素随着海拔高度的变化呈现出明显的垂直分异性。2 500 m以下和4 500 m以上的高程带景观要素分布较少,面积差异很大,分布不均;3 800~4 500 m的高程带景观要素分布最多,分布较均匀。随着海拔高度的增加,裸地、河滩地、农田、居民点和湖泊呈现出海拔越高分布越少的趋势;相反,冰川和永久积雪地以及包括冻融碎屑岩在内的其他用地呈现出海拔越高分布越多的趋势(谢霞, 2010)。由于海陆的相互作用,自然景观从沿海到内陆呈现出森林—草原—荒漠的更替,表现出农牧业的劳动地域生产分工。苏州、无锡、常州的景观呈现出核心区—边缘梯度格局,无论是斑块密度、边界密度、香侬多样性指数、香侬均匀度指数、面积加权平均形状指数还是面积加权平均斑块分维数,都呈现出随着与市中心距离的增加而先递增后递减的变化梯度格局(丁丽娜, 2010)。

4.4.5 源—汇模型

4.4.5.1 "源""汇"景观的概念及其识别方法

许多学者把源汇概念的提出归结到全球变化和大气污染研究,"源""汇"概念的提出为解析大气污染物的来龙去脉提供了有用的手段。研究景观格局与过程时,引入"源""汇"景观的概念,有助于理解格局与过程的关系(陈利顶等, 2006)。

(1)"源""汇"景观的概念

由 Pulliam 于1998年初提出的源—汇模型作为一个种群统计模型是在异质性和景观镶嵌体概念基础上提出的,当异质性和景观镶嵌体概念被普遍接受后,更得到普遍认同,并将包含源种群的生境看作源斑块,而将汇种群所占居的生境作为汇斑块。

在景观生态学中,"源"景观是指一个生态过程的源头,即能提供各种物质、能量和物种的空间单元或生态系统。"汇"景观是指一个生态过程的终点,即具有汇聚各种物质、能量和物种的空间单元或生态系统。如对于非点源污染来说,山区的坡耕地、化肥施用量较高的农田、城镇居民点等景观要素起到了"源"的作用，而下游方向的草地、林地和湿地等景观要素起到了"汇"的作用，同时一些景观要素起到了传输通道的作用。对于温室气体排放释放 CO_2、CH_4 等温室气体的景观要素，如城镇景观中的居民区，成为 CO_2 的"源"，而吸收 CO_2 的草地、城市林地等绿地景观要素，则是城市景观 CO_2 的"汇"。对于生物多样性保护，能为目标物种提供栖息环境、满足种群生存基本条件、利于物种向外扩散的资源斑块，称为"源"；不利于物种生存与栖息以及生存有目标物种天敌的斑块，称为"汇"。

(2) "源""汇"景观比较

① "源"和"汇"是两个相对的概念　即某一景观要素是"源"还是"汇"是针对于特定的生态过程。同一种景观要素，针对某一种过程可能是"源"景观，而对于另外一种生态过程可能就是"汇"景观。如水库、湖泊，降雨时雨水往水库、湖泊汇聚，水库、湖泊具有"汇"的作用，干旱时，水库、湖泊中的水用于灌溉农田，具有"源"的作用。因此，"源"和"汇"是相对的，但对于特定生态过程而言是明确的，在分析一种景观类型是"源"景观还是"汇"景观时，首先需要明确生态过程类型(陈利顶等，2006)。

② "源"和"汇"景观的识别与研究的生态过程相关联　"源"和"汇"景观的根本区别在于，"源"景观对研究的生态过程起到正向推动作用，"汇"景观类型对研究的过程起到负向滞缓作用。在不同的生态过程中，"源""汇"景观可以相互转变。因此，分析景观格局时，只有在明确生态过程的情况下，"源""汇"景观才得以确定。

③ "源"和"汇"景观对生态过程中的贡献是有区别的　对于不同类型的"源"(或"汇")景观，在研究格局对过程的影响时，需要考虑它们的作用大小。对于农业非点源污染，农田、菜地和果园均是"源"景观类型，但是它们在非点源污染形成过程中的贡献不同；同样，尽管林地和草地均是"汇"景观类型，但它们在截留和净化污染物过程中的贡献也不同。

4.4.5.2 "源""汇"景观研究的生态学意义

"源""汇"景观理论的提出是基于生态学中的生态平衡理论，从格局和过程出发，将常规意义上的景观赋予一定的过程含义，通过分析"源""汇"景观在空间上的平衡，来探讨有利于调控生态过程的途径和方法。

(1) "源""汇"景观格局设计与非点源污染控制

根据"源""汇"景观理论，在地球表面上，有的景观单元是物质的迁出源，称为"源"，而另一些景观单元则是作为接纳迁移物质的聚集场所，称为汇。同样，对于非点源污染物来说，不同的农田景观类型也可以被看作不同的"源""汇"景观。如果在流域或景观生态规划中能够合理设置"源""汇"景观的空间格局，就可以使非点源污染物质在异质景观中重新分配，从而达到控制或净化非点源污染的目的。非点源污染，尤其是水体的富营养化，归根结底是养分在时空过程上的"盈""亏"不平衡造成的。降低非点源污染形成危险的最可靠方法是控制污染物(养分物质)来源，将非点源污染物的排放控制在最低限度。

控制养分进入水体的途径有两个：①力求使养分在每一个景观单元上达到收支平衡，不产生富余的营养污染物；②让养分元素在空间上(进入水体之前)达到平衡状态。因此，可以通过景观合理布局(即景观生态规划)有效地控制进入水体的养分数量。在进行水体非点源污染危险性评价时，首先需要以水体作为研究对象，通过评价水体上游各种景观类型在养分流失中的作用，进行"源""汇"景观分类，并通过建立相应的评价方法，分析区域

"源""汇"景观空间分布格局对水体的影响。

(2)"源""汇"景观格局设计与生物多样性保护

生物多样性保护的关键在于对濒危物种栖息地的保护，只有保护好物种生存的栖息地，才能有效地保护目标物种。如果将物种栖息斑块与周边的资源斑块看作目标物种的"源"景观，那么在区域中不适合目标物种生存的斑块，如人类活动占据和天敌占用的斑块等，在一定意义上可以认为是目标物种的"汇"景观。评价一个地区景观格局是否有利于目标物种的生存和保护，可以通过评价目标物种生存斑块与周边斑块之间的空间关系来实现。如果目标物种的栖息地周边分布有更多的资源斑块，这种景观格局应该更有利于目标物种的生存；如果周边地区分布有较多的"汇"景观，这样的景观格局将不利于目标物种的保护和生存。由此，可以通过"源""汇"景观评价模型，分析不同景观类型相对于目标物种的作用，评价景观空间格局的适宜性。

(3)"源""汇"景观格局设计与城市热岛效应控制

随着城市规模的不断扩大，城市热岛效应和交通拥挤等日趋严重，根本原因在于城市景观格局的不合理性。城市热岛效应和交通拥挤的出现，在一定程度上是城市景观中"源""汇"景观空间分布失衡造成的。城市景观类型包括灰色景观（大楼、道路等人工建筑物）、蓝色景观（如河流、湖泊等）和绿色景观（如城市园林、草坪和植被隔离带等），不同的景观类型在城市的热岛效应中所起的作用明显不同。城市热岛效应主要是由于灰色景观过度集中分布引起的，可以看作热岛效应的"源"，而蓝色景观、绿色景观可以起到缓解城市热岛效应的作用。但是由于城市土地资源的有限性，蓝色景观和绿色景观的发展受到较大限制。如何在有限的土地资源条件下，合理布置各种景观类型空间格局至关重要。

对于一个城市来说，蓝色景观和绿色景观的面积越大越好，但是当蓝色和绿色景观面积一定时，如何进行各种景观的最佳科学布局十分重要。在研究城市热岛效应时，应根据热岛效应的"源"与"汇"特征，从空间上调控灰色景观、蓝色景观和绿色景观，有效降低城市热岛效应的形成。

4.4.5.3 "源""汇"景观格局评价模型

源—汇模型在景观生态学解释个体在景观镶嵌体的各部分具有不同分布特征时极为有用，它与景观镶嵌体中生境斑块的异质条件和亚种群之间的个体交流等有密切关系，并成为研究种群动态和稳定机制的基础。"源""汇"景观理论的基本前提是在确定研究对象的基础上，分析不同景观类型在过程中的作用，进行"源""汇"景观的辨识，之后判断不同性质的景观类型对生态过程的贡献。陈利顶等(2002，2003)提出基于过程的景观空间负荷对比指数，通过比较不同景观类型在流域非点源污染形成过程中的作用，借用罗伦兹曲线的理论和方法，依据不同"源""汇"景观类型对生态过程的贡献进行赋值，从距离、坡度和相对高度3个方面提出了"源""汇"景观空间负荷对比指数，指数的大小可以反映景观空间格局对生态过程的影响。

陈利顶等(2002、2003)在提出景观空间负荷对比指数时，重点从研究水土流失和非点源污染出发，具有较强的针对性。对于一般生态过程，"源""汇"景观评价模型可以概括为：

$$LLI = \log\left\{\sum_{i}^{M}\int_{x=0}^{D}S_{xi}\bar{\omega}_{i}\mathrm{d}x\bigg/\sum_{j}^{N}\int_{x=0}^{D}H_{xj}\mu_{j}\mathrm{d}x\right\} \tag{4-5}$$

式中　LLI——景观空间负荷对比指数；

　　　D——研究地区至目标斑块（或者是一监测点、流域出口）的最大距离（也可以是坡度或相对高度等指标）；

　　　M，N——区域所有"源""汇"景观的类型总数；

　　　S_{xi}，H_{xj}——"源""汇"景观类型随着距离增加形成的面积累计曲线（陈利顶等，2003）；

　　　ω_i，μ_j——第 i 种"源"景观类型的权重和第 j 种"汇"景观类型的权重。

计算结果取对数主要是为了将计算结果控制在 0 附近。如果 LLI 的值大于 0，表明该景观格局有利于研究过程的发展。在针对土壤流失生态过程的研究中，可以将有助于增加土壤侵蚀的坡耕地看成"源"景观，将有助于减少土壤侵蚀的林地和草地等看成"汇"景观，而不同景观类型对土壤侵蚀影响的贡献（可以看作一种"权重"）可以用土壤侵蚀通用方程中的作物覆盖与管理因子（C 值）来表征。

复习思考题

1. 什么是景观结构？
2. 斑块的类型有哪些？各类型有哪些生态特性？从各斑块类型生态特性看，如何提高景观的稳定性？
3. 举例说明斑块规模和形状各有什么意义？斑块的大小如何影响斑块中的物种数量？斑块大小和形状如何影响景观空间异质性和景观稳定性？
4. 斑块的尺度性和相对性对景观研究有什么意义？
5. 什么是廊道？有哪些基本结构特征？廊道有哪些景观生态功能？廊道有哪些类型？各有何特点？
6. 什么是本底？有哪些结构特征？如何判定景观中的本底？
7. 什么是网络？网络景观有哪些结构特征？城市网络系统有哪些属性？
8. 什么是边界？其有什么特征？什么是边缘效应？可分为哪几种？
9. 目前提出的景观结构模型主要有哪些？各有什么特点？
10. 简述斑块—廊道—本底模型、网络—结点模型和生态安全格局模型的要点。
11. "源""汇"景观结构模型有哪些生态学意义？

本章推荐阅读书目

1. 傅伯杰，陈利顶，马克明等．景观生态学原理及应用（第 2 版）．科学出版社，2011.
2. 肖笃宁，李秀珍，高峻等．景观生态学．科学出版社，2003.
3. 邬建国．景观生态学——格局、过程、尺度与等级（第 2 版）．高等教育出版社，2007.
4. 俞孔坚．生物保护的景观生态安全局．景观：文化、生态与感知．科学出版社，2000.

5. 郭晋平. 森林景观生态研究. 北京大学出版社, 2001.
6. 刘茂松, 张明娟. 景观生态学——原理与方法. 化学工业出版社, 2004.
7. 杨赍丽. 城市园林绿地规划. 中国林业出版社, 1995.
8. 李团胜, 石玉琼. 景观生态学. 化学工业出版社, 2009.
9. 徐岚. 景观网络结构的几个问题. 见：肖笃宁主编. 景观生态学——理论方法及应用. 中国林业出版社, 1991.

第5章 景观异质性与景观格局

【本章提要】

景观异质性是景观的基本属性,景观格局是景观结构与景观生态过程相互作用的结果,是景观异质性的具体体现。认识空间格局的基本特征及其变化规律是景观生态研究与实践的基础。本章重点介绍景观多样性和景观异质性及其环境生态意义和影响因素,并介绍景观格局的概念和类型及其分析方法和步骤,以便于理解景观空间格局的基本特征和变化规律。

5.1 景观异质性

异质性是景观的一个基本属性,是形成不同景观结构和功能的基础,没有异质性就没有景观。在一定程度上甚至可以说景观生态学就是研究景观异质性的维持、保护、恢复和管理的学科。认识景观异质性的表现形式、测度方法和成因机制,揭示景观异质性与景观功能过程之间的关系,是景观生态学的重要研究内容。

5.1.1 景观多样性

景观多样性是生物多样性的一个层次,是景观异质性的一种表现形式,研究景观异质性首先要了解景观多样性。

5.1.1.1 生物多样性

生物多样性(biodiversity)是人类实现可持续发展的基础,是全球生态环境稳定的基础。如何保护现有的生物多样性,是人类共同面临的重大理论和实践问题。

(1) 生物多样性的概念

生物多样性是指生命有机体及其赖以生存的生态综合体的多样性和变异性。它包括生命形式的多样性,各种生命形式之间及其与环境之间相互作用的多样性,以及各种生物群落、生态系统及其生境与生态过程的复杂性(Kimmins，2005)。

(2) 生物多样性的层次

生物多样性包含4个层次：

①遗传多样性(genetic diversity)　指一个物种或者一个物种的特定种群范围内个体的遗传差异性和复杂性，以及所包含的全部遗传信息。有时也泛指一定地域范围或生态单元或群体中所有遗传信息的总和及其差异性。

②物种多样性(species diversity)　指特定地域实体或生态单元内生物物种的数量及其生存和分布特性。

③生态系统多样性(ecosystem diversity)　指特定地域范围内生态系统类型及其相应的生态过程和生态关系的多样性和复杂性。

④景观多样性(landscape diversity)　指特定区域中景观要素及其空间结构类型、格局、过程的变异性和复杂性。

狭义的生物多样性包括前3个层次，广义的生物多样性包含4个层次。生物多样性的4个层次彼此联系、相辅相成，生物多样性的研究、保护和实践需要综合考虑4个层次的多种因素，探索解决问题的整体综合途径。

(3) 生物多样性的丧失

工业革命以来，生物多样性遭到很大的破坏，很多物种消失和灭绝，还有很多处于濒危状态。生物多样性丧失的原因主要有6个方面：栖息地的消失；栖息地(景观)破碎化；外来种的入侵和疾病的扩散；资源过度开发利用；火、空气和土壤的污染；气候变化。其中，栖息地的消失和破碎化是生物多样性消失的最主要原因之一。栖息地的消失直接导致物种迅速消亡，栖息地的破碎化则导致栖息地内部环境条件改变，使物种栖息地的生境适宜性降低，内部物种的生境面积减少，景观要素的空间组合关系破坏，不能满足物种完成其生活史的要求。

5.1.1.2 景观多样性及其测度

景观多样性是生物多样性的重要内容或层次，也是景观异质性的基础。景观多样性和景观异质性的关系十分密切。

(1) 景观多样性的意义

有人认为景观多样性就是生态系统多样性(徐化成，1996)；也有人把景观多样性理解为景观组成、结构和功能方面的多样性和景观的复杂程度。景观多样性主要研究组成景观的斑块在数量、大小和形状，景观的类型、分布及其斑块间的连接性、连通性等结构和功能上的多样性。它与生态系统多样性、物种多样性和遗传多样性在研究内容和方法上有所不同(傅伯杰等，1996)。根据近年来对景观结构、功能和过程及其相互关系的研究，景观多样性应理解为景观要素类型、结构特征、空间组合关系或格局，以及景观功能过程的丰富程度或变异程度。景观中立地条件的异质性和不同强度的干扰作用可导致景观中生态系统演替阶段存在差异，从而导致景观多样性。

景观多样性不仅是生物多样性的重要组成部分，而且景观本身又是生物多样性存续的场所，只有多种生态系统共存，才能保证物种多样性和遗传多样性的持续保存；与异质立地条件相适应的多种生态系统共存，才能保证景观总体生产力达到最高水平；景观多样性还是保证景观功能正常发挥和景观稳定性的前提。因此，保护景观多样性是保护物种多样性和遗传多样性的基础。由于保护生物多样性对保障人类社会可持续发展至关重要，维护景观多样性与保护遗传多样性和物种多样性一样，应成为自然资源管理的主要目标之一。

(2) 景观多样性的表现和测度

景观多样性主要表现为景观斑块类型多样性、景观斑块形态多样性和景观斑块镶嵌格局多样性等方面，可以分别采用不同的指标进行测度和定量描述。

① 景观斑块类型多样性　指景观中组成景观的景观要素类型的丰富度和多样性。主要用丰富度指数、多样性指数、均匀度和优势度指数进行测度。

② 景观斑块形态多样性　指组成景观的斑块大小和形状的相对数量多样性和复杂性。主要用斑块规模和斑块形状指数的差异来测度。

③ 景观斑块镶嵌格局多样性　指景观要素空间模式或格局、斑块空间关系的多样性和复杂性。主要用连通性、连接度、空间关联、空间邻接和空间聚集等指数差异来表示。

5.1.2　景观异质性

景观异质性是景观结构的重要特征和决定因素，对景观功能及其动态过程有重要影响和控制作用。景观异质性包含景观多样性，并对其他水平的生物多样性有决定性影响。

5.1.2.1　景观异质性的概念和类型

景观异质性是景观生态学理论体系中的一个核心概念，准确认识和把握概念的科学内涵是不断完善景观生态学的基础。

(1) 景观异质性的概念和意义

景观异质性是由景观要素的多样性和景观要素的空间相互关系共同决定的景观要素属性的变异程度。

景观异质性是景观的基本属性，它主要表现在两个方面：① 组成要素的异质性，即景观中包含的景观要素的丰富程度及其相对数量关系或称多样性；② 空间分布的异质性，即景观要素空间分布的相互关系。也就是说，高度异质的景观是由丰富的景观要素类型和对比度高的分布格局共同决定的。当景观中景观要素类型的数量一定时，同类景观要素以大斑块相对集中的分布格局组成结构的景观，其景观异质性较低，而以小斑块分散分布格局组成结构的景观，其异质性较高，从而控制不同景观过程与功能(郭晋平，2001)。

景观异质性是景观要素之间物质、能量和信息流的基本动力，各种生物和人类社会都需要利用景观中固有的异质性，并在提高景观的异质性中不断得到满足。人和动物都需要两种以上景观元素的事实证明了异质性对维持全球生命支持系统的重要性。因此，景观结构、功能和性质取决于景观的时空异质性，也正是空间和时间异质性的交互作用，导致了景观系统的动态演化和发展。

景观异质性是基本生态过程和物理环境过程在空间和时间尺度上共同作用的产物，是景观要素生态属性和空间属性变异程度的综合表现。当景观要素类型一定时，同类景观要素以大斑块相对集中的分布格局，其景观异质性较低；以异质小斑块分散分布的格局，则异质性较高。因此，景观异质性可用景观要素相对数量关系及其生态属性的差异程度加以说明。

景观异质性与尺度密切相关，异质性和同质性因观察尺度而异。景观异质性是绝对的，它存在于任何等级结构的系统内，而同质性是相对和有条件的，是相对于特定的景观分析尺度而言的。景观生态学强调景观异质性的绝对性和同质性的尺度性。某尺度下的异质景观或景观要素，在更大尺度上观察时其中的异质性被忽略，可被看作同质斑块，而在某一尺度下的同质景观或景观要素，在更小尺度上则表现出异质性。因此，讨论景观异质性时必须明确分析尺度，尺度加大，景观内的小异质性消失，而大异质性凸显；尺度缩小，景观内的大异质性消失，景观细节异质性凸显出来。

(2) 景观异质性类型

景观异质性可以从不同的角度和出发点进行分析，并可能得出不同的异质性类型。有人根据研究尺度，将景观异质性分为宏观异质性和微观异质性；有人分为空间异质性、时间异质性、时空耦合异质性和边缘效应异质性；也有人分为空间异质性、时间异质性、功能异质性和本底(赵弈和李月辉，2001)。景观异质性研究应主要侧重于对空间异质性的研究，同时应包含景观功能的空间异质性，对时间异质性的研究归结为景观动态变化研究。

①空间异质性　指由景观要素类型的数量和比例、形状、空间分布及景观要素之间的空间邻接关系所决定的空间不均匀性。伍业钢和李哈滨(1992)认为空间异质性包括空间组成异质性、空间构型异质性和空间相关异质性3个方面。其中，空间组成异质性主要是生态系统的类型、数量、面积与比例的空间变异；空间构型异质性主要是指景观要素斑块的空间大小、对比度及连接度等；空间相关异质性主要是指景观要素的空间关联程度、整体或参数的关联程度、空间关系的变异程度。

②功能异质性　指景观中景观要素或结构成分的功能在空间上的变异程度。景观上相同或不同属性的地域单元或生态实体，在景观空间范围内表现为不同的功能过程特征，本质上是由景观多方面复杂的异质性特征共同决定的结果。

5.1.2.2　景观异质性形成机制

景观异质性的来源非常复杂，进行全面的分析很困难，在一些具体研究和实践中也不完全必要，但常需要掌握特定研究对象的异质性来源。

对于景观异质性的形成机制，目前系统的研究成果不多，笼统地分为内因和外因意义也不大。从一般意义来说，景观异质性的来源可以从资源环境异质性、生态演替和干扰3个方面进行深入分析。也就是说，景观异质性来源于景观自然地理特征和气候因素的空间分异、生物群落的定居和内源演替、自然干扰以及人为活动的影响。对多数景观来说，景观异质性是三方面因素共同作用的结果。

(1) 资源环境的空间分异

资源环境的空间分异(spatial variation in environmental resources)是形成景观异质性的基础，资源环境的异质性主要表现为由太阳辐射的地理空间分布格局、海陆分布格局、地形地貌格局和地质水文格局等不同尺度上的自然物理条件决定的空间变异。它是景观异质性其他成因不断叠加的基础，也是决定景观异质性的因素中最为稳定、发挥作用最持久的因素。研究景观异质性必须首先掌握景观的资源环境异质性背景条件。

(2) 生态演替

生态演替(ecological succession)是生态系统中存在的普遍过程，是景观异质性形成的重要动力机制。以生态系统自组织过程和多种反馈控制机制为基础的生态学演化、演替和发育等过程,以及这些过程的时间不同步性对景观异质性有决定性作用。生态演替不仅使景观生态系统组织结构水平、稳定性和生产力提高,更导致景观要素类型的多样性和空间关系的多样性,是景观异质性的重要来源。

(3) 干扰

干扰(disturbance)是景观异质性的主要来源之一。干扰改变景观格局,同时又受制于景观格局。干扰可分为人为干扰和自然干扰。大多数类型的自然干扰都是有规律的,可以用若干指标构成的干扰格局(disturbance regime)描述,并且是可预测的,而人为干扰受干扰主体的科学技术水平、文化传统和生产生活方式的影响,往往是深刻、大规模、缺乏规律和难以预测的。随着人口的增加和科学技术的进步,人类对自然的影响越来越广泛和深入。人类对于自然资源的盲目开采和不合理利用,导致地球上的自然景观越来越少,极大地改变着景观的异质性格局。

5.1.2.3 景观异质性的测度

景观异质性可以通过统计手段进行数量化测度。近年来比较成熟的景观异质性分析方法主要有信息熵法、孔隙度指数法和景观异质性指数法等。

(1) 信息熵法

信息熵法是在样线调查的基础上,基于景观要素出现频率信息进行异质性分析的方法。信息熵法的工作原理是将一条通过景观的样线分成若干等长的样段,若某一组分在两个连续的样段中同时出现或缺失,则认为它们之间不具有异质性;若只在一个样段中出现而在另一个样段中缺失,则认为它们之间存在异质性。对整条样线上所有连续的两个样段都进行类似的比较,通过公式可计算出该景观要素在当前观察尺度上的异质性信息熵,对样段进行两两合并,将长度增加一倍,然后重复上述工作,通过多次合并就可以观察到景观异质性随尺度变化的趋势。当某一组分的信息熵指数随尺度的增大而趋近于1时,表现为宏观异质性分布;趋近于0时,则表现为微观异质性分布(赵羿,2002)。

(2) 孔隙度指数法

孔隙度指数法是利用不同尺度的滑箱对所研究的景观进行有重叠的覆盖性扫描,利用记录到的组分出现频率信息进行异质性评估的一种方法。在孔隙度指数的计算中,不同边长的滑箱代表不同的观察尺度,以不同边长的滑箱从采样区的左上角向右或向下滑动,保证采样点间有部分重叠。记录每次采样时滑箱内景观要素出现的频数。滑箱滑过整个景观后,对采样数据进行统计,计算不同尺度下的孔隙度指数。

经过一组滑箱处理后计算得到的景观孔隙度指数可以利用滑箱边长为1的孔隙度指数进行标准化。标准化后的空隙度指数取值在0~1之间,孔隙度指数高说明组分空间分布的不均匀性程度高,表现为宏观异质性特征;反之,说明组分空间分布均匀,表现为微观异质性特征。与信息熵法相比,孔隙度指数法不存在采样的偶然性干扰问题,但是在对整个景观进行孔隙度水平计算时,会将大多数局部细节差异忽略。

(3) 景观异质性指数

常用的景观异质性指数有多样性指数、镶嵌度指数和距离指数。

①景观多样性指数 指景观在结构、功能以及随时间变化的多样性,又包括丰富度、

均匀度和优势度。丰富度是指景观里不同景观要素类型的总数；均匀度是指景观里不同生态系统的分配均匀程度；优势度是指景观由少数几个主要景观要素控制的程度，与均匀度呈负相关。景观多样性的测定指标还包括景观中的斑块数量、规模、形状、破碎度，斑块类型的多样性、优势度、丰富度、连接度、连通性等。

②景观镶嵌度指数　景观镶嵌度(patchness)与景观聚集度(contagion)有类似的意义。景观镶嵌度是指景观中全部组分的对比程度；而景观聚集度是指景观中不同组分的团聚程度。

③距离指数　距离指数包括最小相邻指数(nearest neighbor index)和连接度指数(proximity index)。连接度指数是景观中同类斑块的连接程度。

5.1.2.4　森林景观的异质性

森林景观是由多种类型的森林生态系统为主体与其他生态系统共同组成的景观。森林是陆地生态系统的主体，包含着陆地生态系统中最为丰富的生物多样性，为多种生物提供适宜的生境，森林景观的异质性对维护陆地生态系统的持续性和稳定性具有重要意义。森林景观的异质性主要表现在森林类型多样性、森林年龄结构和森林景观粒级结构等方面。

(1) 森林类型多样性

特定区域森林类型的多样性主要源于生境条件的异质性和森林所受干扰的差异。所以，景观中森林类型的多样性常表现为生境系列和演替系列。

生境系列是因立地条件不同而出现的多样化的森林类型。如中国亚热带常绿阔叶林分布很广，森林类型很丰富，典型的类型有各种栲类林、青冈林、石栎林、润楠林和木荷林等；西部及西南部地区的高山栲林和黄毛青冈林，海拔较高处有元江栲林和滇青冈林等森林类型；东部同纬度地区的甜槠林、青冈林、米槠林、栲树林、红楠林和木荷林等。这种森林类型的地带性差异主要由气候条件决定，属于气候性生境系列。景观中的环境异质性也会导致林分类型的差异性和多样性。如闽北常绿阔叶林区的干山脊上多发育马尾松林，而沟谷阴湿生境往往形成以樟科植物为建群种的常绿阔叶林，中生生境中则多发育以栲类为主的常绿阔叶林。

演替系列是由于群落处于不同演替阶段而形成的多样化的森林类型。演替早期的森林群落由许多偏喜光植物构成，也适于一些偏爱演替早期的森林群落动物生存，而演替后期的群落类型组成结构相对稳定，以耐阴植物为主体。景观中同时存在一定数量的处于不同演替阶段的群落是景观异质性的重要来源，对保持景观的总体生物多样性有利。

干扰也是产生森林类型多样性的一个主要因素，各种类型的干扰改变或阻断森林群落演替过程，出现各种森林类型，同时也会增加处于不同演替阶段的森林类型。如福建闽北常绿阔叶林区出现的以枫香和光皮桦等组成的落叶与常绿阔叶混交林，就是因原有林分破坏而出现的演替早期阶段的群落。因干扰形成的林分仍处于演替过程中，一般不太稳定。

人工林是人工营造形成的森林，在林区森林景观中的比重越来越高，并使景观中的林分类型出现针叶化、外来树种化和纯林化，不利于景观生物多样性的维持，而且容易发生病虫害。如三北防护林体系中大面积杨树林，南方大面积的马尾松林，华北大面积的油松和华山松等单一树种纯林，森林类型多样性降低，马尾松毛虫、油松毛虫等害虫经常暴发，森林景观稳定性下降，健康状况恶化，功能严重受损。

(2) 森林的年龄结构

森林按其受人类活动影响程度的不同可分为天然林(natural forest)、经营林(managed forest)和人工林(plantation)，而近期受干扰后自然恢复的森林经常被称为次生林(secondary forest)。人们一般把基本未遭受人类活动破坏的天然林称为原始林，但这个概念很不严格，因而出现了老龄林的概念。不同类型的林区，森林年龄结构特征也不同，这里的森林年龄结构主要是森林群落优势种群平均年龄，不考虑种群内的个体年龄结构。

①原始林的年龄结构　原始林极少被人干扰，其年龄结构特征主要取决于自然干扰的种类及其特点。如果森林景观的干扰状况(disturbance regime)以自然干扰为主，森林景观多由处于不同龄级的相对同龄林斑块构成，景观中不同林分间年龄差异明显，森林景观各林分间的异质性和对比度大，而林分内部异质性较少，景观水平上多表现为大异质性。以树冠干扰为主的森林景观中，林龄的异质性主要表现在林分内的个体立木之间，林分中各龄级的立木共存，每个林分都属于异龄林，而林分间的林龄异质性较小，景观中的同龄林斑块小，林龄异质性属于小异质性。

②经营林的年龄结构　经营林是指经历过人为经营活动的森林，其起源是天然林，但人为经营活动已经在一定程度对林分的组成结构进行了调整和改造，整个经营单位的林分类型结构也有所改变。经营林的年龄结构受森林经营活动的控制，森林经营思想的变化对森林景观林龄结构有直接影响。永续利用和相应的法正林模型一直是许多国家森林经营管理的基本理论，轮伐期的长短和采伐量在整个轮伐期间的时空配置，控制着森林景观的林龄结构，斑块状同龄林的嵌块体仍然是经营林的主要年龄结构形式。

(3) 森林景观粒级结构

粒级结构是指景观中斑块面积的大小及其数量关系。森林景观的粒级结构主要受环境资源异质性格局和干扰格局及性质的影响。林火等干扰往往造成粗粒森林景观，而林冠干扰多形成细粒景观。营林活动对森林粒级结构的影响主要取决于采伐方式和伐区面积大小，择伐形成细粒结构，皆伐与渐伐形成粗粒结构。

Harris 的研究表明，自然干扰控制下的森林景观，粒级结构往往存在一定的规律性，景观中斑块面积小的多、大的少。Harris 据此提出林区伐区大小的设计模型，要求每一级伐区数量不同、面积相等，使空间异质性最大，有利于维持生物多样性。即伐区配置格局要求为采伐以不同尺度进行，但各种尺度的面积大致相等。

森林具有多种生态功能，森林经营方式的多样化直接影响森林景观的异质性，科学合理的经营活动对保证森林景观异质性具有更加深远的意义。

5.1.3　景观异质性与生物多样性

景观异质性与生物多样性之间存在复杂的关系，明确生物多样性的意义，掌握生物多样性与景观异质性相互作用的机制，是通过景观规划与管理实现生物多样性保护目标的基础。

5.1.3.1　景观异质性的原理

景观异质性对生物多样性的影响是多方面、多层次和多方向的。该领域的研究成果中具有普遍意义的结论至今还很有限，许多研究还需要深入探讨。

(1) 景观异质性与生物多样性的关系

对景观异质性的管理是生物多样性保护的基本思路，掌握景观异质性与生物多样性之间的关系，有助于解决生物多样性保护的科学与实践问题。目前得到认同的基本原理主要有以下3点。

①景观异质性导致生物多样性　景观异质性与生物多样性的关系表现为，在一定范围内景观异质性导致生物多样性。首先，景观异质性意味着景观中景观要素类型的多样性，也就意味着生境类型的多样性，可以为多种生物提供栖息地，维持更高的生物多样性；其次，景观异质性大，会增加边缘生境和边缘种的丰度，增加需要多种景观要素的物种丰度，增强了物种共存的总体潜力，为多种生物共存提供了生境基础；景观异质性大，大规模斑块减少，完整的大面积内部生境面积缩小，稀有内部种的丰度减少，边缘生境和边缘物种的丰度增加，要求两个以上景观要素的物种的丰度增加，同时提高了总的物种共存潜力。

许多实验观察和模拟研究显示，景观异质性有利于物种的生存和整体生态系统的稳定性和持续性。许多物种需要两种或多种栖息地，景观空间格局、时间动态和更替缓解了景观中的剧烈变化，使系统保持相对稳定，也有利于生物多样性的保持和提高。

②景观异质性与生物多样性互相促进　景观异质性愈高，愈有利于保持景观的生物多样性，有利于景观的持续性和稳定性，而生物多样性高也有利于景观异质性的维持，表现为相互促进的关系。景观的异质性有利于促进景观生态系统的能量流动和物质循环，从而使生物的生命活动更加旺盛，具有高度异质性的景观与外界的物质、能量和信息等交流过程剧烈。正是由于异质性的存在，才使得景观内部的物质流、物种流、能量流和信息流的流动更加活跃，使景观面貌生机勃勃，结构稳定，功能完整。

③森林破碎化导致生物多样性下降　森林破碎化（forest fragmentation）会减少森林景观的生物多样性。不合理的森林经营活动、道路建筑、过度采伐等人为干扰和一些持续的大规模自然干扰会导致森林景观破碎化。由于森林景观往往是由多种类型的森林群落构成，在大尺度的同质性下包含着丰富的小尺度异质性，为在森林中生存的多种森林植物、动物和微生物提供了良好的生境，特别是一些需要大规模内部生境的物种更依赖大规模森林斑块的存在。森林景观破碎化的最大特点是林地斑块面积缩小、斑块之间的空间距离加大、生态连接度下降和内部生境面积减少，特别是大规模连续的内部生境消失。这将直接导致大量内部物种就地灭绝，当地特有和稀有物种减少。

Brosofske等（1999）的研究表明：在不同尺度，许多植物种的分布都与景观结构特征紧密相关，在不同的空间分辨率下，景观特征与植物多样性指数的关系不同，道路在景观尺度上对植物多样性有重要影响。Wahlberg（1996）成功地模拟和预测了景观破碎化对物种致危的影响，说明森林景观破碎化会显著减少生物多样性。

(2) 干扰与生物多样性关系原理

干扰对生物多样性的保护，特别是景观多样性有重要意义。干扰通过产生环境异质性改变景观格局，显著改变景观的生物多样性。但关于干扰与生物多样性之间的关系也存在不确定性，目前仍然是多种认识共存。

①干扰负效应说　一些研究支持干扰损害生物多样性的观点。A. J. Rescia等以西班牙

北部 Basque 县 Urdaibai 生物圈保护区为研究对象,以当地阔叶林和松林斑块与其他类型斑块间的边界数量和性质的变化,研究了 1946—1990 年期间研究地区景观异质性的变化与物种多样性的关系,认为人类干扰降低了景观异质性,从而导致生物多样性下降,特别是当森林受到人类的强干扰时间较长时,森林生物多样性显著降低。

②干扰双重效应说 S. Solon 从波兰中部、南部和北部 3 个地区选取 3 种类型的农业景观,研究人类干扰对植被景观多样性的影响,说明人类活动多路径、多方向地改变了植被景观多样性,进而影响着生物多样性。一方面,人类干扰通过增加斑块和群落类型数量提高总体生物多样性;另一方面,由于斑块形状指数的下降和群落间邻接结构的简化,又降低了生物多样性。所以,人类干扰对生物多样性的影响具有双重性。

③适度干扰说 很多研究支持适度干扰假说,认为中等程度的干扰有利于提高生物多样性,高强度和低强度干扰下的景观生物多样性都比较低。Sufflin 指出,中等程度干扰有利于提高物种多样性。低度干扰的群落中,竞争型物种(K 选择种)占主导地位,而高度干扰的群落中机会型物种(S 选择种)占主导地位,中等程度干扰的群落中两种类型的物种共存。但对这一假说也有一些修正意见。Reader 等认为,中强度干扰既可能提高植物群落的物种丰富度,也可能降低或者没有显著影响。只有满足以下 3 个条件时,干扰才会提高物种丰度:干扰减少一般物种组成的群落面积时,不减少一般种和稀有种的群落类型;干扰减少一般物种组成的群落面积时,新的潜在生物区系能够占据这些减少的面积;在新生境中能建立新群落的物种包含在当地植物区系中或存在于附近地区。

5.1.3.2 景观要素空间特征与生物多样性的关系

景观多样性是指由不同类型的景观要素或生态系统构成的景观,在空间结构、功能机制和时间动态方面的多样性或变异性。

景观多样性是生物多样性的重要内容,是生物多样性的一个重要层次,同时对生物多样性的其他层次有显著影响。

(1)斑块多样性与物种多样性

斑块多样性是指景观中斑块的类型、规模和形状的多样性和复杂性。斑块多样性对生物多样性产生显著影响。

①斑块类型 斑块类型对能在景观中生存的生物种类、数量及其动态的影响非常显著。首先,不同类型的景观要素斑块可以适宜不同物种的生存;其次,不同类型的斑块第一性生产力不同,可以支持的生物量不同,生物种群的数量差别很大;同时,不同类型的斑块物种迁入或迁出过程不同,也影响斑块中的种群数量和丰度,进而影响物种多样性。例如:沼泽湿地的物种动态相对缓慢,而火烧迹地斑块中的演替速度较快,物种动态变化迅速。

②斑块大小 研究景观斑块大小与物种多样性关系,可以借助 MacArthur 和 Wilson 在 20 世纪 60 年代创立的岛屿生物地理学理论,建立斑块大小与其所包含物种数的关系。考虑到陆地景观斑块与岛屿的差异,可用如下经验函数表达:

物种丰度 $=f($生境多样性,干扰,斑块面积,演替阶段,本底特性,斑块隔离程度$)$

但是将岛屿生物地理理论运用于陆域景观时有一定的局限性。岛屿生物地理学理论中关于随机灭绝假说在陆地景观中并非普遍现象,物种并非随机定居于一个新的生境,每个物种都需要与之适应的资源环境结构，研究生境斑块与生物之间的关系时，不仅要重视斑块的生境结构，也不能忽视斑块的生物地理史。

③斑块形状　斑块形状通过影响斑块内部生境与边际带的结构关系，影响斑块的边界特征，如边界宽度、通透性和边缘效应等，也强烈地影响种群生物学过程，进而影响生物多样性。

(2) 廊道与生物多样性

廊道在生物多样性保护中具有特殊的作用，在景观设计与管理中也受到了特别的重视，是有效利用土地、增加生物多样性的有效途径。

①廊道的连接作用　树篱廊道小生境异质性一般高于农田，可吸引鸟类栖息，并传播种子，提高树篱群落的物种丰度，其物种多样性比开阔地高得多。因此，树篱廊道的存在能够减轻甚至抵消景观破碎化对生物多样性的负面影响，对农业景观中的动物区系组成和多样性具有决定性作用。廊道的设计和应用是以景观生态学为基础的生物多样性保护重要途径。

②廊道与物种迁移　廊道能够提高斑块间物种的迁移率，方便不同斑块中同一物种个体间的交配，从而使小种群免于近亲繁殖导致遗传退化。通过促进斑块间物种的扩散，廊道能够促进种群的增长，有利于斑块中某一种群灭绝后外来种群的侵入，从而对维持物种数量发挥积极作用，而且在更大的尺度上增强碎裂种群(meta population)的生存。

另外，由于廊道便于物种的迁移，可大幅降低某一斑块或景观中气候改变对物种的威胁。Merrianm 等在农业区进行的试验结果表明：一些小的哺乳动物确实利用廊道连接生境斑块来进行散布。在野外试验结果的基础上，借助于计算机进行的随机模拟试验结果表明，与被连接起来的小块林地相比，隔离的小块林地中白脚鼠种群的增长率低得多，更易发生局部灭绝。Kupfer 以植物为对象研究廊道对植物种的效应时发现，具有廊道连接的斑块有利于树木种的跨景观范围的扩散，尤其是借助于重力散布的物种。

③廊道对生物多样性影响评价　虽然大多数人认为廊道在生物多样性保护方面有许多作用，但也有人认为它对物种的生存带来不利影响。如加速一些疾病、外来捕食者和干扰的扩散，从而影响目标种的生存或散布。当狭窄的河溪边岸森林廊道不能为高地种或内部种提供合适的生境，或不能提供高地斑块间合适的通道时，确实会发生这种情况。

岛屿生物地理学理论一开始就假定廊道促进物种的迁移，有助于减少物种的灭绝，导致物种丰度的提高。然而，事实并不总是如此。因此，景观廊道在生物多样性保护中的优缺点并不能通过岛屿生物地理学理论来解释。一般认为，在破碎化景观中正确地设计和运用廊道是物种管理的有效工具，但其有效性依赖于廊道内生境结构、廊道的宽度和长度以及目标种的生物习性等多种因素。

(3) 本底与物种多样性

本底是对景观结构、功能和过程起关键性控制作用的景观要素，本底的特征与生物多样性的关系也更密切。

①本底对生物多样性的保护作用　在景观尺度上，斑块—本底之间相互作用，对物种迁移有显著影响，从而控制种群动态。本底控制着整个景观的连接度，人为活动既可能使本底的异质性加强，强化生境斑块的岛屿效应，也可能增强本底的亲和性，减轻周围环境

对生境斑块的压力。因此，景观本底至少在3个方面对生物多样性保护起着关键作用：为某些物种提供小尺度的生境，如本底中的立枯木、风倒木、树篱、砂砾质河床及土壤堆积体等；作为背景，控制、影响着与斑块之间的物质、能量交换，强化或缓冲生境斑块的"岛屿化"效应；控制整个景观的连接度，从而影响斑块间物种的迁移。

②本底的管理与调控　Keitt和Franklin认为，生物多样性保护的焦点不应仅停留在保护区的数目、选址和面积大小，生物多样性保护必须被看作一项规模更大的工作，即经人类的活动管理包括斑块、廊道和本底在内的所有景观成分中的所有物种，且该工作不应局限于某一特定的时空尺度内，应在所有时空尺度上进行。

5.2　景观空间格局

景观要素在景观空间内的配置和组合形式是景观结构与景观生态过程相互作用的结果，对景观空间格局的研究是掌握景观生态功能和动态的基础。

5.2.1　景观格局的概念和成因

景观格局是景观生态学中一个常用的名词，景观格局一般是指景观空间格局，但其概念内涵和意义都需要进一步明确。

5.2.1.1　景观格局的概念

景观格局(landscape pattern)是景观要素在景观空间内的配置和组合形式，是景观结构与景观生态过程相互作用的结果。

景观空间格局是景观空间结构特征有规律的表现形式，是景观异质性的具体表现，也是各种生态过程在不同尺度上作用的结果。在长期的景观生态过程的作用下，特定景观要素的类型、数目以及空间分布与配置，不同景观要素的空间排列和组合形式，不同景观结构成分之间的空间关系，总是呈现出一些基本规律，符合特定的模式，通过分析能够掌握其本质特征。

5.2.1.2　景观格局的成因

对景观格局及其成因机制的分析，可以揭示景观生产力、稳定性和生境质量的控制因素，并有效地预测景观动态，确立景观规划设计与管理目标。

景观是气候、地貌、土壤、植被、水文和生物等自然因素及人为干扰作用下形成的有机整体。由于景观格局是景观异质性的具体表现形式，是景观要素空间关系相互作用的结果，深刻地影响景观功能和景观动态变化，景观格局与景观异质性有相同的成因机制，只不过景观格局应当是特定景观中，反映景观资源环境特征、生态演替规律和长期干扰状况的相对稳定的属性。景观格局是景观形成因素与景观生态过程长期共同作用的结果，反映景观形成过程和景观生态功能的外在属性。

5.2.2　景观格局的意义

景观格局反映景观的基本属性，与景观生态过程和功能有密切关系。

5.2.2.1 景观格局与过程

空间格局与生态学过程相互联系和影响，形成复杂的反馈关系，构成景观动态变化的动力基础。景观结构对景观过程具有重要的控制作用，而景观尺度上的不同生态过程，也相应地在景观结构形成和变化过程中起着决定性作用。景观生态学经常涉及的生态学过程包括种群动态、物种传播、捕食者和猎物的相互作用、群落演替、干扰扩散、养分循环、水分流动和物质运移等。

对空间格局与生态过程相互关系的研究，是揭示生态学过程成因机制的根本途径，但景观格局一般比景观过程和功能更容易把握。通过建立景观格局与景观生态过程之间的关系模型，根据景观格局特征预测景观过程的基本特征，开展生态监测评价，可以显著提高景观生态研究的预测能力，进而指导景观生态规划设计和建设。如河岸林的诸多生态功能或者与河岸林相关的养分保持、有机碳库、河流生境维护、污染物吸收和过滤、土壤侵蚀拦截等生态过程，都与河岸带景观格局密切相关，揭示景观格局对这些过程的影响控制机制，可以直接为河岸带景观的规划设计、保护管理和恢复建设提供指导。因此，景观格局与过程的关系始终是景观生态学研究的核心内容。

5.2.2.2 景观格局与尺度

在景观生态学中，尺度意味着可辨识的景观格局和生态过程的空间或时间维度。景观格局和过程都具有尺度依赖性，过程产生格局，格局作用于过程，两者都依赖于不同尺度。不同尺度上表现为不同的格局，不同尺度上发生不同的生态过程，特定的景观格局需要在特定的尺度上才能表现出来，特定的生态过程有其自身特定的时空尺度。认识和理解景观格局需要确定适当的时空尺度，在不同尺度上研究解决不同的景观生态学问题。景观生态研究首先需要确定一个核心尺度，在更小尺度上探讨景观的成因机制和变化动力，在更大尺度上整合其功能属性。

5.2.3 景观格局的类型

对景观空间格局的认识并没有一定的标准，不同的目的和角度可以将景观格局分成不同的类型。美国景观生态学家福尔曼针对不同情况下的景观格局和结构类型进行了归纳和总结。

5.2.3.1 景观格局基本类型

在专门阐述景观格局的类型时，福尔曼归纳为 5 种类型（Forman，1990）。

(1) 规则式均匀格局

指某一特定属性的景观要素在景观中的空间关系基本相同、距离基本一致的一种景观格局。如大面积林区长期的规则式采伐和更新造成的森林景观、平原农田林网控制下的景观都属于规则式均匀格局。平原农业景观中，由于人均占有土地面积相差不大，分布于农田中的村落之间距离基本相等，因此也形成规则式均匀格局。

(2) 聚集格局

指同一类型的景观要素斑块相对聚集在一起，同类景观要素相对集中，在景观中形成若干较大面积的分布区，再散布在整个景观中。如丘陵地区农业景观中，农田多聚集在村庄附近，相对集中的村庄与农田的组合分散在整个景观中，对于农田的分布来说就呈现为聚集格局；华北山地林区和南方丘陵浅山地区的各类森林斑块相对集中，聚集成团，分布在整个景观中也形成聚集格局。

(3) 线状格局

指同一类景观要素的斑块呈线性分布，如村庄沿公路和河流的分布，耕地、河岸植物带、公路和铁路沿河流的分布。

(4) 平行格局

指同一类型的景观要素斑块呈平行分布。如宽阔河谷河流两岸的河岸带、各级阶地农田和高地植被带呈现的平行分布格局；山地林区多种森林类型和其他植被带沿等高线的分布格局。

(5) 特定组合或空间连接

指景观中一种景观要素的出现与另一种景观要素的出现相关联的一种格局，包括正相关空间连接，如城镇与道路相连接，稻田与河流或渠道相连接；负相关空间连接，如平原的稻田区很少有大片林地出现。

福尔曼(1995)按照"集中与分散相结合原则"设计了一种理想的景观格局模式，其中心思想是将类似的用地类型集中起来，但在建成区保留一些自然廊道与小的自然斑块，在大型自然植被斑块的边界也布局一些小的人为活动斑块(图5-1)。

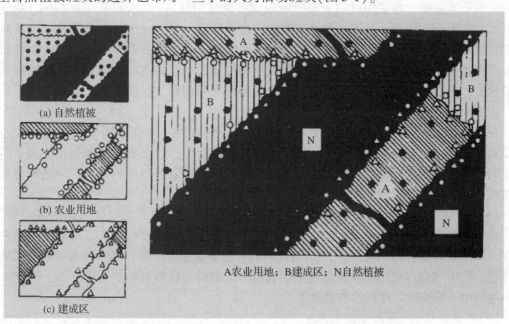

图 5-1　按照"集中高于分散相结合的原则"设计的理想景观模式
图中○、△和●分别表示农业区、建成区和自然植被区的碎部

这种景观格局的特点是：包含大型植被斑块，粗粒景观与细粒景观因素结合，风险分散，基因变异，边界过渡带，小的自然植被斑块，廊道。

5.2.3.2　景观结构类型

按景观结构特征将景观划分为斑块散布型、网络状型、指状型和棋盘状型4种类型(图5-2)。

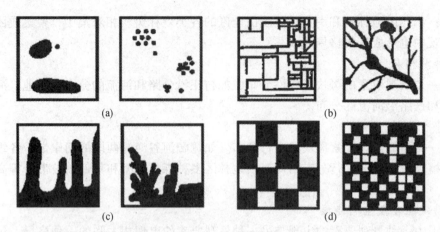

图 5-2　按结构特征划分的基本景观类型(引自肖笃宁等, 1997)
(a)斑块散布型　(b)网络状型　(c)指状型　(d)棋盘状型
注：在每一景观中仅包括两种组分，用黑色和白色表示

(1) 斑块散布型

在散布景观中，本底的相对面积、斑块大小、斑块间距离和斑块分散度是反映景观格局特征的基本参数。本底相对面积对景观中某些物质的源区(source)和汇区(sink)功能影响很大。大面积的周围干旱地区会使湿润绿洲斑块变得干燥，农区的大量居民获取薪炭材资源将使分散的片林日益萎缩。斑块间的距离影响到多种干扰在景观中的扩散，也会影响物种或有害生物在斑块之间乃至在整个景观中的传播。生境斑块能给捕食者的移动提供歇脚的地方，还能控制病虫害的暴发，它们之间的距离和相对空间关系意义重大。

(2) 网络状型

在网络状景观中，廊道密度、宽度、连接度、网络路径、网眼大小以及结点的大小和分布对各种基本过程的影响明显。一些平原农区的粮食生产、土壤侵蚀和退化取决于防风林带的宽度和连通性；动物在景观中的活动无疑受廊道网络连通性的影响；河流廊道和河岸植被带的结构和分布状况影响河流的水文和水质特征。

(3) 指状型

在指状景观中，相邻两个生态系统的相互作用强烈，边缘总长度大，有利于边缘种的生存。不同景观要素的相对面积，"半岛形"组分的丰度和方向性，其长和宽等都会影响景观过程。农田与森林交错的指状景观中，农田中的家畜会妨碍森林的天然更新，森林中的食草动物也会影响农田中的农作物生长。

(4) 棋盘状型

在棋盘状景观中，景观的粒度、网络的规则性或完整性以及总边界长度都是主要结构特征。景观的粒度大小决定内部种的多度和生物多样性，细粒景观包含更多的边缘种；棋盘格子的规整性控制着生物体在景观中的移动和定居；伐区的更新和树木的风倒都与棋盘格子的特点有关；同时，棋盘状景观的高度切割性可减少干旱地区大气尘埃污染和大火的蔓延。

5.2.4　景观格局分析

景观格局分析的目的是从看似无序的景观斑块镶嵌中，发现潜在的有意义的规律性。

通过格局分析,确定产生和控制空间格局的因子和机制,比较不同景观的空间格局及其效应,探讨空间格局的尺度性质。

5.2.4.1 景观要素分类

景观要素分类是进行景观格局分析和景观生态研究,揭示景观格局和生态功能的关系,认识景观动态变化过程,实现景观建设、管理、保护和恢复,进行规划设计的基础。

景观要素是研究地区在景观尺度上可分辨的相对同质单元。因此,景观要素分类要根据研究工作的需要,结合所收集的遥感影像的空间分辨率,即分类的实际可能性确定分类的详细程度。分类过粗会影响研究深度,分类过细则会大大增加工作量和计算机的数据存储量,进而影响分析效率。景观要素类型的划分既要满足研究的需要,又要结合卫星影像和航空相片等空间数据的分辨率,制定分类系统和各级分类标准。

对景观要素分类后,要保证能收集到各景观要素类型的可靠属性数据,以便为后期进行景观格局分析提供数据。

5.2.4.2 数字景观图层的生成

编绘景观图的基础数据主要有 3 个来源:现有基础图件和各类专题图面材料,如地形图、植被图、森林分布图、土壤类型图、土地利用图、林相图和立地类型图等;航空遥感相片;卫星遥感数据。

与遥感资料和数据相比,现有图面材料不需要前期处理,简单快捷,但一般时效性差、经过图形整合后信息有损失,并受到原来制图精度的限制。航空遥感相片与卫星遥感资料相比,比例尺大、分辨率高,解译判读性能好,能满足相对较小尺度详细研究的需要,但成本高,时效性也较差,解译判读工作量大,程序复杂。卫星遥感数据相对成本低,时效性好,在遥感影像处理软件支持下,数据处理效率高,随着技术的提高,分辨率也在不断提高,通过与 GPS 结合增加训练点的数量,可以有效提高判读精度,适合于更大尺度的研究和分析。

在 GIS 软件的支持下,对于现有图面材料,可以经过"图形校核—数字化(扫描仪或数字化仪)—图形编辑—属性数据录入"的工作程序;对于航空相片资料可以采用"航片判读—转绘—校核—清绘—数字化(扫描仪或数字化仪)—图形编辑—属性数据录入"的工作程序;对于卫星遥感数据,需要首先应用遥感图像处理系统,经过"图像矫正和配准—结合 GPS 收集训练样本—监督分类—分类结果校核",再转入 GIS 进行"图形编辑—属性数据录入"。在此基础上按多边形建立图形的空间拓扑关系,在 GIS 自动生成的拓扑数据库基础上,将相应的图斑属性数据输入数据库,就可以建立研究地区数字景观图层数据库,作为下一步分析的基础数据。

5.2.4.3 景观格局分析的空间数据

数字景观图层建好后,在 GIS 软件支持下,通过统一网格样方取样法和统一网格样点取样法等方法,获取景观的样方和样点的属性数据,用来进行景观格局分析或建立景观模型。还可以采用专家评分等多种方法将定性数据数量化,如用景观要素生态潜力综合表达景观要素的植被演替阶段和景观要素植被生物生产潜力,用于景观数量化分析。

5.2.4.4 景观格局分析内容和格局指数

对景观总体的空间格局可以从 4 个方面进行分析,以反映景观的总体空间格局和景观要素的空间分布规律,即景观要素空间分布随机性判定;景观要素空间格局规模或尺度分析;景观要素斑块空间相互关系;景观要素空间分布规律或模式;最后,建立景观动态模拟预测模型,并根据模型进行景观规划和管理(郭晋平,2001)。

将景观空间格局量度划分成 3 类指标,即基本空间格局指标、景观空间构型指标及斑块特征指标。其中基本空间格局指标包括多样性、均匀度及优势度 3 个指数;空间构型指标包括聚集度/蔓延度、分离度及破碎化 3 个指数;斑块特征指标是对斑块分形维数的量度。

5.2.5 景观指数和景观分析软件

5.2.5.1 景观指数

(1) 景观指数及其作用

景观指数是指能够高度浓缩景观格局信息,反映其结构组成和空间配置某些方面特征的简单定量指标。景观格局分析 3 个层次是:单个斑块(induvidual patch);由若干单个斑块组成的斑块类型(patch type 或者 class);包括若干斑块类型的整个景观镶嵌体(landscape mosaic)。因此,景观格局指数也可相应地分为斑块水平指数(patch-level index)、斑块类型水平指数(class-level index)和整体景观水平指数(landscape-level index)。斑块水平指数往往作为计算其他景观指数的基础,对了解整个景观的结构不具有很大的解释价值。

斑块水平上的指数包括单个斑块面积、形状、边界特征以及距其他斑块远近有关的一系列简单指数。在斑块类型水平上,因为同一类型常包括许多斑块,所以可相应地计算一些统计学指标(如斑块的平均面积、平均形状指数和形状指数标准差等)。此外,与斑块密度和空间相对位置有关的指数对描述和理解景观中不同类型斑块的格局特征很重要,如斑块密度(单位面积的斑块数目)、边界密度(单位面积的斑块边界数量)、斑块镶嵌体形状指数和平均最近邻近体指数等。在景观水平上,除了以上各种镶嵌体形状指数外,还可以计算各种多样性指数(如 Shannon-Weaver 多样性指数、Simpson 多样性指数、均匀度指数等)和聚集度指数。

景观指数在景观规划、不同景观之间的对比、景观结构随时间的变化、土地利用评价、环境规划和城市绿地系统布局等方面有重要的作用。

(2) 典型景观指数及其生态学意义

表 5-1 为典型景观指标。

表 5-1 FRAGSTATS 提供的景观指标

指标	英文缩写	指标名称	应用尺度	英文全称	单位
面积指标	AREA	斑块面积	斑块	Area	hm^2
	LSIM	斑块相似系数	斑块	Landscape similarity index	%
	CA	斑块类型面积	类型	Class area	hm^2
	%LAND	斑块所占景观面积比例	类型	Percent of landscape	%
	TA	景观面积	类型/景观	Total landscape area	hm^2
	LPI	最大斑块占景观面积比例	类型/景观	Largest patch index	%

（续）

指标	英文缩写	指标名称	应用尺度	英文全称	单位
密度大小及差异指标	NP	斑块数量	类型/景观	Number of patches	#
	PD	斑块密度	类型/景观	Patch density	#/100 hm^2
	MPS	斑块平均大小	类型/景观	Mean patch size	hm^2
	PSSD	斑块面积方差	类型/景观	Patch size standard deviation	hm^2
	PSCV	斑块面积均方差	类型/景观	Patch size coefficient of variation	%
边缘指标	PERIM	斑块周长	斑块	Perimeter	m
	EDCON	边缘对比度	斑块	Edge contrast index	%
	TE	总边缘长度	类型/景观	Total edge	m
	ED	边缘密度	类型/景观	Edge density	m/hm^2
	CWED	对比度加权边缘密度	类型/景观	Contrast-weighted edge density	m/hm^2
	TECI	总边缘对比度	类型/景观	Total edge contrast index	%
	MECI	平均边缘对比度	类型/景观	Mean edge contrast index	%
	AWMECI	面积加权平均边缘对比度	类型/景观	Area-weighted mean edge contrast index	%
形状指标	SHAPE	形状指数	斑块	Shape index	
	FRACT	分维数	斑块	Fractal dimension	
	LSI	景观形状	类型/景观	Landscape shape index	
	MSI	平均形状	类型/景观	Mean shape index	
	AWMSI	面积加权的平均形状	类型/景观	Area-weighted mean shape index	
	DLFD	双对数分维数	类型/景观	Double log fractal dimension	
	MPFD	平均斑块分维数	类型/景观	Mean patch fractal dimension	
	AWMPFD	面积加权的平均斑块分形	类型/景观	Area-weighted mean patch fractal dimension	
核心面积指标	CORE	核心斑块面积	斑块	Core area	hm^2
	NCORE	核心斑块数量	斑块	Number of core areas	#
	CAI	核心斑块面积比	斑块	Core area index	%
	C%LAND	核心斑块占景观面积比	类型	Core area percent of landscape	%
	TCA	核心斑块总面积	类型/景观	Total core area	hm^2
	NCA	核心斑块数量	类型/景观	Number of core areas	#
	CAD	核心斑块密度	类型/景观	Core area density	#/100 hm^2
核心面积指标	MCA1	平均核心斑块面积	类型/景观	Mean core area per patch	hm^2
	CASD1	核心斑块面积方差	类型/景观	Patch core area standard deviation	hm^2
	CACV1	核心斑块面积均方差	类型/景观	Patch core area coefficient of variation	%
	MCA2	独立核心斑块平均面积	类型/景观	Mean area per disjunct core	hm^2
	CASD2	核心斑块面积方差	类型/景观	Disjunct core area standard deviation	hm^2
	CACV2	核心斑块面积均方差	类型/景观	Disjunct core area coefficient of variation	%
	TCAI	总核心斑块	类型/景观	Total core area index	%
	MCAI	平均核心斑块	类型/景观	Mean core area index	%

(续)

指标	英文缩写	指标名称	应用尺度	英文全称	单位
邻近度指标	NEAR	最邻近距离	斑块	Nearest-neior distance	m
	PROXIM	邻近指数	斑块	Proximity index	
	MNN	平均最近距离	类型/景观	Mean nearest-neior distance	m
	NNSD	最邻近距离方差	类型/景观	Nearest-neior standard deviation	m
	NNCV	最邻近距离标准差	类型/景观	Nearest-neior coefficient of variation	
	MPI	平均邻近度	类型/景观	Mean proximity index	%
多样性指标	SHDI	香侬多样性	景观	Shannon's diversity index	
	SIDI	Simpson 多样性	景观	Simpson's diversity index	
	MSIDI	修正 Simpson 多样性	景观	Modified Simpson's diversity index	
	PR	斑块多度(景观丰度)	景观	Patch richness	#
	PRD	斑块多度密度	景观	Patch richness density	$\#/100 hm^2$
	RPR	相对斑块多度	景观	Relative patch richness	%
	SHEI	香侬均匀度	景观	Shannon's evenness index	
	SIEI	Simpson 均匀度	景观	Simpson's evenness index	
	MSIEI	修正 Simpson 均匀度	景观	Modified Simpson's evenness index	
聚散性指标	IJJ	散布与并列	类型/景观	Interspersion and Juxtaposition index	%
	CONTAG	蔓延度	景观	Contagion index	%

(1) 斑块类型面积(CA)

单位：hm^2。范围：CA>0。公式描述：CA 等于某一斑块类型中所有斑块的面积之和(m^2)，除以 10 000 后转化为公顷(hm^2)；即某斑块类型的总面积。生态意义：CA 度量的是景观的组分，也是计算其他指标的基础。CA 制约以此类型斑块作为聚居地(Habitation)的物种的丰度、数量、食物链及其次生种的繁殖等，如许多生物对其聚居地最小面积的需求是其生存的条件之一；不同类型面积的大小能反映出其间物种、能量和养分等信息流的差异，一般一个斑块中能量和矿物养分的总量与其面积成正比；理解和管理景观，往往需要了解斑块的面积，如所需要的斑块最小面积和最佳面积是极其重要的两个数据。

(2) 景观面积(TA)

单位：hm^2。范围：TA>0。公式描述：TA 等于一个景观的总面积，除以 10 000 后转化为公顷(hm^2)。生态意义：TA 决定了景观的范围以及研究和分析的最大尺度，也是计算其他指标的基础。在自然保护区设计和景观生态建设中，对于维护高数量的物种，维持稀有种、濒危种以及生态系统的稳定，保护区或景观的面积来说是最重要的因素。

(3) 斑块所占景观面积的比例(%LAND)

单位：百分比。范围：0<%LAND≤100。公式描述：%LAND 等于某一斑块类型的总面积占整个景观面积的百分比。其值趋于 0 时，说明景观中此斑块类型变得十分稀少；其值等于 100 时，说明整个景观只由一类斑块组成。生态意义：%LAND 度量的是景观的组分，其在斑块级别上与斑块相似度指标(LSIM)的意义相同。由于它计算的是某一斑块类

型占整个景观面积的相对比例，是帮助确定景观中模地(Matrix)或优势景观元素的依据之一，也是决定景观中生物多样性、优势种和数量等生态系统指标的重要因素。

(4)斑块个数(NP)

单位：无。范围：NP≥1，NP = n。公式描述：NP 在类型级别上等于景观中某一斑块类型的斑块总个数，在景观级别上等于景观中的所有斑块总数。生态意义：NP 反映景观的空间格局，经常用来描述整个景观的异质性，其值的大小与景观的破碎度有明显的正相关性，一般 NP 大，破碎度高；NP 小，破碎度低。NP 对许多生态过程都有影响，如决定景观中各个物种及其次生种的空间分布特征；改变物种间相互作用和协同共生的稳定性。而且，NP 对景观中各种干扰的蔓延程度有重要影响，如某类斑块数目多且比较分散时，对某些干扰的蔓延(虫灾、火灾等)有抑制作用。

(5)最大斑块所占景观面积的比例(LPI)

单位：百分比。范围：0 < LPI≤100。公式描述：LPI 等于某一斑块类型中的最大斑块占据整个景观面积的比例。生态意义：有助于确定景观的模地或优势类型等。其值的大小决定着景观中的优势种和内部种的丰度等生态特征；其值的变化可以改变干扰的强度和频率，反映人类活动的方向和强弱。

(6)斑块平均大小(MPS)

单位：hm^2。范围：MPS > 0。公式描述：MPS 在斑块级别上等于某一斑块类型的总面积除以该类型的斑块数目；在景观级别上等于景观总面积除以各个类型的斑块总数。生态意义：MPS 代表一种平均状况，在景观结构分析中反映两方面的意义，即景观中 MPS 值的分布区间对图像或地图的范围以及景观中最小斑块粒径的选取有制约作用，MPS 还可以指征景观的破碎程度，如我们认为在景观级别上一个具有较小 MPS 值的景观比一个具有较大 MPS 值的景观更破碎，同样在斑块级别上，一个具有较小 MPS 值的斑块类型比一个具有较大 MPS 值的斑块类型更破碎。研究发现，MPS 值的变化能反馈更丰富的景观生态信息，它是反映景观异质性的关键。

(7)面积加权的平均形状因子(AWMSI)

单位：无。范围：AWMSI≥1。公式描述：AWMSI 在斑块级别上等于某斑块类型中各个斑块的周长与面积比乘以各自的面积权重之后的和；在景观级别上等于各斑块类型的平均形状因子乘以类型斑块面积占景观面积的权重之后的和。其中系数 0.25 是由栅格的基本形状为正方形的定义确定的。公式表明面积大的斑块比面积小的斑块具有更大的权重。当 AWMSI = 1 时，说明所有斑块形状为最简单的方形(采用矢量版本的公式时为圆形)；当 AWMSI 值增大时，说明斑块形状变得更复杂、更不规则。生态意义：AWMSI 是度量景观空间格局复杂性的重要指标之一，对许多生态过程有影响。如斑块的形状影响动物的迁移、觅食等活动，影响植物的种植与生产效率；对于自然斑块或自然景观的形状分析还有边缘效应。

(8)面积加权的平均斑块分形指数(AWMPFD)

单位：无。范围：1≤AWMPFD≤2。公式描述：AWMPFD 的公式形式与 AWMSI 相似，不同的是其运用了分维理论来测量斑块和景观的空间形状复杂性。AWMPFD = 1 代表形状最简单的正方形或圆形，AWMPFD = 2 代表周长最复杂的斑块类型，通常其值的可能上限为1.5。生态意义：AWMPFD是反映景观格局总体特征的重要指标，它在一定程度上也反映了人类活动对景观格局的影响。一般受人类活动干扰小的自然景观的分数维值高，受人类活动影响大的人为景观的分数维值低。尽管分数维指标被越来越多地运用于景观生态学的研究，但由于该指标的计算结果严重依赖于空间尺度和格网分辨率，因而在利用AWMPFD指标来分析景观结构及其功能时要更为审慎。

(9) 平均最近距离(MNN)

单位：m。范围：MNN>0。公式描述：MNN在斑块级别上等于从斑块ij到同类型的斑块的最近距离之和除以具有最近距离的斑块总数；MNN在景观级别上等于所有类型在斑块级别上的MNN之和除以景观中具有最近距离的斑块总数。生态意义：MNN度量景观的空间格局。MNN值大，反映出同类型斑块间相隔距离远，分布较离散；反之，说明同类型斑块间相距近，呈团聚分布。另外，斑块间距离的远近对干扰很有影响，距离近，相互间容易发生干扰；距离远，相互干扰少。但景观级别上的MNN在斑块类型较少时应慎用。

(10) 平均邻近指数(MPI)

单位：无。范围：MPI≥0。公式描述：给定搜索半径后，MPI在斑块级别上等于斑块ijs的面积除以其到同类型斑块的最近距离的平方之和除以此类型的斑块总数；MPI在景观级别上等于所有斑块的平均邻近指数。MPI=0时，说明在给定搜索半径内没有相同类型的两个斑块出现。MPI的上限由搜索半径和斑块间最小距离决定。生态意义：MPI能度量同类型斑块间的邻近程度和景观的破碎度，如MPI值小，表明同类型斑块间离散程度高或景观破碎程度高；MPI值大，表明同类型斑块间邻近度高，景观连接性好。研究证明MPI对斑块间生物种迁徙或其他生态过程进展的顺利程度有十分重要的影响。

(11) 景观丰度(PR)

单位：无。范围：PR≥1。公式描述：PR等于景观中所有斑块类型的总数。生态意义：PR是反映景观组分和空间异质性的关键指标之一，并对许多生态过程产生影响。研究发现景观丰度与物种丰度之间存在很高的正相关性，特别是对于生存需要多种生境条件的生物PR显得尤其重要。

(12) 香侬多样性指数(SHDI)

单位：无。范围：SHDI≥0。公式描述：SHDI在景观级别上等于各斑块类型的面积比乘以其值的自然对数后的和的负值。SHDI=0，表明整个景观仅由1个斑块组成；SHDI增大，说明斑块类型增加或各斑块类型在景观中呈均衡化趋势分布。生态意义：SHDI是一种基于信息理论的测量指数，在生态学中应用很广泛。该指标能反映景观异质性，特别对景观中各斑块类型非均衡分布状况较为敏感，即强调稀有斑块类型对信息的贡献，这也是与其他多样性指数的不同之处。在比较和分析不同景观或同一景观不同时期的多样性与异质性变化时，SHDI也是一个敏感指标。如在一个景观系统中，土地利用越丰富，破碎化程度越高，其不定性的信息含量也越大，计算出的SHDI值也就越高。景观生态学中的多样性与生态学中的物种多样性有紧密的联系，但并不是简单的正比关系，在一个景观中二者的关系一般呈正态分布。

(13) 香侬均度指数(SHEI)

单位：无。范围：0≤SHEI≤1。公式描述：SHEI等于香侬多样性指数除以给定景观丰度下的最大可能多样性（各斑块类型均等分布）。SHEI＝0 表明景观仅由 1 种斑块组成，无多样性；SHEI＝1 表明各斑块类型均匀分布，有最大多样性。生态意义：SHEI 与 SHDI 指数一样也是比较不同景观或同一景观不同时期多样性变化的一个有力手段。而且，SHEI 与优势度指标（Dominance）之间可以相互转换（evenness＝1－dominance），即 SHEI 值较小时优势度一般较高，可以反映景观受到一种或少数几种优势斑块类型所支配；SHEI 趋近 1 时优势度低，说明景观中没有明显的优势类型且各斑块类型在景观中均匀分布。

（14）散布与并列指数（IJI）

单位：百分比。范围：0＜IJI≤100。公式描述：IJI 在斑块类型级别上等于与某斑块类型 i 相邻的各斑块类型的邻接边长除以斑块 i 的总边长再乘以该值的自然对数后的和的负值，除以斑块类型数减 1 的自然对数，最后乘以 100 是为了转化为百分比的形式；IJI 在景观级别上计算各个斑块类型间的总体散布与并列状况。IJI 取值小时，表明斑块类型 i 仅与少数几种其他类型相邻接；IJI＝100，表明各斑块间比邻的边长是均等的，即各斑块间的比邻概率是均等的。生态意义：IJI 是描述景观空间格局最重要的指标之一。IJI 对受到某种自然条件严重制约的生态系统的分布特征反映显著，如山区的各种生态系统严重受到垂直地带性的作用，其分布多呈环状，IJI 值一般较低；而干旱区中的许多过渡植被类型受制于水的分布与多寡，彼此邻近，IJI 值一般较高。

（15）蔓延度指数（CONTAG）

单位：百分比。范围：0＜CONTAG≤100。公式描述：CONTAG 等于景观中各斑块类型所占景观面积乘以各斑块类型之间相邻的格网单元数目占总相邻的格网单元数目的比例，乘以该值的自然对数之后的各斑块类型之和，除以 2 倍的斑块类型总数的自然对数，其值加 1 后再转化为百分比的形式。理论上，CONTAG 值较小时表明景观中存在许多小斑块；趋于 100 时，表明景观中有连通度极高的优势斑块类型存在。该指标只能运行在 FRAGSTATS 软件的栅格版本中。生态意义：CONTAG 指标描述的是景观里不同斑块类型的团聚程度或延展趋势。该指标由于包含空间信息，是描述景观格局的最重要的指数之一。高蔓延度值说明景观中的某种优势斑块类型形成了良好的连接性；反之，则表明景观是具有多种要素的密集格局，破碎化程度较高。研究还发现蔓延度和优势度这两个指标的最大值出现在同一个景观样区。蔓延度指标在景观生态学和生态学中运用十分广泛，如 Graham 等曾用其进行生态风险评估；Musick 和 Grover 用其量测图像的纹理等。

5.2.5.2　景观格局分析软件

（1）Fragstats

Fragstats 是一个比较成熟的景观格局分析软件，软件开发的目的主要是用于景观结构的空间分析，指数包含 path、class 和 landscape 3 个级别，主要有面积、形状、最近邻域分析、格局多样性、聚集度及分布特征等共计约 60 个指标。Fragstats 有免费和商用两个版本。免费和原始版本由美国俄勒冈州立大学森林科学系的 Kevin McGarigal 和 Barbara Marks 开发。商业版和最终版本由 Kevin McGarigal 和 Joseph Berry 开发。FRAGSTATS 有两个版本，一个用于矢量数据，另一个用于栅格影像。栅格版本是免费的 C 程序，可以接受 ASCII 码影像文件、8 或 16 位的二进制影像文件、Arc/Info SVF 文件、ERDAS 影像文件和 IDRISI 影像文件；该版本同时可提供 DOS 或 Mac 可执行的版本。矢量版本由 Arc/Info

AML 编写而成，可以接受 Arc/Info 多边形 coverage 数据，最初的版本免费，要求配合 UNIX 版的 Arc/Info 使用，最新版本为商业产品，可以在 PC(WinNT)或 UNIX 版的 Arc/Info 下使用。两个版本输出文件格式相同。目前 FRAGSTATS 的最新版本是 4.2。

(2) APACK

APACK 软件是由 David J. Mladenoof 和 Barry DeZonia 开发，针对大数据集进行快速景观指数计算的软件。景观生态学者对比景观的各项景观指数来分析景观的时空变化，预测景观格局效应。APACK 设计的目的是开发一种有效的程序来计算景观指数，它是由 C++ 语言写的独立执行的程序，在 windows 平台上运行，支持的数据格式包括 ERDAS、GIS 文件和 ASCII 文件。输出的数据可以是文本文件和电子表格等 5 种类型的数据文件。

APACK 的命令行选项功能使其非常灵活和强大，该软件能计算 40 个左右的景观指数，这些指数主要包括基本指数(面积)、信息论指数(多样性)、结构指数(孔隙度、连通性)、概率指数(选择度 electivity)等。与其他常用的景观分析软件包比较测试，APACK 具有运算速度快的优势，部分原因是 APACK 仅计算用户指定的指数，同时程序本身并没有镶入或直接链接 GIS。在使用命令行时的单位不同会影响输出数据的绝对值，同时不同的命令行选项也会影响各种指标的计算。APACK 能方便有效地计算大栅格图的景观指数。

(3) LEAP II

LEAP II 是由安大略自然资源部森林景观生态项目组开发的基于 Windows NT 操作平台的软件，开发目的是研究、监测和评价景观及其生态状况，主要功能是从多个角度研究景观，包括破碎度、边缘特征、空间形态和连通性，监测和追踪实施管理和政策参数后生态特征的时间变化。LEAP II 应用火灾机制模拟等其他 DSS 工具，评价管理和政策参数的空间模拟结果。该软件支持 Arc/Info coverage 和 ArcView Shapefiles 等多种数据的输入格式。

(4) Spatial Scaling

Spatial Scaling 是由美国南达科他州立大学动物与畜牧科学系 Mario E. Biondini 开发的，软件操作系统平台为 MS-DOS，可以用于分析景观空间格局的 1 维和 2 维空间分析。

该软件的 Sp_An_1D 包含的程序和文本用于执行空间格局的 1 维统计分析，One_dim.txt 是一维空间分析程序的使用说明。Sp_An_2D 用于执行空间格局的二维统计分析，Two_dim.txt 是二维空间分析程序的使用说明。二者均包含数据输入输出的例子。该软件可以在 windows 系统和 UNIX 系统中运行。

(5) R. LE

R. LE 由 Robert H. Gardner 开发，R. LE 能够根据用户指定邻域规则(neighborhood rule)产生随机图形，图形可以以位图等格式保存，也可以将随机生成的结果转换为 ASCII 文件，并进行空间格局分析。R. LE 由 Fortran90 写成，在 DOS 操作系统下使用，也可以在 Windows95 或 NT 下的 DOS 窗口下运行。RULE 是基于中性模型(Neutral Model)的景观模拟软件，可以为景观生态研究者提供一系列与实际景观进行对比的随机模拟景观，让研究者发现实际景观格局与产生的随机模拟景观格局的相同或不同之处，进而作出相应的解释和判断。该程序可以计算约 60 个景观结构指标。

(6) SIMMAP

SIMMAP 软件由 S. Saura 和 J. Martínez-Millán 开发，通过执行修正随机聚类方法(Modified Random Clusters)获得景观格局的模拟结果,比其他景观模型模拟的结果更接近真实景观格局(S. Saura & J. Martínez-Millán, 2000)。该软件使用简单方便,界面友好,能通过不同的参数设置获得不同的模拟结果,并且给出模拟景观的格局指数,便于与真实的景观格局对比。

程序的主界面和运行结果如图 5-3 所示:

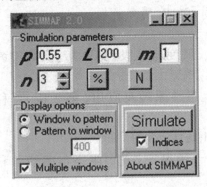 

图 5-3　SIMMAP 程序主界面和结果

(7) Patch Analyst

Patch Analyst 软件是由 Rob Rempel, Angus Carr 和 Phil Elkie 开发,用于促进景观斑块空间分析的 Arcview 系统的扩展模块。该软件用于空间格局分析常用来支持生境建模、生物多样性保护和森林的管理等多个方面(图 5-4)。

该软件作为 Arcview 3.X 的扩展模块由 Avenue 语言编写,需要空间分析模块(Spatial Analyst)支持,能够对 shape 或 Grid 进行常用的景观指数计算。该软件与 GIS 结合较好,计算结果也可以直接转入 Excel、其他关系数据库软件或统计中分析。

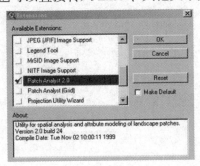 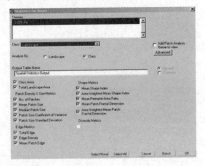

图 5-4　Patch Analyst 软件运行示意

复习思考题

1. 什么是生物多样性?包括哪些层次?景观多样性的表现形式及其意义如何?
2. 什么是景观异质性?景观异质性的形成机制是什么?
3. 景观异质性的类型有哪些?各有什么特色?

4. 景观异质性的测度方法有哪些？森林景观的异质性有哪些表现？
5. 如何理解景观异质性与生物多样性的关系？
6. 什么是景观格局？举例说明景观格局有哪些类型。
7. 简述景观格局的分析步骤和方法。

本章推荐阅读书目

1. 邬建国. 景观生态学——格局、过程、尺度与等级(第 2 版). 高等教育出版社, 2007.

2. 傅伯杰, 陈利顶, 马克明等. 景观生态学原理及应用(第 2 版). 科学出版社, 2011.

3. 郭晋平. 森林景观生态研究. 北京大学出版社, 2001.

4. 俞孔坚. 生物保护的景观生态安全局. 景观：文化、生态与感知. 科学出版社, 2000.

5. Forman R T T, Godron M. Landscape ecology. John Wiley and Sons, 1986.

6. Forman R T T. Land mosaics: the ecology of landscapes and regions. Cambridge University Press, 1995.

7. Turner M G, Gadner R H. Quantitative methods in landscape ecology. Springer-Verlag, 1991.

8. 郑新奇, 付梅臣. 景观格局空间分析技术及其应用. 科学出版社, 2010.

第 6 章

景观生态流与景观功能

【本章提要】

　　景观过程与景观功能有密切的联系。景观过程决定景观功能，也影响景观格局和景观功能的动态变化；景观功能是景观过程所引起的景观要素之间的空间相互作用及其效应；景观过程是景观生态流的表现形式，景观生态流是景观过程和景观功能的载体。各种景观要素在景观中发挥不同的功能，并通过景观结构耦合表现出景观总体的一般功能。本章主要介绍景观的主要生态过程和功能，通过了解景观过程的动力与运动机制、景观生态流及其在景观要素相互作用中的表现，把握景观格局与景观过程之间的关系，认识景观过程的本质，在此基础上从景观的产品生产功能、生态服务功能、美学观赏和文化价值方面介绍景观的一般功能。

　　物质、物种、能量和其他信息在景观要素之间的流动形成景观生态流，景观生态流的表现形式即为景观过程。景观过程的基本动力是扩散、重力和运动，其媒介物包括风、水、飞行动物、地面动物和人。景观生态流主要包括空气流、水流、养分流、动物流和植物流。景观生态流的运动格局有连续运动、间歇运动和扩张散布等形式，流的运动方向和距离具有重要的生态学意义。其中，动物在景观内的运动有巢区活动、散布和迁徙 3 种方式，并形成不同的分布格局；植物在景观中依赖种子、果实或孢子等繁殖体通过再繁殖进行散布，从而引起分布区的变化。

　　景观内能量和物质的流动所引起的景观要素之间的空间相互作用及其表现出的效果称为景观功能。景观要素的相互作用一方面表现为景观要素对景观流的作用，另一方面表现为景观要素之间通过景观流的相互作用。廊道对流的作用反映出廊道作为栖息地、迁移通道、屏障与过滤和生物源等主要功能。斑块可作为交接区和流动物体的源或汇，对流的影响取决于两结点间的距离（以重力模型描述）和流的特定类型（高、中和低级流）。本底的连接度、狭窄地带、连通性和环通度影响着流的方向和速度。斑块、廊道和本底间的相互作用在功能流载体、运动形式及驱动力上各不相同，并影响着物质、能量和物种流。景观基本功能的耦合表现出总体景观的一般功能，包括景观的生产功能、生态功能、美学功能和文化功能。

6.1 景观过程

景观过程的本质是景观流的发生、发展及相关影响因素的作用。景观过程的复杂性不仅表现为景观流的载体和动力不同,而且其源汇关系和运动方式既受景观要素特性的影响,又与景观要素之间空间关系密切相关。

6.1.1 景观过程的动力与运动机制

6.1.1.1 景观过程的基本动力

景观水平上推动景观生态流的基本动力是扩散、重力和运动。

(1) 扩散

扩散是溶解物质或悬浮物质由高浓度区向低浓度区的移动,物质运动通过无规则的布朗运动完成,如大气中的花香味会从散发源向外扩散,污染物会从污染区向外围扩散,水体中的污水也会向周围清洁水域扩散。但在均质的系统内不存在扩散,因此扩散作用与异质性是紧密相连的,尤其适用于研究异质景观间的相互联系。扩散是与空间异质性相联系的具有普遍性的作用力,是一种低能耗过程,主要取决于不同景观斑块间的温度或密度差。在极小的尺度上,扩散对物体的运动可能较为重要,但对景观要素间或景观内的物质传输作用相对较小。尽管难以找到真正的随机空间格局,但是随机扩散模型仍是较常用的景观生态学研究方法之一。

(2) 重力

重力是物质沿重力梯度移动的基本作用力。陆地水流即是重力作用下水由高处向低处的运动过程;风是地表因太阳辐射受热不均匀形成的气压差引起的空气流动;海洋的洋流也是大面积海洋受热不均造成的。大气环流和海洋洋流在全球尺度上具有独特的作用。水流和风不仅有水和空气的流动,更重要的是可以溶解和夹带其他物质一起流动。滑坡、山崩、塌岸、融冻土溜和土层蠕动等都是岩屑或块体在重力作用下的移动,植物果实落地也是重力作用所致。

(3) 运动

运动是飞行动物、地面动物和人(包括车辆)等物体通过消耗自身能量从一处向另一处移动的力。广义来说,使用汽车、火车和飞机等交通工具实现的空间移动也属于运动的范畴。飞行动物的运动可充分说明重力和运动之间的差异。蚊子、夜鹰和蝙蝠等飞行动物依靠消耗本身的能量,在静止的空气中飞行寻找食物,而在刮大风的时候,这类动物反而不能正常飞行。

不同的动力会显著影响物体在景观中空间分布的格局。运动力的生态特征就是形成高度聚集的分布格局,重力也具有类似特征,扩散力则倾向于形成随机分布格局,而且扩散力的作用要小于其他两种力。

6.1.1.2 媒介物

景观中的能量、养分和多数物种,可以在不同景观要素之间迁移(Forman, 1986)。这些物质、能量和物种的传播或迁移主要取决于5种主要的媒介物(vector)或传输机制：风、水、飞行动物、地面动物和人。风可以携带热能、水分、尘埃、烟、污染物、雪、种子、孢子和小昆虫。水可以运输矿物养分、种子、昆虫、污泥、肥料和有毒物质。鸟类、蝙蝠、蜜蜂等飞行动物，通过体表和体内远距离携带种子、孢子和昆虫等；地面动物也可通过体表和内脏传播种子。人对物质、能量和物种在景观中的传播作用更强大，有意识或无意识地造成景观过程的改变。

6.1.1.3 运动格局

动植物的运动显然有别于空气流和水流，前者是生命现象，后者是物理现象。运动格局更多的是指动植物的运动。

(1) 连续运动和间歇运动

景观流动可概括为连续运动(continuous movement)和间歇运动(saltatory movement)两种运动格局。连续运动是指某一客体在两点之间运动时，尽管运动速度时快时慢，但速度不降到零。间歇运动是指客体在两点之间运动时，要出现一次或几次的停顿。在异质性低的景观中，动物的运动速度多比较恒定；在异质性高的景观中，动物的运动速度有慢有快，但两者都属于连续运动。Baudry 和 Forman 研究了美国新泽西州树篱网络中林下草本植物的分布格局和草本植物幼苗的一些现象，发现植物穿越景观主要是间歇运动(表6-1)。

表 6-1 林下草本植物侵入树篱后呈现的格局

植物种	沿树篱连续运动	无局部传播的间歇运动	有局部传播的间歇运动	中间状态或不清楚的格局	缺失物种
加拿大水杨梅(*Geum canadense*)	0	3	7	0	0
好望凤仙花(*Impatiens capensis*)	0	5	3	1	1
拉拉藤(*Galium aparine*)	0	5	2	0	3
败育毛茛(*Ranunculus abortivus*)	0	2	2	1	5
三叶天南星(*Arisaema triphyllum*)	0	4	0	0	6
总状鹿药(*Smilacina racemosa*)	0	3	0	1	6
露珠草(*Circaea quadrisculata*)	0	1	1	1	7
二花黄精(*Polygonatum biflorum*)	0	1	0	1	8
团状变豆菜(*Sanicula gregaria*)	0	0	1	1	8
春美人(*Claytonia virginica*)	0	0	0	1	9
合　计	0	24	16	7	53

连续运动的动物对景观影响较小，而间歇运动的动物在其停点会与该停点发生显著的相互作用。间歇运动的动物根据适宜的条件选择停点，并在停点附近取食、栖食，并吸引被捕食者进而对停点产生显著影响。

实际上，物种在景观中的运动更多表现为间歇运动。动物间歇运动中途的停留点可分为两类。一类是某一种动物到达该点经过短暂停留后继续前进，称为休息点(rest stop)或中继站(relay station)。如辽宁省盘锦湿地就是过往候鸟的重要休息点或中继站(stepping stone)，为过往的丹顶鹤和黑嘴鸥等候鸟提供食物。另一类是某种动物到达某一点后顺利成长和繁殖,称为长歇点(stepping stone)。在长歇点,动物可以繁殖新个体并向外扩散。在某些情况下,某种单一个体可以在休息点长时间停留而不繁殖,同某一哺乳动物筑巢,或者一粒种子长成植株而不开花结果一样(Forman,1995)。这两种停留点的意义在于某物种将某一特定地点作为暂住处,该物种能成功地繁衍后代并扩大其分布,给个体的进一步疏散提供了新的种源和机会。相反,休息点只不过是物种的临时休息地。南美许多植物种向北穿过加勒比海的传播,就是由于有一系列的群岛作为暂住处的缘故,类似的大陆植物种向夏威夷的传播没有越过太平洋,这是因为其间几乎没有岛屿可以作为中途停留点。

(2)扩张散布

扩张散布是指物体在继续占据原位置的基础上扩大其分布面积。树种在母树周围萌生时植物物种的扩张性散布等。相反,移位散布则是物种离开某一地区移到另一地区,一对袋鼠离开景观中一块草地斑块到另一块草地斑块的情况等都属移位散布。

不过,有些物体在空间的扩散较为均匀,而另一些以"跳跃"的形式运动,两者的结合可能是生态学中更常见的运动形式。物种地理学上的"更新种"往往从一个结点跳跃式地迁移到周围多个结点,并在新结点周围作局部传播,当结点等级明晰可辨时,如城乡人口中心区的规模变化时,该过程可称为等级扩散(hierarchical diffusion)(Lowe & Moryadas,1975)。如在景观生态学中,如果景观是一个由若干斑块构成的镶嵌体,而且生境质量好坏不一,那么新引进的非当地物种的传播就是一个等级扩散过程。

研究散布过程要运用各种数学模型。蒙特卡罗模型是最常用的方法之一,即在假设物体做无定向运动的情况下,研究距离、时间、疏散屏障和其他因素对散布流的影响(Hagerstrand,1965;Cliff & Ord,1973),还有许多适于散布的其他模拟方法(Brown & Moore,1969;Levin,1974,1978;Haggett et al.,1977;den Boer,1981)。散布模拟方法对鉴别景观中物种迁移的可能格局和机理较为有效。然而,由于其假设往往过于简化,对镶嵌度、廊道方向、运动类型、年龄及性别差异等景观物流的多样性未予充分考虑,所以运用这些模型时应谨慎,而且应把结果看成有待验证的假设。

6.1.1.4 运动方向与距离

(1)运动方向

斑块的形状对景观的若干生态特征和斑块内的现有物种都有影响。这种互相作用的关键因素是与物流方向有关的景观结构的空间方向,即相互作用角。斑块的长轴可以平行或垂直于物流的方向,如盛行风向、坡向或种源的传播方向(图6-1)。平行于物种源向外运动方向的扁长斑块对运动物体的拦截可能比与物流方向垂直的斑块少得多。热带稀树草原常由于入射热能引起土壤变干,而在林地长轴平行于盛行风向时,土壤变干的程度比二者垂直时更轻。这种形状和方向的耦合具有重要的生态学意义,相互作用角概念可直接运用于景观的规划和管理中。

(2)运动的距离

连接两点间的距离为直线距离,直线距离是两点间的最短距离。研究两点间的物流时,往往对运动速度最快的线路较为关注。两点间运动速度最快的线路所需的最短运动时间称为时间距离。一般直线距离是最快的路线,但沿线上常有运动障碍,这时物流必须绕道而行。如鱼类向上游游动时,走"之"字形路径(水流缓慢)比沿河道(水流较快)逆水向

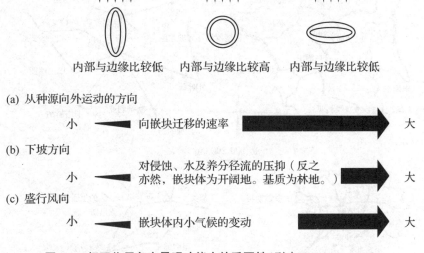

图 6-1 相互作用角在景观功能中的重要性（引自 Forman，1986）
上图为斑块的走向和内部—边缘比与主要作用力方向的关系，下图为景观功能的相对大小

上游快得多。

直线距离可用距离单位测度，而时间距离用时间单位测度。由一地到另一地之间的最短时距与反向行进的最短路线往往不一致。如城市的单行道和鸟类的顺风与逆风飞行路径，都具有方向特性。

第三种距离为拓扑空间上的距离。拓扑学作为现代数学的分支学科，是研究图形上各点间连通性的定量几何学（Lowe & Moryadas，1975）。多数汽车、火车运行路线图和飞机飞行路线图都是拓扑空间图（图 6-2）。拓扑空间具有弹性特性，其内部保持着点、线和面的序列。图 6-2 为欧几里得图，比例尺以千米表示。右边的拓扑图精确地表示了各点的空间顺序，但仅是实际距离和通过一段路程所需时间的大概比例，因为乘客主要对行程顺序、多远和多长较感兴趣，很少关心沿路各个弯曲或各站的确切位置。因此，拓扑空间特别适用于包括人类迁移在内的运输理论。

时间距离显然是景观生态学研究中最重要的概念之一，不过直线距离和拓扑空间在讨论某些原理时也较有用。在许多景观中，曲线特征和弯曲道路常机械取直和维护，人类正日益依靠大量化石燃料能源来使景观"线性化"，以缩短时间距离。

6.1.2 景观生态流

景观生态流（ecological flow）指物质、能量、物种及其他信息在景观各空间组分之间的流。这里重点介绍空气流、水流和养分流等无机流以及动物运动、植物散布的物种流，其中也伴随着物质、能量和信息的流动。

6.1.2.1 景观要素间的无机流

景观要素间的无机流主要包括空气流、水流和养分流，它们在生物中的循环和景观结构的特征具有密切关系。合理的景观结构有利于流的循环，从而提高生物的生产力，改善区域生态环境；而不适宜的景观结构可以导致流的循环失调，尤其是水分流和养分流的失

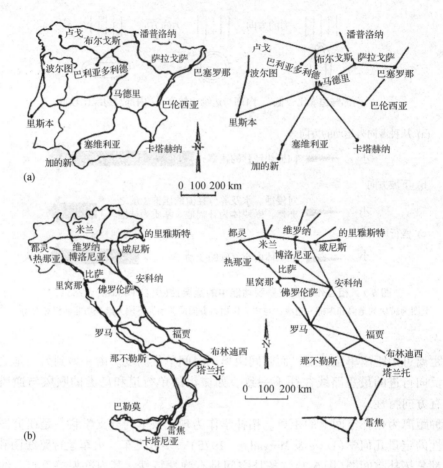

图 6-2 西班牙、葡萄牙和意大利主要铁路的实际图和拓扑图
(引自 Forman & Godron, 1986)

调会带来很多不利的生态环境问题。目前遍布全球的水土流失和土壤盐渍化等问题在一定程度上均与区域的景观流失调相关。因此,研究景观中无机流的运移规律对于提高生物的生产力和保护生态环境具有重要意义。

(1) 空气流

由于不同地段或区域气压的差异所形成的空气流动称为风。风的格局有两种:一种是层流,即运动着的风成平行状态,一层在另一层之上,与地表最接近的一层称为边界层;另一种是湍流,气流运动不规整,或上或下地流动。在一定范围内,由于地貌形态与地面物质的不同,可形成局地环流,如山风、谷风、海岸带的海陆风和热岛环流等。在山地和平原交接地带的山谷中,白天山坡增温快,空气密度变小上升,于是谷底密度较大的空气向山坡流动,形成谷风。夜间山坡冷却快,空气密度变大,于是山坡上密度较大的空气向谷地流送,形成山风。这样,白天吹谷风,夜间吹山风,二者方向相反。

大尺度的空气环流还能输送水分和热量。带有大量水汽的巨大气体上升可形成降水,有利于植物的生长,致使地表出现热带雨林;反之,大规模的空气下沉运动又能造成干旱,使地表出现沙漠。景观尺度风的流动可传播花粉、孢子、小昆虫和种子。某些风播物种正是在风的作用下得以繁衍。

随风在空中传播的除空气的成分外,还有烟尘和各种污染物质,如 CO、CO_2、SO_2 和 NO_2 等。风能沿着一定方向把污染物质送到远方,流向污染源的下风向。风速越高,风对污染大气的稀释作用越强。湍流能增加空气的上下运动,所以稀释作用也随着湍流的增强而增强。逆温层能阻止污染物垂直向上扩散(图6-3)。如果这种天气持续时间较长,并且伴随着多雾及不利的地形条件,就可能产生严重后果。在低压控制区,空气上升运动强烈,云天多,大气常处于不稳定状态,有利于污染物的扩散稀释。

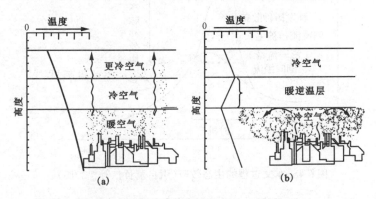

图 6-3 逆温现象(据特斯拉特等,1983)
(a)暖空气上升,扩散污染物 (b)由于逆温现象,压在冷空气上面的
暖空气层阻碍污染物上升和扩散

风往往决定地球表面人类居住的环境质量。飓风、台风和龙卷风等强风运动造成严重的自然灾害。海洋上形成的飓风对海岸带的建筑物及工农业生产和生活造成巨大的破坏作用,干热风则影响作物收成。

(2)水流

水既可在陆地沿地表和地下流动,也可在海洋中运动,并存在陆地和海洋之间的水分循环,这里主要研究景观内水的流动特点。

①地表水流 地表水的流动是景观内重要的能量和物质流动。在倾斜地面上,当降水的强度超过下渗速度时,即要发生顺坡流动的地表径流,最后进入河道。

河流将不同的景观要素连接起来,加强了景观要素间的联系。地表水流在景观中本身是一种物质运动,又是一种地质营力,有侵蚀、搬运和沉积功能,具有重要的生态功能。河流由上游山区流向下游平原,在运行过程中携带的物质沉积在河岸沿线,河水灌溉河谷平原或储存在地下含水层内,最后的水流注入海洋。一些内陆河水流注入湖泊,形成新的景观要素。河流在其运行过程中影响河谷内的生态过程,改变了其内部的地貌特征和植被类型及原有的自然景观(王成等,1999)。

河谷的侵蚀和堆积形成了活跃河道(active channel)向两侧坡地逐渐过渡的梯度变化,河岸植被也与此种环境变化相适应,表现出植物类型和年龄结构的梯度变化特征。河岸植被斑块的这种空间分布反映了河岸景观的异质性(Hawk,1974;Shankman,1993;Scott,1997)。

沿河岸分布的物种多样性明显高于两侧坡地。这是由于河水携带的大小不等的土壤颗粒在不同地块的散布和沉积对这些地方起到施肥的作用。频繁的干扰事件导致生境的不断更新，增多了复杂多样的小生境，这是景观多样性和生物多样性得以维持的重要机制（Forman et al.，1986；Gregory，1991）。同时，河流水文过程还携带着物种生命节律的信息，流量的升降将引发生物的生活行为，如鱼类产卵、树种散布等（图6-4）。

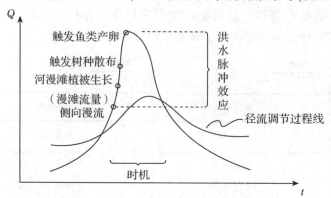

图6-4　水文过程的生态效应（引自董哲仁等，2010）

②地下水流　地下水流包括下渗、中间径流和地下径流。下渗即雨水进入土壤表面的过程。水的下渗主要取决于不同地方土壤孔隙的大小。土壤孔隙度越大，下渗水分越多。下渗率受植被的影响比较明显，林地土壤物理性良好，土壤孔隙度大，具有较高的下渗能力（图6-5）。

中间径流也称土中径流。当水分充分时，坡面土壤可划分为饱和带和不饱和带（图6-6）。

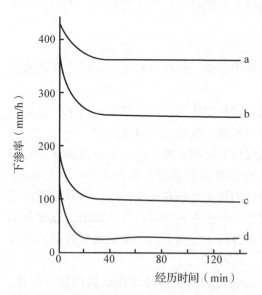

图6-5　火山灰上不同植被的下渗率曲线
（据中野秀章，1983）
a. 阔叶林　b. 赤松林　c. 草地　d. 裸地

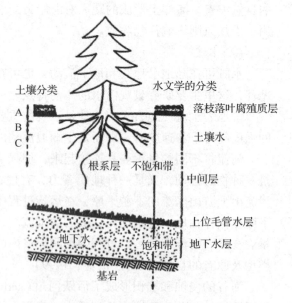

图6-6　山腹土壤剖面的水文学分带

饱和带即地下水层，不饱和带可进一步分为根系层、中间层和毛细管水层。根系层从地表起到根系分布下限，是水分蒸腾消耗层，可能包括土壤发生层的 A 层、B 层和一部分 C 层。中间层在根系层之下，把上层多余水分供应到下层地下水。受毛细管作用水分上升，在地下水与中间层之间形成一个过渡层。

中间径流主要沿水势梯度横向流动，在流动过程中如果被溪岸截断即进入河流，如果出现在表层则与地表径流汇合。

下渗水除以中间径流形式横向流走外，还可以向下渗透到母岩或基岩上的含水层。当含水层与地表连接时，部分向外涌出，如果含水层不厚，涌出是暂时的，并且只在降雨时才发生。如果含水层很厚，经过长期积蓄就成为地下径流。中间径流和地下径流合称基底径流，其水量大致相当于枯水季节未降雨时的河水流量。

地下水运动最重要的功能是对地表水的补给。地下含水层是巨大的水源库，与地表水和大气降水存在紧密联系。当地下水位高于地表水面时，或以泉水的形式出露地表，或以涌流的方式进入地表水体，形成对地表水的补给。在喀斯特地貌发育地区，地下暗河形成独特的景观。

③潮汐和海流　潮汐和海流是海洋环境中海水的主要流动方式。潮汐引起的水位变化和海浪运动对海岸地形的塑造作用很强，形成特殊的海岸带景观。海流是盛行风推动和海水密度差异引起的全球范围内的海水流动。

海流像一台热机在地球表面起到传输热量的作用，有着重要的生态意义。从低纬度流向极地，并与海岸平行的北大西洋暖流，提高了欧洲西部沿岸的温度，使得摩尔曼斯克(69°N)成为俄罗斯北方唯一的不冻港(钱宗旗，2011)，而俄罗斯太平洋沿岸最大的港口符拉迪沃斯托克(43°N)，11月至翌年3月通航需要靠破冰船破冰航行(图6-7)。南太平洋的西风漂流(west-wind drift)携带南极冷水团，当遇到赤道的暖水体时，冷水下沉，迫使下

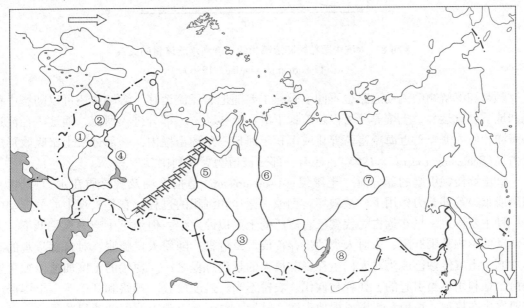

图 6-7　俄罗斯港口分布与洋流运动关系

层的暖水上升，形成上涌流，将营养物质带到海面，使浮游生物大量繁殖，形成鱼类和鸟类的高密度区，使秘鲁和厄瓜多尔海岸成为世界鲲鱼和金枪鱼主产区（A. N. 斯特拉勒和 A. H. 斯特拉勒，1983；Forman，1995）。

（3）养分流

景观中的养分流动通常伴随着水流和土壤侵蚀而发生。

①水流携带的养分流　水流携带的物质可分为颗粒和溶解物两大类。颗粒是不溶于水但可悬浮于水中的物质，其中有细菌、种子、孢子和腐叶碎片等有机物，也有黏粒和粉粒等无机成分。溶解物是可溶于水的物质，包括腐殖酸和尿素等有机物和硫酸盐、硝酸盐等无机物。

水流中的颗粒和溶解物有不同的运行规律（图6-8）。小雨时水流中的颗粒很少，大雨时则迅速增加，一次大暴雨会产生惊人的颗粒流，水流中的颗粒物质含量与流量呈指数曲线关系。景观中颗粒流的发生具有突发性特征，一年中一次偶然事件的重要性可能超过其余时间发生的所有事件的总和。溶解物在水流中的浓度与水流流量的关系不密切，多数情况下，溶解物浓度随着水流流量的增加而略有减少。在一次较大的降水过程中，溶解物质浓度刚开始时较大，随着溶解物来源的减少，浓度越来越低。

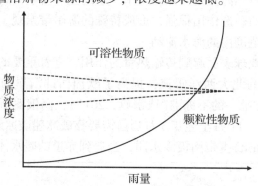

图6-8　水流中颗粒物和溶解物的浓度和水流流量的关系
（引自Forman & Gordan，1986）

颗粒和溶解物的流动通路也不同。颗粒主要随地表径流运移，溶解物还可以随壤中径流和地下径流运移。土壤养分可以随着地下潜水流移动，一部分进入河流，随地表径流进入海洋，使入海口附近海域富营养化或沉积于河口三角洲土壤内，一部分被土壤吸收形成肥力岛（Schlesinger et al.，1995），还有一部分被植物吸收利用。

②土壤侵蚀引起的养分流　土壤侵蚀（soil erosion）是指土壤及其母质在水力、风力、冻融或重力等外营力作用下，被破坏、剥蚀、搬运和沉积的过程。它是景观中养分流动的另一种主要形式。早在远古时代就已有广泛的土壤侵蚀发生，但由于生产力水平低下，人类活动的影响范围有限，未对人类的生存构成严重危害。随着人口膨胀，对自然景观的破坏加剧，土壤侵蚀已成为对人们生存影响最大的景观过程之一。现代的土壤加速侵蚀主要是由土地利用不当引起的，如森林砍伐、农耕不当、过度放牧、筑路和开矿等。土壤侵蚀一般发生在耕地、坡地、堤岸或裸地表面，林地一般不会出现土壤侵蚀或侵蚀很小。森林植被抵御土壤侵蚀的作用很强，这主要与森林减少地表径流的作用有关。森林被砍伐破坏

后容易产生严重的土壤侵蚀。土壤侵蚀的主要后果表现在 3 个方面：①土壤变薄，生产力严重下降，甚至成为毫无生产力的不毛之地；②在地势低洼的地方形成堆积地貌，并使这些汇区景观要素的土壤更加深厚肥沃；③侵蚀沉积物导致河床淤积、河流水位增高，水库淤积使水库库容减少，进而降低水库的调洪机能，增加洪水的潜在危险。

6.1.2.2 动物在景观中的运动

（1）动物的运动方式

动物在景观内的运动方式有巢区活动、散布和迁徙 3 种（Swingland & Greenwood，1983）。

动物的巢区（home range）是指动物围绕巢穴取食和日常活动的地域范围。通常是一对动物和其后代共享巢区，有些种则是一大群动物共享巢区。领域（territory）是指动物用来抵御相同物种的其他外来个体入侵的地域范围。动物常到其防御范围以外的地方去取食，所以巢区一般大于领域。

动物散布（dispersal）是指某种动物个体从其出生地向新巢区的单向运动。新巢区通常远离其出生地。这种散布多见于接近成年的动物个体离开其父母去建立自己的巢区，某些种群的成年动物也会以此扩大自己的食物来源或避开干扰。如一条新的高速公路穿越美国的伊利诺伊州，当地的草原田鼠（*Microtus pennsylvanicus*）很快沿高速公路散布到该州的中部地区，这是由于公路两侧的草地为田鼠的散布提供了良好的通道和食物来源（Gets *et al.*，1978）。

迁徙（migration）是动物随季节变化在不同地域之间进行的周期性往返运动。迁徙物种适应气候及其他环境条件，利用有利因素实现种群的繁衍。

某些动物的冬夏运动属于迁徙和巢区运动之间的一种过渡状态，或因大雪限制了巢区的范围，或因冬季严寒食物减少，物种为了生存需要迁移到其他巢区去度过严寒。

（2）动物的分布格局

根据对一些哺乳动物和鸟类等活动的观察，可将动物分布格局的一般规律概括为：

①在多数情况下，大片同质性地区不适于动物生存。臭鼬、大角羊、鹅、白尾鹿和狼等许多物种需要 1 种以上的景观要素。这种要求多种生态系统共存的格局说明，景观中的会聚点（convergency point）或会聚线（convergency line）对动物非常重要。

②廊道与动物运动的关系取决于廊道类型和动物种类。小路可以成为许多动物的通路，而大路可能是动物运动的障碍。小溪不会成为动物通行的障碍，大河可以阻止动物通行。河流植被廊道一般不能作为动物运动的主要通路，但对少数种可以起到这种作用。树篱一般可作为动物的通路。

③动物巢区通常呈扁长形，有时呈线条形。不同巢区之间常存在溪流、沼泽和田地等障碍物，但有些巢区之间的边界随着季节和种群特征而变化。

④景观异质性特征（如水源地、湖泊和沼泽地等）在景观功能中起着特别重要的作用，尤其对动物的分布有着重要的影响。如大片农田中保留的原始林地，是一些动物的中继站、觅食、栖息或繁殖的地点。

6.1.2.3 植物在景观中的散布

（1）植物的散布

植物在景观中只能依赖种子、果实或孢子等繁殖体，通过再繁殖进行散布。因此，植物的散布是植物繁殖体的运动过程。某种植物只有在一种新的生境中繁殖和定居后，才能确认为实现了散布。

植物繁殖体的散布媒介有风、水、飞行动物、地面动物和人。各种植物繁殖体的传播机制取决于繁殖体自身重量的大小和体积，有无翅、冠毛、刺钩等特殊的构造，并对媒介物有各自的适应性。人类总是采用各种方法主动传播有重要经济价值的物种。随着国际交流的不断发展，通过人类有意识地散布植物会进一步扩大，对植物繁殖体的传播发挥愈来愈大的作用。

植物的散布按距离可分为长距离散布和短距离散布。长距离散布指植物繁殖体在媒介物作用下从一个景观传播到另一景观，如鸟的羽毛或脚蹼可以将椰子的种子带到数千里以外，风可以将蒲公英种子吹过数千米外的高山。短距离传播通常指限于一个景观内的几米至几百米的范围。这种传播多是种子较重或由陆地爬行动物在短距离内，通过肠胃的排泄所进行的传播。

种子散布方式和散布距离与该树种在演替中的地位和生活史对策有关。先锋树种多能靠风力或水力散布到较远距离，以便占据裸露和受干扰的土地。演替后期的树种一般种子重，散布距离近，多靠动物散布，使后代所处的立地与亲代类似，继续在林中占据优势地位。种子散布的特点还与其所在层次有关。北温带森林中，草本层中很多植物的繁殖体多毛或多钩刺，适合附着于动物体表散布；很多灌木具有肉质果，适于通过食草动物的取食和排泄过程达到散布种子的目的。

(2) 分布区的变化

植物的分布区随着环境和人为活动等外界环境而变化。其中，繁殖体的散布是植物分布区变化的基础。植物在景观内的基本散布形式有3种：

① 植物分布区边界的变化　植物分布区的边界会由于环境的周期性变化而发生变动。如我国科尔沁沙地内分布的草场，由于近些年生态环境的恶化发生了收缩，草地面积大幅减少。

② 物种的灭绝、适应或散布　长期的环境变化可使植物种类趋向灭绝、适应或散布。在第四纪冰川时期曾发生植物群南北向的大范围散布，以适应全球气候的变迁（Delcourt et al., 1983；Huntley & Birks, 1983）。俄罗斯欧洲部分的植被在冰期主要是少量草本植物，在间冰期出现了大面积阔叶林和针阔混交林，草本植物群向北收缩（表6-2）。

表6-2　俄罗斯不同地区植物对气候变化的响应

气候变动	俄罗斯欧洲部分	俄罗斯亚洲部分	
		西西伯利亚	东西伯利亚
冰川	空白或少数草本植物	空白及少数孢粉	空白及少量孢粉
冰川接近	旱生草本的寒冷草原	寒冷草原荒漠	寒冷森林草原
间冰期	阔叶林、混交林和冻原	松林、泰加林和森林冻原混交林	含大量桤木混交林和森林冻原混交林
冰川后退	无森林景观	寒冷冻原	寒冷冻原
冰川	空白	空白	空白

资料来源：夏正楷《第四纪环境学》，1997。

③物种在新分布区的传播　植物到达一个新的有适宜生境的地区，如果缺少相应的限制因素，会发生广泛传播，并可能对当地物种的生存产生极大影响，引起生态安全问题。

在1850年以前，美国落基山脉与内华达/喀斯喀特山脉之间广阔区域内曾覆盖着以匍匐冰草(*Agropyron spicatum*)、羊茅草(*Festuca idahoensis*)和三齿蒿(*Artemisia tridentata*)等为优势种的自然植被，1880年旱雀麦(*Bromus tectorum*)被引进，生长在被开垦的土地和沙丘上。1905—1914年，旱雀麦的分布区就扩大到华盛顿东部至犹他州的大盐湖地区，1915—1930年间更蔓延至不列颠哥伦比亚到内华达州。由于没有任何竞争种、食草动物或寄生物的控制，到20世纪80年代，旱雀麦从欧亚大陆进入美洲并成为当地的优势种，现成为美国西部的主要杂草，原来的优势种匍匐冰草大部分消失(Forman, 1986)。

20世纪40年代原产缅甸的菊科杂草紫茎泽兰(*Eupatorium coeletium*)传入我国，近十多年来，已从密集分布的云南南部沿横断山脉纵谷北上，向中亚热带地区迅速蔓延成为生态灾难。

6.2　景观要素的相互作用

景观要素的相互作用一方面表现为景观要素对景观功能流的作用，另一方面表现为景观要素之间通过景观流的相互作用。不同景观要素具有特殊的结构组成，各要素主要的功能可以直接影响流。景观要素间的相互作用有时表现得并不十分明显，如信息在景观要素间的传播与"表达"往往表现为非直接性，但信息传播的重要性在景观中的作用往往很显著，如生产方式对景观的改造作用就属于间接作用，诸如技术进步及景观伦理学的思想，往往能根本改变景观的面貌。

6.2.1　景观要素对流的影响

6.2.1.1　廊道对流的影响

廊道对流的作用具体表现在4个方面：作为某些物种的栖息地；物种沿廊道迁移的通道；分隔地区的屏障或过滤器；影响周围本底的环境和生物源。

(1) 廊道是某些物种的栖息地

在林丛很少的景观中，树篱常是许多林地物种生存和传播的"庇护所"。其中，带状廊道具有内部生境，可以为内部种提供栖息地，而线状廊道主要由边缘生境组成，可以为多数边缘种提供栖息地。河流廊道能为水生动植物提供生境。

(2) 廊道是景观流的通道

廊道的主要功能之一是为物种提供迁移的通道，不同类型的廊道为物种提供的迁移条件则有差异。道路除供人类通行外，还可作为其他物种穿越旷野的通道；小哺乳动物可以沿高速公路的边缘迁移，植物主要沿堤坝迁移。树篱也是动植物在农业景观中迁移的重要通道，有少量植物和小哺乳动物可沿树篱有效迁移。河流廊道包括河岸带，可有效地控制从高地到河流的水流和矿质养分流，当其宽度超过河岸时，可以促进高地内部种沿廊道的迁移。

廊道在提供物质传输和信息传递时也会有负面影响,如发生火灾和虫害暴发时,就有可能沿廊道迅速蔓延(Stenseth,1977;Comins et al.,1980)。

(3)廊道是景观中的屏障和过滤器

廊道像细胞膜一样对某些物种或物质起到屏障作用,物流在经过景观时经常遇到屏障速度减缓,所携带的物质在当地堆积下来。沿等高线种植的水土保持林,对水土流失有明显的控制作用,可拦截洪水携带的矿物质养分和潜水流,并直接为林带所吸收。风携带的尘土、气溶胶、有机体和冬季寒风携带的雪花在穿越农田中的防护林廊道时,可在林带一侧堆积,有利于土壤保墒和减少对土地的风蚀。

某些廊道在景观中会对动物在景观中的运动起屏障作用。某些森林内部的鸟类和一些小型动物很少穿越采伐林地内的窄路;高速公路对某些哺乳动物来说是一种人为屏障;河流对分布在明尼苏达州农林交错带内的白尾鹿等一些动物来说是其活动范围的一种天然屏障;树篱通常用于阻止动物的通过,可用来围栏养畜,保护农田免遭家畜和野生食草动物的危害,作为食草动物迁移的障碍,产生栅栏效应。

断开是物种沿廊道迁移的障碍,断开的长度是决定哪些物种受到影响的主要因素。廊道的宽度与断开共同决定物种沿廊道的迁移状况(图6-9)。高速公路等通常对物种迁移起屏障作用的廊道中断,可以促进一些物种穿越,断开区影响物种穿越廊道。

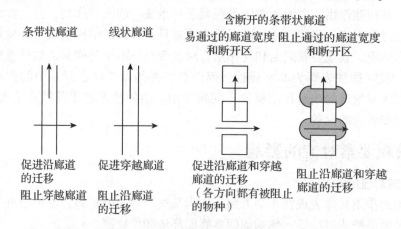

图6-9 廊道宽度及断开对物种穿越景观的影响(引自Forman,1995)
阴影区说明对物种迁移的阻止状态,以强调断开区的重要性

(4)廊道影响本底环境和生物源

廊道周围本底的景观流在许多方面受其影响。树篱网络对调节河流流量较重要,湿季树篱网络阻止了地面径流和洪流,而旱季开阔景观中较大的风速可以加速蒸发蒸腾,导致在有树篱景观中河流径流量年变化较小,洪水频率也可能较低。

气流在前进的途中遇到障碍物所发生的变化有3种可能(徐化成,1996)。第一种是障碍物(如山丘)的坡面变化是渐变的,呈流线型对称,流经的层流仍保留原有状态;第二种是背风坡比迎风坡陡;第三种是迎风坡比背风坡陡。在后两种情况下,层流流经此障碍物时会在背风坡产生湍流,并且迎风坡为陡坡时,在背风坡产生的湍流可延长更远的距离。在上述3种情况下,山顶风速均可增加20%。

空气流经网络景观时与四周树篱及植物产生界面作用，形成一种低地面的湍流的格局，且地面风速和干燥度在各地变化较大。

廊道对物种流的屏障作用，一方面能沿廊道搬运堆积物、雪和种子，另一方面可将所携带的种子在当地堆积下来；而且廊道网络中含有不少可供选择的物种迁移路线和不同类型的交叉点，与廊道相连的大斑块或结点可作为廊道的重要物种源。这些都使廊道成为本底中的生物源。

6.2.1.2 斑块对流的影响

(1) 斑块对廊道流的影响

通常斑块位于各种廊道交会点上或附近，成为廊道的结点。结点对流有两种作用，作为廊道的交接点和运动物体的源或汇。结点通常作为物种运动的中继站(stepping stone)出现，以实现对物流的控制作用。一个围绕两条河流交会点的斑块可控制高地的水和矿质养分流入两条河流，也可作为沿支流和干流迁移的物种的种源地。在这类交叉点斑块内的捕食者还可起到"守门员"的作用，有助于对不同支流廊道内的种群进行隔离。

结点通常是生态流的中继点(站)而不是迁移的最终目的地，中继点上常出现对物流的某种控制，可以扩大或加速物流、降低流中的"噪声"或"不相关性"以及提供临时贮存地，正如集材道路旁的贮木场可作为木材分级、备料和运输的临时贮存地(Peters, 1978; Bryer, 1983)。野生生物庇护所内的孤立湖泊可作为水鸟在景观中迁移的重要中继点(站)。这种中继点(站)可提供食物(扩大)、淘汰弱鸟(降低噪声)，使鸟类聚集以等待有利天气的到来(临时贮存地)。结点彼此的相对位置对物流或结点的利用至关重要。

(2) 重力模型

在连接度和环通度的讨论中，均假设所有结点都一样，因而连接线的复杂性具有基本意义。然而，当结点差别明显时，如林地大小或城乡人口密度变化很大时，结点本身的性质就成为一个主要因素，并将与连接的复杂程度共同控制景观功能流量。

测量两结点间的相互作用常使用源于万有引力定律的重力模型修正形式：

$$I_{ij} = K \frac{P_i \cdot P_j}{d^2} \tag{6-1}$$

式中　I_{ij}——结点 i 和 j 之间相互作用的大小；

P_i——结点 j 的种群大小或物体的量；

P_j——结点 j 的种群大小或物体量；

d——两结点间的距离；

K——联系方程与特定研究对象(如热能、水分子或土豚)的常数。

如图 6-10 所示，结点 A 和 C 相距较近，其相互作用比结点 B 和 C 大，A 和 C 的相互作用强于 C 和 D，但 C 和 D 的相互作用为 B 和 C 的 2 倍，说明距离在结点间相互作用的重要性。

重力模型曾被用来描述各城市间(美国加利福尼亚州各城市)的空运量、客流量和电话通话量(加拿大各城市间)等。鸟类在景观中的迁移、风播种子在林地间的传播等生态功能流可以用重力模型来描述，除作预测外，还可以研究起点和终点之间流速的变化。

(3) 影响范围

地理学的影响范围或作用场表示受一个特定结点或斑块影响的地区。一个斑块对不同

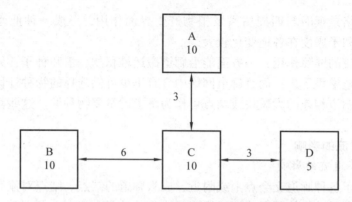

图 6-10 结点间距和大小对结点间相互作用的综合影响的重力模型
(引自 Forman & Godron, 1986)
A、B、C、D 为结点,箭头所示数字为距离

的流可以有不同的影响范围,因此应区分高、中和低级流。对于高级流,大结点附近的小结点与大结点相比没有明显的影响(图 6-11)。相反,对于低级流,即使小结点也能产生较大的影响。对每一种特定类型的流,都可以确定其"偏远区"或不受影响区。如在前两种情况下,高级流和中级流没有"偏远区"(图 6-11),而在第 3 种情况下则存在 3 个"偏远区"(即 E、F 和 G、H 周围)。

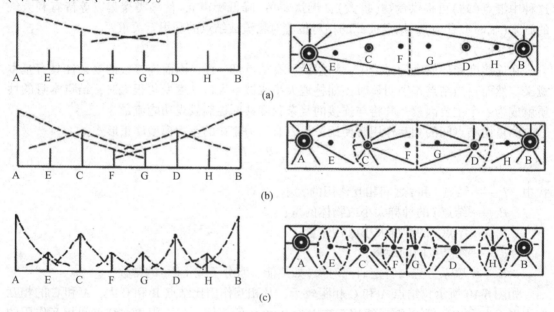

图 6-11 高、中和低级流及其相应影响范围的等级示意
(引自 Forman & Godron, 1986)

显然,这种分析适用于对不同动物种类和树木种子的传播、裸地扬起的尘土及辐射热、点源污染物等的研究。各种物体都有高、中和低级流动之分,其影响范围均可计算,并能以图的形式表示。将不同流按等级分类,反映在图上就是明显的景观等级空间结构。对于高级活动只有几个小面积为偏远区;而对于低级活动,绝大部分景观面积都属于偏远

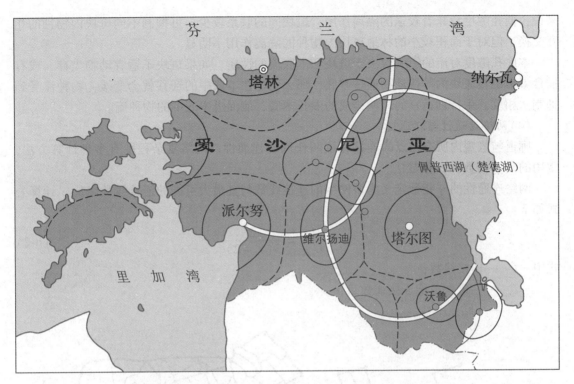

图 6-12　爱沙尼亚的等级空间结构（据 Taaffe & Gauthier，1973）
双线内为来自塔尔图和塔林的高级流的影响范围，虚线内为中级流的影响范围，
单实线内为低级流的影响范围，点为流的来源

区(图 6-12)。

6.2.1.3　本底对流的影响

(1) 本底连接度

本底连接度较高是指物体穿过本底时几乎没有受到屏障的阻拦。热量、尘埃和风播种子能以相对均匀的层流形式在本底上空运动，动物、害虫或火也可在某种景观要素的广大空间中蔓延。因此，在火灾易发区很少见到天然防火障，人们常建立防火障以降低本底连接度；为了保护不能穿越狭窄廊道的内部物种，有时又必须提高本底或斑块的连接度。在本底连接度较高的地区，物种平均迁移速度最大，而且在缺少屏障的地方，遗传变异和种群差别相对较小。

(2) 狭窄地带

在一些地方，沿迁移路线的本底相当狭窄，以致物体的运动受到本底宽度的影响。这种本底内的峡谷可以增加或降低物体运动的速度。运动的物体可能会在通过峡谷地带时减速以小心通过。狭窄地带的存在对流动来说较为重要，但在狭窄地带和相邻地区内区域性质更为重要。在景观规划和管理中，应重视狭窄地带的特殊意义。

(3) 孔隙度

本底的孔隙度对能量流、物质流及物种流有重要影响，它可指示现有景观中物种的隔离程度和潜在基因变异的可能性，是衡量和反映边缘效应总量的一个指标。对于许多物种来说，低孔隙度意味着较强的隔离作用，斑块间的联系较少，可抑制不同斑块内物种的相互交换，但对于面积较小的林地斑块内物种的隔离作用不明显。

本底孔隙度对流的影响取决于斑块和本底流的性质。如果斑块不适宜动物生存，或有捕食者集中在斑块内等待动物通过本底，那么动物在本底中的迁移就会变缓，物种流受到抑制。相反，由特别适宜的斑块构成的多孔本底，能促进本底中的物种流。

(4) 网络连通性与环通度

廊道与景观内所有结点的连接程度叫作网络连通性。网络复杂程度有多种计算方法，常用的是 γ 指数和 α 指数法。

网络连通性的 γ 指数定义为该网络的连接线数与其最大可能的连接线数之比。计算公式如下：

$$\gamma = \frac{L}{L_{\max}} = \frac{L}{3(V-2)} \tag{6-2}$$

式中　L——连接线数；

　　　$L_{\max}$——最大可能连接线数目；

　　　V——结点个数。

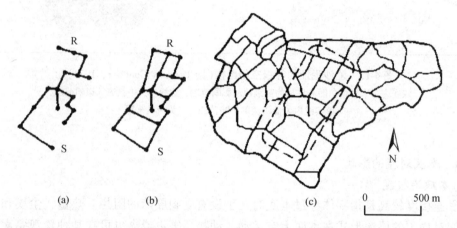

图 6-13　拓扑学上连通性和环通度均不相同的两个网络（引自 Forman & Godron，1986）

(b) 为 (c) 中虚线圈定部分表示英国 Devon 郡中世纪农田模式中的树篱

图 6-13 中，左边 (a) 网络内有 15 条连接线和 16 个结点，连通性为：

$$\gamma = \frac{L}{3(V-2)} = \frac{15}{3 \times (16-2)} = 0.36$$

右边 (b) 网络有 20 条连接线和 16 个结点，连通性为 0.48。因此，如果某种动物利用廊道从 R 点穿越到景观 S 点，在左边 (a) 中的网络上因其连通性低，经过的路径长；在右边图 6-13(b) 中的网络上连通性高，运移的距离短，几乎接近直线距离。

α 指数为网络环通度的量度，即表示网络中连接现有结点环路存在的程度。环路定义为能流物流提供选择性路线的环线。网络中环通度的 α 指数为网络中实际环路数与最大可能环路数之比。公式如下：

$$\alpha = \frac{L-V+1}{2V-5} \tag{6-3}$$

式中 L——连接线数；

V——结点个数；

$L-V+1$ 为实际环路数。

当连通性最小或无环路时，网络的连接线数较结点数少1条。如果对无环路网络增加1条连接线，则有1条环路形成。反之，若有环路，则 $L>V-1$。网络现有连接线数减去无环路网络的连接线数，即为网络实际出现的环路数 $(L-V+1)$。$2V-5$ 为最大可能环路数，表示为最大可能的连接线数 $[3(V-2)]$ 与无环路网络的连接线数 $(V-1)$ 的差值。

图6-13(a)网络的 α 指数为

$$a=\frac{L-V+1}{2V-5}=\frac{15-16+1}{2\times16-5}=0$$

图6-13(b)网络的 α 指数为：

$$a=\frac{L-V+1}{2V-5}=\frac{20-16+1}{2\times16-5}=0.19$$

计算结果表明：左边网络无环路，右边网络的环通度为19%。动物沿左边网络穿越景观时（从R点到S点），只有1条路径，没有选择的余地。而利用右边网络穿越景观时（从R点到S点），有多条可选择的路线，可以避开捕食者，并尽量缩短通过景观的距离。

用 γ 和 α 两个指数来表征网络的连接方式，能更确切地表示网络的复杂程度。

上述的两个指数是以拓扑空间为基础产生的，由于其研究的只是结点和连接线，这种抽象化模型与实际问题的解决还有一定的差距。在动物的迁移中，实际距离、线性程度、连接线的方向及结点的确切位置均有重要意义，绝不能忽视。

(5) 网络与流的空间扩散

景观生态学中的网络是指由结点和廊道形成的结构形式，并在实际的景观中广泛分布，相互重叠，类型繁多。景观生态学中的能流、物流与交通运输地理学（即人的迁移）原理极其相似。因此，后者的许多原理被景观生态学所借用或改造。

网络的主要功能在于实现结点的可接近性，使物种流能迅速从源到汇，使相邻地区或孤立的结点更易到达，以减少路途过程中能量的消耗，降低捕食者袭扰的概率。

运输网络的形状可反映使两点间廊道时距减至最小程度所作的努力。环线或选择路线可通过传输景观断面周围的物流和减少运动对这些断面的利用来增加迁移效率。如果没有这些通道，物种迁移速度就会放慢，因为运动的生物体不得不事先对结点间的迁移作一番调查。

正如铁路网络一样，人们可识别出物流的主要路线（即干线或廊道），大多数物种可沿这些路线迁移，如驯鹿和野蜂的迁移路线，支线或廊道可将边远地区和这些干线连接在一起。干线往往要通过某一景观或局部景观中的主要进出口（即门口）。门口可作为穿越景观的物流的主要控制点。如猎人可等候在鹿群经常路过的小路附近以便将其捕获，熊在瀑布下伺机捕捉鲑鱼。

6.2.2 景观要素之间的相互作用

景观要素的相互作用通过景观生态流实现，生态流的运动遵循景观过程的基本理论和模型，其中边缘效应对各种生态流起着重要的作用。

景观斑块密度反映景观总体的斑块分化程度或破碎化程度。斑块密度高，表明一定面积上异质景观要素斑块数量多，斑块规模小，景观异质性高。斑块密度和边缘密度，可以间接反映景观要素之间相互作用的强度和广泛性，高的斑块密度和边缘密度预示景观生态过程活跃。以华北山地天然次生林区森林景观恢复演替过程为例，森林景观的自然变化总是表现为斑块密度和边缘密度"低—高—低"的动态过程，并趋向于由环境资源斑块分布特征和干扰状况共同控制下的动态稳定格局(张芸香，2011)。

6.2.2.1 斑块—本底之间的相互作用

斑块和本底间相互作用的功能流载体、运动形式及驱动力多种多样。

在以农田(或开敞地)为本底的景观中，人工林斑块与本底的相互作用主要通过能量流、养分流和物种流。其中能量流只涉及边缘部分，其余的流多涉及每个景观要素，且不同形式的流在景观要素中大多呈双向流动。能量流包括动物、花粉和果实的双向流动，水平热流从本底流向人工林，人工林遮光及落叶输出等。斑块中枯枝落叶净养分的流动主要在边缘部分进行，而大量养分通过风、水为媒介在一定的动力机制下进入作为一个整体的两个景观元素中。在斑块和本底的物种流中，边缘起了重要作用，风是主要驱动力之一。自然界中斑块和本底的物种流相当普遍，美国中西部低地生长的有锈病醋栗，由于空气运动将锈病孢子搬运到高地，从而导致了白松林带的疱疱锈病。

植被尤其是森林植被可以影响空气成分和污染物质。森林枝叶可截持大气中的尘埃，从而起到减尘滞尘的作用。人们还常在污染源的周围栽植林带，防止有害气体和烟尘等固体颗粒向周围散播。

地表径流的大小与降雨特点、地形和植被有关，不同区域的径流系数也不同。森林内土壤结构好，下渗能力强，林内很少产生地表径流。林冠层可截持一部分降水，从而减少林内降雨的强度和速度。同时，林下灌木层、草本层和苔藓层以及林木树干等，也能成为地表水分侧方流动的障碍物。此外，林内冬季土壤冻结浅，春季融雪时融化的雪水容易下渗，而裸露地表冻结较深，融雪时土壤还未充分融解，易顺坡流走。在农田或城郊景观中，将片林或带状森林与农田、牧场镶嵌配置，这些林地可起到吸收地表径流的作用。

在以林地为本底的景观中，栖息地斑块(住所、院子和窝穴等)与本底的相互作用不同，其景观流主要从斑块流向本底，驱动力是人和非原生物种。

由许多密密麻麻斑块布满的高孔隙度本底，对穿越本底的动物或植物可能产生或大或小的影响，这取决于斑块和本底间流的性质(Julander & Jeffery，1964；Thomas et al.，1976；Thomas，1979；Lyon & Jenson，1980；Hanley，1983)。如果斑块不适宜生存，或者有捕食者集中在斑块内等待动物通过本底，那么动物在本底内的迁移就会变慢。狐狸不得不绕过农业景观中的庭院行进(Storm et al.，1976)。相反，由特别易接近斑块构成的多孔景观，能促进动物以跳跃运动形式穿过景观，由于动物多次穿越本底和斑块的边界，形成了不少休憩地。

6.2.2.2 斑块—斑块之间的相互作用

具有相似特征与斑块和本底相互作用，但在空间上分离的斑块之间，物种迁移的相互作用主要由运动和散布所致，可以从一个斑块到另一个斑块觅食。当斑块中物种发生局部灭绝时，可以从邻近斑块迅速得到补充。

"斑块耦合网络"是基于异质性斑块界面生态流相互作用形成耦合的假设，以耦合体中的斑块为节点，以斑块之间的相互作用为边的网络结构，是对斑块之间耦合所形成的整体（系统）的一般抽象和描述方式。"斑块耦合网络"的研究从基于空间格局的"可视网络"到基于功能的"不可视网络"，是景观生态学中"景观功能网络"的拓展，有助于多角度地研究森林景观的整体性和复杂性特征，对于从景观水平指导森林可持续经营有重要的理论意义。能流是斑块之间生态过程所发生的交互流动途径。斑块是景观中物质与能量迁移和信息交换的场所。作为景观生态过程的表现形式，景观显性或潜在的功能流，在景观功能作用力影响下，斑块群体中互为源汇关系的功能流路径随着时间的分布过程构成一种"耦合"，是"斑块耦合体"形成的条件之一。

水是斑块间养分流形成的主要媒介物。毗邻田地的落叶硬木林，通过地表径流转移作物地上80%以上的硝酸盐和全部磷，通过浅层地下水的疏干移走作物地约85%的硝酸盐（Peterjohn & Correll，1984；Correll et al.，1992）。落叶硬木林从作物地排泄的养分高于牧草地和其他林地（图6-14）。

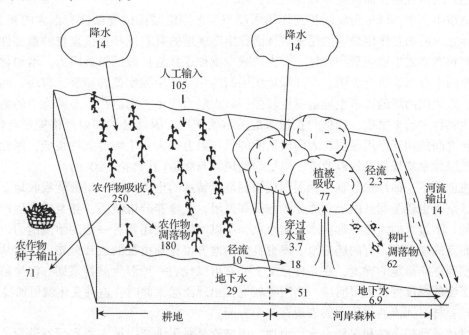

图6-14　1981年3月至1982年3月，马里兰州Rhode河疏干盆地，某一小流域全N、全P流动循环图（引自Farina，1998）

农业生态系统在景观的位置对土壤有机质含量，pH值、有效P、粉粒和沙粒的含量等土壤性质有重要作用，某种程度上决定其养分的移动。

地形的不同养分表现出不同的浓度，Schimel等（1985）发现科罗拉多州的短草草原上土壤中C、N和P的含量沿斜坡从上到下增加，山顶C、N和P的含量最少，上坡略有增加，下坡N的有效性提高，而其矿化性减少。河岸湿地的土壤性质受到河水浸淹的影响极大。

表 6-3　土地利用方式不同的 3 条流域的养分年排出量　　　　　kg/hm²

变量	作物地	牧草地	林地
全 N	13.80	5.95	2.74
溶解性铵	0.45	0.51	0.15
硝酸盐	6.35	3.2	0.36
全 P	4.16	0.68	0.63
正磷酸盐	1.2	0.32	0.15
全 N 与 P 比	1.5	3.95	1.96

资料来源：Correll et al., 1992。

另一个影响流域内养分循环的因素是优势土地利用类型的不同。Correll 等对主要土地利用类型不同的流域进行调查，发现 N 和 P 主要从作物地排出（表 6-3）。

6.2.2.3　斑块—廊道之间的相互作用

斑块与廊道间的相互作用类似于斑块之间的相互作用，廊道有利于伴随着斑块内部种局部灭绝后的再迁居，而斑块是廊道的物种源。

在城市生态中，绿地斑块间相互作用强度与生态网络结构的复杂性有很大的相关性。源与目标之间的相互作用强度能用来表征潜在生态廊道的有效性和连接斑块的重要性。大型斑块和较宽廊道生境质量均较好，会大幅减少物种迁移与扩散的景观阻力，增加物种迁移过程中的幸存率。研究表明，不同绿地斑块间的相互作用强度差异显著，斑块之间相互作用强，斑块间的绿地廊道生境适应性较强，景观阻力较小，廊道在生态网络中的地位突出，对生物物种的丰富度、迁移与扩散等起着重要作用，因此必须加以严格控制与保护；相反斑块之间的相互作用最弱，表明斑块间的景观阻力很大，生境适宜性很低，因此必须在未来的绿地系统规划中加以改善，增加绿地斑块与廊道（孔繁花，2008）。

河流创造了一种特殊景观，为周围植被创造了特殊的生境类型。植被能吸收地下水层的水分，空气也较湿润且由于对养分的截持和拦阻，土壤养分也较高，甚至成为生产力最高的林地。不过大的河流经常洪水泛滥成灾，所以河岸植被还要有一定的耐淹能力。沿岸植物分布有的地方宽，有的地方窄。发育良好的地方可见到植被的成片分布，这是从河流干扰强烈到逐渐稳定的梯度，在某种意义上，它可以代表一种湿生演替系列。河岸植被从上游到下游的梯度变化也很明显。当河谷较宽，出现泛滥平原时，这种变化就更加显著。

山地森林对河流的作用主要表现在 4 个方面。

①维持景观稳定性和保持水土　山地、山坡森林对于维持山坡本身和河谷地貌的稳定性很重要。山地—河流之间的物质移动、搬迁和堆积可能有多种形式，以水力作用为主的侵蚀和以重力作用为主的滑坡、崩塌、土溜等是主要运行方式，而这一切都取决于植被对土壤的保持作用。一旦森林破坏，山坡的重力移动会加强，水力移动会更强。从山坡上运移到河流中的物质，再加上水流失去控制，就会促使河流侵蚀加强，从而变得很不稳定。上游发生的水文现象会影响下游平原的水库和水利设施。

②维持河流生物的能量和生存环境　森林溪流 99% 的有机物都是从外面进入的。树叶、枝条和其他残体为无脊椎动物提供食物和庇护。从细菌到鱼类甚至水獭，大多数溪流有机体都是依赖由河岸植被输入的能量。

大的倒木落到溪流上很常见，它们虽然不易分解，但可形成多样的生境。如大倒木和枝叶一起可在溪流中形成坝，使溪流变缓，并形成很多水塘。水塘中有机物积累较多，滞留时间长，便于分解者的活动。

森林的林冠层对溪流的温度影响很大，而生活在溪流中的有机体一般对水温的适应幅度很窄。树冠的庇荫作用也很重要，它可防止水体过热，水中溶解的氧气减少。

森林对溶解性的矿物营养和固体颗粒进入河流有过滤和调节作用。养分进入溪流有3种途径：养分直接穿过森林进入溪流；养分积累在森林的土壤中；养分随植物生长进入生物量，成为木材的一部分。

总之，一个健康的森林景观应包括山地和溪流。溪流的生物多样性是地区生物多样性最关键的组成部分。

③维持河流良好的水文状况 坡地的降水通过地表径流、土中径流和地下径流3种途径到达河流。尽管各地的森林种类、降水、地形、地质和土壤等流域条件有很大差异，但一旦采伐强度增大，都会造成径流量增加。经过一段时期，随着采伐迹地植被的恢复，径流量才会恢复到原来的水平。火烧区也可带来同样的后果，火灾区的径流量高于非火烧区。无论采伐或火烧，减少森林意味着减少林木的蒸腾，而森林中这项水分支出所占的比重很大。采伐或火烧后，森林蒸腾的水分减少，从而会有更多水流到溪流中。

随着地区的开发，森林面积的减少是必然后果。森林的减少导致总径流量增加。不过，径流量的增加主要表现在洪水期流量的增加，枯水期不仅不增加，反而减少。

④维持河流的良好水质 山地森林可使河水保持良好的水质。一是表现在河水中泥沙含量低，二是表现在河水中的营养物质处于低水平状态。美国 Likens 等于 20 世纪 70 年代在新罕布什尔州的哈尔德布鲁克集水区中，将一个未受到干扰的森林流域通过河流的养分流失情况与另一个森林被皆伐的流域加以对比，发现未受到干扰的森林有很强的土壤养分保持能力。一年中，每公顷随淋洗通过河水损失的养分只有 4 kg N、2.4 kg K、13.9 kg Ca。森林被采伐流域的 N 损失可增加到 142 kg，大部分原因可能是土壤有机氮的硝化作用。土壤有机氮在正常情况下被林木吸收并通过枯枝落叶进行循环，采伐后 NO_3^- 的含量大幅增加，超过了饮水的标准，并在一年内引起河水的富营养化，从而促使藻类繁茂生长。除 N 以外，Ca^{2+}、K^+ 等离子也增加近 10 倍，唯一减少的是 SO_4^{2-} 离子。

6.2.2.4 廊道—本底之间的相互作用

(1) 廊道类型

线状廊道、带状廊道、河流廊道和枝状廊道等不同的廊道类型，不但结构与功能不同，而且与围绕的本底的相互作用也不同。

本底气候对线状廊道具有主导影响。此外，大多数作用的方向都是从廊道到本底，如灰尘、车辆污染会从公路进入农田。在线状廊道中繁育的非原生物种会散布到本底中。廊道对本底的另一个重要作用是隔离种群，从而限制基因的流动。带状廊道与本底之间的流数量多，且相互依赖。这是由于宽度效应使带状廊道具备许多开阔区域的物种。河流廊道与本底的相互作用中，水是主要的驱动力，流动的方向基本只从本底流向河流廊道。

枝状格局(不同的植被类型"指"表示河谷的特点)是多数景观中常见的形式之一。枝状河流廊道间的景观要素类型也可表示为另一"指"状系列，即交叉的山脊(图 6-15)。这种半岛型交错接合或两种景观要素构型的指状交叉格局形式较为常见,且大多是由侵蚀造成的。

这种景观构型应显示物种多样性的不同格局。可以假设,总体物种多样性在交错接合的半岛中部最高(图6-15),因为两种景观要素中的物种都可以在那里出现。然而,狭窄半岛的多数物种为边缘物种。因此,内部物种特别是稀有种的多样性在交错接合地带两侧的均质区为最高。

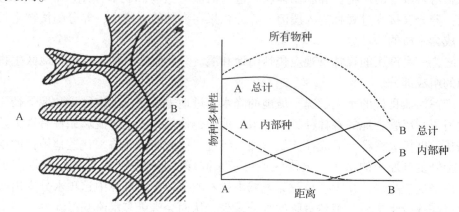

图6-15 半岛状交错接合及其期望的物种多样性格局(引自 Forman & Godron,1986)
A 和 B 为两个不同的生态系统,假设 A 的多样性比 B 高

物体(种)穿越半岛交错接合地区的速度随着流的方向而明显不同。平均来说,由于半岛通道的边界通过频率很小,所以平行于"指"状廊道的运动一般较快,垂直于"指"状廊道的运动则较为缓慢。

半岛交错接合也有特殊情况,如平坦的谷底和平缓的山脊均是牧草地,而中间的山坡地为森林,即干、湿牧场交替出现,中间被一条狭窄而蜿蜒曲折的林地廊道分隔。

(2) 农田防护林带

农田防护林的形式有3种。第一种是带状地在农田四周营造的,并多交织成网,又称农田防护林网;第二种是林农间作形式,即在农田内部间种树木,株行距较大,近乎散生;第三种是成片林状态。无论国外或国内,有些农田周围有天然生长的带状树木即树篱。虽然树篱起源与林带不同,形状和宽度等也不如林带规整,但起着与林带相同的作用。

林带在有效范围内,可使风速平均降低30%~40%。在30倍树高处,风速降低一般不超过20%,或已接近旷野风速。林带还有减弱湍流交换的作用,在林带保护下的农田1~2 m高处湍流交换强度平均减弱15%~20%。湍流交换强度的减弱,对农田减少蒸发、保持土壤水分、保持积雪和防止沙尘暴等具有重要作用。干热风是一种高温低湿,并达到一定风力的天气现象。干热风的主要气候指标是:14时的气温高于30℃,空气相对湿度小于30%,风速大于3 m/s,并持续两天以上。我国小麦产区干热风危害严重,一般导致减产15%~30%,农田防护林带则可通过调节小气候而减轻甚至避免干热风的危害。

林带对农田小气候和水分状况产生有利的影响,因此会对作物的产量起到促进作用。我国生产实践表明,林带的这种增产作用是普遍和显著的。在正常年份,在农田防护林带的保护下，小麦增产10%～30%，玉米增产10%～20%，水稻增产6%，棉花增产13%。在自然灾害较多或气候条件较差的地区，尤其是在出现灾害性天气的年份，农田防护林带的增产效应更明显。

不仅林带的物质和生物会向农田流动，农田也会影响林带及其附近的物种和物质的空间格局。如农田中的覆雪和土壤会被吹起，并在林带内和紧邻林带堆积。农田中施用的肥料、除草剂和杀虫剂都会通过风或水等媒介物进入相邻的林带，这种物质流动对有些植物可能有利，但对另外一些植物可能不利。可见，一个宽度小的林带或树篱，其特性受到相邻农田的影响很大。

一个树篱或林带的物种组成，常与它是否与林地相连有关。很多研究表明：鸟类、昆虫和哺乳动物均可由林地到树篱或林带，再由此到达农田。

居民区附近的林带或片林一般更受居民重视，有些农民还对房屋后面的山坡加以特殊保护，并将其称为"风水山"等。这些地方的物种多样性一般较高，也有特殊的动物种类，这也会影响农田及其周围的林带。

(3) 干旱荒漠绿洲

干旱荒漠绿洲景观是河流廊道作用的产物，河岸及河泛地林灌、草甸等景观类型的生态效能较高，但对水的需求也较高，易受水资源短缺的胁迫干扰而稳定性差。戈壁荒漠、草原化荒漠以及固定与半固定风沙土景观对水资源胁迫相对不敏感，其稳定性较强。尤其是固定与半固定风沙地，不但稳定性较好，而且有较高的生态效能。在荒漠化迅速发展的研究区，该类景观可视作较好的景观类型。这种特性使得景观格局及其变化具有明显规律，在受河水影响的范围内，景观呈现破碎化，且随河流水量减少程度不断加剧，景观多样性较高；但斑块分离度高，且呈不断分离化发展趋势。而远离河水影响区，一般呈荒漠化景观，景观破碎化程度较低，优势度较高，且随着陆水资源减少，景观多样性和破碎化程度不断减小，斑块分离程度下降。但戈壁荒漠和草原化荒漠类型的景观，受风蚀作用和其他景观的内演作用影响，其景观多样性和破碎度均最高，且随着水资源减少而不断增加(王根绪等，2000)。

6.3 景观的一般功能

景观要素内部及其之间的能量和物质流动，以及景观要素的相互作用是景观过程的基本功能。Forman和Godron(1986)将景观功能解释为组成生态系统间的能量、物质和物种的流动。但他们同时提出"一个景观是一架热力学机器"，它接受太阳能在景观中聚集一定的生物量，当人们从自然景观中获取少量的生物产品时，"自然景观系统则保持平衡状态或以自然速率恢复自然平衡"；当获取量超过景观所聚积的生物量时，可产生对自然景观的干扰，进而破坏景观的生产能力。显然，景观的生产能力也被看成景观的功能之一。实际上，景观是各种景观要素组成的空间镶嵌体，其整体功能是各类个体单元异质功能的耦合(傅伯杰等，2002)。在景观生态过程发挥景观基本功能的同时，也表现出总体景观的一般功能，景观的一般功能包括景观的生产功能、生态功能、美学功能和文化功能。

6.3.1 景观的生产功能

景观的生产功能指景观能为人类社会和生态系统提供物质产品和生物生产。人类社会对景观生态系统的基本要求是尽可能多的产品输出,景观的生产功能是最重要的功能类型。

6.3.1.1 自然景观的生产功能

自然景观的生产功能首先是自然植被的净第一性生产(简称 NPP),是指绿色植物在单位时间和单位面积上所能累积的有机物质,反映植物群落在自然环境下的生产能力。自然景观的第一性生产量是自然植被生物学特性与环境因子相互作用的结果。

对自然植被第一性生产力的估测有多种模型,其中以 Chikugo 模型的实用性最好。该模型以太阳净辐射和辐射干燥度为基本参数,是叶菲莫娃(1983)等利用各地大量生物量数据和相应的气候要素进行相关分析后建立的植被净第一性生产力估测模型:

$$NPP = 0.29\exp^{(-0.216 \cdot RDI^2)} \cdot R_n$$

$$RDI = \frac{R_n}{r \cdot L} \tag{6-4}$$

式中 NPP——植被净第一性生产力,单位时间单位面积植被生物产量$[t/(hm^2 \cdot a)]$;

RDI——辐射干燥度;

R_n——陆地表面所获得的净辐射量,平均为 $4\,186.8 J/(cm^2 \cdot a)$;

L——蒸发潜热;

r——年降水量(mm)。

该模型是一种半经验模型,是在土壤水分供给充足和植物正常生长条件下的蒸发蒸腾,以计算最大的植物净第一性生产力。

生态系统通过第一性生产与次级生产、合成与生产了人类生存所必需的有机质及其产品。据统计,每年各类生态系统为人类提供粮食 1.8×10^9 t,肉类 6.0×10^8 t,同时海洋提供鱼 1.0×10^8 t。生态系统还为人类提供了木材、纤维、橡胶、医药资源以及其他工业原料。生态系统还是重要的能源来源,全世界每年约有 15% 的能源取自于生态系统,在发展中国家的比重更是高达 40%(欧阳志云,1999)。

6.3.1.2 人工景观的生产功能

人工景观中的生物初级生产与自然界生态系统中的生物初级生产具有很大的区别。后者是自然形成的,处于"自生自灭"的状态;而前者处于高度的人工干预状态下。人工景观中的生物初级生产,虽然具有生产效率高、人工化程度高、并能满足居民特殊需要等优点,但生产品种较单调、稳定性差,需要大量投入人力才能维持生产。

(1) 农业景观的生产功能

虽然农业景观中保留了林带、草地、河流等一些自然景观要素,具有自然景观与人工景观的双重特征,但农业景观的生产功能主要体现为农业土地利用的产品生产。同时,农业景观中的物种主要是经过人类改造的物种或人工培育的农作物新物种,加上人工栽培和经营技术措施,大幅提高了农业土地生产力。

农业景观的生产功能可用生产潜力表示。农业生产潜力的研究方法主要有 3 种。

①趋势外推法 以历年粮食产量的统计数据为基础得出历史发展规律,利用指数平滑、自然增长、回归方程、曲线和灰色模型等方法,按历史发展趋势顺延外推,以确定未来的生产潜力,其结果代表了所计算年份的现实生产潜力。此法不强调各种因子对粮食产量的影响,简单易算,不需要详尽的基础资料,而且计算结果直接与具体年份对照。用该法计算近期生产潜力结果较准确,计算远期结果准确性较差。

②机制法 又称潜力衰减法或农业生产潜力逐级订正法,依据土地上能量转换和物质运输及其作物的生物学特性来估算农业生产潜力,所建立的模型又称为环境因子逐段订正模型。该模型对作物的冠层截获辐射量的处理简单明了,较全面地考虑了辐射、温度和水分等气候因子、土地肥力等因素对作物生长的影响,有利于计算地区作物和牧草等植物长期的生产潜力,并可以进行农业生产的光热资源地区分布分析,进行气候生产潜力的区划。其不足之处主要表现在对作物实际生长动态变化和呼吸消耗等生物过程考虑较少,难以进行作物生长的动态模拟。该方法是目前应用最广泛的粮食生产潜力研究方法。其中以光温阶乘型模型、瓦格宁根模型和农业生态区模型为代表。

③经验公式法 通过对历史资料进行统计分析,归纳总结出农业生产潜力与影响农业生产潜力的经验公式,然后在其基础上估算出不同条件下的农业生产潜力。其主要的经验模型有迈阿密模型、桑斯维特纪念模型、格思纳—里斯模型、卢米斯—咸廉姆斯模型等,以及针对黄淮海平原提出的黄秉维模型。

(2)城市景观的生产功能

城市是典型的人工景观,是人类文明的具体体现,为人类社会的进步和发展作出了不可磨灭的贡献。城市景观以化石能源为基础,具有非凡的生产能力,能生产各类物质性和精神性产品,彻底改变了自然景观的格局和功能。

1)生物生产

城市以第二和第三产业为主,因而城市生物生产粮食、蔬菜和水果等所用空间占城市空间比例并不大,绿色植物生产在整个城市生产中不占主导地位。但生物初级生产过程中吸收二氧化碳、释放氧气等功能对城市居民十分有利,对维持城市生态环境质量至关重要。因此,保留城市的农田、森林和草地系统,尽量扩大市区内的绿地面积是非常必要的。

城市景观生态系统的生物次级生产是城市中的消费者对初级生产物质的利用和再生产过程,即城市居民维持生命、繁衍后代的过程。由于城市本身的生物初级生产量不足以满足城市景观生态系统次级生产的需要,因此城市所需的生物次级生产物质有很大部分从外地调进,表现出明显的依赖性。城市景观生态系统生物次级生产的重要目的是为城市居民的生存和繁衍服务,该过程明显受市民道德、文化和价值观的影响,表现出人为可调性。为了维持一定的生存质量,城市生态系统的生物次级生产在规模、速度、强度和分布上应与城市生态系统的初级生产和物质、能量的输入、分配等过程取得一致。

2)非生物生产

城市景观生态系统是人类生态系统,具有特殊的功能,能创造物质与精神财富。

①物质生产 包括正向物质生产和负向物质生产。

正向物质生产是指满足人类物质生活所需的各类有形产品及服务,包括各类工业、手工艺和文化艺术等产品。基础设施产品,包括保证城市运行,满足城市居民需要所必需的各类城市基础设施。服务性产品,包括进行金融、医疗、教育、文化娱乐、通讯、交通和贸易等各项活动必要的基础设施。

城市景观生态系统的物质生产产品不仅为城市地区的居民服务,更主要的是为城市以外地区的人口服务。为保证其物质产品的生产,城市输入与输出的能量、物质庞大,消费的能源数量惊人,对城市所在地及周边地区的自然环境形成巨大的压力。

负向物质生产是指城市景观生态系统向周围环境排出"三废"物质,对环境产生严重的危害。

按人类社会的功能将城市生态系统的负向生产分为以下几种:

a. 工业污染:包括冶金、化学、石油化工、造纸、制革、纺织、印染和动力等行业,在工业生产过程中,所需动力、热能、电能,燃烧燃料所产生的各种污染物以及在生产过程中伴随着工业成品出现而产生的废气、废水、废渣及噪声。

b. 交通运输污染:指市内交通、铁路运输和航空运输等形成的污染。各类运输对城市的危害主要为机车在燃烧过程中产生粉尘和 CO,清洗机车排出的废水,汽车的尾气以及噪声等。

c. 生活污染:城市人口密集,特别是大城市人口高度集中,随着经济的发展,居民消费产生的大量生活污水和垃圾对周围环境的危害日趋加重。湖北省 2002 年城镇生活污水排放量是 $133\ 866\times10^4$ t,2011 年已增长到 $193\ 377\times10^4$ t,在近 10 年中以 10% 的速度递增。

另一项重要的污染来自生活垃圾。随着生活水平的提高,城市居民的生活垃圾量也呈现大幅增加的趋势。2004 年我国超越美国成为世界第一大废弃物制造国。以沈阳市为例,生活垃圾产生量从 2002 年的 127.75×10^4 t 增长到 2007 年的 213.3×10^4 t,人均日产垃圾从 2002 年的 0.66 kg/(人·天)增加到 1.16 kg/(人·天),生活垃圾年产生量的平均增长率近 12.5%(任婉侠,2011)。

②非物质生产 指生产满足人们的精神文化生活所需的各种文化、艺术产品及相关的服务。城市集中了生产各种精神文化产品的优秀人才,每年生产出大批精神文化产品。但同时应看到,城市的精神文化生产也有负向效应,主要表现在资本主义社会腐朽没落文化对人们的不良影响。

6.3.2 景观的生态功能

景观的生态功能不同于生物生产过程,它主要表现为公益价值,如提供保存生物进化所需的丰富物种和遗传资源,太阳能和 CO_2 的固定,区域气候调节,维持水及营养物质的循环,土壤的形成与保护,污染物的吸收与降解,创造物种赖以生存与繁育的条件,维护整个大气化学组分的平衡与稳定,维持生物多样性等。景观的这些功能虽然不表现为直接的生产和消费价值,但它们是景观中各种直接价值产生和形成的基础。

长期以来人们普遍认为景观的价值就是生物生产的产品价值,一直忽略其生态价值。据测定,树木每产生 1kg 干物质,就要过滤 311m³ 空气,森林提供木材产品的价值只占其全部价值的 1/5,而生态价值占 4/5(欧名豪等,2000)。日本林野厅 2000 年对其境内的森林公益价值进行评价,核算的水源涵养、防止水土流失、防止崩塌、滑坡、泥石流、保健游憩和大气保全等森林生态服务总价值为 74.99×10⁴ 亿日元/年，相当于日本当年 GDP 的 14.25%。陈芳等(2006)对武钢厂区绿地进行实地调查研究，结果表明武钢厂区绿地的生态功能年总货币价值达到 2 010 亿元，以夏季蒸腾吸热效益和固定二氧化碳的货币值最高，分别为 1 633 亿元和 297 亿元。肖建武等(2011)对广州市城市森林进行评估，并将用于估算的 14 类指标分为经济效益、生态效益和社会效益 3 个部分，其中生态效益为 354.7×10⁴ 万元/年，占总价值的 80.3%。

景观的生态价值远大于其有形产品的价值，在当前资源与环境问题日益严重的情况下，开展环境资源核算并将其纳入国民经济核算体系，对于经济社会的持续发展具有重要意义。目前对景观生态功能的量化评价主要包括实测研究和日益发展的计量模拟研究。

通过实测研究来评价景观生态功能主要集中在城市小气候的绿地调节、降低热岛效应等方面，当前国内外对城市绿地调节气候生态效应的评价具备以下特点：在微观尺度上，基于植物蒸腾理论，对不同植被结构的小气候效应的观测和评价分析；在小尺度上，以绿地斑块为单位，对不同结构绿地内部的小气候效应的评价和分析；在中尺度上，以城市为单位，基于 GIS 技术开展的城市绿地景观结构对城市气候调节的效应分析。研究显示城市公园绿地调节小气候的能力与绿地的面积成正相关关系，同时公园内部的景观格局配置如绿地不透水面的比例、水体面积和乔木覆盖度等指标也直接影响绿地降温增湿的生态功能效益的发挥。此外，不同植被类型如森林、灌丛、草坪等冷热源效应的差异以及不同物种本身的蒸发蒸散机制的差异都可能影响城市绿地生态效益的发挥(毛齐正，2012)。

20 世纪末，随着计量生态学的发展，景观生态功能的量化研究日益增加。目前相关研究主要集中在对土壤和植被碳固存的量化评估。多项研究表明，城市土壤中的有机碳含量明显比农业土壤和一些自然土壤高，是城市生态系统碳循环中重要的碳库之一；而在城市有机碳库中，城市乔木有机碳库存的研究较为广泛和深入。Nowak 等(2002)首先利用 UFORE 模型估算和评价了美国纽约、亚特兰大和巴尔的摩等城市森林的固碳效应。Brack (2002)估算出澳大利亚堪培拉的城市森林乔木在 4 年里共固定了 30×10⁴ t 碳。Awal 等 (2010)对两种温带乔木的呼吸作用进行量化评价，并对比了城市和乡村乔木的固碳效应，表明城市过量的 CO_2 浓度和日益升高的温度加速了城市植物呼吸的速率，降低了城市植被系统的净初级生产力，进而降低城市植物的固碳能力。

景观生态功能的有效发挥取决于其组成、结构、分布格局、规模以及管理水平等。近年来，关于景观的生态结构评价从微观尺度逐渐发展到宏观的区域尺度。在微观尺度上，景观结构的评价内容主要包括物种的组成，乔、灌、草搭配等植被结构配置；在中尺度和区域尺度上，景观生态结构评价包括对绿地斑块面积、斑块特征以及绿地与其他城市要素景观格局分布的分析和评价。陈芳等(2006)同时结合了武钢厂区绿地的数目、面积、破碎化指数以及优势度的空间结构特点，评价了不同绿地结构的滞尘效应；邵天一等(2004)分析和评价了湖北省宜昌市不同绿地景观格局吸收大气 SO_2、NO_x 和 TSP 含量的环境效应；刘艳红等(2009)发现城市绿地景观格局的热环境效应随着景观破碎化程度的加剧、景观优势度的降低和多样性的增加而加强，城市绿地景观的空间分布格局对其热环境效应也有重要的影响。此外，城市植被的破碎化是城市生物多样性降低的主要因素；城市植被斑块的面积大小与城市鸟类多样性存在显著的相关关系。可见，与景观结构微观尺度的评价和研究相比，景观空间大尺度的结构评价更加关注于生态功能的发挥。

生态系统的生态服务研究已成为生态学、经济学和环境科学共同研究的热点之一。景观生态系统的生态服务包括自然资本的能流、物流和信息流，它们与制造业资本和人力资本结合在一起产生人类的福利。特定的自然资本和景观生态系统生态服务的变化将深刻地影响人类的福利，对自然资本提供的"边际"(margin)服务(包括这些服务相当小的变化带来的人类福利差异)的估价与人类关系密切。因为生态系统服务的质和量的变化要求或是改变服务或是改变人类活动。Costanza(1997)将地球上景观的生态服务分为 17 大类(表6-4)，其中绝大部分是景观的生态功能。对全球景观的生态服务价值进行估算的结果表明，全球生物圈每年提供的服务总价值在 16 万亿~54 万亿美元之间，平均为 33 万亿美元，大约是全球每年国民经济总产值(GNP 约为 18 万亿美元)的 2 倍，其中的主要部分目前尚未进入市场。如气体调节 1.3 万亿美元，干扰调节 1.8 万亿美元，废物处理 2.3 万亿美元，养分循环 17 万亿美元。总价值的约 63%(20.9 万亿美元)来自海洋，其中大多来自海岸系统(10.6 万亿美元)；另外 38% 来自陆地生态系统，主要来自森林(4.7 万亿美元)和湿地(4.9 万亿美元)。

表6-4　生态系统的生态服务

序号	生态系统服务	生态系统功能	实例
1	调节气体	调节大气化学成分	控制 CO_2/O_2 平衡，O_3 防紫外线，调节 SO_x 水准
2	调节气候	调节全球温度、降水及其他由生物媒介影响的全球及地区性气候保护	调节温室气体，影响云形成的 DMS 产物
3	调节干扰	生态系统对环境波动的容量、衰减和综合的反应	风暴和洪水的控制，干旱恢复等生境对主要受植被结构控制的环境变化的反应
4	调节水分	水文流的调节	为农业、工业和动物提供用水
5	供应水资源	水的贮存和保护	为流域、水库和地下含水层供水
6	控制侵蚀与保持沉积物	生态系统中的土壤保持	防止土壤因风、径流和其他移动过程而流失，湖泊、湿地中的淤积
7	形成土壤	土壤形成过程	岩石风化和有机物积累
8	养分循环	养分的贮存、循环及获取	氮的固定，氮、磷及其他元素或养分的循环
9	废物处理	易失养分的补充，过多或外来养分、化合物的去除或降解	废物处理、污染控制、解毒
10	授粉	花粉、孢子的运动	为植物繁殖提供花粉
11	生物控制	生物种群的营养—动态调节	主要捕食者对被捕食物种的控制，顶极捕食者对食草动物的控制
12	避难所	为定居和迁徙种群提供栖息地	育雏地、迁徙物种的中继站、本地优势种的栖息地或越冬场所
13	食物生产	总第一性生产中可作为食物提取的部分	通过狩猎、采集、农业生产或捕捞而收获的水产品、野味、庄稼、野果和水果

(续)

序号	生态系统服务	生态系统功能	实 例
14	原材料	总第一性生产中可作为食物提取的部分	木材、燃料或食品原料
15	基因资源	特有生物材料和产品资源	药材、材料产品、抗植物病原体和庄稼害虫的基因、宠物及各种园艺植物
16	娱乐	提供娱乐活动的机会	生态旅游、垂钓和其他户外活动
17	文化	提供商业用途的机会	生态系统的美学、艺术、文教及科学价值

6.3.3 景观的美学功能

随着人类文明的进步、科学文化的发展和各项社会福利的逐步改善，人们的生活已不再局限在"实化"资源的需求上。为增强精神上的锤炼、品德上的熏陶，健全自身的体魄，增进自身的修养，人们对"虚化"资源的追求日益迫切（牛文元，1989）。当人类的基础感应与这种"虚化"资源发生共鸣时，景观体现出的美学功能就特别显著。景观给人以美的享受，爱的奉献。当人与大自然和谐相处融合于自然景观中时，人的感情、精神、思想和道德会得到进一步升华。

自然景观是地球表面经千百万年演化形成的，具有美学价值的景观客体。自然景观结构性最强、"最有序"，与周围的环境相比具有"最大的差异性"和"最大的非规整度"，因此最能吸引人，唤起人们追求奇异的特性；在结构特征或概率组合的测度上具有某种"极端值"或"奇异点"，使其在各种机会的表达上总能表现出临界的特性；在几何空间的描述上，总能表现出抽象价值的"非均衡"，而在维持生命系统方面，表现出最为狭窄、最为严格的条件组合（牛文元，1989）。

景观的美学价值是一个范围广泛、内涵丰富和难于确定的问题。随着时代的发展，人们的审美观也在变化，如人工景观的创造是工业社会强大生产力的体现，城市化与工业化相伴生，然而久居高楼如林、车声嘈杂的城市之后，人们又企盼亲近自然和回归自然，返璞归真成为最新的时尚。

任何一种自然景观都具有美学的潜在功能。景观的美学功能是景观与人类的精神文化系统相互作用时的功能表现，只要与人（个人或群体）的感应（perception）"相谐"或者与人的文化需求"相融"，其美学功能就能充分表现出来。这要求我们应客观地分析这种景观的特性，并加以适当的改造，使其适合人们的需求，从而开发其旅游价值，以满足人们回归大自然的要求。同时对于当地经济的发展和人民生活水平的提高具有重大意义。

以往人们大多是从意境角度来说明审美主体所获得的美感，运用了"引起美的联想""产生了悠然意远而又怡然自得的哲学反思"等可意会而不可言传的人文语言，没有从心理学角度系统地说明欣赏者如何获得这种美感，欣赏者的审美需求是什么，以及怎样的景观审美对象才能满足这种需求。曾有人认为自然美经过提炼、浓缩成为艺术品，已不是纯自然的形式，可能与当前的生活存在显著的"距离"，这样的认识不无道理。格式塔心理学研究表明："人们在日常生活和艺术欣赏中宁愿欣赏那些稍微不规则和稍稍复杂些的式样……原因是这式样能唤起注意和紧张，继而（审美主体）对其积极地组织，最后是组织活动得以完成，开始的紧张消失，这是一种有始有终、有高潮、有起伏的经验，这样的经验当然不再是平淡乏味的"。这说明日常生活中司空见惯的对象不可能引起美感，只有那些与生活有一定距离的对象，即在时间、空间和心理上超越生活的对象才能引起我们的注意和紧张，而这种紧张是通过对审美主体内在生理和内在情感的刺激产生的，即愉快感来自外在刺激。风景区、森林公园和各专类园等之所以具有很大的吸引力，原因就在于此。并不是刺激愈强烈产生的美感也愈强烈，"愉快所需要的刺激和紧张是中等程度的（相对于内在生理和内在情感而言）"。从另一角度解释这句话，即快感来自审美信息的新颖度与可理解性之间的平衡。一个景观的审美信息新颖度越大，其独创性的量也越大，产生的刺激越强烈，而它的可理解量就越小，越不容易被欣赏者接受。景观的审美主体是游人，由于知识水平和修养程度的差异，游人对景观美的理解水平也不相同，因此，在创造景观美时要十分重视审美信息的可理解性。但同时景观又是游人认识世界、扩大知识、提高修养和陶冶情操的场所，必须具有一定的新颖度。因此景观设计者应该致力于寻求可理解性与新颖度之间的最佳点，才能充分体现景观美学功能。

随着社会的发展和游人对景观审美能力的提高，这个"审美度"也随之变化，即满足审美需求的最佳点会向新颖量一方不断移动。相对于每一个特定时期，都要根据物质与精神文明发展的程度来决定这个"度"，创造符合当代人审美观的景观作品，也就是做到景观创作审美与欣赏审美的相互统一。不可以经济条件为理由而草草了事，将景观等同于一般自然景观或城市绿地，也不可一味地提高景观的新颖度，运用各种艺术手法来显示其高深和玄妙。了解了这个"度"的内容，我们就可以将它具体运用到景观美的创造中。继承与发展和借鉴与学习是任何艺术形式不断前进的必由之路。

我国四川九寨沟色彩变幻的湖泊就是第四纪冰川运动侵蚀山谷、冰碛物阻塞流水而形成的堰塞湖，湖水映着四周的雪山和原始森林，静寂又神秘。这里的自然景象虽不是远古的环境，但眼前的一切却是自然演变的结果，仍是十分珍贵和美丽。

按 Antrop 的总结，自然景观具有 7 个美学特征：一是合适的空间尺度。二是景观结构的适量有序化。有序化是对景观要素组合关系和人类认知的一种表达。适量的有序化而不要太规整，可使得景观生动，即具有少量的无序因素反而是有益的。三是多样性和变化性，即景观类型的多样性和时空动态的变化性。四是清洁性，即景观系统的清鲜、洁净与健康。五是安静性，即景观的静谧、幽美。六是运动性，包括景观的可达性和生物在其中的移动自由。七是持续性和自然性，景观开发应体现可持续思想，保持其自然特色。

长白山作为有美学价值的景观，具备上述所有特征。长白山是一个年轻和典型的火山地貌区域，自下而上主要由玄武岩台地、玄武岩高原和火山锥体三大部分构成。山顶环绕着海拔 2 500 m 以上的奇峰 16 座，陡峭险峻，雄姿各异。长白山是世界上著名的自然综合体，是原始生态最完整的保护区之一，野生资源极其丰富，是关东三宝"人参、貂皮、鹿茸"的主产地，共有动物 1 500 余种，植物 2 277 种，矿藏 80 余种，红松、云杉和冷杉等经济树种 80 多种，人参、灵芝和天麻等名贵药用植物 300 多种（安国柱，2013）。以生物资源为载体，经过多年的探索和积淀，目前长白山已经形成多个生物资源景观带。神奇壮观的火山地貌，典型完整的森林生态系统，种类繁多的动植物资源，独特奇异的冰雪风光，分布广泛的瀑布与河湖，历史悠久的民俗文化和风情，使长白山宛如镶嵌在祖国北疆大地上的一颗璀璨的明珠，巍峨耸立，绵延数百里，成为集生态游、风光游、边境游和民俗游四位一体的旅游胜地。

园林作为人类创造的充满大自然情趣的生活游憩空间，表现的就是人类抽象过的自然界，运用自然界本身的要素，通过艺术手法再现一处意境天地。除具有实用功能外，园林还具有更深一层的美学功能，即通过园林欣赏审美，以陶冶情操，获得有高尚情趣的精神享受。从审美心理角度讲，就是获得一种赏心悦目的快感。园林美包括造园意境美、主题形式美、章法与韵律美、点缀与装饰美等。

四川古称蜀，乃天府之国。其地域辽阔，地形复杂，气候多样、资源丰实，文化悠久，拥有众多独具特色的风景名胜。峨眉天下秀，青城天下幽，九寨沟和黄龙寺可谓天下神奇……蜀中园林幽秀清旷，朴实自然的风格盖源于此。蜀中自古多名人，有生于斯、长于斯者，有流寓过蜀者，也有在此建功立业者。秦时蜀郡守李冰建设都江堰水利工程，使成都地区水渠纵横，沃野千里，人民富足。三国的诸葛孔明为酬蜀汉昭烈帝刘备三顾之情而相蜀，鞠躬尽瘁，死而后已。后人出于对他们的怀念，分别为其修建了二王庙和武侯祠，庄严的庙祠佐以茂林修竹、森森古柏，存传至今。类似祠园共融、文联同韵的名园还有杜甫草堂和望江楼。我国历史上的伟大诗人杜甫晚唐时流寓成都营建的茅屋，后经历代修缮，使工部祠、诗史堂和山水林木融为一园，古朴典雅，确是"草堂留后世，诗圣著千秋"。望江楼系清代人为怀念唐代女诗人薛涛而建，楼建锦江边，既丽且崇，植竹万竿，漫步修篁中，境画意诗情。新繁东湖系唐代名相李德裕任县令时所凿，至今依然保留初建格局，玲珑别致，飘逸自然，是中国有遗迹可考的两处唐代古典园林之一。崇州城内初建于宋代的画池，其名既有文采内涵，又描绘了其遮掩覆蔽风光如画的园池景色。位于新都县城的桂湖，乃明代状元杨升庵年轻时读书之处，湖中种荷，堤岸植桂。古人云：君子爱莲，才人摘桂。升庵留桂湖，遗爱在人间。

英国卡迪夫市的河谷公园以自然式树丛草坪景观为特色，植物种类、形体、色彩、空间综合及景象十分丰富；卡迪夫市政广场绿地以几何式花坛草坪、花树径、园路雕塑和乔灌木林带等景观为特色，表现出华美大方、精细舒适的景象特征。在伦敦、泰晤士河滨河步行游览路线以多样的带状绿地、街头花园、雕塑灯柱与沿岸的高大建筑、桥梁相串联，组成伦敦特有的壮丽滨河风景线；海德公园则以简洁的大草坪、大水面和大乔木构成宽广的大众游憩健身空间，可以容纳大型露天文艺表演及节假日自由演讲活动。

法国很重视继承、弘扬和发展本国文化特征。法国学者认为，著名的凡尔赛宫苑属于几何式而非对称式园林。尽管从平面图上可以看出当时的设计师认为一切要围绕建筑大做文章，并强调轴线，然而在具体景观时并非如此，在离开轴线的地区即是非对称形式。在此强调的是园址的自然因素与建筑物的相互结合，表现自然与自我，并力图将几何理论与自然结合起来，体现一种理性思维特征。历史悠久的巴加代尔公园受中国园林影响较大，由于结合地形特征，并采取现场设计方法，设计尺度小而精，是现在当地唯一向公众收费的城市公园。

传统农业在人们的心目中只是提供物质产品，为人类解决粮食、蔬菜和水果等方面的需要。而由于农业生产受气候影响，波动很大，加之工业产品与农业产品在价格上的剪刀差，农业产品价格低下，所以无论发达国家还是发展中国家农业生产均受到政府的价格补贴。景观农业在提供物质产品的同时还为人类提供精神产品。不同的种植方式、耕作制度和作物搭配均是一个地区民族文化、传统习惯、地区风俗等的具体体现，具有很高的观赏价值，对其他地区的游人颇有吸引力。

按景观农业思想建造的田园风光顺应大自然，与自然共同营造具有高度审美价值的景观。牧场与作物相间分布，自然斑块与人工种植的乔、灌木斑块融于其中，树篱形成的廊道左右穿插，天然湿地、人工湖星罗棋布，饲养动物与野生动物共同嬉戏，构成了人与自然和谐的景象。特别是不同颜色的作物，按不同地貌单元的巧妙配置，可在空间形成一幅优美的图画，这种人工与自然合成形成的景色具有无价潜力，有很高的美学价值。我国云南元阳哈尼族所建的梯田堪称人间一绝，素有"元阳梯田甲天下"之美誉。它可以陶冶人们的心灵，激发人们热爱大自然的情趣，是建设精神文明的物质基础。景观农业与旅游业的结合，同时也大幅提高了农业生产的经济效益。

城市强大的经济活力、丰富的物质文化生活条件和高就业机遇等特征，对农村人口具有强大的吸引力。进入21世纪以来，城市人口急剧膨胀。城市居民享受着人类的文明成果，但由于长期脱离大自然，加之城市生态环境的恶化，使其心理上承受巨大的压力。为减轻这种心理上的困境，大多数市民有返璞归真、回归大自然的强烈愿望。北京市近郊游在2007年年底已有农业观光园1 302个，休闲农业和乡村旅游总收入达到13余亿元，吸收国内外游客3 000万人次（范瑛，2014）。生态旅游主张无为、敬畏、恬静和倾听，如拍摄、写生、观鸟等活动，强调以一颗平常心尊重自然的异质性，而不以自己意志强行对自然施加影响，学会把自然作为有个性的独立生命对待，敬天敬物，虚心听取周围的天籁之声：松涛、鸟啼、虫鸣、水声……凭借感官，调动自身原有的潜能对自然界的嗅味、足迹、光线、色泽、语音充分感悟，对泥土的芬芳、草叶的细语……进行审美感受，达到人与自然的和谐交流。

自然景观的美学功能主要体现在旅游价值上，而旅游价值与社会的进步和经济的发展密切相关。Clawson(1964)把一个人的时间分成三段：生存时间、保养时间和娱乐时间。美国在1900—1950年间娱乐时间增长1倍，1950—1960年间的娱乐时间又增长1倍。到20世纪末，娱乐时间可增长4倍。可见，只有在经济发展和人们生活水平提高的基础上，人们才有可能外出休闲娱乐，景观的美学功能价值才能充分体现出来。

旅游业正是为满足人们向往自然和走向自然的需求而发展起来的新兴产业。据统计，世界旅游业收入增长速度在过去60年中年平均增长率为6.9%，基本每隔10年左右就会翻番，明显高于同期世界经济年均增速（刘文海，2012）。根据世界旅游组织公布的数据，截至2010年，国际旅游业经济总量占全球GDP的10%以上，旅游投资占投资总额的12%以上，国际旅游业在世界经济中的地位和权重可见一斑。在旅游业中，增长最快的部分是生态旅游，年增长率为20%~25%，发展中国家大都拥有丰富的自然资源和淳厚的文化遗产，具有生态旅游的永久魅力，成为生态旅游的主要目的地，生态旅游已成为世界旅游发展潮流和全球热点旅游项目。如今越来越多的有识之士清醒地认识到，旅游的真正魅力在于使现代人暂时忘却身旁的烦恼，陶然于山水景观之间，重温田园风光，享受天人合一的乐趣。

6.3.4 景观的文化功能

景观不单是自然体，还往往注入了不同的文化色彩。景观的多样性体现为景观的文化性，人类对景观的感知、认识和判别直接作用于景观，同时也受景观的影响，文化习俗强烈地影响着人工景观和管理景观的空间格局，景观的外貌可反映出不同民族和地区的文化价值观。1972年联合国教科文组织制定了《文化遗产和自然遗产保护的国际公约》，其前言指出："生活环境急剧变化的社会中，能保持与自然和祖辈遗留下来的历史遗迹密切接触，才是人类生活的合适环境。对这种环境的保护，是人类均衡发展不可缺少的因素。因此，在各个地方的社区中，要充分发挥文化和自然遗产的作用"。可见独特的自然和文化遗产是体现景观特色最深厚的基础。

6.3.4.1 自然景观的文化功能

(1) 自然景观是艺术创作的来源之一

自然形成的景观或巍峨壮观、博大雄伟，或典雅秀丽、风度韵致，或苍茫恢宏，总能引起人们深思遐想。一幅幅绝妙的自然美景，将人与山峦、溪流、彩霞相沟通，与动植物世界相对话，彼此交流，人类的自然之爱成为自然的组成部分，构建"天人相应"的美好境界。在这种境界下，人的情感、道德、信念和意志均受到自然景观潜移默化的影响，升华到更高的层次。我国诗人杜甫登上泰山，才留下千古名句"会当凌绝顶，一览众山小"。苏轼站在赤壁，面对滚滚长江，大声咏唱："大江东去，浪淘尽，千古风流人物"。我国留存的许多脍炙人口的诗句，都与自然景观相连："明月出天山，苍茫云海间。长风几万里，吹度玉门关"；"天苍苍，野茫茫，风吹草低见牛羊"；"湖光秋月两相和，潭面无风镜未磨。遥望洞庭山水色，白银盘里一青螺"；……世界上许多艺术家、作家、音乐家都能从欣赏自然景观中获得灵感，使自己的创作达到出神入化的境界。我国山水画画家关山月认为，正是大自然给了他创作的激情。李白曾写下数不清的抒情诗句，这与他长期游览祖国的名胜，踏遍千山万水有直接的关系。自然景观陶冶了艺术家，艺术家从大自然中汲取营养，自然景观是培养艺术家的摇篮。

(2) 自然景观陶冶人的情操

人类生于大自然中，从自然界获取生活资料，学习技术技能，吸取精神营养。从古至今，人类在自然界中锻炼自己，在大自然中挑战体力的极限。登山运动是最具挑战的体育运动项目之一。在登山过程中，亲身穿越自然景观中的极点，体验大自然已成为现代人的时尚。大自然既考验人的毅力与耐力，也培养人类吃苦耐劳、坚韧不拔的大无畏精神，提高了人们的自身修养和素质。自然景观的和谐优美洗涤人们心灵上的污垢，陶冶人们高尚情操。古今中外的许多科学家、艺术家、思想家都十分重视自然景观对他们的影响。爱因斯坦常置身于自然中，以进入创作思维的良好状态。人们与大自然融合，激起对自然的热爱，增强保护环境和热爱自然的信念。在城市景观规划中，通过把城市文化特色反映在景观中，可体现城市主体的经济、社会、伦理、美学、环境和生态方面的价值取向，同时也给城市景观赋予深刻的文化意义，能营造良好的文化氛围，激发市民的生活热情，提高人们热爱城市、热爱自然、享受自然的情趣，并满足人们的精神文化需求。

(3) 自然景观是人类学习的源泉

自然景观是保留在地球上最为完美的生态系统的组合。人类最初的生活和耕作方式，就是从自然学习而来的。自然景观格局有较强的稳定性，为农业生产的稳定性做出了很好的榜样。效法自然景观使我们更好地规划农业生产布局，调整不同的作物搭配，实现农业生产的持续发展。城市虽然是人工产物，但同样需要引入自然景观的格局，引入自然的和谐与美；并以植被景观来反映地方特色，如棕榈科是热带植被的标志性植物，椰子树使人们想到海南风韵。白桦树是温带寒温带植物，白桦林自然让人们联想到北国风光。近年来，我国许多城市都确定了市树、市花，也是从绿化植物种类上体现地方特色的途径。科学家发现，叶脉的结构在传输能流和物流上最为经济、合理。这种结构可作为城市道路建设规划的模式加以效仿。大量引入自然斑块，效仿自然景观格局的城市布局有助于消除城市与自然的对抗，实现人类与自然的共同发展。向自然景观学习，才能实现人类的美好明天。

6.3.4.2 人文景观的文化功能

人文景观有多种定义。按 Farina(1998) 的观点，在长期的人类干扰下，景观的某些部分一直在发生变化，最后形成一个具有特殊的格局、物种和过程聚集的景观。人文景观一定是人为主导景观，其中斑块的布局、质量和功能是多年来在自然力与人类之间不断反馈的结果。它反映了人与自然界环境间的相互作用，是既可认知又不可认知的复杂现象（Plachter & Rossler，1995）。联合国教科文组织（UNESCO，1991）认为，有价值的濒危人文景观是从历史、美学、人种学或人类学的观点来看，有重要意义的文化与自然要素融合的结果；并在长时间内与自然和人类的活动之间呈现和谐的平衡，在不可逆变化的影响下，这种景观极为罕见和脆弱。

人文景观通常是由细粒斑块镶嵌而成，结构复杂。在细小的斑块内，许多自然形态的草地、林地已完全地方化，并被多种生产方式所利用，在不知不觉中渗透着当地文化和历史的内涵。如我国东北的北大荒地区为汉族移民在黑土漫岗开发活动所创造的粗粒农业景观，而在东部山区的宽谷盆地中所创造的是以水田为主的细粒结构的农业景观，这两种管理景观中体现出受不同文化习俗影响的特征。

人文景观的功能主要表现在以下3个方面：

(1) 提供历史见证，是研究历史的好教材

受人类的影响，人文景观出现其特有的物种、格局和过程的组合，如景观破碎化程度高，更为均匀，有更多的直线性结构等。这种景观相当脆弱，极易遭受破坏，必须在人为管理下才能得以维持，也必然保留了各历史时期内人类活动的遗迹。这种景观作为社会精神文化系统的信息源而存在，人类可从中获取各种信息，再经人类的智力加工而形成丰富的社会精神文化。如地中海高地景观，在历史时期内曾筑有大片梯田，后来许多农田被废弃，畜牧业有所发展，牲畜（包括鹿和野猪）的践踏破坏了某些阶地坝墙，造成水土流失和土壤养分降低。从残存的人文景观中我们很鲜明地看到两种不同人文景观的交错表现。现代考古学家研究古人类的文化，遗留的景观是最好的见证。在拉丁美洲的热带雨林里正是通过发现玛雅人遗留的城市景观，最后才证实玛雅文化的存在。现代考古学界有一项新的考古方法，就是利用航空摄影来研究地表景观的异常，现代人文景观上出现的结构异常往往是历史上人类活动的遗迹。这种方法的使用为考古学的研究增添了新的手段。

(2) 提高景观作为旅游资源的价值

随着当代经济的发展，人们从基本的生理需要发展成为自我实现的需要，旅游活动将

成为人类日常生活中不可缺少的一部分。该需要成为旅游的动机，从而构成旅游行为的层次。第一层次就是观光旅游，也可以说是景观旅游(保继纲，1996)。上海屹立东海之滨，被誉为"东方明珠"，而光彩夺目的上海东方明珠电视塔已成为上海的标志性建筑。人文景观作为旅游资源开发，其价值较单纯的自然景观高许多。世界旅游组织在《世界旅游报告》中指出，21世纪旅游市场对于文化的需求在不断增加，文化旅游正以每年10%~20%的速度增长。现代旅游已从传统的观光旅游向更高层次发展，文化旅游以其特有的文化内涵和文化氛围受到越来越多游客的青睐(林煜，2009)。我国的许多重要景点均是人文景观，很少属于单一的自然景观。如泰山、黄山、峨眉山等，之所以游人如织，一个很重要的原因就是当地保留了大量历史文化遗迹。自然景观中渗透着人文景观，形成环境优良的山地空间综合体。在我国已公布的84个国家级重点风景名胜区中，这类性质的名山约占50%(保继纲，1996)。人文景观的历史愈悠久、愈稀少，其表现出来的游憩价值应愈高。如我国的长城、埃及的金字塔等世界级的人文景观所表现出的游憩价值，对推动当地的经济发展起着不可估量的作用。

(3) 丰富世界景观的多样性

物质世界的景观丰富多彩，人文景观的出现为自然界增添了新的景观类型，丰富了景观的多样性，扩展了人类美学视野，其中宗教人文景观具有特殊的意义。不同的宗教文化在寺观园林建筑、神像雕塑和墓地安葬等各方面均具有不同的特征，反映了不同宗教各自的理想、追求、信仰及世界观。各种人为建筑景观均应是人类文化的瑰宝，有益于丰富人类的精神生活。我国的园林艺术景观以其别致、精巧的建筑，特异、淡雅的景色，朦胧的气氛为特征，对我国景观建筑的美学思想产生重大影响。

我国历史文化遗产极其丰富，具有深层次的文化、历史和美学价值，而且是景观中不可再生的景观要素，应得到有效保护，使景观既有深厚文化底蕴，又绚丽多姿。

城市是人类文化的结晶，城市的历史和文化孕育了城市的风貌和特色。城市景观不仅是城市内部和外部形态的有形表现，还包含了更深层次的文化内涵，是城市发展、积累、积淀和更新的表现。如古建筑、古迹和有使用价值的建筑，成为城市发展的历史见证和人类活动的印证。从城市的主体脉络中也同样可找到城市人文景观与城市文化发展的轨迹。如法国巴黎沿着塞纳河这条城市轴线，卢浮宫、万神庙、德方斯一直到新城，一组建筑群展示了各个历史时期的建筑风格，给人深刻的历史深厚感。因此，城市景观建设应体现文化特色和人文内涵，反映城市的经济、精神、伦理和美学价值观，表达居民对环境的认知、感知和信念，努力挖掘当地文化的精华，继承文化遗产，寻求城市文化的延续和发展，寻求景观的地方特色，营造浓郁的乡土气息。

复习思考题

1. 什么是景观生态流？它有哪些类型？其基本动力和媒介物各是什么？
2. 什么是景观过程和景观功能？什么是连续运动、间歇运动和扩张散布？
3. 景观生态流的运动方向与景观结构的空间方向有什么联系和意义？
4. 怎样度量流的运动距离？它们各有哪些应用价值？

5. 动物在景观内的运动方式有哪些？运动方式对动物分布格局有什么影响？
6. 廊道对景观生态流的影响是什么？屏障、断开和结点是怎样影响景观生态流的？
7. 山地森林对河流的作用主要表现在哪些方面？
8. 半岛交错接合地区对景观生态流的速度和方向有哪些影响？其生物多样性有哪些特点？
9. 城市景观的生产功能有哪些特点？
10. 简述景观的一般生态功能。
11. 自然景观的美学特征主要表现在哪些方面？
12. 试述自然景观和人文景观的文化功能，并说明景观文化功能与景观结构的关系。

本章推荐阅读书目

1. 傅伯杰，陈利顶，马克明等．景观生态学原理及应用（第2版）．科学出版社，2011.
2. 肖笃宁，李秀珍，高峻等．景观生态学（第2版）．科学出版社，2010.
3. 徐化成．景观生态学．中国林业出版社，1996.
4. 赵羿，李月辉．实用景观生态学．科学出版社，2001.
5. Farina A. Principles and Method in Landscape Ecology. Chapman & Hall，1997.
6. Forman R T T, Godron M. Landscape Ecology. Jonh Wiley & Sons，1986.
7. Forman R T T. Land mosaics: the ecology of landscape and regions. Cambridge University Press，1995.

第7章 景观动态变化

【本章提要】

景观总是处在某种动态变化过程中，景观变化的动力来源于多种景观生态过程和景观干扰，使景观的结构和功能不断发生变化。景观变化驱动力的种类、大小、方向和速度的不同，使景观表现出多种动态变化特征。本章以合理利用、科学保护各类景观，实现景观可持续管理为目的，系统介绍景观稳定性的概念，景观动态变化规律和基本驱动力，景观变化的常见模式，景观变化的时空尺度和效应，景观变化中人的作用和影响以及我国景观生态建设的成果。

景观变化（landscape change）是指景观的结构和功能随时间所发生的改变，以及表现出的动态规律和特征，也称景观动态（landscape dynamics）。景观总是处在某种动态变化过程中，景观变化的动力既来自于景观内部各种要素相互作用形成的多种过程，也来自于景观外部的干扰。不同的景观变化驱动力使景观表现出多种多样的动态变化特征，不断改变着景观的结构和功能。研究和掌握景观动态变化规律，是合理利用、科学保护和持续管理景观的基础。

本章阐述了景观变化中景观稳定性的概念和规律性，探讨了景观变化的时空尺度性和效应，分析了景观变化中人的重要作用和影响，总结了我国景观生态建设的思想和成果。

7.1 景观稳定性和景观变化

任何景观都处于不断的变化中，但景观又具有相对稳定性，使景观在一定时间和空间尺度上表现为特定的状态。在景观管理中，将景观稳定性作为景观变化的一个特征加以综合研究，对于掌握景观变化的规律性和保持景观的相对稳定性非常重要。

7.1.1 景观稳定性概述

7.1.1.1 景观稳定性的概念

对景观稳定性的认识多借用生态系统稳定性的概念，如 Forman(1986)把景观稳定性表达为抗性、持续性、惰性和弹性等多种概念；E. Neef(1974)把景观稳定性归结为某种惯性。与生态系统稳定性相关的概念很多，人们从不同角度形成了许多有区别的概念(刘增文等，1997；蔡晓明，2000；傅伯杰等，2001)。目前常见的有：

①恒定性(constancy)　指生态系统的物种数量、群落生活型或环境的物理特征等参数不发生变化。这是一种绝对稳定的概念，这种稳定在自然界中几乎不存在。

②持久性(persistence)　指生态系统在一定边界范围和时间段内保持恒定或维持某一特定状态。这是一种相对稳定的概念，根据研究对象不同稳定水平也不同。

③惯性(inertia)　指生态系统在风、火、病虫害及食草动物数量剧增等扰动因子出现时，保持自身恒定或持久的能力。

④弹性(resilience)　又称恢复性(elasticity)，指生态系统缓冲干扰，保持自身状态在一定阈限之内的能力。

⑤抗性(resistance)　又称抵抗力，是指生态系统在受到扰动后减少变化的能力，可用于衡量生态系统对干扰的敏感性。

⑥变异性(variability)　描述生态系统在受到扰动后，系统状态特征随时间变化的程度。

⑦变幅(amplitude)　指生态系统可被改变并能迅速恢复到原来状态的变化程度。

可以看出，生态系统稳定性包括了两个方面的含义：生态系统保持其原有状态的能力，即景观的抗干扰能力；生态系统受干扰后回归原有状态的能力，即景观的恢复能力。景观稳定性的上述各个指标，仅能反映景观稳定性某一方面的特征，并不能对景观稳定性作出全面评价。

一般可以从以下4个方面来分析和考察景观变化的趋势和景观对干扰的反应，进而对景观的稳定性作出恰当的评价：景观基本要素是否具有再生能力；景观中的生物组分、能量和物质输入输出是否处于平衡状态；景观空间结构的多样性和复杂性的高低，能否保持景观生态过程的连续性和功能的稳定性；人类活动的影响是否超出景观的承受能力。

7.1.1.2 景观的亚稳定性

生态学系统的稳定性与不稳定性是辩证统一的关系，稳定性总是暂时的，不稳定性是永恒的，不稳定性不断为产生新的稳定性创造条件。亚稳定性原理有助于说明这种关系。

亚稳定性(metastability)，是指系统受一定干扰后发生变化并达到可预测的波动状态。亚稳定性是人类和所有生命赖以生存的生态系统属性。

亚稳定性是介于稳定性和非稳定性之间的状态，也是两者的结合，具有新特性。一般亚稳定性增加，会使生态系统抗干扰能力增强。如景观演替过程中生物量不断累积，会提高景观的稳定性；而大多数外部干扰会降低景观的生物量，降低景观的稳定性。

俄罗斯山模型可以形象地说明系统的亚稳定状态(Godron & Forman, 1983; Godron, 1984)，有助于理解亚稳定性和稳定性的本质。但这种物理系统模型还不能充分反映出具

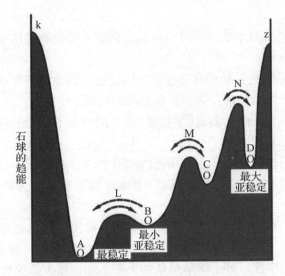

图 7-1　物理系统稳定性和亚稳定性的俄罗斯山模型
（引自 Forman & Godron，1986）

有植物光合作用、异质性结构及反馈机制的生态系统的稳定性特征。

为了进一步说明生态学系统的变化与稳定性的关系，Forman 和 Godron 用亚稳定模型（图 7-2），反映生态系统动态变化的基本特征：

①在没有干扰的情况下，随着生物量（潜能）不断累积，景观直接从 A 点向 B、C、D 点发展。当景观的生物量达到最大时，生物量趋于稳定，变化曲线呈 S 形。

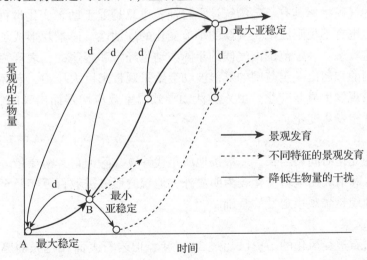

图 7-2　生态系统的亚稳定模型（引自 Forman & Godron，1986）

②污染、过度放牧或飓风等外部干扰可降低生态系统的生物量，但草地降水量和施肥量增加，或主要食草动物种群剧减，也可能使生物量增加。

③裸露岩石表面和其他物理系统是"最稳定"的，因为系统中没有生物量的改变。但随着景观发育或生物量增加，绿色植物的定植能力会使"最大稳定"景观迅速变成"最小亚稳

定"景观。

④"最小亚稳定"系统对干扰几乎没有抗性,但如果植物繁殖体很多,其在受到干扰后生物量可以迅速恢复原状。

⑤"最大亚稳定"系统对各种干扰都有较大的抗性,但通常恢复速度较慢,恢复需要的时间长短取决于干扰中生物量的损失和系统自身的特性。

⑥干扰可以在不改变其潜在能量(生物量)水平的情况下改变景观特征,可能形成具有不同特征的 S 形生物量累积曲线。

⑦亚稳定性的水平往往取决于沟槽深度(影响改变的因素)而不仅仅是潜能的大小。因此,"最大亚稳定"系统(如长期的农业系统)可通过经常投入人为能量或化石燃料而保持其亚稳定状态。

景观是由许多处于不同稳定性状态的异质景观要素构成的。稳定的景观要素类型有三类:裸露岩石和铺筑的道路,其光合表面或生物量可忽略不计,相当于图 7-2 中的 A 点,具有物理系统的最大稳定性;处于演替早期的生态系统,属于低亚稳定性景观要素,由许多生命周期较短但繁殖很快的物种组成,相对生物量较低,相当于图 7-2 中的 B 点,其恢复力较强;处于演替后期的生态系统,由生命周期较长的物种组成,如树木和大型哺乳动物,具有较高的生物量,相当于图 7-2 中的 D 点,其抗性强,属于高亚稳定景观要素。

7.1.1.3 影响景观稳定性的基本因素

景观稳定性取决于气候、地貌形态、岩石和土壤、流水和水文、植被以及干扰等基本因素的变化。

(1) 气候

特定地区的气候指标具有一定的统计学特征,也总是处于动态变化过程中。气候的变化具有周期性,也有不规则波动。气候的季节变化的周期性,使景观形成了与其相适应的机制而处于稳定状态;一定范围内气候的年际波动是经常和普遍的,表现为该地区的气候特征。但不规则的和超出一定范围的气候波动会给景观带来巨大压力,破坏景观长期形成的稳定性,使景观发生显著变化。由人类活动导致温室效应增强而出现的气候变化趋势,正在迫使景观逐步发生变化。

(2) 地貌形态

地貌形态的变化时间相当长,一般按地质年代计算。除河口、海岸带等洪冲积、海积作用活跃的地区和活火山地貌变化较为明显外,地貌的形成需数百万年乃至数千万年,一般认为稳定的地貌是景观稳定性的基础。

(3) 岩石和土壤

地球表面岩石遭受风化的历史已超过 30 亿年,但岩石表面风化壳的厚度最大不超过 150 m (非洲热带地区第三纪铝铁岩)。生成 1 cm 厚的土壤需要上千年或更长的时间,现代保留的土壤一般不超过 2 万年。在没有植被覆盖的地区,土壤的抗侵蚀力极为脆弱。撒哈拉沙漠平均每年被吹掉 1 mm 厚的细土层,而流水侵蚀对土壤的破坏更为剧烈。我国每年水土流失造成的土壤损失超过 50×10^8 t,相当于将全国耕地每年削去 1 cm,特别是黄土高原地区仅数千年的侵蚀,已经形成数百米深的沟壑。所以,在岩石大面积出露的戈壁、侵蚀剧烈的黄土高原等类似地区研究景观,土壤可能会成为景观变化极为剧烈的因素。

(4) 流水和水文

流水是景观中较为活跃的组成和影响因素。水在景观中起着连接各斑块的作用。水既是景观的组成要素，又是强大的自然干扰力量，是景观变化中最具影响力的干扰因素。水的变化很难预测，一场洪水可瞬间吞没城镇、农田，改变一个地区的景观面貌，然后又很快消失。干旱的气候使河流和湖泊干枯，新疆的罗布泊现在呈现在人们面前的就是湖水干涸后，盐分积于地表，一片白茫茫的景观。

(5) 植被

植被是景观的重要组成部分，植被变化必然导致景观变化，植被稳定性是景观稳定性的重要指标。植被的变化同样具有周期性变化和异常变化两种情况。不同植物从种子发芽到花开花落，经历1年、多年或更长时间，形成不同的生长时间节律。在没有干扰的情况下，植物群落一般呈有规律的更替，稳定性会逐步增加。这种节律变化可以认为是稳定的。在遭受某种自然或人为干扰后，植物群落的演替方向改变，形成次生演替，需要经过相当长的时间才能恢复。

(6) 干扰

自然界的干扰普遍存在的，是引起景观变化的重要动力，所以景观也可以看作是干扰的产物。景观之所以是稳定的，是因为建立了与干扰相适应的机制。不同的干扰频度和规律下形成的景观稳定性不同。如果干扰的强度很低，而且干扰是规则的，景观能建立与干扰相适应的机制，从而保持稳定性；如果干扰较严重，但干扰经常发生并且可预测，景观也可以发展起适应干扰的机制来维持稳定性；但如果干扰是不规则的，而且发生的频率很低，景观的稳定性最差。因为这种景观不能形成与干扰相适应的机制，一遇到干扰就可能发生重大变化。理论上讲，在干扰经常发生，和没有一定干扰规律下形成的景观稳定性最高。这种景观在形成适应正常干扰机制的同时也可以适应非预测性干扰。

7.1.1.4 景观稳定性的生态机制

生态系统内在的一些过程是景观稳定性的动力来源。

(1) 景观生态系统普遍存在的异质性

景观生态系统内光能通过光合作用被固定在植物生物量中，生物量的累积使斑块、廊道和本底等景观结构发生空间变化。这种系统内部异质性（包括与之有关的景观要素间的动物、植物、水、矿质养分和能量等的流动）为系统提供了固有的可塑性，可使其承受一定的环境变化，并在遭受干扰后恢复原状。

(2) 景观生态系统的开放性

景观生态系统对物种的迁出和迁入、矿质养分的输入和输出以及水的流动都是开放的。实际上，流经生态系统的流的大小常超过该系统本身的持有量。如降水能很快解除旱情；河流可疏导洪水；风携带的种子和孢子能在一夜之间定殖于不毛之地；消除蝗灾能使景观得以迅速恢复；风吹的矿质养分可使过度开垦的土地增肥；河流可带走洪水搬运的大量沉积泥沙。通过开放景观的流可增强系统的抗性，促进其恢复过程。

(3) 景观生态系统的生物进化过程

景观中的物种（植物或动物）通过繁殖能在该景观中生存下来，使其更适应该景观的生境。如果某些物种在景观受到干扰时也能生存下来并继续繁殖，那么这类物种一般对干扰具有较大的抗性，而且能繁殖抗性更强的后代，这就是生物的自然选择。自然选择的结果是，景观中保留的物种具有很强的遗传变异能力，以适应环境的变化。所以这种进化过程为景观保持动态平衡提供了抗性，并有助于景观从干扰中恢复。

7.1.2 景观变化的驱动因子及作用强度

景观格局的变化是景观内部和外部各种因素在不同时空尺度上作用的结果。影响景观变化的因素称为驱动因子或驱动力，各种驱动因子的作用强度不同，综合影响着景观变化方向和动态特征，以及景观格局的发展轨迹。掌握景观变化的规律、预测景观格局变化趋势，进而有目的地调整、构建相对稳定的景观格局，都需要了解景观变化与影响因素之间的关系，掌握景观驱动因子的类型及强度对景观变化影响的规律性。

景观变化的驱动因子一般分为自然因子和人文因子两类。景观驱动因子的作用方式不同，景观的响应也不同，需要采取不同的方法分别加以研究。

驱动因子对景观格局变化的驱动不是简单的一对一关系，而是存在一对多、多对一以及多对多等形式的关系。但对于特定的研究客体，引起景观格局变化的众多驱动因子中，有的起主导作用，有的则可以忽略。在不同的时间和空间尺度上，引起景观格局变化的主导驱动力各异，即主导驱动因子存在尺度效应。

7.1.2.1 景观变化的自然驱动因子

景观变化的自然驱动因子主要指在景观发育过程中，对景观形成和发展起作用的自然因子，主要包括地质地貌的形成、气候的影响、动植物的定居、土壤发育、水文变化和自然干扰等。

(1) 地质地貌的形成

产生地表自然地貌的主要过程有：地壳构造运动，是地壳在地球内营力的作用下表面形态不断地发生变化，形成的地貌单元有大陆块、大洋盆、山脉、平原、高原、盆地和火山等；风和流水作用，具有很强的侵蚀能力和搬运物质的能力，形成风成地貌和流水地貌；重力和冰川作用，对地表物质进行滑落、侵蚀和搬运，尤其是冰川运动可形成冰蚀地貌和冰积地貌等。

(2) 气候的影响

在气候的影响下，古老的岩石发生了巨大的变化。如石灰岩在冻融的气候条件下，极易破碎和溶解；在潮湿的气候条件下，可形成喀斯特地貌；在炎热干旱的气候条件下，以坚硬的山脊形式保存下来。从赤道向两极，在不同气候条件的影响下分别形成了赤道景观、亚热带景观、温带景观、寒带景观和荒漠景观等。

(3) 动植物的定居

动植物是从海洋蔓延并渐渐征服了陆地。在植物进化的过程中，植物群落的演替也不断改变着景观的外貌。在裸露的地表，植物以孢子的形式侵入生长，形成先锋植物，并给后续植物创造条件，经历一系列的演替阶段，直至形成与当地气候相适应的顶极植物群落。在植物群落形成的同时，也为动物的定居提供了稳定的环境条件。植物和动物的定居过程，也是岩石风化、土壤形成、地表环境形成的过程。

(4) 土壤的发育

土壤的发育反映了气候和植被的综合作用。气候决定着植被形成，而植被遮蔽土壤并提供有机质，是土壤形成的主要因素。土壤的变化有利于植被的发育，植被的变化加快了土壤的发育。不同的气候条件下，形成不同的植被类型，也形成不同的土壤类型，如热带地区的砖红壤、亚热带地区的红壤和黄壤，暖温带地区的棕壤和褐土，中温带地区的暗棕壤，寒温带地区的泰加林土等。

(5) 水文变化

水文是改变景观的重要外力，主要通过流水作用实现。流水对景观的改变主要具有3个方面的作用，即侵蚀作用、搬运作用和沉积作用。这3种作用主要受流速、流量和含沙量所表征。当流速、流量增大或含沙量减少时，流水会产生侵蚀和搬运作用；反之，当流速和流量减少或含沙量增加时，就会发生沉积作用。通过侵蚀、搬运和沉积作用，流水作用于地表而形成各种各样的地貌形态。

(6) 自然干扰

自然干扰一般指自然界存在的具有一定偶然性的改变景观的外界力量，主要是指火灾、洪水、飓风、龙卷风和病虫害等自然灾害。这些自然灾害常导致景观的大面积变化，如大面积森林火灾将森林烧毁变为草地；洪水淹没村庄和大面积的农田；飓风、龙卷风连根清除大树，席卷农庄和城镇；蝗虫暴发使农田变成一片片裸地。这些自然干扰可以在不同程度上改变景观的格局，有时发生轻微变化，短时间可以恢复；有时变化剧烈，需要漫长的时间恢复。

7.1.2.2 景观变化的人为驱动因子

随着人口的增加、技术的进步，人类作用于景观的力量越来越强，使自然景观发生的变化也越来越显著，人类所创造的人文景观也反映了人类文明进步的过程。人类对景观的影响是多方面的，一些是直接对景观发生作用，影响力非常剧烈，常在很短的时间内改变景观的基本风貌，如森林采伐与更新、荒山造林、农田防护林建设、开垦农田、水利工程和城市建设等。从总体上来说，人为驱动力的大小因人口数量、科学技术进步、土地利用政策和文化等因素的差异而不同。

引起景观变化的人文驱动因子主要包括人口数量变化、科学技术进步、经济体制变革、政策制定和文化观念改变等。

(1) 人口数量

人口数量可用人口密度(即单位面积上生活的人口数)来表示。人口密度变化是土地利用变化的重要社会驱动力。人口对景观的作用有以下3个方面：

①人口数量增长增加了人类的社会需求，促进了人类生产方式的改变和进步，使生产更加集约化，提高了生产效率，导致城市景观的形成，推动了城市化的发展。

②人口密度的分布导致一个区域的景观类型和景观要素的比例发生变化。人口密度的分布与土地利用格局有一定的对应性；人口密度与耕地比例、城镇用地比例、牧草地比例、林地比例显著相关，其中，与耕地比例和城镇用地比例为正相关关系，与耕地比例的相关系数最大。

③人口密度过大对区域和景观的生态环境产生重要影响，使人类的生存环境质量下降，如地下水污染、土壤肥力下降和大气污染等。

人口作为一个内容复杂、属性多样和综合多种社会关系的社会实体，与资源、能源、粮食、环境共同构成了当今世界面临的五大问题。对人口密度进行研究，一方面可反映人口分布的地区差异，另一方面也代表着区域经济活动的强弱程度。人口密度的时间演变和空间分布往往是研究社会经济现象及其地理规律的逻辑起点，是区域规划的重要内容和区域经济研究的重要课题。

(2) 科学技术

科学技术对景观的作用有以下3个方面：

①科学技术进步加大了人类作用于景观的范围、力度和能力，对景观格局变化的影响更为深远。科学技术所创造的巨大生产力切实地改进了物质生产方式，提高了物质生产效率，并迅速而有效地创造财富，极大地改善了人们的生产和生活状况。

②科学技术发展的不均衡导致了技术种类和发展速度的空间差异，使不同地区和区域的经济发展不平衡，形成了各类产品和物资在空间上的数量囤积和缺乏，促进了商品的流通。

③科学技术进步带来了运输革命，运输系统的长足发展，促进了社会劳动力在区域间的流动，扩大了不同空间尺度上的商品、粮食及各种物资的交流，并加速了城市人口的密集化。

(3) 经济体制

经济体制(economic system)指在一定区域内(通常为一个国家)制定并执行经济决策的各种机制的总和。经济体制通常是一国国民经济的管理制度及运行方式，是一个国家经济制度的具体形式。社会的经济关系，即参与经济活动的各个方面、各个单位、各个个人的地位和他们之间的利益关系。经济体制除了指整个国民经济的管理体制外，还包括农业、工业、商业和交通运输等各行各业的管理体制，不同企业的管理体制也属于经济体制的范围。经济体制的变革，会对景观格局产生巨大的影响，也是景观变化的驱动力量。经济体制对景观变化驱动作用如下：

①经济体制对景观变化的驱动具有间接性。经济对景观的驱动，往往通过人口、技术、政策、文化乃至经济运行模式、发展方式等体现。

②经济体制影响着景观变化的趋势。在不同的社会发展阶段，景观变化趋势不同。一般来说，在以农业生产为主的发展阶段，经济越发达，农业生态发展越好，农用地景观得到增加；在以工业生产为主的发展阶段，经济越发达，景观向建设用地方向发展的趋势越明显；在以服务业或后工业化为主的时期，经济越发达，建设用地有减少的趋势。

③经济体制对其他景观驱动因子有重要影响。如经济对人口有明显的聚集作用，经济越发达的地区，人口数量越多；经济发展促进了技术进步，而技术进步加速了景观变化的速率；经济发展的走向，也影响着政策的制定；经济同样影响着文化，改变着人的认知与思想。

(4) 政策制度

国家政权机关、政党组织和其他社会政治集团为了实现自己所代表的阶级、阶层的利益与意志，以权威形式标准化地规定在一定的历史时期内，应该达到的奋斗目标、遵循的行动原则、完成的明确任务、实行的工作方式、采取的一般步骤和具体措施。政策是国家或者政党为了实现一定历史时期的路线和任务而制定的国家机关或者政党组织的行动准则。

政策制定会影响一定区域、国家和国际的人口状况和技术发展，从而影响土地利用和景观的变化；国际贸易、国家之间的关系，国际财政体系以及非官方的世界性组织等可能决定着土地利用的总体方向；国家的政治、经济体制和决策因素可以直接影响土地变化，还可以通过市场、人口和技术等因素影响土地现状；地方政策的实施会直接导致当地土地利用的调整、破碎或完全变化。如我国开发北大荒、西部大开发、退耕还林等政策显著地改变了宏观景观格局，很多国际案例研究也证明了政策和立法的重要意义。

(5) 文化思想

文化主要包含器物、制度和观念3个方面，具体包括语言、文字、习俗、思想、国力等，客观地说文化就是社会价值系统的总和。文化与文明密切关联。广义上的文化指所有人类的活动。

文化因素被公认为是最复杂的驱动因子，主要包括态度、信仰、规范和知识等。同一地区文化演替较为缓慢，较难发现文化因子的作用，但在不同区域景观格局变化的比较研究中，研究者大多可以意识到文化的影响。文化从驱动机制上，对土地利用的作用可分为直接影响与间接影响。文化对土地利用的直接影响主要包括公众意见、思想体系、法律和知识等；文化对土地利用的间接影响主要包括文化对人口增长和城市化的影响，文化对消费和需求的影响，文化对社会运动的影响等。

7.1.2.3 作用强度与景观变化

景观变化动力的不同作用强度会使景观产生不同的变化结果，一个景观发生不同程度的改变或被另一个景观所替代，是在景观变化作用力的一定影响强度下产生的。由于景观自身的弹性，作用力的大小对景观产生不同的影响。图7-3说明不断增大的作用力对景观变化的影响：

①弱度干扰　低强度的作用力会使景观发生波动，即较小的环境变化可能导致景观特性发生变化，但仅仅是围绕中心位置波动，景观仍处于平衡状态。

②中度干扰　干扰停止后景观可恢复到原来的平衡状态，如干旱使土地干枯，河水断流。如果气候变为正常，景观开始恢复，但速度不一。

③强度干扰　使景观产生新的平衡，作用力大于某一阈值N，景观不能再恢复到原来的平衡状态。如多年干旱，人口迁移，景观要素比例发生变化。景观达到一种新的动态平衡，但仍保持着恢复原状的能力。这是由于景观中物种的变化，景观恢复后往往对干扰具有更大抗性。

④极度干扰　导致景观替代，当作用力超过R时，原有的景观被新的景观替代，如乡村变为城市；但被另一景观代替后，仍有恢复的可能。这是由于土地依然存在，原来景观的一些特征还保留着，如发展灌溉农业可破坏沙漠景观，切断水源又能将农业景观破坏。

景观变化的速率有快有慢，规模有大有小，是一个渐进的过程。但一个景观变成另一个景观总需要判别的标准或条件。Forman认为，一个景观是否已经发生根本性变化，变成另一个景观，可以从3个方面来判断：某一不同景观要素类型以景观取代原来的本底成为新的本底；几种景观要素类型所占景观面积的百分比发生了足够大的变化；景观内产生一种新的景观要素类型，并达到一定的覆盖范围。

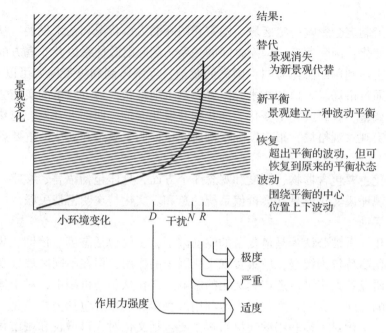

图 7-3　不断增大的作用力对景观的影响(引自 Forman & Godron，1986)

7.1.2.4　景观变化的驱动机制

（1）驱动因子的相互作用

在同一个地区，各驱动因子的驱动作用并不是独立的，而是通过相互作用来共同影响景观格局的变化。如社会经济因子表现为政治程序、法律、政策等形式，因此与政治因子具有很强的内在相关性；城市化不仅直接导致土地覆被变化，而且会通过城市热岛效应带来区域气候变化，引起景观格局改变；气候的长期变化可能造成土壤理化性质的变化，农业政策与生态保护政策的相互影响等。因此，在识别出特定景观过程的主导驱动因子后，需要进一步探究它们与景观格局演变之间的复杂关系，即驱动机制。

（2）驱动机制识别

景观演变驱动力系统是由若干驱动力因素组成的具有一定新功能的有机整体，它具有各独立驱动力不具有的性质和功能。因此，需要应用系统论的观点和方法综合考察其整体与部分和结构与功能的关系。以全球化为例，全球化造成了地方土地利用多样性的降低，已经成为景观格局变化的主要驱动因素，但这种驱动作用在不同地区的机制差异很大。Kull 等识别出了全球化对土地覆被影响的 4 种主要机制：国际贸易机制、劳动力迁移机制、环境保护理念的地方化机制和旅游业发展机制等。有学者总结了森林景观格局变化的 5 种驱动机制，即森林稀缺机制（由于森林减少及其继发的洪水、水土流失等引起政府或个人的重视，进而制定政策或改变行为的驱动机制）、森林政策机制（为发展经济或少数民族融合、发展旅游、吸引外资、绿化、控制边疆等制定政策的驱动机制）、经济发展机制（生产率提高、城市化加剧的驱动机制）、全球机制和小农土地利用集约化机制。Lambin 等在此基础上提出了解释景观格局变化驱动机制的一般框架：社会—生态系统负反馈机制和社会—经济系统变化机制，并据此框架分析了 1992—1999 年越南景观格局的改变。当前，理清社会经济因子对土地利用和景观过程影响机制的需求相对迫切，包括体制变革如何影响具体的土地利用行为；经济发展如何影响土地覆被变化过程；国际性协定、国家环境与国土政策怎样在宏观尺度上影响景观格局等。

(3) 驱动系统自适应性

多数景观格局具有自适应性，因此相应的景观过程是有路径依赖的。景观目前的状态和变化轨迹不仅依赖于当前的驱动力，还依赖于其发展历史。正是由于这种路径依赖，景观过程对于引起其演变的驱动因子的反应存在时滞现象，并且景观格局本身会产生自适应现象和对驱动因子的反馈作用。值得注意的是，景观格局的持续稳定并不意味着没有驱动力存在，而很可能是各个驱动力互相制约和抵消，或者是景观格局自适应的结果，如牧草地的合理放牧对维持其景观格局的稳定意义重大。

7.1.3 景观变化的一般规律和空间模式

在现实景观中，由于有类似的动力机制的景观变化，表现出一些共同的规律和变化过程，具有共同的空间模式。景观变化和景观破碎化空间过程是密切相关的。干扰往往是景观变化的动因。

7.1.3.1 景观变化的一般规律

描述景观变化过程和趋势的属性指标可以是景观生产力、总生物量、斑块的形状、斑块大小、廊道的宽度、本底孔隙度、生物多样性、网络发育特征、营养元素含量、演替速率和景观流等景观特征值。通过对景观参数随时间变化在适当尺度上作图，可以确定景观变化趋势、变化幅度以及变化是否规则。

不同类型的景观、处于不同外界自然环境下的景观和处于不同人为管理下的景观，它们的变化方式、方向和过程都有很大的差异。但从探讨和掌握景观变化总体趋势的要求来看，景观变化的总体趋势可由3个独立参数来描述：变化的总趋势（上升、下降和水平趋势）；围绕总趋势的相对波动幅度（大范围和小范围）；波动的韵律或节律（规则和不规则）。

Forman 和 Godron(1986) 根据这3个参数将景观变化归纳为12种基本类型，作为景观变化的一般规律（图7-4）。

在12种景观变化类型中，变化呈水平趋势、规则波动的景观属于稳定景观（图7-4中的 LT – SRO 和 LT – LRO）。景观变化呈上升或下降趋势，但波动是规则的、可预测的，则景观处于亚稳定状态（图7-4中的 IT – SRO、IT – LRO、DT – SRO 和 DT – LRO 曲线）。如果景观参数的波动是不可预测的不规则波动，则景观处于不稳定状态（图7-4中的 LT – SIO、LT – LIO、IT – SIO、IT – LIO、DT – SIO 和 DT – LIO）。

7.1.3.2 景观变化的空间模式

不同的景观变化驱动因素会有相对应的空间过程，而空间过程往往会形成特定的空间模式。从景观所具有的空间模式可以找出景观变化的原因，也可以成为改变景观格局的手段。

(1) 景观变化空间模式的常见类型

不同干扰因素和干扰方式所产生的景观空间格局变化是不同的，可归纳为多种景观变

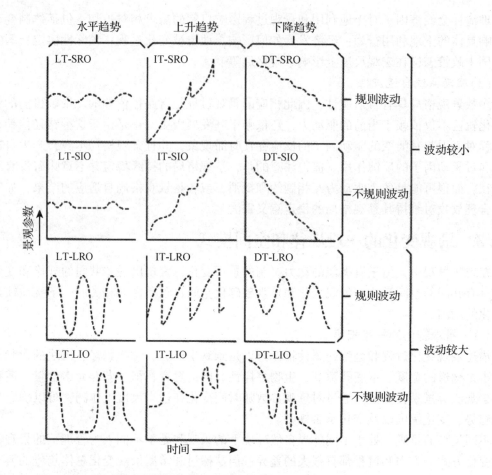

图 7-4 景观随时间变化的一般规律（引自 Forman & Godron，1986）

化空间模式。景观变化的空间模式主要有 6 种类型（图 7-5）。

①边缘式（edge pattern） 指新的景观类型从一个边缘单向地呈平行带状蔓延。景观变化从一个边缘开始。对于大斑块属性来说，边缘模式最好。边缘模式连接性好，没有穿孔、分割或破碎化过程。边缘模式也有生态上的缺点，如在变化到一种新景观类型的过程中，没有小斑块或廊道，边界最短，有新的大斑块产生，但新的大斑块易受风蚀或水蚀。另外，随着长宽比的增加，原来的土地类型变成了矩形。

②廊道式（corridor pattern） 指新的廊道在开始时把原来的景观类型一分为二，从廊道的两边向外扩张。廊道模式对于大斑块来说有其生态局限性。

③单核心式（nucleus pattern） 指从景观中的一点或一个核心处蔓延，是较好的空间模式。

④多核心式（nuclei pattern） 指从景观中的几个点蔓延，如居民点或外来物种的侵入。多核心式也是较好的模式，但原来的土地类型随着时间的推移在厚度方面缩小，缺少边缘模式所具有的内部生境。

⑤散布式（dispersed pattern） 指新的斑块广泛散布。散布模式会过早地丧失所有的大斑块是生态学上最差的一种模式。

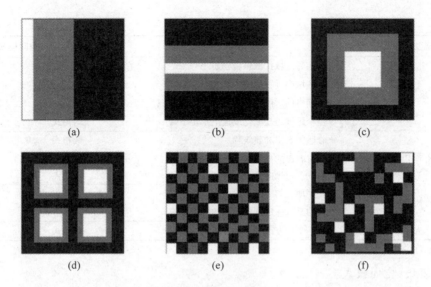

图 7-5　景观变化的空间模式（引自 Forman，1995）
(a)边缘式　(b)廊道式　(c)单核心式　(d)多核心式　(e)散布式　(f)随机式
■ 原始土地类型　　□ 10%转换成新土地类型　　▨ 40%转换成新土地类型

⑥随机式(random pattern)　指新的斑块呈随机分布状态，生境丧失的速度低于多核心式和散布式。

除以上 6 种模式外，还有均匀式、瞬间式、网状式和选择性的带状式等不常见类型。

(2) 景观变化的空间过程对空间模式的影响

景观变化的空间过程与景观变化的空间模式有关(表 7-1)，如穿孔过程多出现于散布模式中，同时在单核心和多核心模式中也出现。分割过程和破碎化过程多出现在廊道模式中，所有的模式中都有缩小过程，并在最后阶段才有消失过程出现。只有随机模式中才会出现这 5 个空间过程。

表 7-1　土地转化中变化的空间模式

景观变化原因	变化的干扰方式	空间模式
森林砍伐	从一个边缘开始向里砍伐	边缘式
	从中心的一个砍伐带向两边扩张砍伐	廊道式
	从一个新的砍伐道扩张砍伐	单核心式
	从几个分散的砍伐道扩张砍伐	多核心式
	选择性的带状砍伐	选择性的带状模式
城市化	从相邻城市向外同心圆式环状扩展	边缘式
	沿远郊交通廊道发展	廊道式
	从卫星城镇扩展，包括充填式发展	多核心式
	从城市向外不同时的冒泡式发展	边缘式
廊道建设	在新的区域修建公路或铁路	廊道式
	在新的区域修建灌渠	廊道式

(续)

景观变化原因	变化的干扰方式	空间模式
荒漠化	从相邻区域扩散颗粒物质	边缘式
	从区域内过牧的地方扩展	多核心式
	个别事件所产生的大量堆积物的堆积	瞬间式
	整个区域的盐渍化或地下水位下降	均匀式
住宅区扩张和农业发展	分散的农田和建筑物	散布式
	没有农田的村子	多核心式
	从景观边缘向外的扩展	边缘式
植树造林	废弃地上的小分散斑块	散布式
	大的具有一定几何形状的种植斑块	多核心式
火烧	从一个地方或多个地方传播的大火	瞬间式

资料来源：Forman, 1995。

(3) "颌状"空间模式

"颌状"模式(jaws model)，又称为"口状"模式(mouth model)，是一种较好的景观变化模式(图7-6)。与边缘模式相比，颌状模式在生态学上有3个优点：一直维持原来的方形生境斑块，尤其是在镶嵌序列的最后阶段；廊道连接性得到加强，小的残余斑块在新的土地类型所构成的区域中起到物种的"踏脚石"作用，廊道和小斑块使大片而连续的新土地类型所产生的负作用最小；颌状模式很明显地增加了边界长度，为多生境物种和边缘物种提供了更多的生境。

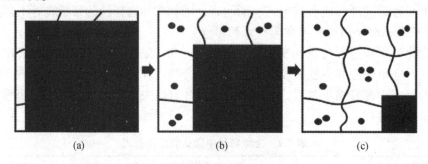

图7-6 景观变化的颌状模式(引自 Forman, 1995)

(a)、(b)、(c)表明土地变化的3个阶段，分别表示有10%、50%和90%的黑色的土地类型变化为白色的土地类型。图中的点表示小斑块，曲线是廊道

7.1.3.3 景观破碎化

景观破碎化是景观变化的一种重要表现形式，更多地用来描述自然植被景观的变化和作为大型生物生境景观的变化。

景观破碎化过程是指景观中景观要素斑块的平均面积减小、斑块数量增加的景观变化过程。景观破碎化的原因大多来自景观外部的人为和自然干扰。破碎化过程取决于人类的生产活动和人类对土地的利用，如公路、铁路、渠道、居民点的建设，大规模的垦殖活动，森林采伐等加剧了景观的破碎化过程，对当地的生物多样性、气候以及水平衡等均带来巨大影响。

(1) 景观破碎化的生态效应

景观破碎化过程对景观的主要作用有 4 个方面：

① 景观的破碎化过程是降低生物多样性最重要的过程之一。该过程以惊人的速度在全世界蔓延，降低了森林覆盖率和天然草场面积。

② 植被的破碎化能形成不同的景观格局，给景观生态过程带来不同影响。若碎块的密度降低，斑块孤立度呈几何级数增长，受到周围本底的影响更大。

③ 景观的破碎化使斑块对外部干扰表现得更加脆弱。如风暴和干旱，威胁这些斑块的存在和物种多样性的保持。

④ 破碎化对许多生物物种和生态过程均有负面影响。破碎的斑块愈小，种群密度降低程度愈大，灭绝的速率愈大。景观的破碎化意味着地理学上的隔离，物种灭绝之后再定殖的概率取决于主要核心区与碎块间的距离，以及周围生境的质量。

景观破碎化的程度与干扰的强度关系密切。随着干扰强度的增加，景观趋于更加破碎化。当干扰超过一定强度时，许多种景观要素类型(或生态系统)退化或消失，景观破碎化程度开始降低，景观的性质发生改变。如在森林景观中小面积的皆伐，可以形成采伐迹地斑块，使森林景观破碎化程度增加；如果进行大面积皆伐，将森林采光，取而代之的是以采伐迹地为主的景观，破碎化程度又降低，但景观属性已经发生根本性变化。

景观破碎化的程度还与人类活动的范围和时间有关。如在黄河南侧以大面积的人类建设活动为主，居民点集中，大型平原水库的增建，大范围的垦殖活动与残余大面积的自然景观的存在，导致斑块密度小，景观破碎化程度低；而黄河北侧正好相反，分散的小面积垦殖造成斑块密度大，景观破碎化程度高。

景观破碎化是一种动态过程，在一定程度上是可逆过程。人与自然干扰造成了景观的破碎化，而植被的恢复可减轻破碎化，某些物种的定殖也能减少破碎化的影响。

(2) 景观破碎化的空间过程

在自然干扰和人类活动的作用下，景观破碎化一般要经历 5 个空间过程(图 7-7)。

① 穿孔(perforation) 指在大面积景观要素单元中，在外力作用下形成小面积斑块的

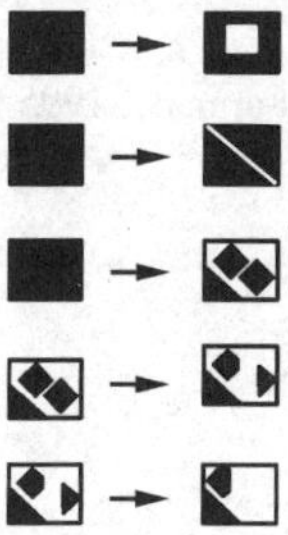

空间过程		斑块数量	斑块平均大小	总的内部生境	区域中的连接性	边界总长度	生境丧失	生境孤立
■→□	穿孔	0	-	-	0	+	+	+
■→◣	分割	+	-	-	-	+	+	+
■→◆	破碎化	+	-	-	-	+	+	+
◆→◆	收缩	0	-	-	0	-	+	+
◆→◣	磨蚀	-	+	-	0	-	+	+

图 7-7 土地转化中的主要空间过程及其对空间属性的效应

(引自 Forman，1995)

+ 表示增加， - 表示减少，0 表示无变化

过程，是景观破碎化的最普遍的方式。如一大片林地由于伐木而产生的空地和大面积森林中小面积强度火烧形成的火烧迹地等。

②分割（dissection） 用宽度相等的带来划分一个区域，形成几个较小斑块的空间过程。如我国三北地区的防护林网格，大面积人工林中开设的防火生土隔离带等。

③破碎化（fragmentation） 将一个生境或土地类型分成小块生境或小块地的过程。显然，分割是一种特殊的破碎化。需要指出的是，这里的破碎化是狭义的理解，而广义的破碎化把这5个过程全包括在内。分割和破碎化的生态效应既可以类似，也可以不同，主要依赖于分割廊道是否是物种运动或所考虑过程的障碍。

④收缩（shrinkage） 或缩小，在景观变化中很普遍，它意味着研究对象（如斑块）规模的减小。如林地的一部分被用于耕种或建房，残余的林地就会缩小。

⑤磨蚀（attrition） 或消失，是景观中破碎化形成的斑块，被重复破坏而消失的过程。

在开始阶段，穿孔和分割过程起重要作用，而破碎化和缩小过程在景观变化的中间阶段更重要，磨蚀过程是景观变化的最后阶段。

这5种景观破碎化的空间过程对生物多样性、侵蚀和水化学等生态特征均具有重要的影响，但在景观变化过程中这5种过程的重要性不同（图7-8）。穿孔、分割和破碎化既可以影响整个区域，也可以影响区域中的一个斑块。缩小和消失过程主要影响单个斑块或廊道。景观中斑块的数量随分割过程和破碎化过程而增加，随着消失过程而减少。内部生境的总数量随着这5种过程而减少。整个区域的连接性随着分割过程和破碎化过程而降低。

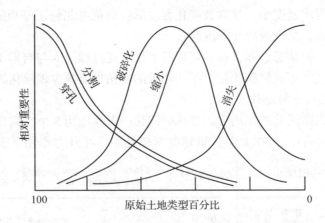

图7-8 土地转化不同阶段中5种空间过程的重要性（引自 Forman，1995）

7.2 景观变化的时空尺度

由于景观的时空尺度性，景观变化对时空尺度的依赖性很强，人类必须在一定的时空尺度上才能感知景观特征的变化，认识景观变化的规律性。

7.2.1 景观变化的尺度等级

景观生态学研究中的尺度包括空间尺度(spatial scale)、时间尺度(temporal scale)和组织尺度(organizational scale)。尺度等级往往与生物系统的等级结构相对应,从叶片、树木、林窗(gap)、斑块、景观到区域,不同等级水平上系统的空间和时间尺度大小都不一样(图7-9)。如树木的生长过程一般发生在平方米的空间尺度和年的时间尺度上;景观的动态过程发生在平方千米的空间尺度和百年以上的时间尺度上;区域上的变化需要数万平方千米的空间尺度和数千年乃至万年以上的时间尺度。

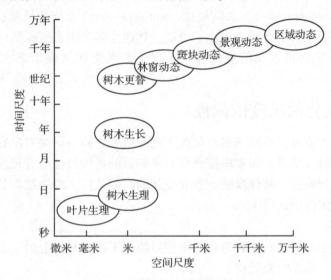

图 7-9 不同等级系统的时空尺度

德尔考特将景观变化划分为4个尺度域等级:

①微尺度域(micro-scale dominion) 时间期限为 1~500 年,空间范围为 $1 \sim 10^6 \, m^2$。在这一尺度范围内包括某些干扰活动(火灾、风倒和皆伐等)、地貌过程(土壤蠕变、沙丘的移动、废渣堆的坍塌、冲积物的传输和沉积)、生物过程(动物种群的循环周期、森林中林窗相的置换和土地废弃后的演替)以及在森林景观破碎化过程中生态交错带的增加和廊道有效性的改变等(这里的景观微尺度域应属于景观要素范畴)。

②中尺度域(mesa-scale dominion) 时间期限 500~10 000 年,空间范围为 $10^6 \sim 10^{10} \, m^2$。时间段包括最后一次间冰期,空间范围包括在二级河流以上的流域。在此期间出现了人类文明的进化。

③大尺度域(macro-scale dominion) 时间期限为 $10^4 \sim 10^6$ 年,空间范围为 $10^{10} \sim 10^{12} \, m^2$。此期间出现了冰期和间冰期循环,发生了物种的形成与灭绝。

④超尺度域(mega-scale dominion) 时间期限为 $10^6 \sim 4.6 \times 10^9$ 年,空间范围大于 $10^{12} \, m^2$。此期间发生地壳板块构造运动等相互作用的地质事件。

景观生态学研究基本上对应着中尺度的范围,从几平方千米到几百平方千米,从几年到几百年,主要反映景观内地表结构的分异;区域生态学的研究则往往进入大尺度的范畴,主要反映大气候的差异。景观和区域生态学均属于宏观生态学研究范畴。

长期生态研究是将时间尺度扩展到数年、数十年或一个世纪以上来研究景观的生态过程，用于揭示景观变化的趋势及其因果关系。生态过程的因果之间或对自然生态系统的干扰及其引起的生态反应之间的时间间隔常超过1年，在很长一段时间才能看出变化。所以，许多生态过程需要经过长期连续观测才能了解其变化规律，如人为干扰后土地类型的变化。

长期生态研究的空间尺度可以从数平方千米的生态系统及景观水平到几十平方千米甚至几百平方千米的区域水平，可一直到跨洲、跨大陆的全球水平。长期生态研究在空间尺度上分为6个层次：小区尺度（plot scale）、斑块尺度（patch scale）、景观尺度（landscape scale）、区域尺度（region scale）、大陆尺度（continent scale）及全球尺度（global scale）。生态网络研究为这些层次的生态研究提供了可能，在建立多个生态监测站（点）基础上，通过长期的连续观测、数据积累和信息传输，实现生态系统和景观生态水平上的长期生态研究。

7.2.2　景观变化的尺度依赖性

不同的研究对象需要在不同的时空尺度上进行研究，同一研究对象在不同的时空尺度上也会得出不同的研究结果，需要根据研究对象和目的选择最佳研究尺度。景观变化研究对尺度具有很强的依赖性，具体反映在景观变化的时滞效应、斑块结构的属性、交错带的确定以及干扰和稳定性的认定上。

7.2.2.1　时滞效应

景观生态过程的因果之间或者对自然生态系统的干扰及其引起的生态响应之间常有一个明显的时间间隔，称作时滞效应。

景观的某些生态过程非常缓慢，短期研究这些生态过程似乎是静止的，以致常低估了这些变化，无法揭示其因果关系和变化趋势。了解生态过程需要长期的观测才可完成。景观生态过程之所以产生时滞效应，主要有以下6个原因：

①某些生物和物理过程需要时间，如生物量的积累；
②环境虽然改变，但原来的生物量或其他生态过程的残余影响仍然存在；
③物质、能量及有机体在不同景观单元之间的运移需要时间；
④引发一个生态过程或事件的几个必要条件很少同时发生；
⑤由一系列因果关系引发的事件增加了生态过程的反应时间；
⑥在空间上景观尺度的扩展，增加时滞效应。因为尺度越大，生态过程会越复杂，相应的生态过程反应时间也会增加。

7.2.2.2　景观结构与尺度

在不同尺度上，对景观结构和格局以及景观单元的空间属性分析结果有显著的不同。

(1) 尺度对斑块数量的影响

尺度变换不仅影响斑块大小和形状，还影响景观的斑块数（表7-2）。在尺度变换分析过程中，尺度不超过100 m时，构成景观的斑块数量最大（1794），尺度增大后斑块数量减少。当尺度不超过100 m时，景观中的包含狭长部位的斑块失去连接，被分成多个小斑块，是斑块数量增加的根本原因。当尺度大于100 m后，景观中的小斑块大量合并，因而

表 7-2 不同尺度上的斑块属性

分辨率(m)	30	50	100	200	400	800	1 600
斑块数	1 518	1 610	1 794	1 614	1 157	388	160
平均斑块面积(km^2)	4.11	3.88	3.48	3.86	5.38	15.92	38.22
最大斑块面积(km^2)	325.49	325.74	322.21	318.51	296.69	444.81	492.33
最小斑块面积(km^2)	0.014	0.004 5	0.01	0.03	0.12	0.41	1.88
平均周长面积比值	9.53	11.29	12.06	9.23	5.67	2.88	1.44
最大周长面积比值	34.86	80.96	49.64	26.12	13.48	7.10	3.33
最小周长面积比值	0.74	0.74	0.77	0.79	0.63	0.46	0.37

斑块数减少。

(2) 尺度对斑块形状的影响

随着尺度的增加,最大、最小和平均斑块周长面积比值减小。随着尺度的增加,周长面积比值大的斑块,其面积的变化率大。但有些周长面积比值大的斑块的面积变化率较低,是因为同类型的小斑块呈聚集分布,在尺度变换中,相互合并形成了较大的斑块。

当尺度小于或等于 100 m 时,景观形成新的多个小斑块,使平均周长面积比值增加。由于尺度为 50 m 时形成的最小斑块面积最小,因而出现与其对应的最大周长面积比值。当尺度大于 100 m 时,景观中周长面积比值大的小斑块大量消失,因而平均周长面积比值减少。斑块周长面积比值的减少,表明构成景观的斑块形状与景观类型之间的空间关系趋于简单。

(3) 尺度对斑块面积的影响

景观是由空间上镶嵌分布的斑块构成的,在尺度变换过程中,不同大小的斑块具有不同的变化方式,而斑块的变化又决定着景观的其他空间特征。

从尺度变换的整个过程来看,小斑块的面积变化率大于大斑块。但小斑块有两种变化方式,当小斑块零星分布时,在尺度变化过程中可溶入其背景景观,其面积变化率大;而另一些聚集分布的同类小斑块,相互合并形成了较大的斑块,其面积变化率不大。尺度变换分析中,小斑块的消失或合并,均直接影响其镶嵌在内的大斑块的面积。总体来看,随空间尺度增加,斑块面积变化率增加,景观中最大、最小和平均斑块面积增加。

(4) 尺度对景观要素类型面积的影响

构成景观的斑块面积变化决定了景观单元类型的面积变化(表 7-3)。随着尺度的增加,各景观单元类型的面积都有不同程度的变化,如廊道面积减小,廊道狭窄的部分消失,较宽的部分形成孤立的斑块;居民点的面积减少,主要融入耕地类型,耕地面积相应增加。尺度为 100 m 时,各景观类型尤其是廊道的面积变化不明显;当尺度大于 100 m 或小于 400 m 时,河流和水渠等廊道的面积变化大,而其他类型的面积变化不大,表明景观丢失廊道的空间信息;当尺度大于 400 m 时,各景观类型面积变化较大,表明尺度为 100 m 和 400 m 处或其附近有一个尺度分析阈值。

表 7-3　不同分辨率条件下的部分景观要素的面积　　km²

景观类型	分辨率(m)						
	30	50	100	200	400	800	1 600
盐地碱蓬盐土高潮滩涂	290	290	291	287	281	280	267
旱作盐化潮土河成高地	722	722	725	741	771	834	920
杂类草盐化潮土河成高地	64	64	61	56	39	20	11
刺槐盐化潮土河成高地	4	4	4	5	5	8	0
河流	125	124	115	107	74	39	26
居民点	142	141	140	138	122	78	27

资料来源：布仁仓等(1999)，有删节。

7.2.2.3　生态交错带与尺度

生态交错带的确定与监测在相当程度上依赖于尺度水平。在这一尺度上可以辨明的交错带在另一尺度上可能模糊不清。如全球范围内可明确确认的海陆交错带在小尺度上因分辨率太细而难以监测出来；反之亦然。某些大尺度上反映的交错带(如海陆交错带)本身又是一个由低尺度水平上各种景观要素和相应的交错带组成的景观镶嵌体。

不同尺度水平上生态交错带的特征及功能作用不同。如小群落间交错带形成和维持的因素主要是小地形等微环境条件，而地带性植被交错带主要是大气环境条件。一些中小尺度的环境变化，如群落动态、干扰、小环境变化等，可能对群落的结构、功能和稳定性具有重要影响，而大尺度的环境变化影响不大。但是，对于全球气候变化的响应，后者则十分敏感。

在时间尺度上，海陆交错带这一地质历史过程的产物，在大的时间尺度上(上千年、上万年)是稳定的。但从地质年代超大时间尺度上考虑，包括海陆交错带在内的所有的交错带都是短暂和不稳定的。

7.2.2.4　干扰与尺度

对干扰的定义取决于研究尺度的差异。如生态系统内部病虫害的发生，可能会影响物种结构的变异，导致某些物种的消失或泛滥。对于种群来说，这是一种严重的干扰，但由于对整个群落的生态特征没有产生显著影响，从生态系统的尺度来看则是一种正常的生态过程。同样，对生态系统构成干扰的事件，在景观尺度上可能是一种正常波动。图 7-10 为寒冷地区不同频率干扰在空间尺度上的反映。

在自然界，干扰的规模、频率、强度和季节性与时空尺度密切相关。通常规模较小、强度较低的干扰发生频率较高；规模较大、强度较高的干扰发生周期较长。前者对生态系统的影响较小，后者影响较大。

7.2.2.5　景观稳定性的时空尺度

景观稳定性的尺度问题包括时间尺度和空间尺度。

(1) 景观稳定性的时间尺度

景观稳定性是一个相对的概念，任何景观都是连续变化中的瞬时状态，这些状态可以看作时间的函数，景观的稳定性取决于观察景观时所选定的时间尺度。评价景观是否稳定

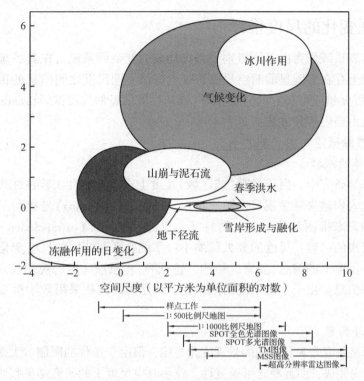

图 7-10　寒冷地区不同频率干扰在空间尺度上的反映

首先要确定一个时间尺度，即变化速率，当景观的变化速率大于确定的运动速率时，就认为景观失去了稳定性；当景观的变化速率小于确定的运动速率时，就认为景观是稳定的。由于景观与人类的生活密切相关，人们观察景观的变化只是在其有限的生命周期中，所以，景观动态研究尺度应以人的生命周期作为参考，在 100 年左右的时间间隔内，如果观察到的景观有本质的变化，就可以认为景观失去了稳定性。

（2）景观稳定性的空间尺度

景观稳定性实际上是许多复杂结构在斑块水平上不断变化与景观水平上相对静止的统一（Farina，1998）。这种稳定性又称为景观的异质稳定性（meta-stability）。流域尺度上河岸植被的稳定性比沿河道各段的局部植被高，这就是异质稳定性的体现。小尺度上景观要素组成和结构的变化较快，而大尺度上的景观变化较缓慢；小尺度上的剧烈波动，可能在较大尺度上被异质景观格局吸收。这种规律存在于绝大多数景观中。当然，一些景观战略点上的变化也可能在较大尺度上被放大，导致景观整体的剧烈变化。

长期研究表明，不同生态系统的空间配置会影响景观的稳定性，同时也影响组成景观的生态系统的许多特性。毫无疑问，景观变化对生态系统过程的影响十分重要，当景观受到外界干扰时（如酸雨和气候变化），生态系统将出现波动。景观的抗性强，生态系统的波动较小；景观的抗性弱，生态系统的波动大。景观尺度上的变化也可以指示生态系统的变化，如侵蚀和沉积等地理过程形成的不同地表形态，对某些生物地球化学过程和生物种群的动态产生深刻影响。

7.2.3 景观变化的尺度推绎

地球上的地表系统作为由不同级别子系统构成的复杂巨系统,在其系统内的不同层次和不同运行周期上存在着明显的时空尺度特征。探讨不同尺度之间信息的传递规律,通过已知尺度(人类可度量或可获取的)信息获取未知尺度信息的尺度推绎(scaling)研究,是景观生态学研究的重要内容和方法。

7.2.3.1 尺度推绎概述

(1) 尺度推绎的概念

在景观生态学研究中,由于景观(或区域)尺度上进行控制性实验往往代价高昂或无法进行实验,因此人们越来越重视尺度转换技术。尺度推绎(scaling)是指利用某一尺度上所获得的信息和知识来推测其他尺度上的特征,也称尺度外推(extrapolation)。在这一过程中,包含3个层次的内容:尺度的放大或缩小;系统要素和结构随尺度变化的重新组合或显现;根据某一尺度上的信息(要素、结构、特征等),按照一定的规律或方法,推断其他尺度上的问题和信息。由于生态系统的复杂性,尺度推绎往往采用数学模型和计算机模拟作为其重要工具。

(2) 尺度推绎的意义

景观生态学是研究宏观和长期的景观变化规律,但由于条件的限制,大多数研究依然在小范围和短时间内完成,而且缺乏可重复性。较小时空尺度上的研究结果很难说明较大时空尺度上的格局和过程。由于大多数环境和资源管理问题发生在大、中尺度上,而且需要在相应的尺度上解决,所以必须把小尺度上的格局和过程与大尺度上的格局和过程联系起来,以便通过小尺度上的研究探讨大尺度问题的解决途径,尺度推绎就成为解决上述问题的有效途径。

(3) 尺度推绎的分类

按照尺度推绎的方向不同,分为尺度上推(scaling up 或 upscaling)和尺度下推(scaling down 或 downscaling)。前者是指将小尺度的信息推绎到大尺度上的过程,是一种信息的聚合(aggregation);后者是将大尺度上的信息推绎到小尺度上的过程,是一种信息的分解(disaggregation)。

按照构建尺度推绎模型的过程不同,可分为显式尺度推绎(explicit scaling)和隐式尺度推绎(implicit scaling)。显式尺度推绎是在数字集成或综合分析的基础上,在时间和空间尺度上对"局部"模型("local" model)的响应进行尺度上推。隐式尺度推绎是指针对特定的环境条件,在模型构建过程中就将与尺度有关的特征要素考虑在内,这样模型本身就体现了对模型时空粒度(temporal and spatial grain of the model)进行尺度转换的系统过程。

按照尺度推绎所依据的时空维度不同,还可分为空间尺度推绎(scaling in space)和时间尺度推绎(scaling in time),前者指在空间范围上进行,后者指在时间幅度上开展。

7.2.3.2 尺度推绎方法

尺度推绎方法通常可以分为相邻尺度推绎和跨尺度推绎两类。相邻尺度推绎是指在相邻尺度上的信息转换。利用生态学模型进行尺度上推主要有简单聚合法(lumping)、直接外推法(direct extrapolation)、期望值外推法(extrapolation by expected value)和显式积分法(explicit integration)4种基本方法(King,1991)。邬建国(1999)提出了等级斑块动态尺度推绎策略。

(1) 简单聚合法

简单聚合法是尺度上推中最简单的方法，它是通过同时增加模型的粒度和幅度，利用小尺度上的变量或参数的平均值来推出大尺度上的变量或参数平均特征。这种方法是假设小尺度模型中数学公式在较大尺度上仍然有效，或者较大尺度上的行为与小尺度上的平均行为相同或相似。Jarvis 所提出的直接求和法和平均法，是通过小尺度上的信息直接相加或者计算参数平均值，来估计大尺度的信息，其实质与简单聚合法基本一致。

(2) 直接外推法

直接外推法通过保持模型的粒度不变而增加模型的幅度来完成。直接外推法是把局部小尺度模型应用到景观中适合此模型的所有斑块，然后计算各种类型的所有斑块的(面积加权)输出总和，并作为对整个景观的估计。直接外推法显然比简单聚合法更合理、准确。但是如果小尺度模型计算量很大或景观中斑块数量很多，需要先进的计算机设备(尤其在计算速度和内存方面)来完成庞大的数据处理，而且空间聚合误差和计算误差的积累和放大作用可能会影响到尺度推绎的准确性。

(3) 期望值外推法

期望值外推法是先利用小尺度斑块模型对景观中不同类型的斑块进行模拟，然后根据其输出结果来计算所研究景观特征的期望值，最后将期望值乘以景观的总面积而获得景观尺度的结果。小尺度模型中的变量是空间随机变量，而整个景观是其变化的空间范围。

利用期望值外推法进行尺度上推也通过增加模型的幅度来实现。研究中对斑块描述的准确性或景观特征的空间变异性直接影响这种方法的准确性。以地学统计学为基础的空间局部插值法就是一种特殊的期望值外推法，它在增加幅度的过程中，通过局部加权平均得出数学期望的最优无偏估计，并给出估计值的误差和精度，以实现由点到面的尺度推绎。

(4) 显式积分法

显式积分法对小尺度模型在空间上进行显式积分。该法要求小尺度模型是空间显式的数学函数，而且能积分。与第二种和第三种方法不同，该法要求局部尺度模型的结构随空间位置而改变，而且由于景观被看作一个连续表面，就不存在模型的粒度效应问题。这种方法从数学的角度来看很完美，但是将研究对象的空间幅度看成一个连续表面，忽视了模型的粒度效应(景观的空间异质性)，在实际应用中仍存在一些问题。

(5) 等级斑块动态尺度推绎策略

等级斑块动态尺度推绎策略(简称"云梯尺度推绎途径")，包括以下 3 个步骤：对空间复杂系统进行分解，确定合适的斑块等级；针对特征尺度或尺度域，观察并建立围绕核心层次的格局和过程模型；通过模型粒度和(或)幅度的放大，沿着缀块等级进行跨尺度域逐级外推(图 7-11)。

图 7-11 中所示为"云梯尺度推绎途径"，即沿着一个尺度云梯将信息外推。尺度上推和尺度下推要通过改变模型的粒度、幅度或同时改变两者来完成(邬建国，1999)。

等级斑块动态尺度推绎策略提供了一个尺度推绎的阶梯。虽然从细胞层次直接上推到全球层次，即使有必要，也是极为困难或完全不可能的。但是应用"尺度推绎云梯"可以增强多尺度信息转换的可行性和准确性(邬建国，2000)。

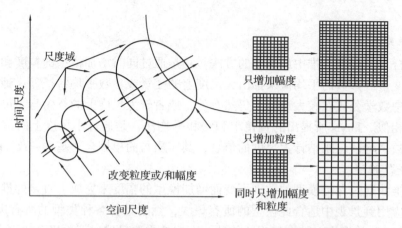

图 7-11　等级斑块动态尺度推绎策略（引自邬建国，2000）

7.3　景观变化中人的作用

随着人类文明的发展，人类活动对景观的压力越来越大，地球上现有景观的形成总是或多或少与人类活动有关。所以，景观生态学特别重视人类活动对于景观的影响和作用，探讨景观的可持续利用和管理途径，达到人与自然的"和谐共生"，塑造出更加宜人、健康、美丽的景观，实现人类社会的可持续发展。

景观按人类的影响程度可分为自然景观、管理景观和人工景观。人类活动在不同类型的景观中具有不同的作用。肖笃宁等（1997）从景观生态研究的角度区分人类活动方式，将人为活动对自然景观的影响称为干扰，人类活动对管理景观的作用称为改造，人类活动对人工景观的建设称为构建。这 3 种方式实质上代表着人类活动对景观影响的程度和阶段。

7.3.1　自然景观中人类的干扰作用

在自然景观中，人类影响的时间较短，人为干扰强度较低，一般使局部斑块发生变化，对生态系统的影响较小，对自然景观整体格局的改变较缓慢。如果人类活动的强度不再增加，自然景观一般会长期维持其自然属性。但随着人类影响的持续，干扰强度的增加，干扰斑块得不到及时的恢复，自然景观逐步消失，转变为人类活动为主导的管理景观或人工景观。

7.3.1.1　干扰方式

人类对自然景观的干扰方式主要有旅游、狩猎、采集、采樵和污染等。

（1）旅游

随着人类社会的发展，旅游、探险等活动已经成为人们的重要休闲娱乐方式。这些活动都会给自然景观带来不同程度的干扰。在国家森林公园、风景名胜区和自然保护区，徒步运动、骑行、划船、爬山、骑马、滑雪、野营和垂钓等旅游活动项目，都对景观自然属性的保持构成一定程度的威胁。如果旅游活动无限制地扩张，就会对自然景观造成破坏。

目前兴起的生态旅游就是为减轻旅游活动对自然景观的压力和影响，引导人们在旅游活动中不仅要享受自然景观带来的愉悦，而且要保护自然植被和环境。

(2) 狩猎

狩猎是人类历史上维持生存和发展的主要手段之一。猎捕的数量规模和地域范围在相当长时间内比较小，对自然景观的影响也很有限。对陆地和水生生物的适度捕猎，控制在生态系统可恢复的范围内，可实现野生生物资源的持续利用。但是，随着人口的激增，人类捕猎能力不断提高，人类以经济为目的的狩猎活动往往超出生态系统可承受的范围，尤其是对种群数量很少的珍稀濒危野生动物的捕杀，使其种群数量急剧下降，破坏了动物种群的生殖和繁衍，甚至直接造成物种的灭绝，进而改变景观的结构和生态过程。

(3) 采集

采集主要是指人类在自然生态系统中采集药材和其他产品，如野花、野果、山野菜、蘑菇和木耳等，是人类对自然生态系统施加的一种直接干扰。据统计，全球80%的人口依赖于传统医药。传统医药的85%与野生动植物有关。如美国用途最广泛的150种药品中，有118种的原料源于自然生态系统，其中的74%来源于植物，18%源于真菌。中药对野生动植物的利用和依赖更强。因此，一些经济、药用及珍稀野生生物资源自古以来一直被人们大肆掠夺式地采集，一些物种甚至因此灭绝。

(4) 采樵

采樵是人们为了满足对能源需求的一种原始的不可忽视的人类干扰方式。采樵干扰破坏了生态系统中物质循环的正常进行。如对林木的砍伐，减少了林木种群的数量，影响森林群落的形成；对林下枯落物的利用，使归还给土壤的能量和养分减少，影响森林地被层的组成及其土壤动物的生存环境。以采樵为目的而对草原枯落物的反复掠取，是造成草原退化的重要原因，影响草原植被的恢复，进而间接影响着土壤盐分和地下水资源分布。

(5) 污染

人类向自然环境排放了大量的生活垃圾、工业垃圾、污水废气、农药化肥以及各种毒害性污染物。生活污水、工业废水的直接排放使许多水域被污染，造成水质下降甚至丧失饮用水的价值；大量化石燃料的使用以及向大气排放的各种污染物，不仅使空气受到污染，而且进入大气的硫氧化物和氮氧化物与水蒸气结合后形成极易电离的硫酸和硝酸，导致大气酸度增加，许多地区酸雨成灾，对自然生态系统带来了灾难性的影响。这方面的干扰随处可见，造成的危害相当广泛和严重。水域的污染不仅直接危害水生生物的生存安全，而且会通过生物对有害物质的富集威胁人类的身体健康，影响人类的生存环境。

7.3.1.2 人类干扰对景观的破坏与恢复

大规模的、持续的人类活动干扰，使许多自然景观遭受严重破坏，出现了大量不适于人类利用的裸地、采伐迹地、弃耕地、沙漠化土地、采矿废弃地和垃圾堆放场等。这些废弃土地的恢复，必须要在中止人类干扰的基础上，进行合理的规划，采用适当的促进手段。

(1) 裸地

裸地(barren)又称为光板地，是指没有植被生长的土地。其成因通常是极端的环境条件和人类的干扰，极端环境条件如较潮湿、较干旱或盐渍化程度较深等；人为干扰有开垦、使用化学除草剂和开设防火生土带等。这些裸地对自然景观形成影响的不同程度，取决于裸地的面积。人为形成的裸地应尽可能缩小面积，减少对自然景观的影响。

(2) 采伐迹地

采伐迹地(logging slash)是自然景观中森林受人为采伐干扰形成的土地类型，其退化状态因采伐强度和频度而异。人类对森林的采伐，已经使世界原始森林的2/3消失。联合国、欧洲和芬兰等有关机构通过联合调查研究后预测，1990—2025年全球森林每年将以 $1\,600 \times 10^4 \sim 2\,000 \times 10^4 \, hm^2$ 的速度消失。巴西、中国、印度尼西亚和刚果(金)的森林面积每年以 0.1%~1% 的速度递减。俄罗斯、加拿大和美国的年递减率为 0.1%~0.3%。目前，我国现有林业用地 $2.6 \times 10^8 \, hm^2$，人均森林面积仅相当于世界平均水平的 11.7%，采伐迹地上一般可通过植树造林恢复森林，但恢复到采伐前的状态需要数十年到数百年的时间。

(3) 弃耕地

弃耕地(abandoned tilth, derelict land)是人类对农田放弃耕种而造成的一种土地退化类型。弃耕地具有双重性，一方面，弃耕地是耕种土地的荒废，给人类造成经济损失；另一方面，从生态系统演替上讲，弃耕地有较强的自然恢复性，人类干扰停止后自然植被会逐步得到恢复。弃耕地也可通过人工造林的方法快速形成森林，恢复自然景观。在农业生产发展到一定水平后，弃耕地的增加为自然植被的恢复和区域生态环境的改善提供了条件。

(4) 沙漠化土地

沙漠(desert)可由自然干扰或人为干扰形成，是指在人为干扰下由原来的可利用土地变成的沙地，又称为荒漠化土地或沙漠化土地。沙漠化是目前世界性环境问题之一，全球荒漠化土地面积达 $3.6 \times 10^7 \, km^2$，占陆地面积的1/4，并以每年 $1.5 \times 10^5 \, km^2$ 的速度扩展。全世界已有100多个国家和地区的12多亿人受到荒漠化的威胁，$3.6 \times 10^9 \, hm^2$ 土地受到荒漠化的影响，每年造成直接经济损失高达420多亿美元。我国的荒漠化土地面积已超过 $1.0 \times 10^9 \, hm^2$，占国土地总面积的近1/3。中国荒漠化灾害造成的直接经济损失约达541亿元。沙漠化土地可通过植树造林的方法进行恢复，自然恢复则需要经历相当漫长的种子传播、土壤形成和群落演替等时期。

(5) 采矿废弃地

采矿废弃地(mining wasteland, mine derelict)是因采矿活动被破坏、未经治理无法使用的土地，主要包括矿石堆积废弃地、采空区废弃地、尾矿渣废弃地和采石场废弃地等类型。我国共有近万座大中型国有矿山，30余万座乡镇经营和个人开采的矿山，总形成 $200 \times 10^4 \, hm^2$ 的废弃地，每年还以 $2.5 \times 10^8 \, hm^2$ 的速度扩大。大面积的矿山废弃地不仅毁坏了大片森林、草地和农田，而且造成严重的水土流失、环境污染、泥石流和其他灾害。由于采矿废弃地的条件复杂，土壤条件极差，恢复植被极其困难。需要采取多种措施进行土壤改良，给植被恢复创造条件。

(6) 垃圾堆放场

垃圾堆放场(wastes stack bank)或堆埋场是城市和城镇垃圾的堆放处。垃圾堆放场是非常严重的污染源，对生态环境的影响不仅是对耕地的占用，更为严重的是对大气、地下水等生活环境的污染。减少垃圾堆放场对自然环境的影响，主要措施是：限制垃圾堆放场面积的扩张；采取新的无害化垃圾处理方式，如垃圾分类基础上的资源化处理、无害化焚烧等。

7.3.2 管理景观中人类的改造作用

管理景观是以绿色植物构成的斑块为主体，在人类依据自然规律经营管理下的景观类型。管理景观起源于自然景观。人类对景观的改造作用是指人类控制着景观要素类型的改变，在景观格局的变化中起着主导作用。如森林或草地经过人类的开垦转变为农田；原始林经过采伐转变为次生林或人工林；荒山荒地经过造林转变为森林等。所以，管理景观的变化方向体现着人类的意愿。人类对景观变化客观规律掌握的程度以及科学技术的发展水平，对景观的演变和生产力产生重要影响。

7.3.2.1 管理景观的特点

在管理景观中，人类活动主要表现为人类对自然资源的开发与利用，主要活动方式有开垦与农业种植、森林采伐与更新、荒山造林和围栏草场等。人类活动的影响主要是对景观中的非稳定组分——植被的改造，甚至对景观中较稳定的组分——土壤进行改造。

农田景观与郊区景观是典型的被改造的景观，具有如下特性（肖笃宁等，1998）：

①可再生资源的生产性　人类谋求获得比自然生态系统更高的生物生产力，设计能发挥最大功能的景观结构。

②景观变化的可控性　景观变化主要是在人类活动影响下的定向演变，通过对变化方向和速率的调控以实现可持续发展的目标。

③人类生存环境的稳定性　人类活动注重协同人类系统与生物系统间的生物控制共生与自我调节，关注人与自然的和谐。

7.3.2.2 主要改造方式

(1) 开垦与农业种植

农田的开垦使大面积森林、草地等自然植被消失，形成农田景观。农田景观是人为景观，需要人类投入大量的能量来维持，如耕种、除草、施肥和喷洒农药等。一旦人类停止耕作，农田就会荒芜，通过自然演替可恢复到由其他植被构成的自然景观。

(2) 农田防护林建设

农田防护林建设的目的是降低风速，改变农田的局部环境，促进农作物的生长，获得更高的产量。农田防护林改变了农田的布局和结构，形成了方块状的农田和条带状树木廊道，对农田景观产生了极其深刻的影响。

(3) 森林采伐与更新

森林采伐对森林景观的影响最为剧烈，大面积采伐往往使森林景观发生质的变化。不同的采伐方式都可以显著地改变林区的景观和环境，采伐后的采伐迹地是新的斑块类型。采伐迹地天然更新可形成次生林斑块类型，采伐迹地人工更新常形成大面积的人工纯林。新的斑块类型改变了分布格局，导致森林景观的变化。多年的林业生产已使我国的原始林所剩无几，取而代之的是大面积的人工纯林。森林采伐改变了我国林区的森林面貌，不仅使林区的生态环境发生变化，而且还显著地改变流域的水文特征，影响着区域的气候环境。

(4) 人工造林

大面积的宜林荒山，通过人工造林变成森林景观，改变了原有的景观格局。一些荒山是在森林被破坏后形成的，造林后恢复的森林景观具有较高的景观稳定性和生产力。一些湿地造林后，森林景观代替了湿地景观，对当地的环境造成深刻的影响。在草原植被区造林，改变了草原植被的斑块类型和格局分布，对环境产生较大的影响，但形成的森林景观不稳定，需要人类采取经营措施进行维持。

(5) 围栏草场

放牧是对草原景观的一种干扰。如果将载畜量控制在一定的范围内，对草场生态系统的影响是轻微的。如果载畜量超过草场的承载力，就会导致草场退化，生产力降低。围栏草场是以围栏的方式限制放牧的区域，使一些草场得以休养生息，以恢复草原植被，维持草原草场的生产力，有利于草原景观的稳定性。

7.3.3　人工景观中人类的构建作用

人工景观，又称人类文明景观，是一种自然界本不存在、完全由人类活动所创造的景观，如城市景观、工程景观等。人工建筑物是人工景观的本底，人是景观中的主要生态成分，人类活动对于人工景观的稳定和变化起着决定性作用。

7.3.3.1　人工景观的特征

人工景观是人类根据自身生存的需要，去除了景观中的大部分自然植被，建造的功能独特的景观类型。人工景观具有与自然景观不同的特征：

① 人工景观具有明显的几何特征　人工景观中建造的房屋、道路、广场等，多呈直线、直角、方块等几何形状。

② 建筑物构成人工景观的主体要素　人工景观中的各种建筑物是人工景观区别于其他景观类型的主要特征，是构成人工景观的主体，如水利工程中的堤坝、水渠，城市中的房屋楼宇等。

③ 道路网是景观能量和物质流动的主要通道　人工景观中的人类活动基本上是通过道路进行的。道路网不仅连通着景观内的各个要素，还与其他景观类型相连接，是人工景观中人流、物流的通道，是人工景观功能发挥的重要因素。

④ 自然环境条件是制约人工景观演变的决定因素　人工景观和其他景观类型一样，受到区域气候条件和地形条件的制约。人工景观是一个不完全的生态系统，与其他景观类型关系密切，具有很强的依赖性，如需要周边景观类型提供粮食、能源等，协助消耗废弃物和垃圾。

7.3.3.2　构建作用的主要方式

人类构建作用的主要方式有水利工程建设、围湖造田与梯田建设、河堤建设和城市建设等。

(1) 水利工程建设

水利工程主要是保障农业用水和城市用水的供应。水利工程主要包括水库和沟渠的修建。水库的修建是在河流的上游筑坝蓄水，造成下游河流断流而干涸，改变了河流的水流过程，使一些地区地下水位下降，环境趋于干旱。沟渠的修建在景观中增加了水流的廊道，改变了景观的水文过程，导致整个流域景观格局发生大的改变，对生态环境的影响深远。水库越大,影响的范围越大。如三峡水库不仅改变库区的景观,而且对整个长江流域产生重要影响。

(2) 围湖造田

围湖造田和梯田建设都对景观结构和功能产生很大影响。围湖造田、开垦湿地限制了湖泊面积,减少了湿地面积和湿地植被,截断了湖泊与周围景观的联系,影响了湖泊的水文循环过程,改变了湖区的生态环境,增加了洪涝灾害的风险,减少了湿地生境,严重威胁生物多样性。

(3) 梯田建设

梯田建设是将山坡地改为平地,使自然植被变为农田,形成独特的梯田景观。梯田建设改变了坡地的水文特征,减少了地表径流,增加了水土保持能力和水分的利用效率,为农作物的生长创造了优良的生长环境。这是人类改善自然环境成功的例证。

(4) 河堤建设

河堤建设是在河流两侧修筑堤坝,防止洪水泛滥,保护堤外的农田和村庄,为人类的安全提供了保障。但是修筑堤坝限制了河流的宽度,长期的河床淤积会使洪水期的水位逐年增高,使河堤维护成本提高,也增加了溃堤的危险性。河堤建设改变了景观中河流系统的自然属性,以河堤为基础的道路和居住地建设及农田的分布,对景观格局产生重要影响。

(5) 城市建设

城市是以建筑物和道路为主体的人类聚居地景观。城市化(urbanization)是指人口向城镇或城市地带集中的过程,表现为城市的数目增多和城市规模的扩大,城市人口在区域总人口中的比例不断提高。城市化过程使大面积的耕地消失,对粮食和能源的巨大需求对周边景观造成巨大压力,使其景观结构发生变化。城市污染物排放会使周边景观受到污染,导致土地类型和植被类型的改变。

7.4 景观生态建设

中国生态学家早就提出了生态建设的概念(马世骏等,1984),即应用生态学规律调节人与自然的关系,组织可更新自然资源的生产和生态系统管理,实行积极的生态平衡,创建适于人类生存的新环境。这是景观生态建设思想的基础。

7.4.1 景观生态建设概述

7.4.1.1 景观生态建设的概念和目标

(1) 景观生态建设的概念

景观生态建设是运用景观生态学理论和技术在景观或区域尺度上跨生态系统进行的特定景观类型的建设。景观生态建设以景观单元空间结构的调整和重新构建为基本手段,包括调整原有的景观格局,引进新的景观组分等,以改善受胁迫或受损失的生态系统的功能,大幅度提高景观系统的总体生产力和稳定性,将人类活动对景观演化的影响导入正向的良性循环。

(2) 景观生态建设的目标

不同区域要根据区域背景要求和景观类型特点，确定适合本区域特点的具体景观生态建设目标。景观生态建设的目标应包括4个方面：

①保障生态安全，建立安全的景观格局，控制和改善生态脆弱区景观的演化，加强生态系统的稳定性。

②提高景观内各生态系统的总体生产力，如土地生产潜力或水体生产潜力，提高能量与物资投入的效率。

③通过景观多样性的调控，保护生物多样性，发挥景观的综合价值（经济、生态与美学价值）。

④协调人类与自然的关系，建造适于人类生存且可持续利用的景观。

7.4.1.2 景观生态建设的原则

景观生态建设应遵循以下基本原则：

(1) 景观结构与功能的相互影响，促进良性发展

结构和功能、格局与过程之间的联系与反馈是景观生态学的基本原理，也是景观规划与设计的出发点。通过结构优化，提高景观功能。

(2) 人类调控与生物共生相协调

生物控制共生理论的核心是通过偏差抵消的负反馈环和偏差增强的正反馈环相互耦合，发挥生态系统自稳定和自组织特性，保证景观系统的健康和稳定。生态建设规划设计的一个重要任务是在分析景观动态因果反馈关系的基础上，增加新的反馈链，提高景观生态过程的连续性，使整个系统向有利于景观稳定的方向发展。

(3) 社会—经济—自然复合生态系统的生态整合

综合3个亚系统及其各组分间的结构—功能关系，从空间配置的角度进行多目标、多属性的决策分析，按照自然系统的合理性、经济系统的可行性和社会系统的有效性，设计最优化土地利用格局，建设和谐景观。

(4) 保护提高景观多样性和异质性

景观多样性保护是生物多样性保护的拓展，包括对景观中自然要素的保护和文化价值的保护。景观生态建设中自然景观改造和文化景观构建，要通过工程措施或生物措施提高景观空间异质性，提高系统的抗干扰能力和恢复能力，增加系统的稳定性。

(5) 局部控制，整体调节；因地制宜，远近结合

景观生态系统是等级结构系统，对低等级的局部干扰会影响整体，控制局部也可调节整体。景观生态建设应抓住对景观生态流有控制意义的关键部位或战略点，通过对关键部位或战略点的保护、建设或改造，维护景观生态过程的健康与安全。景观类型的多样性和复杂性，决定了景观生态建设工程必须因地制宜，繁简得当，主次分明，兴利与除害相结合，近期和远期相结合，通过寻求满意解而逐步逼近最优解。

7.4.1.3 景观生态建设的内容

景观生态建设主要包括4个方面的内容：

①景观空间结构的调整。通过对原有景观要素的优化组合或引入新成分，调整或构建新的景观格局，以增加景观异质性和稳定性，进而调节景观功能，提高景观的第一性生产

力，形成高效、和谐、优美的景观。

②控制人类活动的方式与强度，恢复景观生态功能。通过改变土地利用方式，调整垦殖、采伐、放牧等景观利用强度，可以有效地调节和恢复景观功能。

③按照生态学规律进行可更新自然资源的开发与生产活动。从单纯追求农产品的数量转到强调质量，从无限制地使用化肥、农药和机械，转到生态农业、有机农业技术的运用，是农业景观生态建设的发展道路和方向。

④根据自然规律，在人工景观中引入自然要素，建设人类与自然相协调的新型人工景观。

7.4.2 农业景观生态建设

我国农村长期的科学实验和生产实践中创造出许多成功的农业景观生态建设类型，如珠江三角洲的湿地基塘系统，东北平原西部的沙地田、草、林体系，北方平原农田防护林网络体系，南方丘陵区的多水塘稻田景观系统，黄土高原小流域综合治理中的农、草、林立体镶嵌模式等。

7.4.2.1 湿地基塘系统

珠江三角洲的湿地基塘系统是利用该地区雨量丰富、地形低洼、河流经常泛滥的自然条件而创造的一种特殊的土地利用形式，是典型的水陆相互作用、生态良性循环的农业景观生态建设类型。基塘系统在珠江三角洲已有400多年的历史。近年来，在农业转向外向型商品经济的推动下，基塘系统成为家庭经营的小尺度($0.2 \sim 0.5$ km^2)集约化养殖单元。湿地基塘系统综合了蔬菜、甘蔗、桑的栽培，养蚕业，鱼类混养以及畜牧生产，总生物的年产量达$20 \sim 40$ t/hm^2。在珠江三角洲河网地带的腹心，基塘集中分布区有1 120 km^2，占三角洲总面积的1/10（钟功甫等，1987）。这里的基和塘面积占土地总面积的72.4%，是耕地面积的3倍。

基塘系统是一种立体配置的生态农业系统，同时具有水、陆两种特性，可以充分利用光能，形成多环食物链和多层次种养业，产生的经济效益与生态效益都很高。鱼塘的年产量已达到$7 \sim 10$ t/hm^2，陆基的各种作物产量平均为37 t/hm^2。区内大小鱼塘星罗棋布、紧密相连，基塘相间、连绵百里，水体广阔，景观独特（图7-12）。

7.4.2.2 沙地田、草、林体系

在东北平原的西部存在着大片固定沙地，这里属于温带半湿润地区，年降水量$400 \sim 500$ mm，沙平地多，土壤水分条件较好。自然植被为黄榆（*Ulmus macrocarpa*）—山杏（*Armeniaca sibirica*）群落，与平地上的草原植被一起构成森林草原景观。由于沙地的过度开垦和不合理利用，农林争地、农牧争地的矛盾突出，土地荒漠化严重。沙地上的旱田产量很低，籽粒加茎秆产量每年仅$1.5 \sim 3$ t/hm^2。对这种沙地退化景观的生态重建，关键是要改变景观格局，建立林带和林网以控制沙化，同时在已经沙化的土地上种植豆科牧草沙打旺（*Astragalus adsurgens*），固定沙地，提高土壤肥力。田、草、林体系的基本格局包括：

①在平顶沙地上建立网格状复合生态系统，主林带间距200 m，副林带间距300 m；林带内侧种植宽50 m的沙打旺草带，草带内可形成固定耕地。林、草、田的面积比例以2∶1∶5为宜。

②在外缘有沙地围绕、中间为碟形洼地的地段，可建立环状的林、草、田格局。

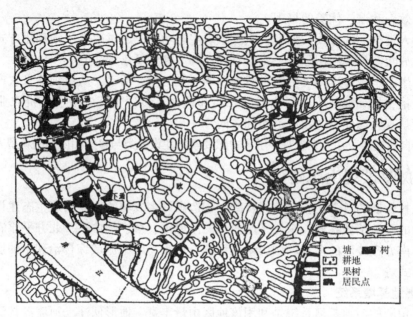

图7-12 珠江三角洲的基塘景观(引自肖笃宁,2003)

③在多丘状沙地上建立林网与草斑相结合的镶嵌结构,为固沙需要,林带网格大小以 200 m×100 m 为宜。

目前,在沙丘上种植的人工杨树林干物质产量为 $8\sim12$ t/hm^2,沙打旺为 10 t/hm^2。沙打旺经过粉碎加工是良好的畜牧饲料,因而这种复合体系有利于农业和畜牧业的共同发展(图7-13)。

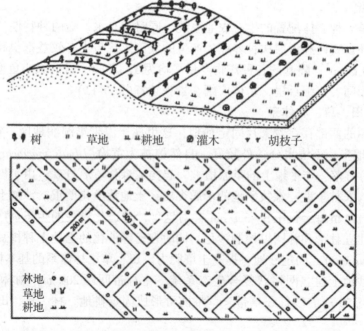

图7-13 沙地田—草—林景观设计模式(引自肖笃宁,2003)

7.4.2.3 平原农田防护林网络体系

黑龙江省的松嫩平原有我国最大规模的农田防护林体系，26个县建成林带总长超过 20×10^4 km，构成15万个网格，保护近 400×10^4 hm² 农田。受保护的农田粮食平均增产15%，风蚀面积减少 35.3×10^4 hm²。在整个"三北"地区已有 1.1×10^7 hm² 的农田实现了林网化，黑龙江、吉林西部、宁夏引黄灌区、甘肃河西走廊和新疆和田地区，均已建成数县连片的大型防护林体系，发挥巨大的生态和经济效益。

防护林网可视为农田景观中的廊道网络系统，如何以最小的造林面积达到最大的防护效果是平原农田防护林区景观生态建设所要解决的问题。林网布局的理想状态是在最小重合度下，以较少的占地面积，使被防护的农田斑块全部处于林带的有效防护距离内，即林带使景观本底处于抗风害干扰的正边缘效应带内。林带配置在半湿润区多采用宽带和大网格，干旱区宜采用窄带和小网格。从景观尺度上评价林网的空间布局，主要由其数量、分布均匀程度与空间构型表征，可用林带与被防护农田斑块的面积比（林网带斑比）、林网的优势度、连接度和环度等指标。

吉林省农安县前岗乡，耕地面积 1.18×10^4 hm²，农田防护林网林带占耕地面积的5.87%，林带形式以林路结合型为主，占65%，纯农田型占35%，林带网格为 534 m × 569 m。周新华等（1994）对现有林网在景观中的布局进行量度和评价（表7-4），林网景观指标实际值在航片上进行计算，合理值是根据当地自然条件、立地类型分别对7个需防护的农田斑块进行林网建设方案设计后统计计算得出。当林网各实际景观指标值在其合理值的 0.85～1.15 倍之间时属于优质林网，前岗乡的农田防护林网即达到了这一标准，可评价为在景观中布局合理。

表7-4 典型区农田防护林网的景观格局指标

项目	林网面积(hm²)	林带(条)	网格数	带斑比	优势度(%)	连接度	环度
实际值	694.9	757	206	0.067	40.2	0.606	0.370
合理值	617.3	1 112	497	0.060	37.6	0.926	0.780

资料来源：周新华等，1994。

7.4.2.4 南方丘陵区多水塘系统

在我国南方丘陵区以水稻田为本底的农业景观中广泛分布着用于蓄水的各种坑塘，其面积从 1 000 m² 到 10 000 m² 不等，小者为坑，大者为塘，位于山麓、田间及村庄旁，往往成为陆地与较大内陆水体过渡带的组成部分。这种农业景观中水塘的典型比例约为 1 hm² 陆地一口塘，这是当地农民为适应亚热带季风气候雨量不均不稳的特点，依据丘陵地形和水田耕作需要所建成的田间工程系统，已有上千年历史，成为宝贵的农业文化遗产。这种分散布局的小水塘群具有拦蓄地表径流和泥沙以及过滤 N、P 营养物的重要生态作用，成为我国南方农村景观生态建设的又一典范。

南方丘陵水田区是我国的高产农业区之一，为保持高产，化肥使用量达到 2.1 t/hm²。大量的化肥和人、畜、家禽的粪便随坡面径流进入水体，构成了农业景观面源污染的主要来源，进一步产生了湖泊的富营养化，如安徽巢湖。据尹澄清等的研究，由于景观的异质性存在单位面积污染负荷的非均匀性，面源污染主要伴随暴雨后的地表径流产生，具有突发性。80%的 N(约 2 200 kg)、98%的 P(约 440 kg)通过地表径流流失(表 7-5)。

以安徽巢湖北岸的六叉河小流域为例,可以说明多水塘系统的结构和功能(表 7-5、表 7-6)。该小流域 7.32 km² 范围内共有 150 个水塘,面积 36 hm²,占全流域面积的 4.9%。水塘斑块平均面积 2 400 m²,正常水深 1.5 m(旱季干枯见底,雨季水深 2~2.5m),总体积 $7.1 \times 10^5 m^3$,可以储存全流域 97 mm 的降水量。流域内有水田 284 hm²,需要 $57 \times 10^4 m^3$ 的灌溉水,即占坑塘蓄水量的 80%。流域内有 16 个村庄、3 000 人,平均每个村庄有水塘 9.4 个,4~5 户农家有一口水塘。

表 7-5 六叉河小流域地表径流的 P、N 负荷量

输出污染物	负荷量(kg/hm²)					流域合计 (kg)
	村庄	旱地	水田	林地	平均	
N	15.92	2.49	1.96	1.12	3.01	440
P	5.43	0.26	0.14	0.21	0.59	2 200

表 7-6 六叉河小流域的景观构成

景观要素	水田	旱地	林地	村庄	水塘	合计
面积(hm²)	284	229	131	52	36	732
比例(%)	38.8	31.3	17.9	7.1	4.9	100

但是由于多水塘系统的存在,上述流失 95% 以上的 N、P 量被保留在坑塘中。在相同年份,六叉河小流域面源 N、P 输出比没有多水塘系统的其他区域大幅减少。由此可见,坑塘、水沟等流域内能储存水的景观斑块和廊道,对于当地农业的可持续发展和流域水质保护具有重要意义,尤其适合于亚热带和热带的多雨地区。

7.4.2.5 黄土高原农、草、林立体镶嵌模式

黄土高原生态环境改善和农业发展的核心问题是控制水土流失。据傅伯杰等(1998)对延安市羊圈沟小流域的典型研究,梯田(或坡耕地)—草地—林地立体镶嵌结构具有较好的水土保持效果,是黄土丘陵沟壑区梁峁坡地上较好的土地利用结构类型,形成了以"坡修梯田、沟筑坝地、发展林草、立体镶嵌"为特色的景观生态建设模式。

①按土地的适宜性调整农业生产结构。压缩陡坡耕地,发展林草,将耕地面积占土地总面积的比例从当前 45%~55% 压缩到 25%,林地和草地面积比例达到 60%,使农、林、牧业用地空间上镶嵌配置。

②大搞农田基本建设。坡度小于 25° 的梁峁坡地改修成水平梯田,在沟谷中打坝淤地,发展灌溉,建设旱涝保收的基本农田。

③造林种草恢复植被。25°~35° 的梁峁陡坡地可种植多年生豆科牧草,以发展畜牧业;沟沿线以下的沟坡地可栽植灌木固坡保土,因地制宜发展林果业。

当地群众把这种调整景观空间格局,实行综合治理的生态建设模式生动地描述为:"草戴帽,林下沟,坡修梯田,坝地水浇"。

上述农村景观生态建设的 5 个模式,从景观生态建设的角度来看,都体现出两个共同特点:一是它们都采取了增加景观异质性的办法创建新的景观格局。它们或是改变原有的

景观本底，或是营造生物廊道与水利廊道，或是改变斑块的形状、大小与镶嵌方式，形成新的景观格局。二是这些模式都注意在系统中引进新的负反馈环，增加系统的稳定性。它们都改变了原有的单一农业经营方式，实行多种经营、综合发展，或农、林、牧结合，或农、林、果结合，或农业种植与水产养殖结合，实行积极的生态平衡，寓保护于发展，大大提高了景观总体生产力，实现了经济效益与生态效益同步增长。

7.4.3 城市景观生态建设

7.4.3.1 城市景观的特点

城市是典型的人工景观。城市景观在空间结构上属于紧密汇聚型，斑块分布大集中、小分散，而农村景观则表现为一种离散空间的镶嵌格局，斑块分布小集中、大分散；在功能上，城市景观表现为高能流、高容量，信息流的辐射传播以及文化上的多样性，而农村景观表现为低能流密度与低容量，信息流的波动传递以及生态上的多样性；在景观变化速率上，城市景观变化快，而农村景观变化相对缓慢。城市景观生态建设应注意将自然要素引入城市，使文化融入建筑，实现多元汇聚、便捷沟通、高密高流、绿在其中。城市景观生态建设主要包括城市绿地景观建设和城市景观廊道建设（肖笃宁，2003）。

7.4.3.2 城市绿地景观建设

城市绿地是城市景观的重要组成部分。对城市绿地景观格局进行分析评价，进而做出景观生态规划，可以为营造合理的城市绿地空间格局，创造优美的城市生活环境提供科学依据。

人均绿地面积和绿地覆盖率是衡量城市绿化水平的基本指标。但这些指标有两个明显缺陷，一是由于建成区界限划分不够明确，基数面积不确定，绿地率指标差异大；二是没有反映绿地分布的空间格局，未考虑到居民实际所能享用绿地的情况（图7-14）。

景观可达性可以反映景观对某种水平运动过程的阻力，衡量绿地为城市居民提供服务

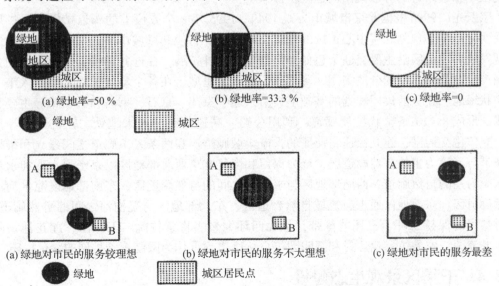

图7-14 绿地分布格局与城区范围及城市居民点互动示意

的可能性或潜力。景观可达性是指从空间上任意一点到达该景观的相对难易程度，可用距离、时间和费用等指标衡量。俞孔坚(1999)在广东中山市绿地可达性分析中应用空间阻力模型与 GIS 得到了城市绿地系统的可达性分布等级图，并计算出对应的可达性等级区面积（表 7-7）。

表 7-7　中山市绿地系统可达性方案比较

可达性等级 （步行到达时间）	现状绿地面积（hm²）	规划面积（hm²）	规划可达性改变面积（hm²）
1(0~5 min)	159	1 521	1 362
2(5~15 min)	444	1 412	968
3(15~30 min)	1 215	1 214	−1
4(30~60 min)	1 919	2 314	395

*步行时间以阻力为 1 的街道为基准，按 5 km/h 计算；即每分钟需要克服的累计阻力为 83.3 阻力单位。

7.4.3.3　城市景观廊道建设

不同的城市结构形态可以产生不同的环境效应，在同心圆、带状、方格状、环射状与星状等城市景观形态中，以星状景观对消除大气污染的效果最好（王嘉漉，1992）。由于城市中心梯度场和廊道效应梯度场的存在，在单纯经济利益的驱动下，城市空间扩展通常存在着"摊大饼"的现象，严重破坏城市合理的景观结构与生态平衡。

自然廊道的存在有利于吸收、排放、降低和缓解城市污染，减少中心区人口密度和交通流量。因此，将自然廊道体系纳入城市发展规划，形成自然廊道与人工廊道相间分布的星状分散集团式景观格局，可以有效地阻止建成区摊大饼式发展所造成的生态环境恶化问题（刘立立，1996）。这种景观格局意味着要在充分发挥人工廊道经济效益的同时，将部分水面、农田转化为大型公园、游乐场、度假村以及现代化蔬菜生产保护地等高效益用地，迫使位于廊道附近的分散集团向远处扩散。

宗跃光(1999)根据北京市城市景观 1949—1995 年 8 个方位上的廊道扩展量、扩展速度及变化趋势，预测北京中心市区的廊道空间扩展，将使北京城市形态向星状分散集团式景观发展。建成区沿主要交通干道如海星触角式向外扩展，在这些轴线上通过绿地的分割作用产生一系列间断的分散集团、飞地、子城或卫星城，在各个星状长轴之间插入市中心的楔状绿地。在分散集团规划的基础上，沿京通、京津、京石、京昌和机场路等主要交通干线，形成 8~10 条星状扩展廊道，利用公路、高速公路和未来地铁、轻轨铁路等集约化、立体化交通网，建立快速、便捷的人流集散廊道。在两条人工廊道之间建立和维持以植被带与河流为主的自然廊道区，全力保留和恢复北京西北部地区以京密引水渠和永定河引水渠为主的自然廊道、西南部地区与永定河之间的自然廊道区、东南部地区凉水河流域自然廊道区、东部地区通惠河流域自然廊道区、东北部地区与温榆河之间的自然廊道区，同时尽可能保持二环、三环的绿带，扩大四环绿带。将紫竹院、玉渊潭、莲花池、陶然亭、龙潭湖、农展馆、亚运村和圆明园等自然廊道顶点作为限制短轴扩展的绿色屏障。

7.4.4　干旱区景观生态建设

干旱区的生态环境问题是自然生态系统遭受人类活动强烈干扰，生态环境变化超出生态安全阈值，特别是在远离水源或流域中下游地带，随着水资源利用强度不断提高，天然生态体系不断被破坏，天然植被不断减少，景观结构向优势度高的荒漠化景观发展。如何控制这种演变，使自然生态系统与人工生态系统实现生物共生与协调是干旱区可持续发展需要解决的问题(程国栋等，1999)。

7.4.4.1 干旱区景观结构的特点

干旱区的降水量小，蒸发量大，降水空间分布极不均衡，山区降水量可达300~700mm，而干旱平原区降水量一般小于200 mm。这种自然气候条件使干旱区景观具有如下3方面特点。

①荒漠—绿洲—河、渠廊道的景观结构　在新疆、河西走廊及柴达木盆地平原区，以戈壁、荒漠、裸表、裸土、石砾地和沙漠化土地构成的荒漠面积，占总土地面积的33.1%~72.2%，构成景观本底；以天然草甸与林灌植被、人工耕地和水域等构成天然绿洲，面积仅占6.86%~25.3%，构成景观的绿洲斑块；以河流为中心天然绿洲呈带状分布于广袤的荒漠景观之中，以纵横纤陌的灌溉渠道为纽带的人工绿洲成片状分布；河流、渠道和连通绿洲的道路，沿人工渠道、道路构筑的农田防护林网，构成景观的廊道系统，对绿洲形成与发展、提供生物栖息地、物种空间传播通道、阻隔荒漠扩展和入侵等都具有重要的生态意义。因此，河流、渠道及防护林网等廊道景观同荒漠本底与绿洲斑块一起构成干旱区景观的基本格局。

②景观构成简单，景观结构粗粒化　干旱区植物种类稀少，种群结构和生物链都较为简单。在这种简单的自然植被景观上，以大面积连续分布的荒漠为景观本底，除了沿河流廊道分布的天然绿洲异质镶嵌外，在局部地带开发形成了人工绿洲，城镇及其他土地异质体都相对较小，斑块的空间分布数量也很有限。干旱区景观斑块密度小，斑块粒径大，表现为景观格局的粗粒化特点。

③景观的高对比性和水源依赖性　干旱荒漠本底生物种类、结构及功能简单，生物作用弱，而绿洲斑块由隐域植被和农业景观构成，生物种类与结构复杂多样，生物生产力高，生物作用强，与干旱荒漠本底形成强烈反差。绿洲斑块和廊道高度依赖水资源相对丰富的河流和渠道，一般分布于河流两岸阶地与河漫滩及受河水影响的低湿地带，一旦河流廊道消失，这些隐域植被会很快衰亡并被荒漠取代。人工绿洲的规模、稳定性以及生产力水平都取决于灌溉系统的稳定性，有水便是绿洲，无水即为荒漠，也反映了绿洲对水源的高度依赖性。

7.4.4.2 干旱区景观生态过程的特点

干旱区景观的生态过程主要表现为两方面的特点。

①景观生态系统抗干扰性低，区域生态脆弱　干旱区植被的结构简单，生态功能低下，生态环境的小幅波动就会导致生态系统的逆行演替和退化。荒漠本底中异质镶嵌的绿洲，面积比例小，斑块面积小，空间分布连续性差，且严格受控于水源条件，使干旱区生态系统的脆弱性明显，对水土资源开发利用极为敏感。水成为绿洲的命脉，流域上游人工绿洲的形成与发展常导致流域下游天然绿洲大面积荒漠化。

②景观动态变化范围大、速度快　干旱区景观空间格局是干旱气候条件和人为活动叠加的产物，受气候波动、河道变迁以及人为垦殖灌溉和耕作等活动影响，景观格局呈现快

速和区域性变化。干旱区景观动态变化空间尺度较大、时间尺度较小。所以，在研究干旱区生态环境问题时，应选择相对较大的空间尺度和相对较小的时间尺度。

7.4.4.3 干旱区景观生态建设

根据干旱区景观特点，景观生态建设的主要内容可归纳为3个方面。

①区域绿色景观建设 以增加绿色覆盖为核心，构建新的景观格局，提高景观异质性和稳定性，形成新的高效、和谐的人工—自然景观。沙漠绿洲交错带、低山丘陵沟谷地带是防治荒漠化和水土流失的关键地带；沿道路、河渠的绿色廊道建设，在景观生态建设中具有重要战略意义。干旱区的绿色景观建设更应注重植被的生态适宜性，选择具有较强生存能力的植物种类，草—灌—林并举，以"灌溉保存活，积雨自生存"作为人工植被构建的基本原则，在低山丘陵和沟谷地带，绿色覆盖应"顺着水脉走，由下往上绿"，从而实现具高度自调节能力和恢复性能稳定的绿色镶嵌景观。

②绿洲生态建设 无论人工绿洲还是天然绿洲，都是干旱区经济和社会发展的主要依托，稳定和充足的水源是绿洲景观可持续发展的条件。为此，以节水和高效农业为核心，建立集约化、立体化高效农业生态体系，减少水资源浪费，是绿洲建设的长期任务。农田防护林是绿洲农业十分重要的构成成分，可视为农业景观中的廊道网络系统。以最少的用地和用水实现较高农业产出，以最少的造林面积和最好的格局达到最大的防护效果，是农田景观生态建设需要解决的两个关键问题。

③区域可持续景观生态建设 干旱区景观生态建设应以保障区域生态安全为基础，通过引进耐旱、固沙植物形成的斑块或廊道，增加生态负反馈关系；从空间配置的角度进行多目标、多属性的决策分析，实现人类调控与生态共生的相协调，控制和改善生态脆弱区的景观演化；按照自然系统持续性、经济系统合理性和社会系统有效性的要求整合土地利用格局；工程措施和生物措施相结合，增加景观空间异质性，提高区域生态系统的抗干扰能力和恢复能力；抓住对景观生态流和生态过程起控制作用的关键部位和景观组分，局部控制，整体调节，维护景观生态过程的健康和安全，建设适于人类生存和发展的可持续的景观利用模式。

7.4.5 林业生态环境建设

面对全球生态环境日趋恶化的形势，林业生态环境建设已成为国土整治的一项核心内容，是维护生物多样性、治山治水、保护和恢复生态环境的重要手段。

7.4.5.1 林业生态环境建设的概念

生态环境建设是指运用生态系统原理，在不同层次、不同水平和不同规模上，模拟自然，设计建造人工生态系统或半自然生态系统，优化人类的生存环境，保障工农业生产，以取得最佳生态效益和经济效益的技术措施。

林业生态环境建设是指从国土整治的全局和国家可持续发展的需要出发，运用林业措施和手段，通过树木种植、森林营造和保护，改善和优化生态环境，维护生物多样性和自然景观。

7.4.5.2 林业生态环境建设的目标和方针

林业生态环境建设的总目标是：根据我国自然条件和社会经济发展的需要，通过保护、改善、建造森林生态系统,保护野生动物资源,发展森林资源,提高森林覆盖率,维护生物多样性,使我国绝大部分地区的水土流失得到控制和根治,减少或减轻风沙、旱涝、台风、海潮等各种自然灾害的危害,防止沙漠化,提高国土保安能力,保障农牧业稳产、高产,促进区域经济的发展,奠定持续发展的基础,推动全球环境的改善。

林业生态环境建设的总方针是:在国民经济、社会发展和自然保护总目标以及林业生态环境建设总目标指导下,因地制宜、因害设防、统一规划、合理布局、保护为主、合理利用、综合治理、突出重点、讲求实效、总体最佳,实现生态效益、经济效益和社会效益的统一。

7.4.5.3 林业生态环境建设六大重点工程

经国务院批准,国家林业局领导和实施了"六大林业重点工程",为实现林业跨越式发展奠定基础。通过"六大林业重点工程"实施,实现我国林业建设工程的系统整合和林业生产力的战略调整,使我国的生态环境面貌得到根本性改观。

(1) 天然林资源保护工程

实施天然林保护工程的目的是通过工程措施,经过一段时间的保护和建设,使天然林资源得到恢复和发展,根治长江、黄河水患,维护国家生态安全,从根本上扭转我国生态环境恶化的趋势,保障经济社会可持续发展。

天然林资源保护工程是投资最大的生态工程。具体包括3个层次:全面停止长江上游、黄河上中游地区天然林采伐;大幅度调减东北、内蒙古等重点国有林区的木材产量;同时保护好其他地区的天然林资源。

(2) 三北和长江中下游地区等重点防护林体系建设工程

三北和长江中下游地区等重点防护林体系建设工程是我国涵盖面最大、内容最丰富的防护林体系建设工程。在此之前,我国已陆续上马"三北"防护林体系建设工程、长江中上游防护林体系建设工程、沿海防护林体系建设工程、平原农田防护林建设工程、太行山绿化工程,基本形成了我国防护林建设的新格局。被誉为"绿色长城"的"三北"防护林体系工程已提前1年完成二期工程建设,有效地改善和提高了我国"三北"地区的生态环境质量,受到联合国的表彰并荣获联合国环境保护奖。三北和长江中下游地区等重点防护林体系建设工程是新形势下对以往工程的整合和延续。具体包括"三北"防护林四期工程、长江中下游及淮河太湖流域防护林二期工程、沿海防护林二期工程、珠江防护林二期工程、太行山绿化二期工程和平原绿化二期工程。主要解决三北地区的防沙治沙问题和其他区域各不相同的生态问题。

(3) 退耕还林还草工程

退耕还林还草是调整农业结构、加强生态建设的重大举措,也是增加农民收入最直接最有效的办法,是贫困山区脱贫致富的重要途径。它事关我国生态环境建设的大局和经济社会发展的全局,功在当代,利在千秋,意义重大;同时又是我国林业建设史上涉及面最广、政策性最强、群众参与度最高的林业生态环境建设工程。退耕还林还草工程的根本目的是解决重点地区的水土流失、荒漠化和沙化问题,改善生态环境,调整农村产业结构,促进社会经济的可持续发展。

(4) 环北京地区防沙治沙工程

环北京地区防沙治沙工程主要解决首都周围地区的风沙危害问题,是环京津生态圈建设和实施奥运绿色行动计划的主体工程。通过对现有植被的保护、封山(沙)育林、人工造林、飞播造林、退耕还林、草地治理等生物措施和小流域综合治理、舍饲禁牧、生态移民等工程措施，使森林覆盖率显著增加，可治理的沙化土地基本得到治理，风沙天气和沙尘天气明显减少，京津及周边地区生态有明显改善，从总体上遏制土地沙化的扩展趋势。

(5) 野生动植物保护及自然保护区建设工程

野生动植物保护及自然保护区建设工程是一个面向未来，着眼长远，具有多项战略意义的生态保护工程。根据自然保护和生物多样性保护的需要，在全国范围内建立以保护天然林生态系统和珍稀濒危野生动植物及其栖息地为主的保护网络。目前，全国林业部门建设和管理的森林和野生动植物类型自然保护区有500多处，还建设管理有600多个森林公园。野生动植物保护及自然保护区建设工程的主要目的是解决我国基因保存、生物多样性保护、自然资源保护和湿地保护等问题。

(6) 重点地区以速生丰产用材林为主的林业产业基地建设工程

重点地区以速生丰产用材林为主的林业产业基地建设工程是我国林业产业体系建设的骨干工程，也是增强林业实力的"希望工程"，主要解决我国木材和林产品的供应问题。

国家实施天然林保护工程后，木材供应能力持续下降。20世纪90年代后，我国木材消费进入快速增长期，木材供应进一步趋紧。实施速生丰产用材林基地建设工程，不仅可以减轻现有森林资源特别是天然林保护的压力，还是立足国内解决木材供需矛盾的根本途径。

复习思考题

1. 如何理解景观稳定性？景观亚稳定性模型有什么意义？
2. 影响景观稳定性的外在因素有哪些？如何理解景观稳定性的内在机制？
3. 什么是景观变化？景观变化的驱动力有哪些？
4. 如何判断景观是否发生了本质性的变化？反映景观变化规律的基本参数有哪些？
5. 如何理解景观变化的空间模式及其主要类型？
6. 什么是景观破碎化？景观破碎化有哪些生态效应？
7. 景观破碎化的空间过程有哪些类型？各有什么特点？
8. 如何理解时空尺度和生物学等级及其相互关系？
9. 景观生态中的尺度效应表现在哪些方面？其景观生态意义是什么？
10. 什么是尺度变换分析和时滞效应？各有什么意义？
11. 什么是尺度推绎？尺度推绎有何意义？其主要研究方法有哪些？
12. 人类对景观的作用主要表现在哪些方面？各有什么特点？
13. 如何理解景观生态建设的核心思想和内容？各类景观生态建设有哪些特点？

本章推荐阅读书目

1. 肖笃宁，李秀珍，高峻等. 景观生态学(第2版). 科学出版社, 2010.

2. 傅伯杰，陈利顶，马克明等. 景观生态学原理及应用(第 2 版). 科学出版社，2011.

3. 邬建国. 景观生态学——格局、过程、尺度与等级(第 2 版). 高等教育出版社，2007.

4. 韩海荣. 森林资源与环境导论. 中国林业出版社，2002.

5. 赵羿，李月辉. 实用景观生态学. 科学出版社，2001.

6. Forman R T T, Godron M. 肖笃宁等译. 景观生态学. 科学出版社，1990.

7. Forman R T T. Land mosaics: the ecology of landscapes and regions. Cambridge University Press，1995.

第 8 章

景观生态分类与评价

【本章提要】

景观分类和评价是景观生态学科应用领域中的两个基础环节，是客观认识景观，有效保护和合理开发利用景观资源的前提。两者都是景观规划的基础，互相依存，是景观生态学的重要分支领域。本章介绍了景观生态分类原则和方法，景观评价的基本内涵、评价内容、指标体系、一般工作步骤和基本方法，景观生产力、景观生境适宜性、景观生态服务和景观风景美学评价的要点和做法。

8.1 景观生态分类

景观生态分类既是景观结构与功能研究的基础，又是景观生态规划、评价及管理等应用研究的前提条件，是景观生态学理论与应用研究的纽带。

8.1.1 景观生态分类的概念

分类是根据事物的特点分别归类，以更好地客观认识事物。景观生态分类(landscape classification)就是根据景观的空间结构与生态功能特性，划分景观的类型。景观生态分类的实质就是将各种景观类型依据景观系统内部的水热状况、物质、能量分布及其交换形式的差异，人类活动对景观的影响，以及人们依附于景观的生产和生活所展现的文化现象差异，按照一定的原则，分析归纳景观的自然属性、生态功能和空间构型特征，用一系列的指标表征这些性状差异，进而划分和归并景观类型，并构建景观生态分类等级体系。

在实践中，景观生态分类主要围绕景观结构与功能的特征进行，即从功能关系着眼、从结构着手，进行景观类型的划分。通过景观生态分类系统的建立，全面反映一定区域景观的空间分异和组织关联，揭示其空间结构与生态功能特征。因此，景观生态分类包括单元确定和类型归并，前者以功能关系为基础，后者以空间形态为指标。

景观生态分类是正确认识景观，有效保护和合理开发利用景观资源的重要基础。景观生态分类的研究是景观生态学的重要内容之一。在进行景观格局分析、景观结构、景观功能、景观评价、景观规划以及景观管理研究中均涉及景观生态分类的问题。由于对景观的认识、定义多种多样，人们对景观生态分类的指标、术语和原则还缺乏统一的认识。

8.1.2 景观生态分类的原则

景观生态分类的原则包括以下4个方面。

(1) 综合性原则

景观是区域综合体，是由不同类型的生态系统以某种空间组织方式组成的异质性地理空间单元。因而对其分类应体现其综合体特征，可从景观生态系统的空间形态、异质空间组合、发生过程和生态功能等4个方面的属性特征来综合考察。

(2) 主导因子原则

景观的形成是由多种因子综合作用的结果。各因子在景观形成过程中的主次作用不同。因此，景观生态分类依研究目的和内容的需要，选取指标应具有直观性、代表性和分类结果的可靠性。在景观生态分类时一般要求以尽可能少的指标来反映尽可能多而全面的特征，选取的主导因子既包括控制景观形成过程的主要因子，又包括与研究目的和内容有关的主要因子。

(3) 实用性原则

景观类型的划分因其实用目的的不同而异，对于同一景观，不同研究目的所划分的景观类型也不一样。以土地评价为目的的景观生态分类，其侧重点在土壤发生、地形、地貌及水文等特征上，而以资源保护与管理为目的的景观生态分类侧重于景观的资源数量、分布及其人为影响等特征上。

(4) 等级性原则

景观生态分类与其他分类一样，都存在一个等级系统。其等级数量与景观尺度及研究目的有关。等级越少，则实用性越强。不同等级所依据的主导因子也不同，高等级所依据的主导因子应反映大尺度的时空变异，低等级所依据的主导因子则反映小尺度的时空变异。

8.1.3 景观生态分类的方法

将不同类型的景观作为研究对象，依研究目的和研究内容的不同，景观生态分类的方法也有所不同。

8.1.3.1 景观生态分类方法概述

从地理学到景观生态学，景观分类发展至今，逐渐形成了以景观形态—结构—功能不同层次的综合为基础的景观生态分类方法。

傅伯杰、陈利顶等(2002)认为，景观生态分类体系宜采取结构与功能双系列制。结构性分类是以景观生态系统的固有结构特征为依据，作为景观生态分类的主体部分，包括系统单元个体的确定及其类型划分和等级体系的建立。景观固有的结构特征既包括空间形态，也包括景观形成发生特征。结构性分类更侧重景观系统内部特征的分析，主要揭示景观生态系统的内在规律。功能性分类是根据景观生态系统的整体性特征，主要是生态功能属性划分归并景观单元类群,同时考虑体现人的主导和应用方面的意义。景观生态功能属性既包括景观类型单元间的空间关联与耦合机制以及组合成更高层次地域综合体的整体特性,还包括景观系统单元针对人类社会的服务能力。在分类体系的构成方面,功能性分类主要是区分出景观生态系统的基本功能类型,归结所有单元于各种功能类型中,分类体系是单层次的。景观生态系统发生过程的多层次性形成了结构的多等级层次,因而要求结构性分类必须是多等级的。

8.1.3.2 景观生态分类的工作步骤

景观生态分类一般包括 3 个步骤:

第一,根据遥感影像(航片、卫片)解译,结合地形图和其他图形文字资料,加上野外调查成果,选取并确定区域景观生态分类的主导要素和依据,初步确定个体单元的范围及类型,构建初步的分类体系。

第二,详细分析各类单元的定性和定量指标,表列各种特征。通过统计分析(如聚类分析)确定分类结果,逻辑序化分类体系。

第三,依据类型单元指标,经由统计分析(如判别分析)确定不同单元的功能归属,作为功能性分类结果。

前两步是结构性分类,第三步属于功能性分类。

8.1.3.3 土地分类

土地分类是将土地排列成一定的类别或级别。土地分类的途径有 3 种:①土地属性分类,即按照土地的固有性质(包括气候、土壤、地貌和植被等)进行的分类;②土地景观分类,即依据土地的镶嵌特性,考虑到景观要素间的相互作用,采取相近合并的步骤,成等级地划分面积越来越大的土地单元;③土地能力分类,即按照土地的生产潜力进行类型划分。

土地分类始于 20 世纪 30 年代,德国、苏联、英国、美国等国开展了较广泛的土地和景观研究。经过多年的发展,土地分类理论内容不断扩展,分类方法及其具体的应用成果不断涌现。如澳大利亚的土地调查和土地系统,加拿大的生态土地分类,苏联和德国的景观基础研究,中国的土地资源利用,还有在西欧、北美等地区率先开展的景观生态分类,尤其是联合国粮农组织(FAO)所进行的土地适宜性评价及其体系等。

现有的土地分类中,因人们对土地内在属性认识的差异,选择分类指标和要素的不同,采用的分类等级系统也各具特色。部分国家土地等级分类系统见表 8-1。

表 8-1 部分国家土地等级分类系统对比表

级别	制图比例尺	澳大利亚(CSIRO)	英国	加拿大	荷兰	前苏联	中国
1	≤1:250 000	复杂土地系统(土地系统)	土地区(土地系统)	生态县	土地系统组合	景观	土地类
2	≥1:250 000	土地系统	土地系统	生态组	土地系统	地方	土地型(土地系统)
3	≥1:50 000	土地单元	土地片	生态立地	土地片	限区	土地组(土地片)
4	≥1:10 000	土地立地	土地要素	生态要素	生态地境	相	(土地立地)

资料来源:徐化成《景观生态学》,1996。

8.1.3.4 景观生态分类方法

景观生态分类方法借鉴了土地分类方法,大致可以划分为发生法、景观法及景观生态法3种。这3种方法在研究的客观性和科学性方面仍有一定的差异。在具体的景观生态分类时,对分类对象的属性往往选择主导因子及一些辅助指标,予以量化分析,并结合传统的定性描述进行分类。

①发生法 通过分析土地景观形成过程,以土地景观发生学关系和相似性为依据的分类方法。土地景观是等级结构系统。其形成因素很多,不同等级不同类型的土地景观,其形成因素往往各不相同。因此,其分类依据,在大尺度上是以气候和地质构造分异为主要指标;在小尺度上则是以地貌形态及其与之相应的水文状况作为主导分类因素。

②景观法 通过分析土地景观空间特征,以景观空间形态的分异为依据的分类方法。由于同一土地景观类型内部特征表现均质性,不同土地景观类型之间的土地特征表现出异质性,因而通过应用地理信息系统技术,可在小尺度上直观利用土地景观在遥感影像上的色阶、色彩、图式及组合结构等特征,结合土地单元及其镶嵌体的完整性,确定土地景观单元类型及其边界。但在大尺度上,因其内部异质性强,分类结果的随意性较大。

③景观生态法 是相对一定等级水平,采取自上而下的划分或自下而上的组合两个途径对景观确定单元和类型的归并。景观单元的确定以功能关联为基础,类群的归并以空间形态为主要依据。景观生态分类在景观法中叠加了发生法的优点,以人与景观的相互关系为着眼点,注重景观系统的功能特征,并把人文因素纳入分类依据,从而体现分类的人文思想,使景观生态分类的过程更为综合,结果更为实用。类似的成果有英国、澳大利亚的"土地综合调查"以及加拿大的"生态土地分类"。在我国,随着"3S"技术的发展,景观生态分类研究逐步侧重于数学方法和"3S"技术的结合及土地利用和土地覆被特征的研究,RS和GPS成为景观生态分类获取数据的主要手段,并且通过GIS来实现景观生态分类的思想。如利用NOAA/AVHRR影像数据以及Landsat-TM多时相数据,通过RS/GIS的方法,来研究大尺度的景观分类和景观格局变化已取得许多成果。

个体单元初始分类的主要指标包括地貌形态及其界线以及地表覆被状况(含植被和土地利用等)。地貌形态是景观生态系统空间结构的基础,也是个体单元独立分异的主要标志。地表覆被状况间接反映景观生态系统的内在功能。两者均具有直观的特点,可以体现景观生态系统的内在特征,具有综合指标意义。区域不同,景观生态系统的单元分异要素就不同,类型特征指标中选择的内容也应有所区别。分类指标一般包括地形指标(海拔、坡向、坡度、坡形、地表物质、地质构造基础)、土壤性状指标(土壤pH值、土层厚度、有机质含量、土壤主要营养成分含量)、土地状况指标(剥蚀侵蚀强度、植被类型及其覆盖率、土地利用程度、区位指数、管理集约程度)和气候指标(气温、降水量、径流指数、干燥度)等。

8.1.3.5 按景观生态属性分类

(1)根据景观度分类

Westhoff(1997)依照由植被和土壤特征所反映的景观自然度,将景观划分为自然景观、亚自然景观、半自然景观和农业景观(表8-2)。

表 8-2　Westhoff 划分的景观分类类型

景观类型	植物与动物	植物与土壤的发育	例子
自然景观	天然的	人类无影响	Wadden 部分地区（泥地、滩涂和盐沼）
亚自然景观	完全或大部分是天然的	人类在某种程度上的影响	部分沙丘景观、大多数盐沼、内地流沙、砍伐的落叶林、沼泽水生演替的最后阶段
半自然景观	大部分是天然的	人类影响强烈（其他群系，而并非潜在自然植被）	疗养地、寡营养草地、薰衣草沼泽地、芦苇沼泽地、内地沙丘、草地、小灌木苗圃、柳苗圃和人工管理的林地
农业景观	主要是人为管理	人类影响极强烈（经常给土壤施肥并排水；杂草、新来杂草和园艺退化植物）	可耕地、播种草地、公园针叶林

资料来源：Naveh，1993。

上述分类没有将城市景观包括在内。Marrel 由此进行了补充，将景观中包含栽培植物的差异包括分类依据在内，划分了自然景观、近自然景观、半自然景观、农业景观、近农业景观和文化景观（表 8-3）。

表 8-3　Marrel 划分的景观类型

景观类型	栽培植物情况	基层变化	植被结构变化	植物成分变化	失去的乡土植物(%)	得到的新来杂草(%)
自然景观	无栽培植物	无	无	无	0	0
近自然景观	少	很少	无	多数种类是自然的	<1	<5
半自然景观	中	小而少的变化	其他生活型占优势	多数种类是自然的	1～5	5～12
农业景观	良好	适当的变化	作物占优势	自然种类很少	6	13～20
近农业景观	多	变化的人工基层	稀疏短命植物	种类很少到没有	—	21～28
文化景观	超栽培植物	变化的人工基层	—	—	—	—

资料来源：Naveh，1993。

(2) 按照景观生态流性质分类

纳维（Naveh，1993）提出的总人类生态系统（total human ecosystem）概念，涵盖了整个生物圈，将最小景观单元定名为生态小区，聚集有生物和技术生态系统，最大的景观叫生态圈，从视觉上和空间上贯穿地理圈、生物圈和技术圈（图 8-1）。其所建立的景观分类系统分为开放景观、建筑景观和文化景观，分别有着不同的能源、物质和信息输入，构成了不同性质和强度的景观驱动力，并进一步根据能量、物质和信息将景观分为自然景观、半自然景观、半农业景观、农业景观、乡村景观、郊区景观和城市工业景观。

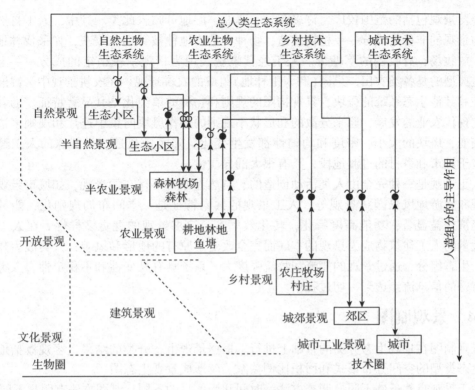

图 8-1 Naveh 提出的景观分类系统

(3) 按人类影响强度分类

Forman 和 Godron(1986)根据人类对自然景观的干扰程度,把景观分为自然景观、经营景观、耕作景观、城郊景观和城市景观 5 类。

①自然景观 指没有明显人类影响的景观,如赤道地区的热带雨林景观。由于完全不受人类影响的景观极少,因此自然景观只有相对的意义,人类干扰没有改变自然景观的基本性质。

②经营景观 自然景观经过人类有目的的经营活动而形成的景观,如人工经营的林地和草地。

③耕作景观 以人为种植的农田为主体的景观,包括村庄、树篱、道路和水塘等构成。

④城郊景观 分布在城镇和乡村地区的土地景观,包括交错分布区中的住宅区、商业中心、农田、人工植被和自然地段。

⑤城市景观 以密集的建筑群为主体的景观,包括其中零星分布的人工管理的公园。

综合以上几种景观分类系统可以看出,按人类影响强度进行景观生态分类,具有更大的普遍意义。首先将景观区分出自然景观、经营景观和人工景观,进一步把自然景观分为原始景观和轻度人为干扰的自然景观,经营景观分为人工自然景观和人工经营景观。

自然景观的共同特点是它们的原始性和多样性,不论是由于地貌过程还是生态过程所产生的景观特有性和生物多样性,都具有很大的科学价值,一旦被破坏就难以恢复。自然景观包括高山、极地、荒漠、沼泽、苔原和原始森林等尚未受到人类活动干扰的地区。

经营景观包括的范围较广，许多森林、草原、湿地可归入此类。其中，人工自然景观表现为景观的非稳定成分——植被改造，物种中的当地种被管理和收获，如采伐林地、刈草场、放牧场，有收割的草塘等。人工经营景观表现为景观中较稳定的成分——土壤改造，最典型的是各类农田、果园(和人工林地)组成的农耕景观。在农耕景观中，镶嵌分布着村庄和其他生态系统的斑块，景观构图的规则和物种的单纯化是其显著特征。随着传统农业向现代农业的发展，原来分散的和形状不规则的耕作斑块向集中连片和规则多边形的方向演变，斑块的大小、密度和均匀性都发生变化。郊区景观是一类特殊的人工经营景观，位于城市和乡村的过渡地段，具有很大的异质性。

人工景观是一种完全由人类活动创造的、自然界原先不存在的景观，如城市景观、工程景观和旅游地风景园林景观等。人工景观的共同特征是：空间布局规则化；能量效率高，经济效益显著；功能高度特化，转化效率大；追求景观的视觉多样性。在人工景观中，大量的人工建筑物成为景观的本底而完全改变了原有的地形和风貌，人类成为景观中主要的生态组分，通过景观的能流和物流强度大，系统具有易变性和不稳定性，人类所创造的特殊的信息流渗透到一切过程中。

8.1.4 景观制图

景观制图在景观生态分类的基础上进行。根据景观生态分类的结果，客观概括地反映景观生态类型的空间分布模式和面积比例关系，就形成景观生态图。

由于景观自然条件不同，调查方法、时间和服务目的不同，制图方法有明显不同。

制图时首先根据规划目的，按分类体系中的主要指标及其等级，形成专类图件图层，如植被可分为森林、灌丛和草地；坡度分为 >25°，10°~25° 和 <10° 三级等，并以同样比例尺用不同颜色表示在图上，成为单要素图层(专类图)，如坡度图、植被类型图、娱乐价值图和野生动物生境分布图等。然后按照项目要求，把单要素图层进行叠加，就可以得到各级综合图。综合图能揭示不同生态意义的景观，反映景观受主导因子综合影响的程度和利用前景。

随着计算机制图等信息技术的发展，利用地理信息系统进行景观生态制图的方法越来越普遍，在景观生态制图中优势明显，且十分简便，它可以将有关景观生态系统空间现象的景观图、遥感影像解译图和地表属性特征等构建景观信息数据库，根据研究和应用目的的需要，输出各类景观生态图。

8.2 景观评价

景观评价是景观分类的工作延续，是景观规划的基础和前提，是景观生态规划、管理和建设实践的必要环节。

8.2.1 景观评价的概念和特点

8.2.1.1 评价

评价是评价主体在对价值客体属性、本质、规律等知识性认识的基础上，对价值客体能否满足并在何种程度上满足价值主体的需要而做出判断的活动。主体自身的需要是主体对客体进行评价的出发点，而主体的需要是多方面、多层次的。主体选择评价标准与手段的实质，就是在选择与主体某种需要相联系的价值关系作为评价活动的反映对象。因此，评价就是按照明确目标测定对象的属性，并把它变成主观效用（满足主体要求的程度）的行为，即明确价值的过程。

8.2.1.2 景观评价

尽管各国学者在价值观和方法论上存在差异，从而导致对景观评价的看法各异，但在许多方面已经达成一些共识。一是景观评价必须依据一定的评价标准；二是景观评价是一个系统分析的过程，即必须作出事实判断；三是景观评价的本质是对景观功能价值进行判断。景观评价是对景观属性的现状、生态功能及可能的利用方案进行综合判定的过程。通过景观评价，可以对景观状况、景观及其组成要素的敏感性、干扰状况等级、景观抗性阈值及其等级分布、景观功能大小和景观格局等有一个全面的认识，从而为景观规划和管理提供科学依据。景观评价主要是在景观组织层次上对景观功能的综合辨识，与对生态系统或以下水平的评价（如土地评价、环境评价等）有所不同。

8.2.1.3 景观评价的特点

景观评价的特点表现在4个方面。

(1) 评价研究对象的特定性和针对性

景观评价的价值主体是人类，其价值取向是满足人类对生存环境和生态状况方面的需求。研究对象是特定的景观类型。

(2) 评价标准的相对性和发展性

景观评价可以通过建立反映景观形成因子及其综合体系质量的评价指标，定量评价某一特定景观满足人类需求的状况。众多评价因素对人类生存和发展的满足程度不同，景观评价系对景观的综合评价也不同。景观稳定性是相对的，评价指标也不是一成不变的，需要随景观形成因素和评价目的而变化。

(3) 评价指标和结果的时空尺度性

由于景观的时空尺度性，在同一等级水平上主要景观生态过程的发生范围会随着空间范围的扩大而减弱；景观的稳定性、完整性、受严重干扰时的恢复能力等与时间的长短密切相关。因此，景观评价也是相对一定的时空尺度而言。采用不同的时空尺度对景观的稳定性、敏感性、多样性、抗性和完整性等进行评价时，采用的评价指标和结果就会不一样。景观的复杂性多尺度性往往会增大景观评价活动的难度。

(4) 评价指标的可调控性

影响景观评价的因素很多，但景观评价的目的是景观规划与管理。因此，景观评价标准和指标因子应具实用性和有可操作性。

8.2.2 景观评价内容和方法

8.2.2.1 景观评价的内容

景观评价的内容主要包括3方面。

① 景观质量现状的评价　包括景观自然属性和景观人文属性（美学质量）的评价。

②对景观的利用开发评价或适宜性评价 包括根据对景观组成、结构、功能和动态的分析，结合一定的景观功能需求，提出并比较不同规划与利用方案优劣的评价过程。

③景观功能价值评价 对景观功能进行价值评估，包括将景观功能货币化进行评价。

景观质量评价、景观适宜性评价和景观功能价值评价，三者在许多方面有相同之处，都涉及对景观生态过程的认识，而且景观生态过程是景观评价的关键，但是评价的目的性有差异。景观质量评价是通过评价景观的自然属性健康状况及视觉美学意义，对景观资源的保护和开发提出建议；景观适宜性评价主要通过对景观可能的若干利用方案进行适宜性评估，更多是为了发展生产的需要；而景观价值评价是景观资产评估的过程，实质上是对景观质量和景观生产价值进行综合并货币化的过程，侧重比较景观价值潜力的转化过程和重要性。

8.2.2.2　景观评价的基本方法

除了一些传统的景观质量评价方法外，景观评价还用到多种技术手段。由于评价时一般要用到大量的图形资料，而且涉及的时空尺度较大，信息量丰富，因此 RS、GIS 和 GPS 往往是景观评价不可或缺的数据采集、处理、结果输出的技术支撑。此外，类似于统计学零假设的中性模型，景观组成和结构的计量方法，研究空间自相关的分形几何学，研究复杂多元属性的模糊数学方法在景观评价中都有广泛应用。

景观评价的内涵是多方面的，评价的方法也不尽相同。对景观这样一个复杂系统进行评价，各种不同的评价方法在技术体系和操作上有时也不是相互独立的，而是相互交叉、相互借鉴的。各种景观评价在方法上都有一定的共通性，在对具体景观评价的实际工作中，应根据评价目的和对象的不同，选择合适的评价方法。

8.2.3　景观评价程序

景观评价的步骤总体上可按以下程序进行。

(1) 确定拟评价景观的空间地理范围及时间跨度

空间范围和时间跨度主要取决于景观功能流发生的时空范围。

(2) 收集资料，构建景观信息系统，划分景观类型

根据评价目的及景观所在地区的自然、经济和社会背景，收集资料，研究与景观评价相关的景观过程及主要问题，划分景观类型。通过航空相片、卫星影像判读和立体绘图技术，借助于全球定位系统(GPS)和遥感处理系统(RS)、地理信息系统(GIS)等技术手段，结合传统的调查途径，收集影响景观形成及其动态的气候、土壤、水文、生物组成等自然背景资料，以及国民生产总值、生活水平、交通条件和社会经济条件等数据资料。在分析景观主要生态过程的基础上，对景观进行分类。

(3) 构建景观评价的指标体系，分析景观属性

根据评价目的，选择有代表性的评价指标，确定评价指标等级，按评价指标因子逐项分析景观属性。

(4) 景观健康、景观适宜性或景观价值评价及等级划分

综合上述分析结果，对景观作出综合辨识，确定评价等级。

(5) 报表及景观评价图的编制

将景观结果用报表形式表达，并编制相应的景观评价图，提交评价结果，为应用部门

进行景观规划、生态建设等提供依据。

8.2.4 主要景观类型的生态评价

(1) 景观的生产力评价

景观的生产力评价属于景观功效性评价。景观功效性是指作为一个特定系统所能完成的能量、物质、信息和价值等的转换功能。景观生产力评价主要有以下 5 种评价指标：

① 景观的生物生产力　包括初级生产力、净生物量与光合作用生产率。

植物通过光合作用固定太阳能或制造有机物质的过程称为初级生产。总初级生产量 (GP) = 净初级生产量(NP) + 呼吸量(R)。初级生产量含有速率概念，又称初级生产力。生物量(biomass)是单位面积上植物光合作用所积累的有机物质总量。净初级生产量是一定时期内以植物组织或储存物质形式表现出的有机物数量。

② 景观能值分析指标　能值是以太阳能为标准度量，分析各生态营养级能量的能值。能值分析可综合分析通过景观的能流、物流与价值流的数量动态以及它们之间的数量关系，对系统的能流、物流与价值流进行流量综合分析。能值指标体系包括能量投入率、净能值产出率和能值密度转换率。

③ 景观中物质循环指标　景观的水分、养分等物质循环的物质量和循环速率。

④ 经济密度　即单位面积的经济产出。

⑤ 景观的信息流　包括景观内各个组分之间及组分内部存在着信息交流与传递。

(2) 景观适宜性评价

景观的适宜性评价是指相对于特定生态过程的景观潜力和景观利用的合适程度的综合评估。如以生物多样性保护为目的的景观适宜性评价，着重考虑生境条件对于物种生存的适宜性。但不同生物种因生态位特点而异，对景观的需求有很大的不同。土地适宜性评价的指标则主要从气候、地貌、土壤肥力、土壤质量、土地利用格局变化等方面对土地不同利用方式的适宜性进行评价。

陈昌勇等(2005)对吴江市东部地区城镇发展用地的生态适宜性评价研究中，即对水域、地形地貌、地质、土壤、水文、环境质量、土地利用、交通和城镇聚集力诸多因素分析的基础上，选取对土地利用方式影响显著的水域、植被、居民点、耕地地力、地基承载力、海拔与堤防、交通便捷度和城镇吸引力 8 个因子作为生态适宜性分析的主要影响因子(表 8-4)。

表 8-4　生态适宜性评价单因子分级标准和权重

因子及极重		属性分级	评价值
景观要素	水域 0.21	孤立的小水塘及非关键地段陆域 河网、鱼塘、面积 <5 hm² 的自然湖荡	5
		自然湖荡过渡地带： 面积 >100 hm² (100 m 缓冲区) 25 hm² < 面积 <100 hm² (20 m 缓冲区) 5 hm² < 面积 <25 hm² (20 m 缓冲区)	3
		重要河流廊道两侧(20 m 缓冲区)面积 >5 hm² 的水域 重要的河流廊道、关键点	1

(续)

因子及极重		属性分级	评价值
景观要素	植被 0.16	荒地及非植被斑块类型	5
		农田、林果、苗圃	3
		芦苇荡、竹林等自然植被区，关键地段植被斑块	1
	居民点 0.12	聚集能力高	
		聚集能力中	
		聚集能力低及非居民点用地	
自然环境、社会经济因子	耕地地力 0.12	非耕地	5
		五等地及以下	4
		四等地	3
		三等地	2
		三等地及以下	1
	地基承载力 0.08	承载力大	5
		承载力中	3
		承载力低	1
	海拔与提防 0.09	≥100 a 一遇防洪	5
		50 a 一遇防洪	3
		20 a 一遇防洪	1
	交通便捷度 0.10	20 m 缓冲带	5
		250~500 m 缓冲带	3
		>500 m 缓冲带	1
	城镇吸引力 0.12	现有城镇和 500m 缓冲带	5
		500~1 000m 缓冲带	4
		1 000~1 500m 缓冲带	3
		1 500~2 000m 缓冲带	2
		>2 000m 缓冲带	1

对选取的8个单因子确定等级评价值和权重值，并在 GIS 支持下，采用多因子加权叠加法进行生态适宜性综合评价，结果见表 8-5。

表 8-5 生态适宜性综合评价结果

生态适宜性分类	综合适宜性评价值	面积（km²）	占研究区比重（%）
最适宜用地	4.08~4.84	30.63	11.93
适宜用地	3.54~4.08	41.76	16.27
基本适宜用地	3.09~3.54	56.91	22.17
不适宜用地	2.52~3.09	80.90	31.52
不可用地	1.48~2.52	46.48	18.11

(3) 景观生态系统健康评价

1) 景观生态系统健康评价的含义

生态系统健康是一个尚未规范的概念，不同学者对此的理解也有差异。对生态系统健康的主要表述有：生态系统健康是生态系统的自动平衡；生态系统健康就是生态系统不发生疾病；生态系统健康是多样性与复杂性；生态系统健康是稳定性和弹性；生态系统健康

表 8-6　生态系统健康概念的不同表述

概念表述	含义	评述
自动平衡	系统中任何变化都表明了健康的改变，如果任一指标被发现超过正常范围，那么系统的健康一定受到了危害	适用于有机体特别是恒温哺乳动物，不适于生态系统、经济系统及其他非自动平衡系统
缺乏疾病	对有机体而言，疾病预示着体内的破坏性过程，同时伴随着特殊的症状以及病态和失调；对生态系统而言，疾病是对系统的压力，带有特殊负面影响的紊乱	定义很不明确；外界对系统的压力具有不确定性；过分强调系统的内在性
多样性和复杂性	物种的丰富度；连接性、相互作用强度、分布的均一性、多样性指数和优势度	只有简单的公式表示，没有深入的分析
稳定性和弹性	是指系统对压力的恢复能力，这种能力越大，系统就越健康	没有提及系统的操作水平和组织程度（如死亡的系统很稳定，但不健康）
生长的活力和生活幅	指系统对压力的反应能力以及各级水平上的活性和组织水平	测度的难度大
系统组分之间的平衡	保持系统各组分之间的适宜平衡	只能作为一般的解释，还没有用于预测和判断
生态系统整合（生态综合性）	指生态系统在其所处的地理条件下，发育最佳的一种状态，包括总能量的输入，可获得的水和营养物质的来源，以及物种迁移、定居历史等	主要依赖于历史数据作为参照点，整合性被赋予了原始系统水平下的物种组成，生物多样性和功能组织，难以操作

资料来源：崔保山等，2001。

是生长的活力和生活幅；生态系统健康是系统组分之间的平衡；生态系统健康是生态系统整合性（表 8-6）。

对生态系统健康评价的表述各异，应多方面把握。其一，生态系统健康评价是在系统水平的评价，不应该只建立于单个物种的存在、缺失或某一状态为基础的标准上。而且在对物种大量的调查或统计成果的应用上，应同时有实验室的工作配合。其二，生态系统健康评价应能反映人们对生态系统可能发生的相应变化的认识，虽然作为最佳的评价健康度量应力求简约，但生态系统健康评价结果应是序列化又可分辨的变化状态。国际生态系统健康学会认为，评价生态系统健康，首先应对生态系统功能紊乱进行分类，实现诊断、干预及因果关系的对比；其次要设计出能判别生态系统主要参数是否偏离常规的标准（评价指标体系），通过专家咨询，确定评价指标的权重，最后通过运算得出评价结果。

2）生态系统健康评价的度量及其方法

生态系统健康度量应具有统计学属性。在考虑到最小数量的观察时，系统健康的度量应不与观察的次数成相关关系。生态系统健康标准是多尺度的、动态的，应能反映景观的结构、功能和适应性（Costanza et al.，1992）。生态系统健康度量标准可以用考虑每一组分对整个系统功能的相对重要性的加权权重来表示。生态系统健康评价成分不同，评价方法和度量也不同（表 8-7）。

表 8-7 生态系统健康评价成分及有关概念

健康的成分	有关概念	相关度量	起源领域	可能的方法
活力	功能	GPP，NPP	生态学	度量法
	生产力	GNP，GEP	经济学	
	通过量	新陈代谢	生物学	
组织	结构	多样性指数	生态学	网络分析
	生物多样性	平均信息可预测性	生态学	
弹性		生长范围	生态学	模拟模型
联合性		优势	生态学	

因此，生态系统健康指数可以表示为生态系统活动组织和弹性的函数，即

$$HI = V \cdot O \cdot R \tag{8-1}$$

式中 HI——系统健康指数，也可作为可持续性的一个度量；

V——系统活力，是系统活力、新陈代谢和初级生产力的主要标准；

O——系统组织指数，是系统组织的相对程度，取值 0~1，包括它的多样性和相关性；

R——系统弹性指数，是系统弹性的相对程度，取值 0~1。

(4) 景观美学评价

景观美学特征包括景观正向美学特征和景观负向美学特征。

大多数人能感知的景观正向美学特征有：①合适的空间尺度。②景观结构的适量有序化，有序化是对景观要素组合关系和人类认知的一种表达，适量有序化而不太规整可使得景观生动，即具有少量的无序因素反而是有益的。③多样性和变化性，即景观类型的多样性和时空动态变化。④清洁性，即景观系统的清鲜、洁净与健康。⑤安静性，即景观的静谧、幽美。⑥运动性，包括景观的可达性和生物在其中的移动自由。⑦持续性和自然性，即景观的开发利用体现可持续思想，保护其自然特色。

景观负向美学特征则有：①人类尺度的丧失，景观组分的数量和大小比例失调；②极端无序，清洁性丧失，废物、垃圾遍地；③空间组合性的丧失，噪音污染、有臭味；④景观经济或生态功能的损失。

景观美学评价方法一般有描述因子法、问卷调查法、审美评判测量法(赵羿等，2005)以及专家评价法等。随着网络信息技术发展，特别是 GIS、3D 可视化技术的应用，美学评价的主客观方法融合加深，技术手段呈现多元化，大大拓展了美学质量评价和影响评价的时空尺度，提高了评价的精确性。如专家评价法多以专家组进行打分，然后取加权值进行排序，综合判定。其结果往往带有较大的主观性。网络技术的发展，使得群体参与的时空局限性减少(Roth，2006)。专家对于景观特征的深入探索，加上一定数量的公众参与，可增强评价结果的客观性。

谢君(1995)对成都大邑县西岭雪山风景名胜区的三大景观区，从景观的美学价值出发，选择 12 个美学评价指标，运用层次分析和征询评分加权的方法进行了环境美学综合评价(表 8-8，图 8-2)。

表 8-8 西岭雪山风景区环境美学分级标准

级 别	综合指标(M)分值	美学等级
Ⅰ	$9.0 \leqslant M \leqslant 10$	很美
Ⅱ	$7.5 \leqslant M < 9.0$	美
Ⅲ	$6.0 \leqslant M < 7.5$	一般
Ⅳ	$4.0 \leqslant M < 6.0$	差
Ⅴ	$M < 4.0$	很差

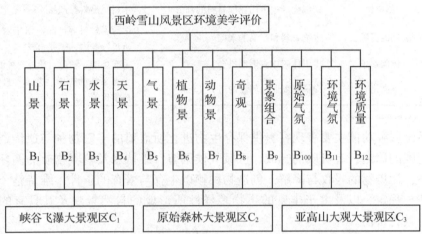

图 8-2 西岭雪山风景区环境美学系统综合评价模型

(5) 景观生态服务功能评价

景观生态服务功能是由自然系统的生境、物种、生物学状态、性质和生态过程所产生的物质及其所维持的良好环境对人类的服务性能。生态系统服务功能所包含的项目见表 8-9。

表 8-9 生态服务功能项目

序号	生态系统服务	生态系统功能	举 例
1	气体调节	大气化学成分调节	CO_2/O_2 平衡，O_3 防紫外线，SO_2 平衡
2	气候调节	全球湿度、降水及其他由生物媒介的全球及地区性气候调节	温室气体调节，影响云形成 DMS 的产物
3	干扰调节	生态系统对环境波动的容量衰减和综合反应	风暴防止、洪水控制、生境恢复等对主要受损植被结构控制的环境变化的反应
4	水调节	水文调节	为农业、工业和运输业提供用水
5	水供应	水的贮存和保持	向集水区、水库和含水岩层补充水
6	控制侵蚀和保肥保土	生态系统内的土壤保持	防止土壤被风、水侵蚀，把淤泥保存在湖泊和湿地中
7	土壤形成	土壤形成过程	岩石风化和生物循环有机质积累
8	养分循环	养分的贮存、内循环和获取	固氮，N、P 和其他元素及养分循环
9	废物处理	易流失养分的再获取，过多或外来养分、化合物的去除或降解	废物处理，污染处理，解除毒性

(续)

序号	生态系统服务	生态系统功能	举例
10	传粉	有花植物配子的运动	提供传粉者以利于植物种群繁殖
11	生物防治	生态种群的营养动力学控制	关键捕食者控制被食者种群,顶位捕食者使食草动物减少
12	避难所	为常居和迁徙种群提供生境	育雏地、迁徙动物栖息地、当地收获物种栖息地或越冬场所
13	食物生产	初级生产中可用作食物的部分	通过渔、猎、采集和农耕收获的鱼、鸟兽、农作物、坚果、水果等
14	原材料	初级生产中可用作原材料的部分	木材、燃料等产品
15	基因资源	生物材料和产品的来源	医药、材料等产品,用于农作物抗病和抗虫的基因,家养物种
16	休闲娱乐	提供休闲旅游活动机会	生态旅游、钓鱼运动等户外游乐活动
17	文化	提供非商业性用途的机会	生态系统的美学、艺术、教育、精神及科学价值

资料来源:Costanza et al.,1997。

生态系统服务功能主要表现在提供保存生物进化所需要的丰富物种与遗传资源,太阳能、二氧化碳的固定,有机质的合成,区域气候调节,维持水及营养物质的循环,土壤的形成与保护,污染物的吸收与降解,创造物种赖以生存与繁育的条件,维持整个大气化学组分的平衡与稳定,以及由于丰富的生物多样性所形成的自然景观及其具有的美学、文化、科学、教育价值。

生态系统服务功能可进一步分为4个层次:生态系统的生产(包括生态系统的产品及生物多样性的维持等)、生态系统的基本功能(包括传粉、传播种子、生物防治、土壤形成等)、生态系统的环境效益(包括减缓干旱和洪涝灾害、调节气候、净化空气、处理废物等)和生态系统的娱乐价值(休闲、娱乐、文化、艺术素养、生态美学等)。

对生态系统服务功能价值的评价主要有直接市场价格法、替代市场价格法、权变估值法和生产成本法。

①直接市场价格法 指生态系统提供的产品和服务在市场上贸易所产生的货币价值。又可分为市场价值法和费用支出法。前者以生态系统提供的商品价值为依据,如提供的木材、鱼类和农产品等;后者以人们对某种环境效益的支出费用表示该效益的经济价值,如游览景点所用的交通费、饮食费、住宿费和门票费等。

②替代市场价格法 当一项产品或服务的市场不存在,没有市场价格时,替代市场价格可以用来提供或推出有关价值方面的信息,它以"影子价格"和消费者剩余来表达生态服务功能的经济价值,一般包括市场价值法、机会成本法、旅行费用法、规避行为与防护费用法、享乐价格法等。

③权变估值法 也称条件价值法、调查法或假设评价法。适用于各种"公共商品"的无形效益评估。它应用模拟市场技术,假设某种"公共商品"存在并有市场交换,通过调查、询问(直接询问、电话询问、信函询问)、问卷、投标等方式来获得消费者对该"公共商品"的支付意愿或消费者剩余,综合所有消费者的支付意愿或消费者剩余,即可得到环境商品的经济价值。

④生产成本法 在资源环境对人类产生净效益的同时,也存在着人类合理开发利用而

带来的生态影响，即生态破坏的经济损失以及消除这些损失需支付的费用，统称"生态代价"。生产成本就是指为恢复、保护或重建这些损失而需要的花费。常用的生产成本法有机会成本法、成本有效性分析法、减轻损害的费用法、影子项目法和替代费用法。

⑤实际影响的市场估值法　通过观察环境的实际变化，并估计此种变化对商品或服务价值有多大影响，反过来估计环境变化。如水污染减少捕鱼量，空气污染影响农作物的生产，在这些情况下，环境变化减少市场产出。实际影响的市场估值法有剂量响应法、损害函数法、生产函数法和人力资本法等几种类型。

辛琨(2001)综合运用环境经济学、资源经济学和生态经济学的多种方法对辽河三角洲盘锦地区湿地生态系统提供的8种服务功能进行了价值估算(图8-3，表8-10)。

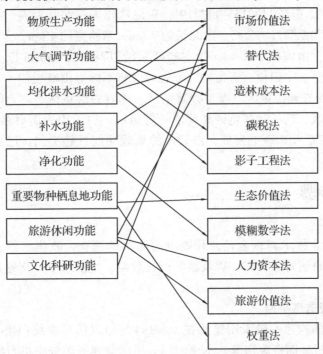

图 8-3　湿地生态系统服务功能价值估算方法

表 8-10　盘锦地区各类生态系统服务功能价值　　　　　　　　　　　　　亿元

类型	湿地						林地		旱田	河湖	
	芦苇	水稻	湿草甸	裸滩	碱蓬滩涂	虾蟹田	林地	果园		河流	库塘
物质生产	1.2	4.12	0.45			1.49	0.02	0.10	0.77		1.33
气体调节	9.6	7.7	0.65		2.0		1.05	0.3	1.55		
均化洪水	12.2	2.4				0.74				3.66	1.04
补水	13.08									4.04	
净化	1.08										
栖息地	2.2										
休闲	0.28										
文化	3.1										
合计	62.33						1.47	2.32	10.07		

8.3 景观生态分类与评价实例

以广州白云山国家重点风景名胜区以景观保护规划为目的的景观评价为例,介绍景观评价的基本方法,以便了解景观评价活动的全过程。

8.3.1 评价的时空范围

广州白云山国家重点风景名胜区(以下简称:白云山)位于广州市东北部,地理坐标为北纬 $23°09'\sim23°11'$,东经 $113°16'\sim113°19'$。东以广州大道北路为界,西接白云大道,南以广深铁路为界,北抵磨刀坑公路,南北长约 7 km,东西宽约 4 km,全区面积 20.98 km²。整个山体南北走向,由海拔 382.4 m 的主峰摩星岭以及海拔 250 m 以上的龙虎岗、白云顶、牛牯岭、鸡姆薮、牛归栏、五雷岭、孖髻岭和将军岭等山峰组成。根据行政管理分为 8 个游览区,即:明珠楼游览区、摩星岭游览区、鸣春谷游览区、三台岭游览区、麓湖游览区、飞鹅岭游览区、柯子岭游览区和荷依岭游览区。白云山为南粤名山,自古有"羊城第一秀"之称。随着广州市政的发展,白云山的景观功能日趋突出,已成为人们休闲、游憩和度假的好去处。

8.3.2 评价步骤

8.3.2.1 收集资料

采用传统的专业技术调查途径,开展全面的实地调查,收集气候、地质、土壤、水文、生物多样性等自然背景资料,以及旅游产投效益、生活水平、交通条件、历史以及文化等社会经济条件。

8.3.2.2 构建景观信息平台

景观信息平台的构建一般采用遥感技术(RS)与地理信息系统(GIS)、全球定位系统(GPS)相结合来分析地面资源情况。本例对白云山的景观资源分布进行探测分析,具体利用了美国 LANDSAT-5 TM 卫星图像(数据源为 TM_5、TM_4、TM_3 波段数据);用遥感影像处理系统 ERDAS 分别对 TM3、4、5 共 3 个波段图像进行线性变换、彩色合成、几何纠正、非监督分类;把非监督分类结果图和 TM4、5、3 彩色合成图作为野外用图,利用 GPS 准确定位进行野外踏查、采样,然后用 ERDAS 软件训练计算机,进行监督分类,并用目视判读法对自动分类结果纠正,把最终的分类结果输到地理信息系统 ARCVIEW 中进行矢量化储存,以作进一步分析用。

8.3.2.3 划分景观类型

(1)景观生态分类的原则与方法

①尺度与等级原则 景观生态分类必须明确景观单元的等级,根据不同的空间尺度或图形比例尺的要求来确定分类的基础单元。

②空间分异与组合原则 景观生态分类应体现出景观的空间分异与组合,即不同景观之间既相互独立又相互联系。

③主导因子原则　景观生态分类要反映出控制景观形成过程的主要因子，如地貌与植被，可以用单一景观要素也可以用复合景观要素来命名。

④归并原则　景观生态分类包括单元确定和类型归并，前者以功能关系为基础，后者以空间形态为指标。

⑤人类主导原则　景观生态分类应突出体现人类活动对于景观演化的决定作用。如为满足游憩功能而营建在风景区的旅游景区和人文景观等。

(2) 景观生态分类的结果

①纵观白云山景观空间格局的组成，可以看出地貌是控制景观形成过程的主要因子，而人类活动对这一地质时期形成的景观基本格局的演化起着决定性的作用。因此，根据白云山景观资源的特点，可以按照人为活动对景观的影响和地貌特征两个系列，将景观进行两级划分。按照景观塑造过程中的人类干扰强度，景观的分类首先可以区分为自然景观和人工景观。按照地形的影响，景观的分类可以划分为山地沟谷景观、丘陵景观和水体景观等。

②人类采用不同的土地利用方式来塑造或改变景观，其结果可用土地利用类型来表示。因此，根据土地利用类型结合地貌分异的规律，进行第二级的划分。其中土地利用类型采用一级分类标准，即园林绿地、林地、旅游设施地、建筑居民用地、交通用地、水域和未利用土地；地貌的分异可表示为沟谷地、丘陵、平台地等。具体做法是将土地利用现状图和地貌图叠加，对产生的各景观类型（斑块类型），按照上述分类原则作适当的调整，排列见表8-11。

③白云山有诸多交通要道，它们在空间上都表现为相似的带状或线状特征，功能上担负着导游、物质和能量的扩散与聚集，在整个景观系统中起着重要的作用。但是在分类中，随着尺度与等级的不同，其形状和数量会发生不同的变化，甚至丧失。为了方便研究，先将其列为一类景观要素，即廊道。

④上述二级景观生态分类结果仅是一个概括的刻画，若要对各景区的特征作进一步的研究，可对区内景观要素作更详细的划分。如采用景观土地属性分类的植被分类途径，根据森林群落调查结果（林分调查因子和植被群落的外貌特征等因素）和遥感图像的构图特征，可把白云山森林景观细分为 35 个森林景观斑块（图 8-4），总体分类精度达到 97.65%。

表 8-11　白云山景观生态分类表

景观要素类型	沟谷地景观	丘陵景观	水体景观	廊道
自然景观	地质地貌景观 森林景观 疏林草地景观	地质地貌景观 森林景观 疏林草地景观		
人工景观	居民建筑景观 饮食文化景观 游憩绿地景观 科普示教园景观	茶耕地景观 园林绿地景观 旅游设施景观 人文建筑景观 科普示教园景观	水库、人工湖、山塘、山泉溪流	公路、登山步道缆车索道

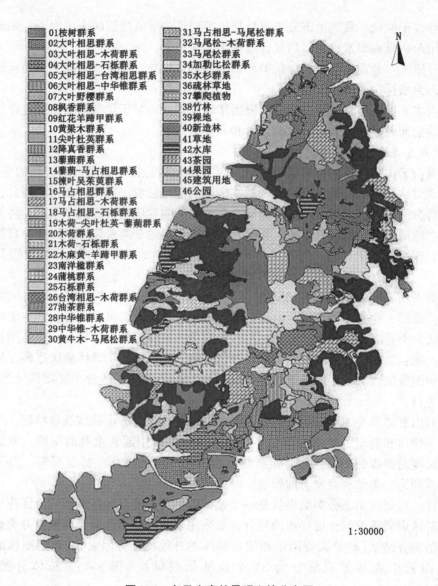

图 8-4 白云山森林景观斑块分布图

8.3.3 构建评价体系

8.3.3.1 白云山景观评价标准

从风景区的用地规模上看,白云山属于中型风景区。白云山地处繁华的广州市内,随着城市化建设步伐的加快,现已成为城市森林。境内自然条件比较复杂,加上人为活动对局部环境的高度干扰,形成复杂多样的景观斑块类型,各类型之间相互影响,相互制约,构成一个有机的景观系统。对该区景观的评价应包括生态、社会、经济等方面。考虑到生态环境保护与建设对白云山实现可持续发展的重要意义,本例借鉴美国土地管理局的风景资源管理 VRM 系统和我国的《风景名胜区规划规范》(GB 50298—1999),主要对景观结构特征加以定性评价分析。评价标准有以下 4 个:

(1) 特有性

从区域尺度着眼,评价区内有代表性的生态系统类型、生境类型,并确定其稀有性和独特性的级别,为通过景观格局优化,保持和发展景观的特有性提供科学依据。

(2) 多样性

景观多样性是指景观要素在结构与功能方面的多样性,它反映了景观的复杂程度。选取的指标有斑块多样性、组分种类多样性、格局多样性即斑块间的空间关联性和功能联系性等。

(3) 功效性

景观的功效性是指景观作为一个特定系统所能完成的能量、物质、信息和价值等的转换功能。选取的指标有景观的生物生产力和物质循环等。

(4) 宜人性

选取的指标有景观的通达性、稳定性、环境质量和景色优美度等。

8.3.3.2 景观要素结构特征分析

(1) 特有性

白云山特有性主要体现在地质地貌景观和人类长期的历史文化活动而形成的地方人文景观。白云山的基底地层古老,是晚古生代的海相沉积物,距今约3.5亿年,经历了加里东、印支、燕山和喜马拉雅等复杂的地质运动。白云山的地貌在漫长的地质过程中经过岩层曲折、岩浆入侵、抬升等内营力作用,以及外营力风化、剥蚀、切割、夷平,使面积不大的风景区内形成了颇具特色的地貌景观。全区地势起伏,在平缓的珠江三角洲,主峰突兀,悬崖峰峻,沟谷深切,东陡西缓的坡形上朔造有海拔高度分别是<50 m、70~90 m、120~150 m 和 200~250 m 的四级夷平坡面(图8-5),十分适宜登山观赏和休闲健身,对建设多姿多彩的风景园林提供了极为有利的基础条件。

白云山的地方人文景观类型丰富多彩,如蒲涧濂泉、白云寺院(如能仁寺)、白云冢墓、蒲谷、碑林、山庄旅舍、白云晚望、白云松涛、明珠楼、桃花涧、黄婆洞及岭南饮食

图 8-5　白云山景观的层状地貌图

(2) 多样性

白云山景观的多样性体现在多方面，本例仅对其斑块多样性进行评价。根据白云山景观资源的特点，在其景观要素变化剧烈的南北方向上分别选取两条剖面平行线，统计其上的斑块特征。在剖面线上，表7-12中的所有斑块类型均有出现。这种类型的多样性与从南到北自然条件明显的垂直变化有着密切的关系。从各斑块类型出现的频率来看，森林斑块类型出现的频次最多，其中阔叶林类型占优势地位。从森林斑块结构组成来看，经林分改造后共有29个群落类型，植物物种数量丰富。植物区系具热带向亚热带过渡性，并以热带、亚热带分布的科为主，计有维管植物180科631属1 038种（含变种），其中珍稀濒危植物10种；观赏植物452种、药用植物482种、用材树种152种。有鸟类15目40科228种；昆虫种类计有14目76科160种。其组分种类多样性明显。

深受人类开发活动的强烈影响，白云山形成的人工景观呈现出类型多样化和均质化，斑块的碎片化，一定程度上也降低了系统的异质性，增加了景观系统的不稳定性。

(3) 功效性

白云山景观系统内景观要素类型多种多样，不同类型的空间分布和组合的不同，导致景观的功效性也不同。白云山是广州市民旅游休闲生活的理想去处，年接待游客数百万人次。森林斑块的生物生产力（年净初级生产力）平均值达到较高水平（表8-12）。

表8-12 白云山森林景观斑块林分生产力测定结果

地点	斑块类型	林龄(a)	林分蓄积量 (m^3/hm^2)	林分年生长量 [$m^3/(hm^2 \cdot a)$]
山庄旅舍后山	中华锥林	35	78.98	2.63
摩星岭西坡	降真香林	15	18.20	1.21
摩星岭西坡	荷木林	35	84.80	2.43
柯子岭	马尾松林	53	27.30	0.52
九龙泉至山顶公园	大叶野樱林	35	104.80	2.99
松涛下坡东南坡面	马尾松降真香林	47	19.82	0.42
柯子岭至鸣泉居一带	尖叶杜英林	5	8.73	1.75
鸣泉居	马占相思林	6	35.55	5.93
鸣泉居南面山北坡	马占相思林	6	58.13	9.69
冷冻厂后山	荷木林	5	4.54	0.91
旗山	黎蒴林	6	34.67	5.77
旗山	黎蒴林	6	40.42	6.74
白云松涛	加勒比松林	5	4.63	0.94
磨刀坑	大叶相思林	15	34.2	2.28
缆车索道下坡面	红花紫薇林	10	11.31	1.13
缆车索道下坡面	大叶紫薇林	10	12.10	1.21
钢鼓坑	枫香林	4	3.35	0.84
缆车索道下坡面	黄槐林	6	9.75	1.22
能仁寺后山	山乌桕林	5	4.30	0.86
能仁寺后山	高山榕	5	5.60	1.12

白云山在广州市环境状况中有较大的作用。根据华南农业大学林学院和广州市热带海洋气象研究所等单位的调查测定，在夏季，白云山的温度比广州城区明显低 $1\sim2℃$，白云山森林环境空气清新，林地环境明显比广州城区舒适。模拟分析结果表明，占地仅 $21km^2$ 的白云山，如果林地覆盖面积减少一半，不仅白云山山区温度将升高 $1℃$，而且广州城区的温度也将升高约 $1℃$，会导致广州城区热岛效应的加剧。

(4) 宜人性

白云山的景观多样，不同的景观都具有很高的价值。但是，由于经济技术水平的限制，以及人类对不同景观的偏爱，不同景观类型具有不同程度的宜人性。

白云山自古就是适宜人类生活的风水宝地，也是旅游胜地。地处南亚热带海洋季风气候区，自然环境优美，空气清新，属于国家环境空气质量一类区。环境空气负离子浓度高，冬季在 $2\,440\sim5\,480$ 个$/cm^3$，夏季在 $2\,030\sim6\,170$ 个$/cm^3$，平均比城区高 $50\sim120$ 倍，属于高度清洁区范围。森林景观斑块所占比例最大，达到 69.9%，绿化覆盖率达 85.8%，是广州市的"天然氧吧"和"市肺"。这里林草葱绿，鸟语花香，四季如春，色彩斑斓，溪涧纵横，计有大小山塘水库30余座，水质良好，土壤也未受到污染。景区交通便利，南北贯通，登山步道四通八达。白云山已成为集现代观光、游憩、饮食、保健养生于一体的可观、可乐、可居的风景区。

8.3.3.3 白云山景观总体结构分析

(1) 景观总体结构分析方法

白云山景观系统包括自然和人工景观两大类，是一个比较复杂的等级系统。对白云山景观结构研究主要从景观的外貌和结构出发，按照景观等级系统从宏观到微观，进行逐级分析。①利用小比例尺的遥感资料，确定景观的宏观结构，如白云山景观带；②利用大中比例尺的卫星相片，借助地貌形态及其组合规律，以及植被和地貌的相关性，确定景观的中结构，如白云山景观的整体结构和景观带景观区域的组合，以及中尺度上的斑块和廊道等；③利用大比例尺卫星相片和土地利用现状图，进一步研究景观的微小结构，进行景观的定性和定量分析。在大中尺度上，着重分析景观的空间构型，即生态系统的空间分布，斑块形状、大小，景观对比度和景观连接度等。在微观尺度上着重分析空间相关性(斑块间的空间相互作用和空间关联程度)和空间规律性(空间梯度和趋势)，并对维护白云山生态安全有重要意义的关键部位进行分析。

(2) 景观总体结构分析结果

受地形的影响，从东北—西南走向的山体来看，白云山景观的整体结构是以摩星岭为核心的层状阶梯式偏三角锥体的环带状。在地质、地貌、气候、土壤和植被等多重作用下，形成了3个差异明显的景观带。

①大、中尺度景观结构 一是丘陵山地登高观景带，即沿山南索道口，通过山顶公园—锦绣南天—摩星岭—荡胸亭—白云松涛观景亭一带，可俯瞰近景和远景。二是沟谷地貌的游憩、饮食景观带，主要分布于山麓平地和沟谷中，包括沿公路作导游的雕塑公园、云台花园、蒲谷、能仁寺、鸣春谷、广州碑林、山弯、双溪、山庄和山北公园等。三是休闲运动、保健养生和森林游憩景观带，包括麓湖、南北登山公路外围环带状的森林斑块的大部分地段。

②小尺度景观构型　白云山景观系统的结构，具有由东北向西南倾斜抬升之势的环带状排列形成的偏三角锥体形丘陵、沟谷平台地景观，被东、西两侧弯曲排列的数条登山步道和南北贯通的大公路所分割，形成一个"串"字网状的空间构型。在这种格局中，道路作为一类特殊的景观空间要素——廊道，成为物质循环、能量流动和物种运动的重要通道，将自然和人工景观紧密地联系起来。由道路组成的廊道系统，在整个空间格局的形成中起着重要的作用。此外，森林斑块的空间异质性远远大于其他景观要素（斑块），其原因有自然和人为两方面。从自然因素考虑，该类斑块形成受气候、地形两种自然力的作用，空间分异明显，尤其是在山湾、摩星岭、山庄和英雄洞等地带，形成了接近地带性季风常绿阔叶林景观外貌。人为活动对该类景观斑块的影响表现为通过林分改造塑造了一类特殊的人工阔叶混交林景观要素类型。作为一种人工景观要素，其不仅因以"多树种、多层次、多色彩、多香味"为配置原则的人工林改造，使原来在 1975 年还占 81.7% 的单一马尾松林，被改造成多种阔叶混交常绿林，从而大大提高了空间异质性和物质、能量流动等景观功能，对整个空间格局的形成和演化起着非常重要的作用。

③景观结构中的关键区域　白云山景观结构或景观格局和发生在其中的主要景观生态过程，以及景观空间格局，对基本的生态过程和主要生态流均有重要的影响。纵观白云山的景观格局，森林景观斑块是关乎全局的关键性区域。它们是白云山的生态屏障，具有涵养水源、保持水土、防洪减灾、保护生物多样性和维持区域水热平衡等多项生态服务功能。其中，在第一景观带的森林斑块，其间分布有突兀的裸岩砾石，土壤保存极薄。森林的存在与否，直接影响到景观的功能效果。第三景观带，由于森林斑块所占的面积大，在能流、物流、生物制氧、生产空气负离子和"芬多精"等方面发挥着巨大的功能作用，是保证白云山空气清新的根本，因此也是应重点保护的对象。

8.3.3.4　白云山景观的定量评价

本例在实地调查评价的基础上，对白云山的主要景点进行了景观生态分类，并对景源作了风景质量和风景敏感性的定量评价，提出了保护规划的管理目标，为风景区的规划、资源开发和景观管理提供科学依据。

（1）定量评价的风景类型划分

风景类型的分类根据人文状况和地形、植被、水体等特点，按照人文和自然地理区划的方法，来划分风景类型。在每一风景类型下面，又可根据具体区域内的多样性，划分出若干个亚类型。其中人文景观包括文物古迹、近代史迹、园林艺术、社会风情、城乡风貌、现代工程、科学技术、旅游设施、交通设施、游乐场所和运动场所等；自然景观包括山岳、岩溶、江河、湖泊、泉水、海洋、黄土、生物、沙漠、奇观和气候等。

根据白云山风景名胜区的现有景观资源和潜在景观资源的状况，在自然景观下面又划分出 2 个亚类型；在人文景观中也划分了 4 个亚类型（表 8-13）。

（2）风景质量的定量评价

①风景质量的定量评价标准　参照《风景名胜区规划规范》（GB 50298—1999）的有关规定，白云山风景名胜区景观资源主要由自然景观和人文景观两大类构成。风景资源等级属于二级，即具重要、特殊、有省级重点保护价值和地方代表性作用，在省内外闻名和省际吸引力的。根据白云山风景名胜区景观资源的特点，结合实际的土地利用情况，风景质

表 8-13 白云山风景名胜区景观类型分类

景观类型	景观亚类型	定义及景观特征描述	主要景点
自然景观	沟谷景观	沟谷潮湿，崖壁滴水，流水潺潺，土层深厚，空气湿度大；多树种组成，多层次结构，具板根、气根攀缘、附生等生态特征	蒲谷、鸣春谷
	丘陵地貌景观	风景区内最高峰摩星岭，以及白云晚望、白云晓望景区内能满足远眺对景观多角度的需要	天南第一峰、白云晚望、白云晓望、白云松涛、百步梯
人文景观	宗教文化景观	具精神文化的内容，富含中国特色的宗教色彩，并具有一定的宗教历史或民间传说	能仁寺、九龙泉、桃花涧、明珠女雕
	文物古迹景观	集历代英杰、文人墨客和现代志士仁人诗人书家作品，富有岭南文化色彩	广州碑林、山庄旅舍、山湾、双溪
	园林艺术景观	具岭南园林及南亚热带风光特色，又具西方园林风格的园林风光，或明媚秀丽，或淡雅朴素	云台花园、草坪景观、雕塑公园
	旅游设施景观	游乐场所；旅游接待区景观，琉璃瓦建筑和高级琉璃瓦仿古宾馆，现代化楼房等	明珠楼游乐区、麓湖、白云索道、鹿鸣酒家、白云仙馆、麓湖高尔夫乡村俱乐部

量评价依其数量、多样性和某些特征，可按以下 7 个关键因素分别评分。

  a. 地形地貌：根据比例及陡度(1~5 分)；

  b. 水体：存在与否、形态、大小(0~5 分)；

  c. 植被：以丰实性为依据(1~5 分)；

  d. 色彩：强烈性及丰富性(1~5 分)；

  e. 毗邻风景：毗邻风景对所评风景的烘托作用(0~5 分)；

  f. 特异性：常见—奇特(1~5 分)；

  g. 人文景观：历史及著名程度、地方特色(0~5 分)。

然后将各项评分值相加，划分出 3 个质量等级：一级，≥19 分；二级，12~18 分；三级，≤11 分(表 8-14)。

  ②风景质量的定量评价结果 白云山景观划分为 2 大类 6 个亚类型(表 8-14)。其评价过程为：

  a. 景观抽样。以云台花园、蒲谷、能仁寺等 8 个景点为评价景点。

  b. 风景质量评价。以专业人士作为评价者，根据评分标准，通过现场参观，进行现场风景质量评价。

  c. 等级划分。根据各项评分值相加，划分各风景点的质量等级。

  d. 风景类型质量评价分析。根据抽样风景评价数据，将数据汇总取均值，得出风景类型的风景质量及质量等级；根据抽样风景评价数据，将数据汇总取均值，得出风景亚类型的风景质量及质量等级。各抽样景点和景观资源类型，按标准评价，评价结果见表 8-15、表 8-16。

表 8-14 风景质量评价标准

项目	评分区间值	定量评分	定量依据
山体	1~5	1~2	非山体景观或常见山体，坡度缓，造型一般
		2~4	竣美山体，山势高峻，个性特点明显
		4~5	奇特山体，具鲜明个性，或为悬崖陡壁，切割方向或雄伟高大或具岩洞，完整奇特
水体	0~5	0~2	无水体景观或为一般水体，面积小，无特殊形态，声、影、色、质一般
		2~4	较美的动态水体，个性明显体量小、清洁，有倒影或有声色配合
		4~5	气势磅礴的动态水景，或与其他因素相互配合形成奇妙雅臻的胜景，水质清甜甘冽
植被	1~5	1~2	植被结构简单，覆盖率小于60%，不常见野生动物或无
		2~4	植被结构复杂，覆盖率60%~80%，野生动物种类繁多，有省级保护种，有一定保健价值
		4~5	有名古大树，覆盖率达到80%，野生动物种类较多，有国家级保护种
植物、生态环境、色彩	1~5	1~2	没有典型的森林环境，有一定的污染，色彩对比不强烈
		2~4	较为舒适幽静的森林环境，色彩对比强烈
		4~5	典型的森林环境，色彩丰富，季相明显，恬静舒适，空气清新，达到国家质量一级标准
特异性	1~5	1~2	一般景点，无特异性
		2~4	有一定的特异性，有一定著名程度
		4~5	地貌、气象或其他奇观，知名度很高，使人为之倾倒，气候舒适宜人
相邻景点衬托	0~5	0~2	邻近地无优美景点或优美度不足
		2~4	邻近地少优美景点或对本景点烘托作用一般
		4~5	邻近景点衬托效果明显
人文景观	0~5	0~2	无人文景观资源或为一般的建筑，神话传说
		2~4	具有一定的科学、艺术、宗教价值，民俗、地方特色浓厚，在当地著名
		4~5	历史悠久，具有典型的地方特色和民族风格，科学、艺术、宗教价值很高，名扬国内外

表 8-15 白云山风景名胜区景观资源风景质量评价（一）

景点名称	山体	水体	植被	色彩	相邻景观	特异性	人文景观	总分	等级
蒲谷	2.53	2.50	1.73	1.70	2.28	2.16	1.36	16.2	二级
能仁寺	2.47	1.71	2.06	1.78	2.78	2.53	3.44	16.2	二级
白云晚望	2.73	0.97	1.76	2.98	2.33	2.74	1.97	15.3	二级
广州碑林	2.60	2.10	1.42	1.85	2.32	2.45	3.49	16.0	二级
九龙泉	2.17	3.05	1.50	1.72	1.95	2.34	2.27	15.0	二级
摩星岭	3.6	0.94	2.05	2.91	2.7	2.61	2.19	16.7	二级
白云松涛	2.61	0.96	2.14	2.44	2.81	2.21	2.10	15.3	二级
明珠楼	1.54	2.04	1.70	16.4	2.23	2.34	2.12	13.6	二级

表 8-16 白云山风景名胜区风景资源风景质量评价(二)

风景类型	评价值	景观亚类型	风景质量	备注
自然景观	15.98	沟谷景观	16.2	蒲谷
		丘陵地貌景观	15.76	摩星岭、白云晚望、白云松涛
人文景观	15.06	宗教文化景观	15.6	能仁寺、九龙泉
		文物古迹景观	16.0	广州碑林
		园林艺术景观	—	云台花园、雕塑公园
		旅游设施景观	13.6	麓湖

从 76 位专业人士的评价结果看，抽样景点均能达到评价的二级标准，说明抽样景点在多样性的综合评价中差异性不太大。从单个景点来说，在风景区内具有代表性的景点如天南第一峰摩星岭，因其多样性表现较好，如摩星岭为白云山主峰，海拔 382 m，有朱德的"锦绣南天"的题字，附近山顶公园又有多处景点相衬托，风景质量明显高；相反，风景区内某些景点由于多样性相对较差，风景质量美景度相对较低，如麓湖、白云松涛等。

从风景亚类型来看，风景质量美景度最高的是沟谷景观(16.2)，其次是文物古迹景观(16.0)，再次是旅游设施景观(13.6)。在景观生态分类评价中，自然风景质量略占优势，说明专业人士对自然景观的审美评判偏好，对人文景观中的旅游设施景观评判相对较差。

③景观敏感性的定量评价　景观敏感性(Sensitivity)用来衡量公众对某一风景的关注程度，是景观被观景者注意到的程度和被观看的概率。人们注意力越集中的风景点，其敏感性越高，该景点的变化越能影响人们的审美态度。

以市民、游客为调查对象，以问卷调查的形式选定云台花园、蒲谷和能仁寺等 13 个景点为评价对象，以造访频率表示景观敏感性。每位游客在单位时间对风景区内某一景点到访的频次以 n 表示，单位时间对风景区内抽样景点造访频次总数用 N 表示，造访频率是每位游客在单位时间到访某一景点的频率 f，则：

$$f = n/N \tag{8-2}$$

对景观敏感性的定量评价结果见表 8-17。

表 8-17 白云山风景名胜区各景点景观敏感性评价

序号	景点名称	敏感性(造访频率)f	敏感性次序
1	云台花园	0.111 0	4
2	蒲谷	0.173 7	3
3	能仁寺	0.095 3	8
4	白云晚望	0.195 9	2
5	鸣春谷	0.089 9	10
6	广州碑林	0.078 5	12
7	九龙泉	0.091 6	8
8	摩星岭	0.100 7	6
9	白云松涛	0.100 0	7
10	麓湖	0.104 9	5
11	雕塑公园	0.061 4	13
12	明珠楼	0.083 9	11
13	草坪景观	0.242 0	1

将抽样景点敏感性评价数据汇总取均值，得出风景类型的敏感性及等级；将抽样敏感性评价数据汇总取均值，得出风景亚类型的风景敏感性及等级(表8-18)。

表8-18　白云山风景名胜区各风景类型景观敏感性评价

风景类型	敏感性	风景亚类型	敏感性	备注
自然景观	0.131 3	沟谷景观	0.130 3	蒲谷、鸣春谷
		丘陵地貌景观	0.132 2	摩星岭、白云晚望、白云松涛
人文景观	0.101 1	宗教文化景观	0.093 5	能仁寺、九龙泉
		文物古迹景观	0.078 3	广州碑林
		园林艺术景观	0.138 1	云台花园、雕塑公园、草坪景观
		旅游设施景观	0.094 4	麓湖、明珠楼

从公众对风景区内景点的评价来看，景观敏感性较高的是草坪景观、白云晚望、蒲谷和云台花园等。从风景亚类型来看，风景敏感性评价次序由高到低是园林艺术景观、丘陵地貌景观、沟谷景观、旅游设施景观、宗教文化景观、文物古迹景观；公众对自然景观中的沟谷景观、丘陵地貌景观和人文景观中的有岭南特色的园林艺术景观评价均较高。

从评价的结果看，公众在审美态度上对自然景观中的丘陵地貌景观、沟谷景观及人文景观中的园林艺术景观、旅游设施景观较偏爱；公众对宗教文物景观和文物古迹景观的偏好相对较差。

8.3.4　景观保护等级划分

在依据专业人士风景质量评价的同时，也充分考虑公众敏感性评价结果，将白云山风景资源划分为4个保护等级。

(1)重点自然景观保护区(一级)

包括风景质量和敏感性都很高的沟谷景观区和丘陵地貌景观区。在蒲谷、鸣春谷等景区分布的沟谷植被景观在广州周边地区有一定的科研、教学价值，且具有较高的美学质量；天南第一峰、山顶公园一带，在地貌上有一定的代表性。风景规划应以森林为主要背景，以保护植被和涵养水源为本，营造一个青山常在绿水长流的优美自然环境。

(2)宗教文化、文物古迹景观保护区(二级)

宗教文化、文物古迹景观具有特殊的价值。对该区内的能仁寺、九龙泉、桃花涧、明珠女雕等景区，应维护原有气氛，保留一些民间传统。在规划上应依据宗教文化的一些特点，营造有宗教特色和有民间传统的、健康的文化氛围。

(3)园林艺术景观保护区(三级)

云台花园景区及草坪景观区风景敏感性较高。在造景上应以传统和现代造景手法相结合，以植物造景、水体造景为主，营造富于亚热带风光特色的园林艺术景观。

(4)旅游设施景观保护区(四级)

旅游设施多依山傍水而建，要么翠竹丛丛，要么泉水潺潺，要么湖光山色，构成了风景区内的另一风景类型。旅游设施的建设既要满足公众的旅游服务需求，又要选择合适的地方，避免在风景区内建设与环境不协调的旅游设施。

复习思考题

1. 什么是景观分类？景观分类方法有哪些？各有什么特点？它们之间有什么关系？
2. 景观评价的要素有哪些？
3. 景观评价的特点有哪些方面？
4. 景观评价的内容有哪些方面？
5. 景观健康评价指标有哪些？各有什么特点？
6. 景观价值评价指标有哪些？
7. 景观评价的步骤和基本方法有哪些方面？
8. 你从广州白云山景观评价中获得怎样的启发？

本章推荐阅读书目

1. 徐化成．景观生态学．中国林业出版社，1996.
2. 傅伯杰，陈利顶，马克明等．景观生态学原理及应用（第2版）．科学出版社，2011.
3. 俞孔坚．景观：文化、生态与感知．科学出版社，2011.
4. 肖笃宁．景观生态学研究进展．湖南科学技术出版社，1999.
5. 郭晋平．森林景观生态研究．北京大学出版社，2001.
6. 赵羿，李月辉．实用景观生态学．科学出版社，2001.
7. 古炎坤．生态资源可持续发展理论与实践——广州市白云山国家重点风景名胜区．中国林业出版社，2005.
8. 李团胜，石玉琼．景观生态学．化学工业出版社，2009.

第9章 景观生态规划

【本章提要】

在景观生态评价基础上进行景观规划设计是景观生态学科走向应用的前提,是景观保护、利用、建设和管理的首要任务。本章应用综合整体的观点介绍景观生态规划的基本概念和理论、一般工作步骤和方法,并概要介绍国内外景观生态规划的进展。

景观生态学的应用性领域涉及景观的保护、建设和管理实践,最终目的是实现景观的可持续管理。实现可持续发展,要求协调人类活动与自然生态过程的关系,达到资源利用、环境保护和社会经济的持续、协调发展,景观是最适宜的规划设计和管理尺度。在景观生态综合评价基础上,对景观进行有目的规划、设计和管理,是合理利用景观资源的首要任务。

9.1 景观生态规划概述

景观规划和管理(landscape planning and management)对保障生态系统、区域乃至全球的持续发展具有重要意义。景观生态规划也可作为编制各类具体景观专项规划的方法论。

9.1.1 景观生态规划的概念

早在景观规划提出之前,人们对于规划(planning)的认识就已经在逐步深入,从土地利用规划(landuse planning)和景观规划(landscape planning)到生态规划(ecological planning),再到景观生态规划(landscape ecological planning),人们对规划对象的生态学机制、过程和关系的认识不断深化,对规划在协调人与自然的关系、合理利用自然生态资源中的作用越来越重视。

9.1.1.1 生态规划

第一个提出生态规划的人是生物学家吉奥泊德(A. Jeopold)(陈涛,1991)。1960年,美国宾夕法尼亚大学环境规划学科主任麦克哈克教授(I. L. McHarg)首先提出了地域生态规划。目前的生态规划主要集中于土地利用、自然资源与野生动植物保护等方面，并开展了许多规划工作，但生态规划至今还没有一个被普遍接受的定义。我国学者认为，利用生态学理论而制定的符合生态学要求的土地利用规划为生态规划(陈涛，1991)。随着生态科学的迅速发展，生态学思想逐步渗透到社会、经济和文化等各个领域，我国的区域发展规划也不再仅限于土地利用及其空间布局等经济发展规划，而是将人口、资源、环境与国民经济发展结合起来，将生态环境保护与资源合理开发利用紧密结合起来。

因此，生态规划应当理解为：应用生态学基本原理，根据社会、经济、自然等方面的条件，从整体和综合的角度，对特定地域的整体发展战略或长期发展途径进行研究，提出资源合理开发、土地持续利用、生态环境建设和保护的途径和措施，从整体上保证人口、资源、环境与经济协调发展，为人类创造一个舒适和谐、可持续的生存环境。生态规划具有明显的整体性、协调性、区域性、层次性和动态性等特点，并有明确的经济、社会和生态目标。

9.1.1.2 景观规划

景观规划是20世纪50年代以来从欧洲及北美景观建筑学中分化出来的一个综合性应用科学领域，起源于园林设计和景观建筑。它是以人为中心，将各种土地利用方式有机结合起来，以构成和谐有效的地表空间的人类活动方式(Turner, 1987)。最初的景观规划只是服务于园林设计与建筑设计的一个环节，它关注的是某一地域范围内直接与居民日常生产和生活密切相关的土地利用方式和空间布局，不同风格建筑的搭配，以及景观整体和局部所产生的社会影响和美学效果等(Haber, 1990)。这里的景观，虽然也泛指构成环境的实体部分，但主要强调土地直接服务于具体的生产实践和生活需要的经济价值和美学价值(Laurie, 1975)。这种注重景观实效的思想，为景观规划提供了强大的生命力。为此，可以将所有可能造成景观格局或组分发生改变的规划设计活动都称为景观规划，如城镇建设规划、交通规划、土地利用规划、风景园林规划等。

比较明确的景观规划概念产生于19世纪末到20世纪初的景观建筑学领域。第二次世界大战以后，景观建筑所涉及的领域进一步扩大到废弃土地的重建、区域和城市景观的分析和规划，以及房屋、校园和大型工矿企业的建筑规划等，形成了由景观规划和评价、立地规划、景观设计三方面组成的完整的景观建筑学科体系(Laurie, 1975; Simonds, 1961)。但景观规划的形成并不仅限于景观建筑领域，地质学、气候学、生态学及测绘学等都对人类理解环境的结构和功能产生了极大的影响。

作为学术概念的景观规划，从20世纪60年代以来得到了蓬勃发展。此时的景观规划已经与以往的单目标规划设计有了本质的区别，将景观作为具有整体性的"资源"，并将人类需求与景观的自然特性和过程相联系，从而在宏观尺度上解决资源的合理配置问题(Cook & Van Lier, 1994)。它不仅关注景观的"土地利用"、景观的"土地肥力"以及人类的短期需求，更强调景观的生态价值和美学价值，以及景观作为复杂生命组织系统给人类带来的长期利益。景观可以通过现在的格局为各种生物和人类提供生存条件，而且可以通过景观规划改变景观格局，保持和提高景观的生命支持能力或承载力。无论地理学还是景观生态学，都在深化景观概念的同时，逐渐忽视了景观原义中景观的视觉特性。

景观规划是运用景观生态学原理解决景观水平上生态问题的实践活动，是景观管理的重要手段，是景观生态学的有机组成部分，集中体现了景观生态学的应用价值。景观规划的核心是通过对景观的空间组织，维持和发展景观的异质性，在协调景观系统中异质性景观要素相互关系的基础上，从整体上协调人口—资源—环境和社会—经济—文化发展的相互关系。景观规划是一个多学科的综合性应用领域，是连接地质学、地理学、生态学、景观建筑学，以及社会、经济和管理等学科领域的桥梁。

9.1.1.3 景观生态规划

不同学者对景观生态规划的理解不尽相同。哈佛大学环境设计院 Carl 教授指出：景观规划是多学科的，由于政治、经济、文化和地理的多样性，导致景观生态规划的结构和内容多样，实际应用的模型也多样化。由于文化、政治、经济及技术的差异，不同国家景观生态规划的侧重点也有所不同。在欧洲，景观生态学是在土地利用规划和管理等实践任务的推动下发展起来的，荷兰和德国的景观生态规划与设计多集中在土地评价、利用和土地保护与管理，以及自然保护区和国家公园规划上，强调人是景观的重要成分并在景观中起主导作用。以色列著名景观生态学家纳维(1993)在专著中指出，"景观生态学在欧洲被看成是土地和景观规划、管理、保护、发展和开发的科学基础。它超越了经典生物及生态学科的范围，并进入以人为中心的知识领域，社会心理的、经济的、地理的和文化的科学领域，只要它们与现代土地利用联系起来。"在北美，区域景观规划、环境规划和自然规划是具有一般意义的景观生态规划，注重宏观生态工程设计，强调以生态学观点制定环境政策，特别是土地利用方针和政策。

概括众多学者对景观生态规划的理解，其内涵包括以下 6 点：

① 景观规划涉及景观生态学、生态经济学、人类生态学、地理学、社会政策法律等相关学科的知识，具有高度的综合性。

② 景观规划建立在充分理解景观与自然环境的特性、生态过程及其与人类活动的关系基础上。

③ 景观规划的目的是协调景观内部结构和生态过程及人与自然的关系，正确处理生产与生态、资源开发与保护、经济发展与环境质量的关系，进而改善景观生态系统的整体功能，达到人与自然的和谐。

④ 景观规划强调立足于当地自然资源与社会经济条件的潜力，形成区域生态环境功能及社会经济功能的互补与协调，同时考虑区域乃至全球的环境，而不是建立封闭的景观生态系统。

⑤ 景观规划侧重于土地利用的空间配置。

⑥ 景观规划不仅协调自然过程，还协调人类文化和社会经济过程。

目前，景观生态规划尚无公认的确切定义。但总结人们对景观生态规划的认识，景观生态规划要求应用景观生态学原理及其他相关学科的知识，通过研究景观格局与生态过程以及人类活动与景观的相互作用，在景观生态分析、综合及评价的基础上，提出景观最优利用方案、对策及建议。它注重景观的资源和环境特性，强调人是景观的一部分及人类干扰对景观的作用，是实现景观持续发展的有效工具。因此景观生态规划是指运用景观生态学原理、生态经济学及其他相关学科的知识与方法，从景观生态功能的完整性、自然资源的内在特征以及实际的社会经济条件出发,通过对原有景观要素的优化组合或引入新的成分,调整或构建合理的景观格局,使景观整体功能最优,达到人活动与自然过程的协调发展。

景观生态规划是生态规划的一种,但与生态规划既有区别又有联系。首先,二者的对象不同,生态规划的研究对象是生态系统,景观生态规划的对象是景观;其次,生态规划强调生态系统内部组分的合理利用,景观生态规划虽然也强调生态组分的合理利用,但更多地强调生态系统的合理利用,特别是景观内生态系统的空间动态及稳定性。二者在规划思想上是一致的。因此许多生态规划的模型,只要在实际运用中把尺度相应地扩大,同时融入景观生态学的观点与方法,也可以作为景观生态规划模型进行应用。

9.1.1.4　景观生态规划的对象

1992年6月在巴西通过的《关于环境与发展的里约热内卢宣言》的第一个原则指出:"持续发展已成为人类最关注的问题,人类应享有健康、富有,并且与自然相互和谐地生活"。持续发展理论提出了人类社会未来发展的目标,但如何实现这一目标,是持续发展理论向人们尤其是生态学家,提出的全新研究课题。根据可持续发展理论,实现生态系统—景观—区域—大陆—全球的持续发展,就是协调人类社会经济活动与自然生态过程的关系,达到资源利用、环境保护和经济增长的协调和统一。

可持续发展研究的尺度可选择全球、大陆、区域、景观和生态系统。全球或生物圈是最高等级的空间尺度,这一等级的持续性对低等级的持续性有重要影响,但生物与人类的生存更依赖于较小尺度的持续性。大陆有明显的边界,但被交通运输、经济等因素松散地联系在一起,其中包含着极不相似的土地利用类型。区域的边界由地理、文化、经济、政治和气候等多方面的因素决定,被运输、通讯和文化密切地联系在一起,但在空间上存在明显的生态差异性。景观是一组或以相似方式重复出现的相互作用的生态系统所组成的绵延数千米至数百千米的异质性陆地区域(Forman & Godron,1986),是存在着类似生态条件的综合体。生态系统是更小尺度上的局部同质单元,在没有干扰的地区可以稳定地维持几个世纪,但干扰,尤其是人为干扰对许多生态系统产生极大的影响;景观中的生态系统可以被规划、设计和管理,但它不是可持续发展规划的适宜尺度,景观才是可持续发展规划与设计的最适宜尺度。

9.1.2　景观生态规划的原则

由于景观利用和管理有不同的目标,需要为景观生态规划制定既不失原则性,又明确、具体和可操作的指导原则。研究人员也曾经针对景观生态规划应遵循的原则提出意见(王军等,1999)。根据现有的景观生态规划实践和景观生态研究成果,景观生态规划应遵循:生态可持续性、综合整体性、资源可持续利用、经济合理性和针对性、社会广泛参与、景观改造谨慎性和景观个性等原则。

(1) 生态可持续性原则

生态可持续性原则要求景观生态规划中所制订的经营目标和相应的经营措施,必须保证生态系统在区域、景观和生态系统水平上具有可持续性,不能对景观和景观内各类生态系统的持续再生性、健康和稳定性带来不可接受的损害。景观的可持续性不仅是指景观物质资源的可持续性,更重要的是景观系统的整体结构、功能和过程的可持续性。

景观生态规划以区域可持续发展为基础,为保证社会经济的可持续发展,通过规划决策和实施,提高景观的可持续性,改善生态环境。这就要求任何经营活动都必须建立在可靠的生态学基础上,对经营活动与景观生态过程之间的相互关系进行全面了解和审慎考察,对影响的强度、时空范围和可恢复性,以及由此带来的生态、经济、社会外部的不经济性,做出客观的分析和评价,在此基础上做出经营决策,提出减少不利影响的措施和方法。

保护自然景观,维护其自然生态过程,是保护生物多样性及合理利用资源的前提,是保护景观生态可持续性的基础。自然景观资源包括原始自然保留地、历史文化遗迹、森林、湖泊以及大的植被斑块等,对保持区域的基本生态过程和生命维持系统及保存生物多样性具有重要的意义,在规划时应优先考虑其保护和持续发展问题。

(2) 综合整体性原则

综合整体性原则要求景观生态规划与管理者将景观看作"生态系统—景观—区域—大陆—全球"整体性等级结构系统(hierarchical system),应用整体和系统的观点,研究解决规划目标和经营利用措施的问题。

由于景观是由异质生态系统组成的具有一定结构和功能的整体,是自然与文化的复合载体,景观生态规划必须从整体出发,对整个景观进行综合分析,使区域景观结构与区域自然特征和经济发展相适应,谋求生态、社会和经济效益的协调统一,以达到景观结构和功能的整体优化。

景观生态规划是一项综合性工作,必须建立在全面理解和掌握景观的起源、现状、变化机制及其内在关系的基础上,需要包括林学、生态学、景观规划、土地和水资源规划、景观建筑、土壤学、地理学多学科合作,需要景观规划、景观管理和景观利用三方面人员的合作,通过对景观结构、景观过程和景观多重价值的深入研究、分析和评价,提出景观建设、保护、恢复和管理的措施。景观生态规划既是区域可持续发展规划的一部分,同时又是由内部相互联系的不同景观经营利用活动构成的整体。在制定景观生态规划过程中,就能将它放在等级结构系统的适当层次,提出既符合上一级规划要求,又反映自身整体功能优化的规划目标,并能够自觉地将各项措施的实施放在系统整体背景下,全面考察其总体效果,实现规划方案的优化。

(3) 资源可持续利用原则

资源可持续利用原则要求在景观生态规划中,坚持对景观资源的开发利用要与资源的再生速率保持适当的平衡,要对影响资源形成或再生速率的因素有全面的了解,通过制订可持续的经营措施,提高景观生态系统的生产力,在此基础上提高景观资源的利用效率。景观的可持续利用规划要建立在生态系统整体可持续性的基础上,而不仅局限于目标产品本身的再生产上,特别是在景观和区域水平上,任何简化处理方式都带有潜在的危险性。

(4) 经济合理性和针对性原则

经济合理性原则要求景观的开发利用、改造、恢复和建设项目的规划,都要进行经济可行性论证,避免因缺乏必要的经济分析,给经营者带来经济损失。经济可行性分析要遵循企业经营经济规律和市场经济规律,在可靠的经济预测基础上进行,要充分考虑一定时间尺度上的近期利益和长期影响。要充分认识到，错误的经营决策带来的巨大经济损失，往往反过来转化为对景观的巨大压力，企业可能由于经济状况恶化而放弃原有的规划目标和经营措施，进而危害景观的整体可持续性。

景观生态规划既有作为景观尺度上的生态规划的共性特点，又是针对某一地区特定景观的规划。不同类型的景观、相同类型但处于不同区域背景下的景观有不同的组成结构、空间格局和生态过程，有不同规划的目标，如森林类型自然保护区的生物多样性保护规划、江河中上游生态公益林区景观建设和保护规划、风蚀荒漠化地区防风固沙林景观生态规划、为保护生物多样性的自然保护区设计、城郊型景观生态规划设计等。因此，具体到某一景观生态规划时，收集资料应该有所侧重，针对规划目标应采取不同的景观现状分析指标和分析方法以及景观评价和规划方法。

(5) 社会参与原则

景观规划重点强调人类聚集和人类的创造性，人的社会行为、价值观和文化观都直接影响景观的动态变化的方向与进程。景观规划是对景观有目的的干预，其依据是内在的景观结构、过程、社会—经济条件及人类价值的需求。在景观生态规划中，在全面和综合分析景观的自然和社会经济条件的基础上，要求充分认识景观利用与管理的社会性，如当地的经济发展战略、人口和资源问题。还要分析进行规划实施后的环境影响，以人类对生态的需求值、价值观为出发点，树立以人为本的观念，充分考虑公众的需求，鼓励社会参与管理和决策，使景观生态规划目标和经营管理措施符合当地社会的整体利益。

(6) 景观改造谨慎性原则

景观改造谨慎性原则要求在景观生态规划工作中，对景观结构调整、改造和建设的决策持谨慎态度。景观生态规划要建立在充分的生态合理性、社会满意性和经济可行性基础上。

对具体的景观管理和建设等活动，应充分了解其可能带来的正面和负面影响，做出最佳决策。但实际工作中常常由于信息不全面和不充分，相关的生态知识不足等原因，无法对其确切效果做出明确评价，而人为改造景观活动的影响往往极为深远，现在的活动可能会影响到今后数十年甚至几代人，造成无法挽回的损失。因此，在不能明确肯定景观管理措施的确切效果和整体生态影响，缺乏充分决策根据的情况下，需要对所采取的决策持谨慎态度，选择保守的经营措施，先行搁置或保护，为今后进一步采取措施留下更充分的余地，避免由主观的不确定性带来无法挽回的损失。

(7) 景观个性原则

景观的形成总是与一定的地貌和气候特征相联系，每一个景观都有与其他景观不同的个体特征，这些个体特征的差异又反映在景观的结构与功能上。因此景观生态规划与设计要充分考虑个体特征，因地制宜地体现当地景观的特征，这也是地理学上地域分异规律的客观要求。

上述7条原则是一个有机的整体，在景观生态规划中相辅相成、相互联系和制约，绝不能由某一项原则单独起作用。综合整体性原则和生态可持续性原则是基础。其中，景观个性原则是突出地域特色，综合整体性原则是经营决策中贯彻始终的思想方法，生态可持续性是森林景观生态规划成败的关键，而实现生态可持续性又需要针对性原则作保证。社会参与原则既是景观生态规划的责任和义务，也是社会的普遍要求，是营造良好社会环境氛围的重要力量，应加以充分利用和合理引导。可持续利用原则和经济合理性原则，更多的是对景观开发利用活动起限定和约束作用，它们在前述三项原则的控制下发挥作用。谨慎性原则在景观资源利用、改造和建设规划中尤为重要。人类对自然景观的认识是逐步深化的，相关知识的积累也需要一个过程，景观类型如此多样化，自然资源越来越稀缺，在无法做出有充分科学依据的决策之前，采取谨慎态度是明智的。

9.1.3 景观生态规划的目的和任务

9.1.3.1 景观生态规划的目的

景观生态规划的目的就是通过对景观及景观要素组成结构和空间格局的现状及其动态变化过程和趋势进行分析和预测，确定景观结构和空间格局管理、维护、恢复和建设的目标，制订以保持和提高景观和景观多重价值，维护景观稳定性、生态过程连续性和景观安全为核心的景观经营管理和建设规划，并通过指导规划的实施，实现景观的可持续利用。

9.1.3.2 景观生态规划的任务

景观生态规划是指对规划对象进行系统诊断、多目标决策、多方案选优、效果评价和反馈修订的过程。景观生态规划是一项系统工程，遵循系统工程的一般程序和决策优化技术要求。

景观生态规划的任务可以概括为6个方面：①分析景观组成结构及其空间格局现状；②发现制约景观稳定性、生产力和可持续性的主要因素；③确定景观最佳组成结构；④确定景观空间结构和理想的景观格局；⑤对景观结构和空间格局进行调整、恢复、建设和管理的技术措施；⑥提出实现景观管理和建设目标的资金、政策和其他外部环境保障。

严格地说，景观生态规划还应当关注规划成果的执行情况，一方面指导和监督规划成果的执行，另一方面及时解决规划执行过程中出现的问题，并总结经验，对规划做出必要的修订，不断提高规划设计水平。

9.2 景观生态规划内容和方法

景观生态规划应充分分析规划区内的自然环境特点、景观生态过程及其与人类活动的关系，注重发挥当地生态资源与社会经济的优势，以及与相邻区域景观资源开发和生态环境条件的协调，提高景观持续发展的能力。这一目标决定了景观生态规划是一个综合性的方法论体系，其内容涉及景观生态调查、景观生态分析和综合及评价的各个方面。

9.2.1 景观生态规划的一般工作步骤

根据景观生态规划的特点，景观生态规划主要有景观生态调查、景观生态分析和规划方案制定三方面内容，一般应遵循8个步骤(图9-1)。

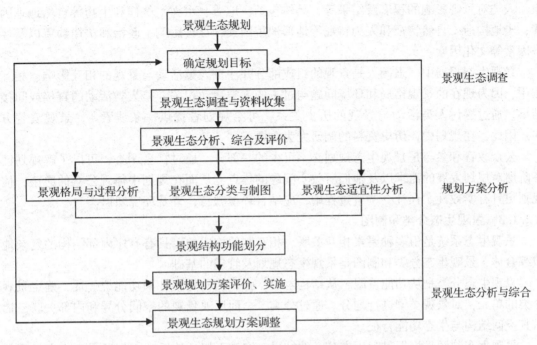

图 9-1 景观生态规划流程图

9.2.1.1 确定规划范围与规划目标

在接受景观规划设计任务时,必须明确规划设计的地域范围,掌握规划设计须解决的问题,确定规划设计的总目标,并将规划总目标逐级分解,在分解的同时要明确各分项目标之间以及各级目标之间的关系,根据规划设计目标确定规划对象的性质和类型。规划目标一般分为三类:一是为保护生物多样性而进行的规划,如自然保护区生物多样性保护的景观生态规划;二是为自然(景观)资源合理开发而进行的规划,如景观恢复和建设规划;三是为当前不合理的景观格局(土地利用)而进行的规划,如城市和城郊景观格局和景观结构调整规划等。这3个规划内容范围较大,因而要将其分解成具体的任务。

9.2.1.2 景观生态调查和规划资料搜集

在收集规划地区自然地理、社会经济和文化宏观背景资料的基础上,要全面收集研究地区与规划设计目标和问题相关的资料,为以后的景观生态分类与生态适宜性分析奠定基础。基本资料通常可分为历史资料、实地调查、社会调查和遥感及计算机数据库4类,包括地形图、航片及遥感影像资料。如今,遥感、计算机技术发展迅速,为快速准确地获取景观空间特征资料提供了便捷手段。遥感资料和计算机数据库资料均成为景观生态规划的重要资料。要根据调查区域大小、制图比例尺和精度要求确定资料类型。相关的专业图面资料包括土壤、植被、水文、地质和其他专业图及其说明材料。相关社会经济资料包括人口、劳力、农作物面积和产量、产业结构、产值和收入等。另外,还应当尽量收集研究地区有关景观生态过程、生态现象及其影响和控制因素的研究成果、基础数据和图面材料。收集资料不仅要重视现状、历史资料及遥感资料,还要重视实地考察,取得第一手资料。这些资料包括生物、非生物成分的名称及其评价,景观的生态过程及与之相关联的生态现象，人类对景观影响的程度及结果等，具体包括：地质、水文、气候和生物等自然地理因素；土地构造、自然特征和人为特征等地形地貌因素；社会影响、政治和法律约束以及经济因素等文化因素。

景观生态规划中，强调人是景观的组成部分并注重人类活动与景观的相互影响、相互作用，因为现在的景观格局和环境问题与过去的人类活动相关，是人类活动的直接或间接结果。通过探讨人类活动与景观的历史关系，可给规划者提供一条线索——景观演替方向。因此，在规划中，历史资料的调研尤为重要。

公众教育和参与是景观生态规划必不可少的一部分。通过社会调查，可以了解规划区各阶层对规划发展的需求以及他们所关心问题的焦点，从而在规划中体现公众的愿望，使规划更具有实效性。在社会调查过程中，应结合环境教育，普及环境知识。

9.2.1.3 景观生态分类和制图

景观生态系统是由多种要素相互关联、相互制约构成的，具有有序内部结构的复杂地域综合体，景观生态分类和制图是景观生态规划及管理的基础。

景观生态分类是从功能着眼，从结构着手，强调结构完整性和功能统一性，确定景观分类的单元，对景观类型进行划分。通过分类，全面反映景观的空间分异和内部关联，揭示其空间结构与生态功能特征。

景观生态制图是根据景观生态分类的结果，客观而概括地反映规划区景观生态类型的空间分布模式和面积比例关系。地理信息系统在景观生态制图中优势明显，能节约许多时间和精力，它可以将有关景观生态系统空间现象的景观图、遥感影像解译图和地表属性特征等转换成便于计算机管理的数据，并通过计算机的存贮、管理和综合处理，根据研究和应用的需要输出景观生态图。景观生态图的意义在于它能划分出具体的空间单位，每一单位具有独特的非生物与生物要素以及人类活动的影响，独特的能流、物流规律，独特的结构和功能，针对每个空间单位拟定一套措施系统，在保证其生态环境效益的前提下，获取经济效益和社会效益的统一。因此，景观生态图是景观生态规划的基础图件。

9.2.1.4 景观空间格局与生态过程分析

景观生态规划的中心任务是通过组合或引入新的景观要素，调整或构建新的景观结构，以增加景观异质性和稳定性。景观格局与过程分析对景观生态规划有重要的意义，成功的规划与设计在于规划人员对景观的理解程度，而对景观格局和生态过程的全面分析是做好规划的基础。

9.2.1.5 景观生态适宜性分析和景观评价

景观生态适宜性分析以景观生态类型为评价单元，根据景观资源与环境特征、发展需求与资源利用要求，选择有代表性的生态特性（如降水、土壤肥力和旅游价值等），从景观的独特性、多样性、功效性、宜人性或美学价值方面，分析景观要素类型的资源质量以及与相邻景观类型的关系，确定景观类型对某一景观利用方式的适宜性和限制性，划分适宜性等级。

以景观生态类型为评价单元，根据区域景观资源与环境特征、发展需求与资源利用要求，选择对景观要素生产力、稳定性和景观多重价值最具影响和控制作用的因子为标准，分析森林景观组成结构和空间格局，对景观要素的内在资源质量及其与相邻景观要素类型的关系进行分析,对景观要素类型对特定景观规划目标的适宜性进行综合评价,同时对不同景观利用类型的经济效益、生态效益和风险进行分析。

9.2.1.6 景观功能区划分

功能区的划分从景观空间结构产生,以满足景观的环境服务、生物生产及文化支持三大功能目的,并与周围地区的景观空间格局相联系,形成合理的景观空间格局,实现生态环境的改善、社会经济的发展以及规划区持续发展能力的增强。

9.2.1.7 景观生态规划方案编制和评价

根据景观适宜性分析和景观评价结果,按照景观生态规划原则,确定景观管理、恢复、利用和建设的方针和目标,确定景观最佳组成结构、空间结构和景观理想格局。要对备选方案进行成本效益分析和区域可持续发展能力的分析。规划方案中每一项措施的实施都需要资源及资金的投入,实施的结果也会带来经济、社会和生态效益,对此要进行经济可行性评价,以选择投入低、效益好的方案。方案的实施必然对当地的生态环境产生影响,有的方案可能带来有利的影响,有的方案可能会损害当地或邻近地区的生态环境。

9.2.1.8 景观生态规划方案的实施和调整

为保证方案的顺利实施,要提出景观结构和空间格局调整、恢复、建设和管理的具体技术措施,并提出实现景观管理和建设目标的资金、政策和其他外部环境保障。同时随着外界环境条件的改变,及时对原规划方案进行修订,达到对景观资源的最优管理和可持续利用。

以上是景观生态规划的基本步骤,但具体到某一规划时,未必都要面面俱到,根据具体情况有所侧重。Forman(1995a)认为,一个合理的景观生态规划方案应具有以下 4 个特征:① 考虑规划区域较广阔的空间背景;② 考虑保护区较长的历史背景,包括生物地理史、人文历史和自然干扰;③ 规划中要考虑对未来变化的灵活性;④ 规划方案应有选择余地,其中最优方案应基于规划者明智的判断,而不涉及环境政策,这样可供选择的折衷方案才能清晰、明确。同时,景观生态规划中 5 个要素必不可少:时空背景、整体背景、景观中的关键点、规划区域的生态特性和空间特性。

9.2.2 景观生态规划要点

景观生态规划的内容较多,不同类型的景观生态规划的侧重点各有不同,景观格局规划、景观要素规划与设计是不同类型景观生态规划的两项重要内容。由于景观生态学尚不成熟,景观生态规划的理论与实践在不断发展中,景观生态规划的核心内容也在不断探索过程中。根据 Forman(1995)、Godron(1986)和 Dramstad(1996)的研究成果,景观生态规划应特别关注景观格局规划、斑块规划设计和廊道规划设计。

9.2.2.1 景观格局规划

景观基本格局是景观生态规划中优先原则的体现,即格局中包含有涵养水源的一些大型自然植被斑块,保护水系或水道和满足关键物种在斑块间扩散的绿色廊道,以及为增加景观的多样性,在发达地区或建成区设置的小斑块。这些要素能实现主要的生态或人类目标,应成为景观生态规划的基础,此种格局是景观生态规划的基本格局。

"集中与分散相结合"格局是 Forman 基于生态空间理论提出的景观生态规划格局,被认为是生态学意义上最优的景观格局。它包括7种景观生态属性：大型自然植被斑块，用以涵养水源和维持关键物种的生存；粒度大小，既有大斑块又有小斑块，满足景观整体的多样性和局部点的多样性；注重干扰时的风险扩散；基因多样性的维持；交错带减少边界抗性；小型自然植被斑块，作为临时栖息地或避难所；廊道，用以物种的扩散，物质和能量的分布与流动。

这一模式强调集中使用土地，保持大型植被斑块的完整性，在建成区保留一些小的自然植被和廊道；同时在人类活动区沿着自然植被和廊道周围地带，设计一些小的人为斑块，如居住区和农业小斑块等。这种格局有许多生态学上的优越性：一方面，有大型植被斑块和小的人工斑块，提高了景观多样性，有利于生物多样性的保护；另一方面，大型植被斑块可为人们提供旅游度假和隐居的去处，小的人工斑块可作为人们的工作区和商业集中区，高效的交通网络方便人们的活动。

9.2.2.2 斑块规划设计

斑块是物种的聚集地，其大小、形状、类型、边缘和数量等对景观的结构和生态学过程具有重要意义。

①斑块大小　斑块大小不但影响物种的分布和生产力水平，而且影响能量和养分的分布，决定斑块甚至整个景观的生态功能。根据大斑块效益原理，大斑块比小斑块内有更多的物种，能提高复合种群(meta-population)的存活率，更有能力维持和保护基因的多样性。小斑块不利于内部物种的生存和物种多样性的保护。根据小斑块效益原理，小斑块占地小，可分布在人工景观中，提高景观多样性，起到临时栖息地的作用。所以，小斑块可为景观带来大斑块所不具备的优点，应当看作大斑块的补充。最优景观是由几个大型自然植被斑块组成，并与众多分散在本底中的小斑块相连，形成一个有机的景观整体。

②斑块数目　根据生境损失原理，斑块数目越多，景观和物种的多样性越高；反之，意味着物种生境的减少，物种灭绝的危险性增大。根据大斑块数目原理，对于大型动物的保护，一般至少需要4~5个大型斑块，这样对维持景观的结构和斑块内物种的长期生存比较合适。根据斑块群生境原理，在缺乏大斑块的情形下，离散分布的小斑块可为广布种提供适宜的、足够的生境。

③斑块形状　斑块的形状不仅影响生物的扩散、动物的觅食以及物质和能量的迁移，而且对径流过程和营养物质的截流也有显著影响；斑块形状的主要生态学效应是边缘效应。目前较一致的观点是维持景观功能和生态过程的理想斑块应包括一个较大的核心区和一些有导流作用及与外界发生相互作用形状各异的缓冲带，其延伸方向与流的方向一致。根据最佳斑块形状原理，紧凑或圆形的斑块有利于保护内部资源，因为它减少了外部影响的接触面。斑块形状与许多生态过程有密切关系，根据和缓与僵硬边界原理，弯曲的边界通过生境物种活动或动物的逃避捕食等活动，加强了与相邻生态系统间的联系。

④斑块位置　根据斑块位置—物种绝灭率原理和物种再定居原理，相邻或相连的斑块内物种存活的可能性要比一个孤立斑块大得多。因为孤立斑块内物种不易扩散和迁移，加快了灭绝的速度；而相邻或相连的斑块之间物种交换频繁，增强了整个生物群体的抗干扰能力。所以，对自然保护工作者来说，设计连续的斑块，利于物种的扩散和保护。

9.2.2.3 廊道规划设计

廊道的作用是多方面的，廊道设计主要应考虑廊道的数目、构成、宽度和形状。

①廊道的数目　廊道数目的规划，除考虑相邻斑块的利用类型(商业区、保护区和农业区等)外，还要考虑经济的可行性和社会的可接受性。如果斑块是农业区，则廊道(道路和渠道)有两三条即可。而设计自然保护区时，由于廊道有利于物种的空间运动和本来处于孤立斑块内的物种的生存和延续，廊道数目应适当增加。

②廊道的构成　相邻斑块利用类型不同，廊道构成也不同。如连接居民区和商业区的廊道，多由道路构成，方便了人们的生活和工作。根据结构与区系相似性原理，连接保护区的廊道最好由本地植物种类组成，并与作为保护对象的残存斑块相近似。一方面，乡土植物种类适应性强，使廊道的连接度增高，有利于物种的扩散和迁移；另一方面，有利于残余斑块的扩展。

③廊道的宽度　依据廊道功能的控制原理，根据规划目的和区域的具体情况，确定适宜的廊道宽度。如进行自然保护区设计，应针对不同的保护对象，仔细分析保护对象的生物和生态习性，廊道宜宽则宽，宜窄则窄。如果保护对象是一般动物，廊道宽度1km左右，大型动物则需几千米。

④廊道的形状　生态学家对斑块内的物种如何在景观中迁移，是沿直线、曲线，还是随机迁移，知之甚少。此项研究须对特定物种进行长期的定位观测。因此，对廊道形状的规划有待深入研究。

9.2.3　景观生态规划方法

9.2.3.1　景观生态规划方法的历史演变

从方法论来看，景观生态规划的发展经历了4个发展阶段。

①实验误差技术阶段　20世纪初，土壤、地质、水文和生态等科研成果往往以文字资料反映，规划师对土地利用的决策是通过直觉与经验以及一系列实践和反馈不断修正"误差"而获得的。

②资源目录方法　此阶段规划决策依据现状资源目录，包括自然科学信息、土壤和土地布局等资料，并开始利用先进的航测资料。随后遥感技术、土壤类型学和测绘制图领域的技术不断改进，提高了自然资源和土地利用资料的可行性。

③手绘图层方法　该方法是大尺度景观生态规划更综合的途径，其特点是利用相同比例尺的因素分析图，并以各种方式叠加产生新的"合成图"作为规划的依据。如McHarg的"综合适宜度制图"方法，对地理学、应用生态学、城市规划和景观建筑学及以计算机技术为基础的生态规划产生了深远的影响。

④以计算机技术为基础的规划方法　计算机技术和空间遥感技术，特别是地理信息系统(GIS)技术的快速发展和广泛应用，将景观生态规划推进到一个新阶段。GIS技术使规划师能利用和处理更多的空间信息、更复杂的场地分析和土地利用规划，从而更科学地利用土地。其中，基于"3S"技术的空间直观模型、多情境研究方法在景观生态规划中得到应用，极大地提高了景观生态规划水平。

9.2.3.2　空间直观模型

空间直观模型(spatial explicit model)是景观模型的一种，是指明确考虑所研究对象和过程的空间位置及其在空间的相互作用关系的数学模型。在研究景观尺度上的生态现象时，传统的实验和野外观测很难测度不同变量间的相互关系，而空间直观模型提供了一种有用的辅助工具。因此，景观生态学的迅猛发展和宏观生态现象研究的需要，为空间直观模型的发展提供了必要条件。20世纪80年代以来，遥感和地理信息系统日益成熟，计算机硬件高度集成化，为空间直观模型的发展提供了可靠的技术保障。景观空间直观模型可以帮助我们将同一个研究对象的多方面属性表现在共同的空间地理关系中，便于开展各项景观生态规划设计、监督管理、评价分析和指挥决策。在景观空间直观模型中，通过建立一些计算和分析模型模块，嵌入到通用的地理信息系统模型中，可以迅速将不同方案的生态环境影响、经济效益、投资、用工等决策参数计算出来，并将不同方案的可能执行效果直观地反映出来。如借助于森林采伐空间直观模型，可以将采伐量及相应的采伐进程和空间配置方案与保护生物多样性的适宜生境分布图、水系图和水土流失分布图进行叠加，分析采伐对生物生境质量、流域水文和水土流失的影响。

对空间直观的生态现象进行模拟的方法有多种，如反应扩散模型(reaction-diffusion models)、斑块模型(patch models)等，被应用到植物种群和群落以及动物种群的研究中。此外，还有一种方法是基于个体的模拟个体间差异和个体间相互作用的模型方法(individual-based models, IBMs)。

空间直观模型源于森林生态学模拟模型，最早的景观直观模型是对美国东北部的林隙(Gap，也称林窗)进行模拟的JABOWA模型。后来学者对该模型，不断补充和完善，衍生出许多林隙动态模型，并在世界范围内得到广泛应用，对了解森林动态起到了不可估量的作用。如FOREST模型，每一株树都有特定的空间位置，并且考虑了树冠遮阴和种子传播的邻接效应，模拟了林地内所有树种的更新、生长和死亡过程。真正的空间直观景观模型是在20世纪80年代后期才发展起来的，原来强调森林生态学和林隙的模型向空间直观化方向发展，同时模型模拟的空间范围也在不断扩大。比较有影响的空间直观模型还有以下6个。

①FACET 是ZELIG模型的空间直观化版本。模型用一个格网来模拟一块林地，格网中的每一个网格代表传统林窗模型中的一个样地，由5个子模型构成，即光、土壤湿度、分解、火和树木生长模型。

②METAFOR 是在网格自动模型(cellular automaton model)的基础上发展起来的，模型的建立过程同FACET相似。

③DISPATCH 是一个景观尺度上的模型，用于模拟干扰状况的改变对景观结构的影响。

④FORMOSAIC 是一个森林景观动态预测模型，模型可以分成4个层次结构，即景观、焦点林地、网格和林木位置。

⑤HAVEST 模拟不同的森林经营管理措施对森林景观格局的影响。

⑥LANDIS 模拟森林的演替，风和火对森林景观的影响，以及森林景观的管理等。

9.2.3.3 多情境研究

多情境研究(senario study)途径始于20世纪50年代，是一种作为问题识别和辅助决策的研究方法。20世纪70年代以来，许多公司和政府机构将多情境研究作为一种决策和规划手段，用于对复杂多因素交互作用控制下的概率问题和不确定问题的决策。从决策论的角度来看，情境是"对现状、未来可能性和决策者未来状态的描述，以及与此相关的事件系列，通过这些事件将研究对象由现实状态导向未来目标状态"。多情境研究就是通过计算机模拟，以"如果……，也许会……"的方式，探索研究对象的各种未来可能状态及实现途径。多情境研究不是对未来的预测，而是通过对多种可能情境的模拟和描述，逐步减少问题的不确定性，找到在现实约束条件下实现期望状态的途径。

在传统的景观生态规划过程当中，繁琐的计算、汇总和制图工作占用了大量的时间和人力。在这种情况下很难进行多方案的比较和选优，即使勉强进行，其成本也非常高。随着遥感技术、地理信息系统技术和计算机数学模型技术的发展和完善，借助于景观直观模型和多情境研究工具，景观生态规划多方案选优的计算、汇总和制图工作都可以用计算机完成，规划人员的主要精力就可以集中在提供思路和方案，并对各种可能方案进行优化选择上。

9.3 国内外景观生态规划

20世纪中期以后，随着新技术和手段的发展，人类提高了对自然的干预能力。一方面，人类利用新技术和手段在资源开发和寻求经济高速增长的同时，无视自然过程，大规模开发资源、破坏自然环境，极大地改变了景观结构；相应的，自然在给人类生存提供了资源与环境的同时，又以其特有的方式对人类进行报复——环境污染、全球变化和物种灭绝速度加快等，进一步威胁人类的生存。这一现象引起人们的普遍关注，并掀起了广泛的环境运动。环境运动在促使人们认识人类活动对自然造成巨大危害和破坏的同时，也启发了人们中心定位人与自然的关系，为景观生态规划与设计的发展提供了机遇。另一方面，遥感和计算机等技术应用，为景观规划与设计的发展创造了条件。同时，人们旅游、娱乐、亲近与回归自然的愿望越来越强烈，景观规划与设计涉及农业、林业、自然保护、旅游和交通等方面。

20世纪80年代以后，随着地理学和生态学等学科的发展，景观生态学成为一门独立的学科，为景观规划与设计的发展提供理论指导。另外，遥感等新技术的广泛应用，使景观规划走向系统化。景观规划与设计发展成为综合考虑景观的生态过程、社会过程和它们之间的时空关系，利用景观生态学的知识及原理经营管理景观以达到既维持景观的结构、功能和生态过程，又满足土地持续利用的目的。哈佛大学的Forman(1995)强调景观格局对过程的控制和影响作用，通过格局的改变来维持景观功能、物质流和能量流的安全，是景观生态规划方法论的一次思维转变。与此同时，景观规划与设计教育在世界范围内普遍展开，德国的汉诺威技术大学和柏林技术大学、荷兰阿姆斯特丹大学和美国哈佛大学以及中国的北京大学等都开设了景观规划与设计相关的课程及专业。景观规划与设计研究也十分活跃，曾是多次国际景观生态学会议的主题之一，也是景观生态学文献的重要内容。1974年创刊的《景观规划》杂志，于1986年与《城市生态学》合并为《景观与城市规划》(*Landscape and Urban Planning*)。这一切都说明景观规划与设计已经走向全球化。

世界各国根据本国的国情、实际特点及研究目标，建立了自己的景观生态规划系统。

9.3.1 前捷克斯洛伐克的景观生态规划

捷克景观生态学家 Ruzicka 和 Miklos 在研究区域景观规划、开发和对人工生态系统进行优化设计的过程中,逐步形成了比较成熟的景观规划理论和方法体系——景观生态规划(landscape-ecological planning,LANDEP)。该概念强调评价景观时要将景观作为在自然现象和过程的基础上,人为和社会活动于其中的一个区域。LANDEP 包括景观生态数据和景观利用优化两大核心部分(图 9-2)。景观生态数据又包含分析和综合两部分,前者通过对景观及其区域中非生物和生物成分、景观结构、生态现象和过程以及社会经济状况等的调查和分析,形成规划的基本信息;后者是在此基础上,借助图层的叠置等手段建立景观基本空间单元,并利用分类、分区和一些区域分析指数为规划提供可靠的空间结构状况。景观利用优化是景观生态规划的核心,通过将空间单元与特定区域的要求和发展需要相比较,在评价人为活动或土地利用空间单位适宜程度等级的基础上,根据景观生态学标准,对各种人为活动的适宜性提出建议。LANDEP 的基本点就是面临土地利用的各种要求,以既定区域生态能力来支持所设计的土地利用项目。为此要解决某一景观的生态性质是否适应土地利用的功能需求,现有的人为利用对区域生态的影响,以及某一景观当前的稳定性等问题。最后通过逐步评价,找出在既定区域最有助于功能发挥的人为活动类型,或是为

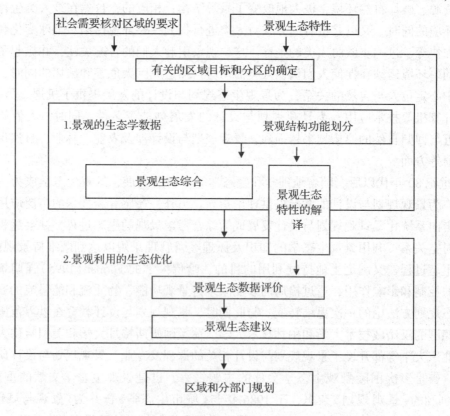

图 9-2　LANDEP 的系统研究内容(引自 Ruzicka & Miklos,1990)

某些可能带来不利影响的活动找到规避或减缓的措施。其主要步骤为以下几个方面。

9.3.1.1 区域景观生态数据和社会经济数据采集

最常采用的分析指标包括10个方面(表9-1~表9-3):划定研究区域的界线,包括区域的行政边界和自然地理边界;区域地质基础,包括地质历史、地壳结构(工程地质、水文)和承载能力等;成土母质、土壤和地下水;地形(坡向、坡度、坡形等);水文(集水区的大小和形状);气候条件;潜在和现状植被;动物区系和生境;现代景观结构,主要是人类经济活动和自然因素的共同作用结果,可分为森林、草地、耕地、裸地、水域、建筑和居民区(点)等;与工业发展、城市发展、交通、农业、住宅建设、娱乐、自然资源和自然保护等相关的社会经济状况。

在数据采集的基础上,必须对数据加以综合,其目的之一在于建立生态同质空间单位,即划分景观生态类型(无论在垂直方向还是水平方向上,景观性质都有所差异),相同的景观生态类型构成了综合地图上的景观单元。根据景观生态类型和空间分析指数说明空间结构状况。景观生态类型的划分是数据综合结果的重要表现形式,在LANDEP的关键步骤中,景观生态类型将作为优化过程和景观特性的基础上进入决策程序中,图形的叠合分析将更好地说明景观生态类型的空间特征。随着空间尺度的变换,景观生态类型也可以归并,在比景观更大的区域尺度上作进一步的分析。

表9-1 景观组分和初级景观结构

组分	生态分析与评价	景观生态学综合	景观生态规划
地质基础		用于景观综合的地质基础翻译	用图表明LANDEP对地区性的地质基底解释
土壤和形成土壤的母岩	土壤生物学、土壤和植被	从理化意义上对土壤生态单位的分析和解释	用图表明LANDEP对地区的土壤生态单位解释
地势		对地势、形态测量和空间相互关系的评价	地势形状、形态测量和空间相互关系特征
水文	水文和植被	景观中的小流域、水文系统和径流量	地区水文系统和小流域
气候	小气候、局部气候的物候学	中气候和小气候(日照)	中气候和小气候
植被	潜在植被、现状植被、森林和分散植被	潜在和现状植被	植被图
动物	按照动物与环境的联系选择动物群		挑选出的动物群的分布地图
人为现象和过程	植物和动物的半人化	对人工造成的地势形状、技术现象和过程的评价	人为现象和过程的地区特征

资料来源:Ruzicka & Miklos,1990。

表 9-2　景观要素类型和第二级景观结构

	要素类型	森林和分散植被	草地和永久草地	作物	小流域和流域	岩石	技术目标和建筑物
生态学分析与解译	研究对象	地貌—生态结构、社区、森林类型	低草地、牧场、社区、种植草地的结构和类型	木本植被、长久性作物、作物轮作的特征和类型	水生植被和动物	植物和动物的移植和演替	技术地区、杂草植被、动物的特性及类型
	研究目的：数量和质量空间结构功能解释目的	绘图单位和它们的等级体系；同质性、多样性、垂直结构 点、线、面；区域的大小、形状、构型、边缘 生物的、生态的、社会经济的；在一个景观中的廊道、障碍、边界等 植被和动物的指示特征					
	景观生态综合	第二级景观结构绘图单位的精确性和细节，以及它们在部分综合和景观生态复合体类型确定中的使用，人—土地相互作用意义上的景观动态			小流域和水文系统	自然的和人为的因素	经济—地理特征的分区
	景观生态规划	在景观生态规划中，第二层景观结构绘图单位的使用					

资料来源：Ruzicka & Miklos，1990。

表 9-3　社会经济现象和过程

	生态分析和解释	景观生态综合	景观生态规划
自然保护	自然保护的意义		对区域尺度上自然和自然资源保护的综合
自然资源保护	土壤和娱乐疗养资源的保护	土壤、水资源和矿物资源的保护	
人工元素和技术现象		城市化、工业化和娱乐疗养的意义	
有半自然特征的人工元素和现象	农业、水和森林管理的意义		
景观中(各种)利益重叠		具体经济部门利益和景观保护利益的综合评价	对一个感兴趣的景观的区域性设计方案

资料来源：Ruzicka & Miklos，1990。

9.3.1.2　景观生态数据的解释

要将基本的景观生态学指数转为可服务于优化过程的特征值，必须依赖对景观生态数据的解释。通过景观生态数据的解释，可以使研究者掌握有关景观的一系列功能特性，包括有效性、可耕种性、积水性、土壤营养作用、本底承载能力、地形隔离程度、物质传输动态、人为影响的植被变化、景观的人工化程度以及居住的适宜度等。

9.3.1.3　优化

优化是 LANDEP 的核心所在，其主要内容包括评价和建议两部分。

(1)评价

评价过程的基本目标是土地系统(主要是景观生态类型)对人类活动的适应能力和景观特征对人类活动的忍受极限。在决策过程中有 4 种人类活动极其重要，即生态的(森林、水库)、农业的、永久性文化娱乐的和投资的。评价过程包括三个步骤。第一步是确定加权系数。不同的特性不会影响有关给定活动适宜性的决策；相反，一个特性对不同活动却有不同的重要性。这种情况将通过确定每一个被评价的人类活动特征解译的加权系数来解决。第二步是被解译特性的功能适应性。这是为了说明每一种活动解译特性的每一项功能适宜程度。对每一种人为活动，评价解译特性的功能适宜性标准：技术上的可行性、经济和地理上的可能性和对当地多方面的影响，其中也包括对特殊的景观生态学性质（生物学平衡和生态学稳定性）的影响。最后是每一种景观生态类型对人为活动的总适宜性。总适应性是局部适应性的累积。局部适应性被表示为一个给定的景观生态类型和一项给定活动的最大可能性的百分比。

(2) 建议

在评价过程中，主要是对不同景观生态类型对一个既定人为活动的适宜性做出判断，而在提出建议阶段，主要要寻找一个既定的景观生态类型最适合的人为活动，使区域景观生态特征与当地的社会经济发展协调。其基本步骤有以下4点：

首先，初步建议。在这个过程中，需要对每一个给定的景观生态类型所适宜的最佳人为活动作出判断。一般对每个给定的景观生态类型，应提出3种或3种以上最佳人为活动的建议。在这些建议中进行选择时要考虑5个方面的问题。一是当前用地的适宜性，即对指定立地当前活动的适宜程度进行判断；二是当前用地的特征、土地利用分类和人为活动状况的分析；三是对某一个景观生态类型来说，是否还适合其他人为活动，可以用百分比表示评价值；四是寻求各种方案的可能性、必要性和目的；五是改变现有的土地利用方式，有无限制因素或技术上的可能。通常将现有的土地利用的物理稳定性作为限制因素。对区域景观生态类型的人为活动的适宜性分析是依据最高等级的适宜性和最高等级的优先活动来确定。如果现有的土地用途属于最高等级的优先活动，同时具备稳定性，这种用途将得以维持。由此可见，在提出建议过程中，需要做出判断的是对每一类景观生态类型来说，是维持现有的人为利用方式，还是要改为其他利用方式。

其次，最终选择。最终建议的选择可以在地图上绘出每一个景观生态类型最适宜的人为活动类型，区域功能的确定（用新的功能类型在空间上取代原有的景观生态类型）是景观生态规划的基本成果。最适宜人为活动最终选择的原则来自于空间条件，其中最主要的是同质地区的大小、相邻地区的性质、对相邻地区提出建议的类似性以及周围地区的空间分布。在更大的尺度条件下，可以进行功能归类和区划工作，为区域的景观生态管理和决策提供依据。

第三，景观的保护与管理。这个步骤代表了建议过程的未来阶段。对所建议的景观优化利用与现有区域规划文件进行比较，提出景观的保护与管理措施。

第四，管理过程的图表解释。对备选方案的评价结果和初选方案均可以用表格的形式表达，也可以用计算机制图表示。值得注意的是，在地理信息系统技术的支持下，景观生态规划的图形与关联数据库可以很好地解决过去景观生态规划和管理中的难点。同时也可以使所选择的适宜人为活动类型的边界、依据各种生态指数确定的重要值地区以及被选出的人为活动的最合理安置等都用图形来加以表达。

9.3.2 德国的景观生态规划

德国的景观生态规划主要由 G. Olshowy 领导的自然保存和景观生态学研究所和慕尼黑

技术大学农学院的 W. Haber 景观生态学研究小组开展。其景观生态规划的基本任务有三个方面，首先是按照受影响的生态系统的敏感性来鉴别、降低和缓和环境影响；其次是维持甚至必要时需要加强区域的景观多样性；最后是保护稀有的和较敏感的生态系统组合。

德国的景观生态规划可以分土地利用类型划分、空间格局的确定和评价、环境影响敏感性的调查和分析、空间连锁和环境影响结构分析5个步骤。

9.3.2.1 土地利用类型划分

在每一个区域自然单元中，鉴别主要区域土地利用类型，并且按照自然性降低和人工性增加（即天然—人源梯度）对它们加以排列。表 9-4 中首先分为生物生态系统和技术生态系统两大类，前者又分为天然生态系统、近天然生态系统、半天然生态系统和人源生物生态系统（农田、牧地等）。对每一种土地利用类型（和亚型），都要列出它产生的环境影响（物质影响和非物质影响），还要提出影响—效果登记系统。如大气的影响比土壤的影响更显著也更危险，因为后者的影响仅局限于局部地区。

表 9-4 按照天然性或人工性对生态系统的排列

生态系统类型	天然或人工程度
A. 生物生态系统	天然成分和生物过程占优势
A1. 天然生态系统	无直接人为影响，能自我调整
A2. 近天然生态系统	受人为影响，与 A1 相似。人弃以后改变很小。能自我调整
A3. 半天然生态系统	由于人对 A1 和 A2 的利用而产生，人弃以后变化显著。自我调整能力有限，需要管理
A4. 人源生态系统	按人的意向创造。很需要人的控制和管理
B. 技术生态系统 城市、乡村、工业区和交通系统等	人源技术系统。技术结构和过程占优势。为工业、经济和文化活动而按人的意向创造。有赖于人工调控以及周围和内部配置的生物生态系统

资料来源：徐化成，1996。

9.3.2.2 空间格局的确定和评价

要对每一个区域自然单元土地利用类型的空间分布格局进行评定并制图，同时计算各种土地利用类型所占面积的百分比，以得出景观多样性指标。大多数区域自然单元都是以某一种土地利用类型占优势，而代表其他土地利用类型的景观则交叉其间，形成天然系统和人源系统相互结合的格局特征。在德国，对于人源土地利用类型（如耕地）占优势的地方，提倡采用作物品种多样化和减少地块面积（每块不超过 $8 \sim 10 \ hm^2$）等办法来加强多样性。

9.3.2.3 环境影响敏感性的调查和分析

对于对环境影响最敏感并且最值得保护的近天然和半天然景观，也应进行调查并制图。德国巴伐利亚乡村的调查表明，除居民区和大森林外，发现约有 16 000 块这类景观（表 9-4 中 A2 类），占全州面积的 4.25%。这类近天然生态系统的比例，在巴伐利亚不同的地区有所不同，但最高不超过 15%。

9.3.2.4 空间连锁

在德国的景观规划中，还需对每个区域自然单元的所有景观类型及景观之间的相关性进行评估，特别着重于对连接性和非定向的或相互的依赖性进行研究。城市—工业生态系统（表 9-4 中 B 类）依靠农业和林业来供应食物、纤维和木材，同时依赖天然生态系统

(A1～A3)供应清洁的空气、水和原料，而它们本身没有自我维持能力。农业生态系统(A4)不仅依靠天然生态系统供应水、原料、动物饲料和天然肥料，而且也依靠城市—工业系统供应技术、人工肥料、杀虫药剂以及很多服务，也是农产品的销售场所。天然生态系统是独立的，并能自我维持，但是在很多情况下也被列为土地利用的范畴中，可提供食物、放牧场地、薪材和用材。在一些场合，天然生态系统时常演变成为半天然生态系统。生态系统或景观之间的连接性和依赖性可能是直接或间接的，有的甚至是空间相邻，在大多数情况下物质运输是必要的，其中包括该景观的可达性。依赖性越大，距离越长，运输就越有必要，它时常会超过一个区域自然单元的边界之外。

9.3.2.5 环境影响结构分析

通过上述分析，可以明确土地利用类型或亚类的环境影响，以及产生影响的对象和范围，由此评估一个区域的影响结构。在人为活动干扰下，生物生态系统常会受到影响，从而造成衰退。人源系统或土地利用类型，既是环境影响的来源也是接受者，这要求区分系统内和系统间的影响。如土壤因重型机械压实而变紧，是系统内的影响，但土壤侵蚀不仅是系统内的影响，而且也是系统间的影响，因为流失的土壤要流进溪流。此外，可按照影响媒介的传送能力而得出影响等级。首先大气影响最重要并且害处最大，其次是河流影响，最后是土壤影响。其中对景观组成和外貌影响最大的是毁林和人为建筑。交通网的影响也很重要，因为它们是很多物种活动的障碍物，并且使集聚的种群趋向于破碎化。

Haber 根据 Odum 提出的分室模型，在景观生态学研究的基础上提出土地利用分化体系，主要运用于德国人口稠密、环境问题比较严重的地区。Haber 的土地利用分化体系主要包括土地利用规划中的三条基本原则：首先在一个既定区域自然单元范围内，不能使占优势的土地利用类型（由土地适宜性和传统而形成）成为唯一的土地利用类型。必须至少使 10%～15% 的土地保存作为其他土地类型，同时要仔细考虑环境影响和环境敏感性问题。其次在某一个区域自然单元内，如果它大部分是农业利用或城市—工业利用，至少保留 10% 的面积作为天然生境（A1～A3），其中可包括未管理的牧地和采取择伐的林地。此外，应使 10% 的土地在区域自然单元内均匀，不能使其集中于边际土地的一角。这种 10% 分布均匀的天然生境保留是规划的重要目标。最后，占优势的土地利用类型本身要多样化，尽量避免大的土地连片。农田块不应超过 8～10 hm^2。城市和工业区的规划基本原则也是如此，集约土地利用类型的细尺度的多样性可缓解环境的影响。

9.3.3 日本的景观生态规划

第二次世界大战结束后，日本先后进行了 3 次国土规划工作。由于其规划都是将城市规划与农村规划分裂开，采用的是"头痛医头、脚痛医脚"的对症疗法，结果总是城市大量吸纳农村资源，不但不能解决长期以来人口在城市过密而在农村过疏的现象，反而加剧了这种分布上的不平衡性。针对这种情况，日本京都大学农学部教授岸根卓郎先生于 1985 年提出了以"自然—空间—人类系统"为核心的城乡融合系统设计模型。它的主要目标是从城乡融合出发，建立一个"物心俱佳"的新定居社会。主要思想包括 3 个方面：国土资源经济价值与工艺价值协调一致的扩大再生产；国土资源利用管理合理化；最适定居的社会建设（自然—空间—人类系统设计）。其中最适定居社会建设是核心。

这一城乡融合系统设计模型的实施可分为3个阶段：首先是明确目标。其次是按照功能结构、要素结构和位置结构的先后顺序，进行必要的系统内容设计，以保证系统目标在具体落实后使系统得到优化，优化的目的是减少所设计的系统中的熵。在系统设计的第二阶段，先是国土规划必需的各项软功能的理论设计，它形成了国土规划的"功能结构"。为实现这些功能结构，必须对必不可少的硬要素进行具体设计，形成"要素结构"。最后根据要素结构确定各要素的配置，形成"位置结构"。这样就基本上完成了"自然—空间—人类系统"的基本设计。

从国土功能上讲，它主要由城市功能和社会功能两部分组成。城市的代表性软功能包括多样性、文化性、娱乐性；农村的代表性软功能包括自然性、情趣性、传统性等。与软功能相对应的代表城市功能的硬要素包括人工化的住宅、工厂、学校；代表农村功能的硬要素包括自然化的森林、空地、农地。为完成城乡融合的过程，首先需对城市与乡村的功能进行比配，建立功能矩阵。其次对涉及上述功能的硬要素进行比配，建立要素结构矩阵，这些矩阵中的元素就是很重要的功能与结构空间单元。人们可以通过矩阵行列的不同组合，创建出各种理想的定居社会。最后将这些结构与功能单元在空间上配置起来，并使之最优化，这就完成了整个城乡融合设计过程，即建立了一个"农工一体复合社会系统"，从而有望克服过去农业与城市工商业的分离、对立关系(贾宝全和杨洁泉，2000)。

9.3.4 美国的景观生态规划

Forman于1995年在《土地镶嵌——景观与区域的生态学》中提出"集中与分散相结合规划模型"。该模型针对"在景观中，什么是土地利用的最合适的安排？"这一问题，强调：应该集中土地利用，而同时在一个被全部开发的地区，保持廊道和自然小斑块，把人类活动沿着主要边界在空间上分散安排。在具体操作过程中，要考虑大的植被自然斑块、粒度大小、风险的扩散性、基因变异性、交错带、小的自然植被斑块和廊道7个景观生态学特性。大型自然植被斑块至少在6个方面具有生态学上的重要性：保护水、保护低等级溪流网络、为大型的当地分布物种提供生境、支持内部种的可变种群大小、容许许多种的进化与维持起重要作用的自然干扰特性。对于多生境生活的种群来说，大型植被斑块保持了微生境上的接近。按照Forman的划分，嵌块体在景观中按其大小可分为粗粒与细粒两类，它们在景观中的生态学意义不同。粗粒景观为特殊的内部种提供了大型自然植被斑块，而细粒景观占优势的种是泛化种类。为了防止在一次大干扰事件中景观被全面破坏，在景观生态规划中有必要考虑危险传播因素。对于景观，干扰对其异质性的发展与维持有重要作用，基因的变异性在对干扰的抗性限制性方面很重要，所以在景观生态规划与设计时也要考虑这一因素。小自然植被斑块在过度人工化的环境中非常重要，它可以保持整个景观的多样性，同时提高景观的异质性与人工环境下人的生存质量。廊道可以分为两类，自然植被廊道和包括多样性小尺度土地利用的廊道。前者可以增强种与地表水运动等自然过程的重要性；后者可以导致人类和多生境在这些土地利用中运动的有效性。在明确了规划要考虑因素的意义之后，那么如何在空间进行基于上述因素的景观生态规划与设计呢？首先通过集中的土地利用，确保大型自然植被斑块的完整性，以充分发挥其在景观中的生态功能；而在人类活动占主导地位的地段，让自然斑块以小斑块或廊道的形式分散布局于整个地段；对于人类居住地，把其按距离建筑区的远近分散安排于自然植被斑块和农田斑块的边缘，愈分散愈好；在大型自然植被斑块与建筑群斑块之间，可增加一些小的农业斑块。

"集中与分散相结合"格局是基于生态空间理论提出的，被认为是生态学上最优的景观格局。它包括7种景观生态属性：大型自然植被斑块用以涵养水源，维持关键物种的生存；粒度大小，既有大斑块又有小斑块，满足景观整体的多样性和局部点的多样性；注重干扰的风险扩散；基因多样性的维持；交错带减少边界抗性；小型自然植被斑块作为临时栖息地或避难所；廊道用于物种的扩散及物质和能量的流动。这一模式强调集中使用土地，保持大型植被斑块的完整性，在建成区保留一些小的自然植被和廊道，同时在人类活动区沿自然植被和廊道周围地带设计一些小的人为斑块，如居住区和农业小斑块等。

9.3.5 中国的景观生态规划

我国学者俞孔坚以Forman所倡导的景观生态规划方法为理论基础，针对景观多样性的保护，进行了景观生态规划的实践探索。俞孔坚提出了最小阻力表面(MCR)模型，并借助GIS中的表面扩散技术，构建了一系列生态上安全的景观格局，称为"安全格局的表面模型"。

在该模型中，生态安全的景观格局应包含5个组分："源地"，指作为物种扩散源的现有自然栖息地；缓冲区(带)，指围绕源地或生态廊道周围较易被目标物种利用的景观空间；廊道，指源地之间可为目标物种迁移所利用的联系通道；可能扩散路径，指目标物种由种源地向周围扩散的可能方向，这些路径共同构成目标物种利用景观的潜在生态网络；战略点，指景观中对于物种的迁移或扩散过程具有关键作用的地段。

通过该模型，景观生态过程被转换为对上述空间组分进行识别的过程，按如下步骤展开：①选择栖息源地。通过对目标物种生态习性和分布的调查，选择有较大空间规模且具有较大缓冲区的栖息地，作为生态保护的"源地"。②建立最小阻力表面(MCR)和耗费表面。根据景观单元对目标物种迁移的影响，将景观单元按阻力进行分级，并据此为各景观单元分配相应的阻力参数，形成景观阻力表面。③识别安全格局组分。依据上述耗费表面和有关景观生态原则，识别缓冲区(带)、源地间的廊道和战略点等格局组分的空间属性。

这里的缓冲区可理解为自然栖息地恢复或扩展的潜在地带，它的范围和边界通过耗费表面中耗费值突变处的耗费等值线确定，而不是传统的规划做法中围绕核心区的一个简单等距离区域。在景观的耗费表面中，廊道应建立在源地间以最小耗费(或最小累积阻力)相联系的路径中，并应针对不同目标物种具备相应宽度的缓冲带。对每个源地而言，与其他源地联系的廊道应至少有1个，2个通道将增加源地安全性，而3条以上的廊道虽然能增加源地的安全性，但其战略意义远不如第一及第二条。基于耗费表面，主要有3种地段应予格外重视。一是两个或更多围绕"源地"的耗费等值线圈层间所形成的"鞍点"；二是由于栖息地边缘弯曲而形成的"凹—凸"交合地段；三是多条廊道或扩散途径的交汇处。将上述景观的空间组合相叠合，最终形成针对目标物种的、潜在的且生态上安全的景观利用格局，通过对这些组分的有效调整和维护，使景观向着生态优化的方向发展。

在上述过程中，所选择的目标物种不仅要在类型上，还要在栖息地的空间范围上具有广泛的代表性。这必须基于一个广泛而深入的景观生态调查和过程分析的步骤。而且，针对特定的目标物种，景观中也会存在不同水平的安全格局，应基于景观的现状条件和发展变化阶段选择合理的景观规划和管理方案。

与适宜性评价方法不同的是，格局优化方法主要关注景观单元水平方向的相互关联，以及由此形成的整体景观空间结构。尽管目前我们对于景观中的各种生态过程（尤其是人为干扰下的生态过程）尚缺乏足够全面和可靠的认识，许多格局优化所依据的原则和标准还停留在定性的推论阶段，但格局优化法毕竟在水平关联的方向上为景观规划指出了一个大有作为的生态学途径，是对传统的以适宜性评价为主导的生态规划方法的有益补充。

9.4 景观生态规划案例

以山东省泰安市东庄镇的景观生态规划为例，介绍景观生态规划的基本过程，以便大家对景观生态规划的要点和过程有一个基本的认识。

东庄镇位于宁阳县东南部，大汶河南岸，面积 100 km²，人口 6 万人。南依凤仙山，北接柴汶河。

9.4.1 泰安市东庄镇概况

(1) 地理位置

东庄镇位于鲁中地区，泰安市南部。

(2) 地质地貌

东庄镇地形东西窄、南北长，地势南高北低，主要地貌类型有低山、丘陵、平原和水面。南部多低山，中部多丘陵，北部多为平原。

(3) 气候状况

东庄镇属于温带大陆性半湿润季风气候区，四季分明，寒暑适宜，光温同步，雨热同季。春季干燥多风，夏季炎热多雨，秋季晴和气爽，冬季寒冷少雪。

(4) 河流水系状况

境内有 4 条较大河流，分别为柴汶河、石崮河、北鄙河和故城河。地表水主要源于上游客水和自然降水。

(5) 土壤植被状况

东庄镇的土壤主要有棕壤和褐土两种类型，其中褐土有淋溶褐土和潮褐土两种。由于复杂地形的影响，土壤也呈现出复杂的垂直分布。

东庄镇植被中林业和栽培作物占有很大的比例。境内森林覆盖率达到44.5%，主要是林木和果树，包括杨树、侧柏、刺槐、板栗、核桃和桃树等。粮食作物主要有小麦、玉米和地瓜等；经济作物有花生和土豆等。

(6) 自然资源条件

境内资源丰富。主要矿产品和水资源丰富。

(7) 社会经济发展状况

东庄镇辖 45 个行政村，2007 年全镇总人口 68 000 人，国内生产总值 19 亿元。

(8) 环境质量状况

东庄镇风光秀丽,环境优美。境内森林覆盖率达 44.5%,虎头山地貌奇特,直界水库景色宜人。

9.4.2 东庄镇景观生态适宜性和敏感性评价及分区

9.4.2.1 研究数据来源及处理

(1) 资料收集

东庄镇基本图件与资料包括:东庄镇 1:10 000 地形图及土地利用现状图,社会经济统计资料及实地调查资料,《宁阳县土壤志》。

(2) 资料的预处理

景观格局空间分析数据库属于空间信息系统,包括各类图形资料、数字高程模型、表格属性资料、文字或图片等。对于纸质的基础图件,经扫描后在 MAPGIS 软件中进行光栅文件的数字化,并赋予相应的属性,得到东庄镇 1:10 000 景观类型分布的矢量数据。

9.4.2.2 景观格局分析

建立格局与过程之间相互联系的首要问题,是如何将景观格局数量化,使景观格局的表示更加客观、直观。有 3 条途径:文字描述,图、表描述,景观指数描述。

Fragstats 计算出 3 个级别上的景观指数:斑块水平(patch-level)指标,反映景观中单个斑块的结构特征,也是计算其他景观级别指标的基础;斑块类型水平(class-level)指标,反映景观中不同斑块类型各自的结构特征;景观水平(landscape-level)指标,反映景观的整体结构特征。

将东庄镇 2007 年的栅格数据资料导入 FRAGSTATS 软件,设定相应的参数,对选定的斑块类型水平和景观水平上的景观指数进行计算。

(1) 景观水平指数

东庄镇的景观分布均匀,且破碎化程度不高(表 9-5)。

表 9-5 东庄镇 2007 年景观水平指数

多样性指数	景观形状指数	最大斑块指数	分维数	斑块丰富度密度
1.0171	15.715	70.8547	1.3926	7.026

(2) 斑块类型指数

未利用地、建设用地和林地聚集度较高,耕地的景观面积比例较大,但斑块数相对较少,说明耕地的斑块面积和分维数都较高。该区域现以耕地为主要的景观类型,是一个以农业为主的乡镇,且存在一定的未利用地(表 9-6)。

表 9-6 东庄镇 2007 年斑块类型指数

类型	面积(km²)	斑块数	斑块密度	景观比例	最大斑块指数	分维数	景观形状指数	聚集度
耕地	70.92	46	46.17	71.188	70.85	1.506	15.222	0.141
水园地	8.66	100	100.37	3.673	1.31	1.553	13.779	0.204

(续)

类型	面积(km²)	斑块数	斑块密度	景观比例	最大斑块指数	分维数	景观形状指数	聚集度
林地	2.28	181	131.67	2.288	0.44	1.418	14.639	0.176
建设用地	7.817	112	112.41	7.876	4.49	1.401	11.619	0.237
未利用地	3.15	51	51.19	3.161	0.70	1.378	9.662	0.322
草地	0.097	17	17.06	0.097	0.03	1.255	8.923	0.100

9.4.2.3 景观格局地形分布特征分析

在 GIS 软件的支持下,通过东庄镇景观类型图与地形因子空间分布图的叠加分析,建立整个区域景观格局在高程、坡度上分布的空间资料,对东庄镇景观格局的地形分布特征进行分析,有助于了解自然和人为因素对景观格局的影响。

进行山区区域景观格局的地形分布特征分析,首先要建立该区域的数字高程模型(digital terrain models,DEM)(图 9-3 ~ 图 9-5,表 9-6 ~ 表 9-8)。

构建 DEM 模型的具体流程为:

① 扫描 1∶10 000 地形图,以 TIFF 格式存储于计算机。

② 对扫描得到的图像进行纠正,消除因图纸变形造成的畸变。

③ 应用 MAPGIS 软件进行光栅文件的矢量化,并对矢量化后的等高线与高程点赋予属性。

④ 4 幅分幅地形图全部矢量后,在投影变换的基础上进行地形图分幅图的拼接。

⑤ 应用 GIS 的数据转换功能进行线文件与点文件的转换。

⑥ 在 ArcGIS 软件下生成 Grid 格式的 DEM 数字高程模型。利用 ARCVIEW 软件中 SpatialAnalyst 模块中的 Derive Slope 功能进行东庄镇整个范围内高程、坡度和坡向的提取。

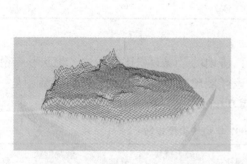

图 9-3 东庄镇数字高程模型图

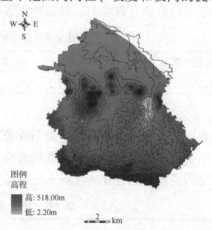

图 9-4 东庄镇高程分布图

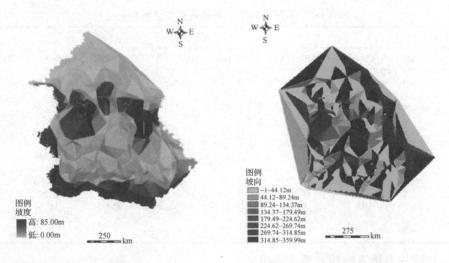

图 9-5 东庄镇坡度分布图　　　　图 9-6 东庄镇坡向分布图

表 9-7 不同高程带上各景观类型分布特征　　　　hm²

类型	高程带				
	<120 m	120~220 m	220~320 m	320~420 m	>420 m
耕地	842.53	5 701.09	422.67	38.87	1.60
园地	20.20	179.25	26.31	1.53	0
林地	21.01	2.493 1	213.00	221.69	85.92
建设用地	16.09	1 026.64	35.57	5.37	0
水域	66.21	159.30	8.95	0.26	0
未利用地	5.11	177.71	109.95	21.78	6.90
草地	0.26	8.69	1.02	0	0

表 9-8 不同坡度带上各景观类型分布特征　　　　hm²

类型	坡度带				
	0°~3°	3°~8°	8°~15°	15°~25°	>25°
耕地	1 020.24	1 780.83	1 525.76	975.24	1 757.68
园地	84.26	55.23	42.96	24.80	70.06
林地	17.13	27.62	41.93	18.15	689.11
建设用地	156.23	394.29	287.41	101.51	245.22
水域	161.60	70.32	45.00	18.15	39.63
未利用地	5.88	5.88	19.43	22.50	267.72
草地	0.77	5.11	2.05	0.51	1.53

表9-8　不同坡向带上各景观类型分布特征　　　hm²

类型	坡向带							
	0°~45°	45°~90°	90°~135°	135°~180°	180°~225°	225°~270°	270°~315°	315°~360°
耕地	2 001.11	875.01	373.58	258.77	162.37	737.69	1 081.42	1 521.93
园地	61.62	15.09	4.60	1.02	11.30	22.76	16.03	61.86
林地	366.93	112.25	18.81	45.77	11.00	31.20	56.00	122.16
建设用地	267.21	159.05	151.89	21.22	18.92	127.08	17.48	271.81
水域	36.82	30.91	42.96	13.30	12.27	74.92	79.78	43.72
未利用地	52.16	101.77	61.11	28.38	18.15	20.97	18.67	20.97
草地	4.86	0.26	0.51	0.26	0	1.28	0.77	2.05

9.4.2.4　景观生态适宜性和敏感性评价

景观生态适宜性和敏感性评价是设计景观生态优化方案和建设安全格局的基础，其评价流程如图9-7所示。

(1) 选取评价指标

综合考虑东庄镇生态环境和景观利用结构特点，选取地形、土壤分布和景观分布类型作为评价指标。地形、土壤类型是影响水土流失的主要因素，反映景观系统自然本底特征。景观类型分布图主要反映人类活动对景观生态系统的作用。

图9-7　景观生态适宜性和敏感性评价流程

(2) 评级指标的空间分布与量化处理

评价指标空间分布主要来源于东庄镇地形、景观类型分布和土壤数据库。各指标的量化方法如下：

① 地形　主要包括高程和坡度，海拔高、坡度大的区域呈现较明显的生态脆弱性。采用相关公式在GIS中进行合成。

② 土壤类型分布(图9-8)

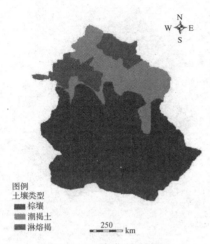 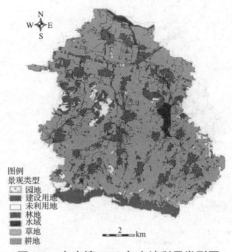

图 9-8　土壤类型分布图　　　　图 9-9　东庄镇 2007 年土地利用类型图

③ 土地利用类型分布图（图 9-9、表 9-10）

表 9-10　东庄镇景观利用强度量化标准

量他标准	景观类型						
	耕地	园地	林地	建设用地	水域	未利用地	草地
面积比例(%)	71.51	2.26	7.78	11.56	3.63	3.12	0.09
指标值	0.36	0.76	1	0.16	1	0.16	0.56

④ 景观生态适宜性和敏感性评价等级的确定　考虑到山区地形是影响区域水分、土壤和气候等非生物环境的主要因素，本研究将地形位指数作为景观生态适宜性和敏感性评价的主导因子，在运用 ArcGIS 空间分析模块对生态因子加权叠加的基础上，对研究区域评价单元综合分值进行频率直方图统计，并考虑评价综合指标分值特点，以频率突变点为等级划分的临界点，进行等级划分，得到东庄镇景观生态空间分布情况（图 9-10、图 9-11、表 9-11）。

表 9-11　东庄镇景观分区

分区标准	景观分区		
	脆弱区	较适宜区	适宜区
景观生态指数	0.15~0.35	0.35~0.51	0.51~0.91
面积(km²)	16.15	43.07	37.37

9.4.2.5　分区结果的景观格局对比分析（表 9-12）

表 9-12　东庄镇生态适宜性与敏感性综合分析情况

区域空间调控分区	所占比例(%)	土地利用	海拔高度(m)	坡度(°)	存在主要矛盾
适宜区	3.71	城乡建设用地、耕地	30~120	0~3	建设、耕地保护与园地开发
较适宜区	43.46	园地、坡耕地	120~200	3~15	坡耕地不合理开发
脆弱区	16.30	草地、林地	200~300	>15	生态环境保护

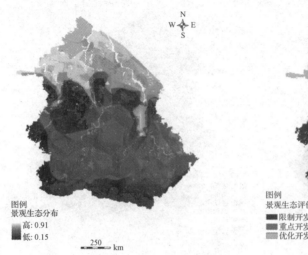
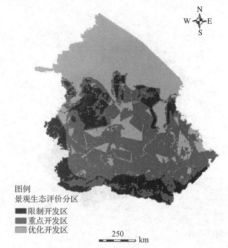

图 9-10　东庄镇景观生态评价分布图　　图 9-11　东庄镇景观生态适宜性和敏感性评价分布图

9.4.3　东庄镇景观生态功能分区及规划

根据"斑块—廊道—本底"模式和"集聚间有离析"模式，可将镇域划分为若干适宜的生态功能区，以促进其充分发挥各自的功能，构成一个有机统一的乡镇生态系统。在东庄镇景观生态适宜性和敏感性评价分区的基础上，根据东庄镇的自然资源、生态类型、经济基础等特征，统筹考虑社会经济发展规划，将东庄镇共划分成4个生态建设功能区，分别为：生态农业区、城镇建设区（建成区和规划建设区）、林业生态保护区、生态工业经济区，再结合东庄镇土特色和新农村建设要求，提出农村聚落景观生态功能区（图9-12）。

图 9-12　东庄镇生态建设功能区

9.4.3.1　镇域总体景观生态规划

以"点"为中心，以"轴"为骨干的景观大格局。"点"：镇驻地，为全镇景观建设的核心。"轴"：横轴沿交通的经济发展景观轴线。在总体上形成以两纵两横的绿色生态廊道为轴线、以镇驻地为核心的景观生态格局。

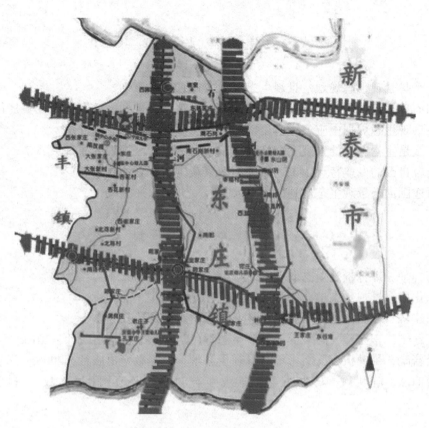

图 9-13　东庄镇景观生态廊道

9.4.3.2　生态农业区景观生态规划和建设

规划建设东庄镇 5 类农田景观生态工程，即农田防护生态工程、生物栖息地保护工程、自然景观生态工程、污染隔离带工程和景观美化生态工程。

9.4.3.3　城镇建设区景观生态规划和建设

以"和谐""人本""特色"的小城镇景观建设理念指导乡驻地的城镇建设。

东庄驻地功能布局结构为："一心，两带，三轴，四区"模式；采用点、线、面结合的手法；形象景观建设重点(图 9-14、图 9-15)。

图 9-14　东庄镇驻地分布图

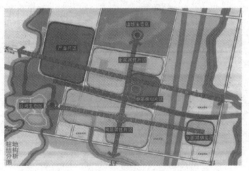
图 9-15　东庄镇驻地景观分区图

复习思考题

1. 什么是景观生态规划？景观生态规划应遵循哪些原则？
2. 如何理解景观生态规划的目的和任务？景观生态规划的一般工作步骤是什么？
3. 在景观生态规划中应怎样应用空间直观模型和多情境研究方法？
4. 什么是生物保护的景观安全格局？试述自然保护区规划的原理。
5. 结合自己的专业特点，试述相关类型景观生态规划的要点。
6. 简述国内外景观生态规划的特点。

本章推荐阅读书目

1. 郭晋平．森林景观生态研究．北京大学出版社，2001．
2. 徐化成．景观生态学．中国林业出版社，1996．
3. 马建章．自然保护区学．东北林业大学出版社，1992．
4. 肖笃宁，李秀珍，高峻等．景观生态学(第2版)．科学出版社，2010．
5. 余新晓，牛健植，关文彬等．景观生态学．高等教育出版社，2006．
6. 傅伯杰，陈利顶，马克明等．景观生态学原理及应用(第2版)．科学出版社，2011．

第10章 典型景观生态规划

【本章提要】

在景观生态评价基础上进行景观规划设计是景观生态学科走向应用的前提，是景观保护、利用、建设和管理的首要任务。本章将应用综合整体的观点介绍森林景观、自然保护区、风景名胜区、湿地景观、乡村景观和城市绿地景观等主要景观类型生态规划的要点和规划方法。

景观生态规划最终目的是实现各景观的可持续管理，而不同的景观类型具有不同的景观结构、功能及生态过程。要达到资源利用、环境保护和社会经济的持续、协调发展，首先就要针对不同的景观类型采用不同的规划设计方法，保证规划定位准确，满足不同景观保护和利用的综合需求，最终达到各景观的可持续发展与永续利用。

10.1 森林景观生态规划

森林景观生态规划是景观尺度上的经营规划和实践活动，是以景观为中心尺度，跨尺度景观要素和景观结构成分空间配置。要解决景观尺度上的结构调整和景观管理问题，必须从森林生态系统水平入手，通过在景观水平上的总体决策，控制生态系统水平上应当采取的技术措施和手段，同时充分考虑满足区域尺度上对森林产品功能、服务功能和文化价值的要求。

10.1.1 森林景观生态规划的目的和任务

10.1.1.1 森林景观生态规划的目的

森林景观生态规划的目的是，通过对林区范围内景观要素组成结构和空间格局的现状及其动态变化过程和趋势进行分析和预测，确定森林景观结构和空间格局管理、维护、恢复和建设的目标，制定以保持和提高森林景观质量、森林生产力和森林景观多重价值，维护森林景观稳定性、景观生态过程连续性和森林健康为核心的森林景观经营管理和建设规划，并通过指导规划的实施，实现森林的可持续经营。

10.1.1.2 森林景观生态规划的任务

森林景观生态规划是对林区景观进行的系统诊断、多目标决策、多方案选优、效果评价和反馈修订的过程，是一项系统工程。遵循系统工程的一般程序，林区景观生态规划可以概括为6个方面的任务：

①分析森林景观组成结构和空间格局现状；
②发现制约森林景观稳定性、生产力和可持续性的主要因素；
③确定森林景观最佳组成结构；
④确定森林景观空间结构和森林景观理想格局；
⑤优化森林景观结构和空间格局进行调整、恢复、建设、管理的技术措施；
⑥提出实现森林景观管理和建设目标的资金、政策和其他外部环境保障措施。

10.1.2 河岸森林景观与流域生态安全

河岸森林景观是林区一类特殊的森林景观，由于所处位置特殊，在景观生态过程中的生态学意义重大，对流域生态安全的作用突出，近年来受到景观生态研究和规划工作者的普遍重视。

10.1.2.1 河岸森林景观对河流的作用

河流创造了一种特殊生境，使河岸森林成为一种特殊的类型。河岸水分充足，植被能吸收地下水层的水分。其次，河岸地带空气较湿润，土壤养分较高，甚至成为生产力最高的林地。由于大的河流经常泛滥成灾，河岸森林通常具有一定的耐淹能力。河岸森林有的地方宽，有的地方窄，从上游到下游的变化极端明显，从某种意义上代表着一种湿生演替系列。

(1) 维持景观的稳定性和保持水土

河岸森林对于维持山坡本身和河谷地貌的稳定性有重大关系。山地—河流之间的物质移动、搬迁和堆积可能有多种形式，以水力作用为主的侵蚀和以重力为主的滑坡、崩塌、土溜是主要的运行方式，而这一切都取决于植被对土壤的保持作用。一旦森林遭到破坏，水土流失加剧，河岸侵蚀加强，从而使河流变得不稳定，影响下游平原水库和水利设施的安全。

(2) 维持河流生物的能量和生存环境

河岸森林的枝叶和其他残体为溪流中各种无脊椎动物提供食物和庇护，从细菌到鱼类，甚至到水獭，大多数溪流有机体都是依赖河岸森林输入的能量而生存。河岸森林的倒木和枝叶，可形成许多水塘，形成生境的多样性。河岸森林的林冠层具有较强的庇荫作用，可防止水体过热。河岸森林对溶解性的矿物质和固体颗粒进入河流有过滤和调节作用。

(3) 维持河流良好的水文状况和水质

河岸森林具有调节河水流量的功能。随着一个地区的开发和森林的减少，森林调节河水总流量的能力降低，表现在该地区河流洪水期流量增加，枯水期流量减少。河岸森林可使河水保持良好的水质，主要表现在河水中泥沙含量低，河水中的营养物质处于低水平状态。

10.1.2.2 流域景观生态规划

(1) 流域景观特征

从景观生态学的角度来看，流域景观的本底主要由受干扰较少的天然次生林、少量原始林及大面积的荒地、未利用土地、农耕地构成；斑块由零星分布的农地、水域、村庄、人工林地、经济林地、水库、池塘等构成；各级河流、小溪、防护林、道路、树篱等构成廊道，最终形成本底、斑块和廊道镶嵌的景观。

(2) 流域景观生态规划

流域景观生态规划是充分发挥河岸森林对河流的作用，确保流域生态安全的重要途径。流域景观生态规划是根据景观生态学原理，对流域景观要素进行优化组合或引进新的成分，调整或构造新的流域景观格局，如调整农业种植结构、营造防护林、修建水保工程、山水林田路统一安排、改土治水、防污综合治理等，以提高流域的人口承载力，维护生态环境，从而促进流域人口—资源—环境的持续协调发展。

10.1.2.3 流域景观生态规划功能分区

以河南省淅川县铁瓦河小流域为例。该流域属于丹江水系老鹳河的一个支流，水土流失严重，水资源比较短缺，土地贫瘠，景观要素类型主要有落叶阔叶林、山地灌丛草地、坡改田经济林果地、坡耕地、道路、居民点和塘窖等。根据其环带状立体镶嵌的景观结构，其景观功能区相应分为生态环境保护功能区、坡改梯经济林果区、平缓坡耕地农业耕作区和廊道居民点。

(1) 生态环境保护功能区

分布在25°以上的荒坡地，地形以低山丘陵为主，但坡度较陡，不适于农业开发，景观过程以水土流失、植被覆盖率减少等生态退化过程为主，分区的主导功能为生态环境保护。实行退耕还林还草，封山绿化，努力提高植被覆盖率。

(2) 坡改梯经济林果区

分布在25°以下的荒坡地，本区坡度仍然较陡，不适于农业耕作开发，景观过程以水土流失、植被覆盖降低等生态退化过程为主，分区的主导功能为生态经济功能。大力发展经济林果业，增加农民收入，兼顾生态环境保护。

(3) 平缓坡耕地农业耕作区

分布在25°以下的平缓坡耕地，土壤肥力较低，流域降水不足，只有发展节水灌溉农业，才能有效提高土地生产率，发展方向应以高产、高质、高效农业为主。应合理安排农、林、牧、副结构，种植结构以粮食为主，适当增加油料作物和经济作物，引进优质品种，适当安排作物轮作，逐步扩大套种面积，提高复种指数，大力推广应用地膜覆盖、节水灌溉等旱作农业技术。

10.1.3 森林公园规划[①]

森林公园是以良好的森林生态环境为基础，以森林景观为主体，自然风光为依托，融

---

① 森林公园规划小节参考了陆兆苏教授《风景林调查规划》（讲稿）的部分内容。

合其他自然景观和人文景观为一体，环境优美，物种丰富，景点景物相对集中，具有较高的观赏、文化、科学价值，有一定规模的地域，经科学保护、合理经营和适度建设，利用森林生态系统的多种服务功能，可为人们提供旅游观光、休闲度假、疗养保健或进行科学、文化、教育活动的特定综合性服务场所。森林旅游是随着世界旅游业飞速发展和工业化时代高度城市化发展起来的新兴旅游业，国内外开展森林旅游的主要途径是设立森林公园。世界上国家森林公园的发展已有100多年的历史，美国是森林旅游与森林公园发展较早的国家，于1872年建立了第一个国家公园——黄石国家森林公园，每年森林旅游的人数超过3亿人次，年消费高达3 000亿美元；德国提出了"森林向全民开放"的口号，全国60多处森林公园的旅游年收入达80亿美元，占国内旅游收入的67%；英国每年森林旅游人数在1亿人次以上；世界上发展森林旅游较早的拉丁美洲，森林旅游收入已占到整个旅游总收入的90%以上。

我国森林公园作为新兴的绿色产业，起步较晚，历史较短，尚处在发展阶段。国家林业局自20世纪80年代起开始建立森林公园，并于1982年9月建立了我国第一个森林公园——湖南省张家界国家森林公园。在国家林业主管部门的大力支持下，凭借我国森林景观资源丰富多样的得天独厚的条件，森林旅游迅速发展，成效也十分显著。之后，随着森林公园建设在保护自然资源和生物多样性、调整林业产业结构、促进林区脱贫致富等方面所起到的作用逐渐被人们认同。从90年代开始，我国森林公园建设得到快速发展。截至2014年年底，我国共建立各类森林公园3 101处，森林风景资源保护总面积达$1\ 780.54 \times 10^4\ hm^2$。2014年全国森林公园共接待游客9.1亿人次，占国内旅游总人数的25.2%。

10.1.3.1 森林公园的类型

森林公园的建设应以保护森林生态环境为前提，遵循开发与保护相结合的原则，突出自然野趣和保健等多种功能，因地制宜，发挥自身优势，形成独特风格和地方特色。森林公园的景观生态规划首先应确定森林公园的功能类型，明确森林公园的性质和发展方向。我国的森林公园分为7个功能型。

(1) 游览观光型

游览观光型森林公园的自然景观、森林景观和人文景观均有特色。景观生态规划要尽量恢复原有的景观景点，合理安排旅游线路，净化美化环境，配套相应的服务设施。如江苏常熟虞山、连云港云台山和贵州锦屏等森林公园。

(2) 文体娱乐型

文体娱乐型森林公园景观比较平淡，但交通方便，客源丰富，并具备建设活动场地的条件。如无锡惠山规划了多功能山地游乐运动场，有高尔夫球练习场、跑马场、射击场、山地滑道、山地自行车道、野营、野炊、垂钓，还有茶文化馆、观赏植物园和野生动物园等。

(3) 保健康复型

保健康复型森林公园要求山美、水美、环境美，适宜度假、避暑和疗养。如江苏溧阳沙河水库、宜兴横山水库、吴江东山和西山。

(4) 生态屏障型

多数生态屏障型森林公园为环城或城郊森林公园，为城市居民提供优美的生态环境，起到净化空气、改良气候、保持水土、减轻自然灾害和人为污染等作用。如江苏南京紫金山国家森林公园、徐州环城森林公园，要把山地的成片林与平原的点线带网和片林连接起来，把用材林、防护林、经济林、竹林连接起来，组成一个完整的森林景观生态系统。

(5) 自然教育型

自然教育型森林公园包含或连接自然保护区，要以保护对象为核心，建成科研、教学、生产和科普宣传园地。如在江苏大丰麋鹿保护区周围建森林公园，就可以在人们观赏国宝"四不像"的同时，进行科普宣传和爱国主义教育，这样更有利于野生动物保护，也为森林旅游增添新奇色彩。

(6) 特殊风物型

特殊风物型森林公园具有特殊的历史遗迹或风物景观。如江苏江阴要塞森林公园自春秋战国以来就是"江防要塞"，更以1949年国民党官兵在我地下党的策动下起义而载入史册。

(7) 综合型

综合型森林公园大部分处于近郊的风景旅游区，兼有上述两类以上功能。景观总体规划应有主有从，突出主题，安排得当，可建成大型的多功能、全方位、高效益的森林旅游胜地。

10.1.3.2 森林公园的景观生态规划

(1) 森林公园景观生态规划原则

森林公园规划设计是公园建设的蓝图，规划设计水平的高低取决于总体设计思想是否科学。正确把握森林公园景观生态规划设计思想，应遵循以下3条基本原则。

①保持古朴野趣、协调人与自然　森林旅游主要是满足人们回归自然、体验性旅游的强烈愿望。森林公园规划与建设应在提供良好旅游服务设施的基础上尽可能保持森林景观的古朴自然风貌，在林区建设城市园林的做法无疑违背了旅游者的心理需求。对森林公园内局部受人为破坏或森林风景相对缺乏的地方，可以借用园林造景的部分手法，提高森林风景资源的质量，人工促进景观恢复，但仍要坚持原始、自然、质朴的宗旨。

②突出主题和特色　开展森林旅游活动是森林公园建设的主要目的之一。公园旅游的主题妥当、特色鲜明是总体规划工作成功的关键，关系到公园的吸引力和经营效益。森林公园特色应在充分调查了解森林公园范围内旅游资源与环境的基础上进行挖掘和塑造。怎样扬长避短地确定主题，形成公园自身特色，需要认真细致的分析与提炼。

③全面规划、分片开发、滚动发展　公园建设是一项投资大、时间长的工程，很难一次提供全部资金。公园建设规划应充分考虑总体性和可行性两方面要求。首先应围绕规划指导思想进行全面规划、合理布局，确定好现阶段建设项目和长远发展规划，保持公园建设的总体性。在时间安排上应遵循边建设边经营的原则，分片开发、分期实施、先易后难、先基础后设施，达到滚动发展、逐步完善，使公园建设与经营良性互动，获得较好的效益。

(2) 森林公园景观生态规划要点

依据中华人民共和国林业行业标准《森林公园总体设计规范》(1995)，森林公园景观生态规划的内容应包括总体布局、景区划分和风景林设计等主要内容。

①总体布局 总体布局的任务是依据森林公园的性质、森林景观资源质量、市场条件，通过分析论证，制定森林公园建设的发展方向、建设规模和建设标准。总体布局要突出主题、彰显特色，视公园具体情况确定森林公园的主题。总体布局的内容主要包括：确定森林范围与建设规模、公园性质，确定公园功能区类型划分，森林公园环境容量与旅游规模预测。

按森林旅游业综合发展建设需要，森林公园一般划分出游览区、游乐区、接待服务区、行政管理区、休疗养区、居民住宅区和多种经营区7个功能区。同一功能区在地域上一般应相互连接，不连接者也应该相对集中，形成规模，不宜过于分散。

②景区划分 根据森林公园所处的地理位置，因地制宜，合理分区，塑造出简洁优美、步移景异的景观环境。景区划分一般要求不同景区的主题鲜明，各具特色，景区内的景观特点类似，景点相对集中，还要有利于游览线路组织和公园管理。如福建龙岩市莲花山森林公园规划为7个景区，即主景区新罗仙境景区、北侧的春涵映露景区、东侧的谷霭翠韵景区、西侧的松竹杏暖景区、南侧的碧照妍桃景区和仙人丹灶景区及以莲山寺为主的古刹钟声景区。7个景区各具特色，有曲水流觞、登高览秀、野径通幽，从封闭的森林空间到开阔的山顶空间，形成一个自然、和谐兼具现代气息的生态园林景观。

③风景林设计 风景林设计主要包括风景林类型划分与植物配置、风景林的空间布局和风景林的管理。依据林貌，风景林一般分为水平郁闭型、垂直郁闭型、稀树草地型、空旷型和园林型5大类型。河流、道路等线形地带两旁一般不单独设置规则式风景林带，应结合周围景点和植被分布特点，进行自然配置。

水平郁闭型风景林由单层同龄林构成，林木分布均匀，能透视森林内景，形成整洁、壮观的景观效果。垂直郁闭型风景林由复层异龄林构成，林木呈丛状分布，树冠高低参差，形成"绚丽多彩、生机勃勃"或"郁郁葱葱、深奥莫测"的景观效果。稀树草地型风景林主要由丛状乔木和草地构成，主要用于观赏和游憩活动。空旷型风景林由林中空地、草坪（或草地）、水面相连的空旷地构成。空旷型风景林艺术效果单纯而壮阔，主要用于观赏、体育游戏及各种群众活动。园林型风景林由亭台楼阁等建筑物与景观植物综合配置而成，一般多为名胜古迹所在地。在风景林的空间布局上，要把握好巧用不同视角的风景感染力，合理安排对景、透景和障景和正确处理森林风景的景深3条原则。

④保护工程规划 在开展森林游憩活动过程中，森林植被最大的潜在威胁是森林火灾，游人吸烟和野炊所引起的森林火灾占有相当大的比例。森林火灾不仅会使游憩设施受损，威胁游客生命财产安全，而且会毁灭森林内的动植物，火灾后的木灰进入水体还可能导致大批鱼类死亡。因此，在规划设计时一定要考虑森林公园火灾的防护，一是在规划设计时，对于森林火灾发生可能性大的游憩项目，如野营、野炊等，尽可能选择在林火危险度小的区域。林火危险度的大小主要取决于林木组成及特性、郁闭度、林龄、地形、海拔、气候条件等因素。二是对于野营、野餐等活动应有指定地点并相对集中，避免游人任意点火而对森林造成危害。同时，对野营、野餐活动的季节应进行控制，避免在最易引起火灾的干旱季节进行。三是在野营区、野餐区和游人密集的地区，应开设防火线或营建防火林带。防火线的宽度不应小于树高的1.5倍。从森林公园的景观要求来看，营建防火林带更为理想。防火带应设在山脊或在野营地、野餐地的道路周围。林分以多层紧密结构为

好，防火林带应与当地防火季的主导风向垂直。四是森林公园中的防火林带应尽量与园路结合，可以保护主要游览区不受邻近区域火灾的影响。同时，方便的道路系统也为迅速扑灭林火提供保障。五是在森林公园规划和建设中，应建立相应的救火设施和系统。除建立防火林带、道路系统外，还应增设防火通信设施，加强防火、救火组织和消防器材的管理，更重要的是加强对游人和职工的管理教育，加强防火宣传，严格措施，防患于未然。

同时，防止森林病虫害的发生，保障林木的健康生长，给游人一个优美的森林环境是森林公园管理的重要方面。森林病虫害的防治，主要方法有 4 种：一是在"适地适树"的原则下，营造针阔混交林是保持生态平衡和控制森林病虫害的基本措施，更为重要的是实现抗病育种。二是加强森林经营管理。根据不同的森林类型和生态结构状况，适时地采用营林措施。及时修枝、抚育、间伐，林地施肥，招引益鸟、益兽等，可长期保持森林的最佳环境生态。三是生物防治。利用天敌防治害虫，通过一系列生物控制手段，打破原来害虫与天敌之间形成的数量平衡关系，重新建立新的相对平衡。四是物理和化学防治。物理方法主要利用害虫趋光性进行灯光诱杀；而化学防治只是急救手段。近几年来，高效、低毒、残效期长、内吸性和渗透性强的杀菌剂、烟剂、油剂及超低量喷雾防治技术有所进步。

（3）森林公园的景点规划

①组景　组景必须与景点布局统一构图，以达到景点与景区、景区与森林公园总体相互协调。组景应该充分利用已有景点，视其开发利用价值，进行修整、充实、完善，提高其游览价值。新设景点必须以自然景观为主，以建筑小品作必要的点缀，突出自然野趣。除特殊功能需要外，景区内一般不应设置大型的人文景点。景点主题必须突出，个性必须鲜明，各景点主题不可雷同。

②景点布局　景点布局应突出森林公园主题和特色，突出主要景区。景区内应突出主要景点，运用烘托与陪衬手段，合理安排背景与配景。景点的静态空间布局与动态序列布局紧密结合，处理好动与静的关系，构成一个有机的艺术整体。静态空间布局，应综合运用对景、透景、障景、添景、夹景、框景和漏景等多种艺术手法，合理处理画面与景深，增强艺术感染力。动态序列布局，应正确运用"断续""起伏曲折""反复""空间开合"等手法，使各景点构成多样统一的连续风景节奏。并充分利用植物干、叶、花、果形态和色彩的季节变化进行季节交替布局，重点突出具有特色的季节景观。

③游览系统规划　在森林公园内组织开展的各种游憩活动项目应与城市公园有所不同，应结合森林公园的基本景观特点开展森林野营、野餐、森林浴等在城市公园中无法开展的项目，满足城镇居民向往自然的游憩需求。依据森林公园中游憩活动项目的不同，可分为：典型性森林游憩项目，如森林野营、野餐、森林浴、林中骑马、徒步野游、自然采集、绿色夏令营、自然科普教育、钓鱼、野生动物观赏、森林风景欣赏等；一般性森林游憩项目，如划船、游泳、自行车越野、爬山、儿童游戏、安静休息等。

开展各种森林游憩活动对森林环境的影响程度不同。不适当的建设项目和不合理的游人密度会对森林游憩环境造成破坏。因此，在游览系统规划中必须预测各项游憩活动可能对环境产生的影响及其程度，从而在规划中采用相应的方法，在经营管理上制订不同措施。

10.2 自然保护区景观生态规划

自然保护区(natural reserve),是指对有代表性的自然生态系统、珍稀濒危野生植物物种的天然集中分布区、有特殊意义的自然遗迹等保护对象所在的陆地、陆地水体或者海域,依法划出一定面积予以特殊保护和管理的区域。

10.2.1 自然保护区规划目标

根据国家环境保护总局统计,截至 2016 年 5 月,全国已建立各种类型和不同级别的自然保护区 2 740 个(不包括香港、澳门特别行政区和台湾省),总面积 $147 \times 10^4 km^2$,陆地保护区面积约占陆地国土面积的 14.8%。其中国家级自然保护区 446 个,面积 $9\ 466 \times 10^4 hm^2$,占全国自然保护区面积的 64.7%,并有内蒙古锡林郭勒、吉林长白山、江苏盐城、浙江南麂列岛、福建武夷山、湖北神农架等 29 个自然保护区被联合国教科文组织列入"国际人与生物圈保护区网";吉林向海、黑龙江扎龙、上海崇明东滩、江苏大丰麋鹿等 49 个自然保护区被列入《国际重要湿地名录》;四川九寨沟和黄龙、湖南张家界等一些自然保护区被列入世界自然遗产。这些保护区对保障我国生态环境安全,保护生物多样性,发挥着巨大的作用。

根据《中华人民共和国自然保护区条例》(2011 年修订),自然保护区实行分区保护,自然保护区可以分为核心区、缓冲区和实验区。自然保护区内保存完好的天然状态的生态系统以及珍稀、濒危植物的集中分布地,应当划为核心区,禁止任何单位和个人进入;因科学研究的需要,必须进入核心区从事科学研究观测、调查活动的,应当事先向自然保护区管理机构提交申请和活动计划,并经省级以上人民政府有关自然保护区行政主管部门批准;其中,进入国家级自然保护区核心区的,必须经国务院有关自然保护区行政主管部门批准。自然保护区核心区内原有居民确有必要迁出的,由自然保护区所在地的地方人民政府予以妥善安置。核心区外围可以划定一定面积的缓冲区,只准进入从事科学研究观测活动。缓冲区外围划为实验区,可以进入从事科学试验、教学实习、参观考察、旅游以及驯化、繁殖珍稀、濒危野生动植物等活动。原批准建立自然保护区的人民政府认为必要时,可以在自然保护区的外围划定一定面积的外围保护地带。在自然保护区规划中,斑块的形状、大小,廊道的走向,斑块和廊道的组合格局,对许多生物有重要影响。景观生态学在自然保护区规划中应当发挥重要作用。

自然保护区规划的目标应当是自然保护区建设总目标的具体化,要紧紧围绕自然保护区保护功能和主要保护对象的保护管理需要,坚持从严控制各类开发建设活动,坚持基础设施建设简约、实用,并与当地景观相协调,坚持社区参与管理和促进社区可持续发展。自然保护区的规划要贯彻"全面保护自然环境,积极开展科学研究,大力发展生物资源,为国家和人民造福"和"加强资源保护、积极驯养繁殖、合理开发利用"的方针。

自然保护区规划目标应当包括四方面的内容:①自然生态和主要保护对象的保护状态目标;②人类活动干扰控制目标;③工作条件和管护设施完善目标;④科研和社区工作目标。

景观生态学在自然保护区规划方面有更显著的优势，为生物多样性保护提供了新的视角。与传统的保护生物学相比，景观生态学更多地关心生态过程的连续性和稳定性，注重在大尺度上对生物生境的保护，通过合理调整和控制现有景观格局和规划设计新的景观格局来保护景观多样性。景观生态学中关于自然保护区规划设计的原理主要有：岛屿生物地理学理论、复合种群理论、景观连接度和景观异质性与生物多样性。

10.2.2 自然保护区景观生态规划

自然保护区的规划中首先应当确定保护对象的价值，依据保护价值确定相应的保护等级，自然保护区的选择应当遵循一定的原则，从稀有性、典型性和多样性等角度确定保护区的性质，依据景观生态学的相关原理从斑块的面积、形状、廊道的构成等方面进行规划，从根本上起到保护区保护生物多样性的目的。

10.2.2.1 自然保护区的大小

根据岛屿生物学地理学理论，自然保护区面积越大越好，一个大保护区比具有相同总面积的几个小保护区好。通常情况下，面积大的保护区与面积较小的保护区相比，大的保护区能够为物种生存提供更加良好的生境，同时生境条件更加趋于多样化，有利于更好地保护物种，大的保护区能保护更多的物种，一些大型脊椎动物在小的保护区内容易灭绝。同时，保护区的大小也关系到生态系统能否维持正常功能。

保护区的大小也与遗传多样性的保持有关，在小保护区中生活的小种群的遗传多样性低，更加容易受到对种群生存力有副作用的随机性因素的影响。物种的多样性与保护区面积都与维持生态系统的稳定性有关。面积小的生境斑块，维持的物种相对较少，容易受到外来生物干扰。在保护区面积达到一定大小后才能维持正常的功能，因此在考虑保护区面积时，应尽可能包括保护对象生存的多种生态系统类型及其相关的演替序列。

一般而言，自然保护区面积越大，则保护的生态系统越稳定，其中的物种越安全。但自然保护区的建设必须与当地的经济发展相适应，自然保护区面积越大，可供生产和资源开发的区域越小，因而会与经济发展产生矛盾，同时，为了达到自然保护区的保护目标，需要投入资金、人力和物力来维持自然保护区的运转。因此保护区面积的适宜性是十分重要的。保护区的面积应根据保护对象、目的和社会经济发展情况而定，即应以物种-面积关系、生态系统的物种多样性与稳定性以及岛屿生物地理学为理论基础来确定保护区的面积。

10.2.2.2 自然保护区的形状

自然保护区的形状应以圆形或者近圆形为佳，这样可以避免"半岛效应"和"边缘效应"的产生。考虑到保护区的边缘效应，则狭长形的保护区不如圆形的好，因为圆形可以减少边缘效应，狭长形的保护区造价高，受人为影响也大，所以保护区的最佳形状是圆形（Wilson，Willis，1975）。如果采用狭长形或者形状更加复杂的自然保护区，则需要保持足够的宽度。保护区过窄，则在狭长形保护区中不存在真正的核心区，这对于需要大面积核心区生存的物种而言是不利的，同时管理的成本也会加大。当保护区局部边缘破坏时，对圆形保护区和狭长形保护区的影响截然不同，圆形保护区的实际影响很小，狭长形保护区局部边缘生境的散失将影响到保护区核心内部，减少保护区核心区的面积。

在实际的自然保护区的景观生态规划时，需要考虑的因素还包括保护对象所处的地理位置、地形、植被的分布和居民区的分布等。在规划的保护区内应该尽量避免当地的人为活动对保护区内物种生存的生境的影响。

10.2.2.3 自然保护区功能分区

联合国教科文组织提出的"人和生物圈计划"（MAB）是一个世界范围内的国际科学合作规划。MAB在计划的实施过程中提出了影响深远的生物圈保护的思想。根据其思想，一个合理的自然保护区应该有三个功能区组成：分别为①核心区：在此区生物群落和生态系统受到绝对的保护，禁止一切人类的干扰活动，但可以有限度地进行以保护核心区质量为目的，或无替代场所的科研活动；②缓冲区：围绕核心区，保护与核心区在生物、生态、景观上的一致性，可进行以资源保护为目的的科学活动，以恢复原始景观为目的的生态工程，可以有限度地进行观赏型旅游和资源采集活动；③实验区：保存与核心区和缓冲区的一致性，在此区允许进行一些科研类经济活动以协调当地居民、保护区及研究人员的关系。

在具体规划设计自然保护区的实践中，最重要的是如何合理地划定自然保护区功能区的边界。现在一般有以下几个原则。①核心区：核心区的面积、形状、应满足种群的栖居、饲食和运动要求；保持天然景观的完整性；确定其内部镶嵌结构，使其具有典型性和广泛的代表性；②缓冲区：隔离带，隔离区外人类活动对核心区天然性的干扰；为绝对保护物种提供后备性、补充性或替代性的栖居地；③实验区：按照资源适度开发原则建立大经营区，使生态景观与核心区及缓冲区保持一定程度的和谐一致，经营活动要与资源承载力相适应。生物圈保护的思想为自然保护区的设计规划提供了全新的思路。需要指出的是生物圈保护区只是有关自然保护区规划设计的一种思想。在具体设计操作中，如如何确定各功能区的边界、如何合理设计保护区的空间格局及如何构建廊道为物种运动提供通道等。这些问题的解决必须根据其他相关学科的知识理论来完成，尤其是景观生态学的理论和方法。景观生态学的理论在自然保护区规划设计中的应用日益引起人们的关注和兴趣。

10.2.2.4 自然保护区生态廊道的规划

自然保护区中的生态廊道经常用作缓冲栖息地破碎的隔离带，能够将孤立的栖息地斑块与物种种源地相联系，有利于物种的持续交流和增加物种多样性。但是廊道还可能会成为外来物种入侵的重要通道，同时也可能成为病虫害入侵的通道，这无疑会增加物种灭绝的风险，不能达到自然保护区的目的。

因此，自然保护区规划设计中对生态廊道的考虑应当基于景观本地、生境条件、保护对象特点和目标种的习性等来确定其宽度和所处的位置，特别要考虑有利于乡土生物多样性的保护。一般而言，为保证物种在不同斑块间的移动，廊道的数量应适当增加，并最好由当地乡土植物组成廊道，与作为保护对象的残存斑块的组成一致。这一方面可提高廊道的连通性，另一方面有利于残存斑块的扩展。廊道应有足够的宽度，并与自然的景观格局相适应。针对不同的保护对象，廊道的宽度有所不同，保护普通野生动物的宽度可为1km左右，但保护对象为大型哺乳动物则需几千米（俞孔坚，李迪华，1998）。

在自然保护区进行廊道规划时，首先必须明确廊道功能，然后进行生态学分析。影响生境功能的限制因子很多，有关的研究主要集中在具体生境和特定的廊道功能上，即允许目标个体从一个地方到达另一个地方。但在一个真实景观上的生境廊道对很多物种会产生影响，所以，在廊道规划时，以一个特定的物种为主要目标时，还应当考虑景观变化和对生态过程的影响。保护区间的生境走廊应该以每一个保护区为基础来考虑，然后根据经验方法与生物学知识来确定。应注意下列因素：要保护的目标生物的类型和迁移特性，保护区间的距离，在生境走廊会发生怎样的人为干扰，以及生境走廊的有效性等。为了保证生境走廊的有效性，应以保护区之间间隔越大则生境走廊越宽的要求设置生境走廊。因为大型的、分布范围广的动物(如肉食性的哺乳动物)为了进行长距离的迁移需要有内部生境的走廊。研究表明，使用生境走廊时除考虑领域与走廊宽度外，其他因素，如更大的景观背景、生境结构、目标种群的结构、食物、取食型也影响生境走廊的功能(傅伯杰，2011)。

10.3 风景名胜区景观生态规划

风景名胜区是指风景名胜资源集中、自然环境优美、具有一定规模和游览条件，经省级以上人民政府审定命名、划定范围，供人们游览、观赏、休息和进行科学文化活动的地域。风景名胜区景观生态规划的目的是从生态保护角度出发，在保护生物多样性、确保其环境功能不致遭到破坏和丧失的前提下，充分利用风景名胜区的自然、生物、景观和文化资源，实行综合开发，建设生态旅游基地，从而获得良好的社会效益和经济效益，促进风景名胜区的可持续发展。

10.3.1 风景名胜区的分类

真正意义上的风景名胜区与国际上的国家公园(National Park)相对应，从体系建立、资源保护、开发建设到经营管理等多方面，风景名胜区都受到国家公园的启示与影响。风景名胜区以风景资源为基础，以保护风景资源的真实性和完整性为目标，为了运用法定的有效管理体制来对风景资源实施科学保护和永续利用，作为社会公益事业，向全社会提供特定范围的高品质共享性物质和精神的公益服务。我国于1982年公布了第一批国家重点风景名胜区——中国的国家公园。目前，国务院共审定公布了8批225处国家级风景名胜区。其中有15处国家级风景名胜区列入《世界遗产名录》，18处列入《世界自然文化遗产预备清单》。

10.3.1.1 按用地规模分类

①小型风景名胜区　用地规模在10 km²以下。如西湖风景区和普陀山风景区。
②中型风景名胜区　用地规模21~100 km²。如石林风景名胜区。
③大型风景名胜区　用地规模101~500 km²。如峨眉山风景名胜区。
④特大型风景名胜区　用地规模在500 km²以上。如大理风景名胜区、太湖风景名胜区和西双版纳风景名胜区。

10.3.1.2 按景观特征分类

①圣地类风景名胜区　指中华文明始祖集中或重要活动的区域，以及与中华文明形成和发展关系密切的风景名胜区。不包括一般的名人或宗教胜迹。如轩辕台国家级风景名胜

区、杭州灵隐景区和云岭新四军军部旧址等。

②山岳类风景名胜区　以各种山景为主体景观的风景名胜区。

③河流类风景名胜区　以天然河道为主要特征的风景名胜区。包括季节性河流及峡谷。如黄果树和壶口瀑布等。

④湖泊类风景名胜区　以宽阔水面为主要特征的风景名胜区。如大理的洱海、滇池、洞庭湖、西湖和太湖等。

⑤洞穴类风景名胜区　以岩石洞穴为主要特征的风景名胜区。如北京的云水洞、石花洞和安徽广德县的太极洞等。

⑥海滨海岛类风景名胜区　以滨海地貌为主要特征的风景名胜区。包括海滨基岩、沙滩、滩涂、潟湖和岬角、海岛岩礁。如青岛滨海、三亚等。

⑦特殊地貌类风景名胜区　以典型、特殊地貌为主要特征的风景名胜区。包括火山熔岩、热田汽泉、沙漠碛滩、蚀余景观、地质珍迹等。

⑧园林类风景名胜区　以人工造园的手法改造、完善自然环境而形成的偏重休憩、娱乐功能的风景名胜区。如苏州园林群景观。

⑨石窟画类　以古代石窟造像、壁画、岩画为主要特征的风景名胜区。如敦煌莫高窟景区、龙门石窟景区。

⑩战争类风景名胜区　以战争、战役的遗址、遗迹为主要特征的风景名胜区。包括其地形地貌、历史特征和设施遗存。如旅顺战争遗址、鸭绿江风景名胜区等。

⑪陵寝类风景名胜区　以帝王、名人陵寝为主要内容的风景名胜区。包括陵区的地上、地下文物和文化遗存，以及陵区的环境。如北京十三陵景区、南京中山陵景区等。

⑫名人民俗类风景名胜区　以名人胜迹、民俗风情、特色物产为主要内容的风景名胜区。如安徽绩溪龙川胡氏宗祠景区、湖南省湘西土家族苗族自治州永顺县猛洞河风景区等。

10.3.1.3　按功能设施特征分类

①观光型风景名胜区　有限度地配备必要的旅行、游览、饮食、购物等服务设施。

②游憩型风景名胜区　配备有较多的康体、浴场等娱乐设施，有相应规模的住宿。

③休假型风景名胜区　配备有疗养、度假、保健等设施。如北戴河。

④民俗型风景名胜区　保存有相当的乡土民居、遗迹遗风、节庆庙会、宗教礼仪等社会民风特点与设施。如云南元阳的梯田保护区和泸沽湖等。

⑤生态型风景名胜区　配备有必要的保护监测、观察实验等科教设施，严格限制行、游、食宿等设施。

⑥综合型风景名胜区　各项功能设施较多，可以定性、定量、定地段综合配置，大多数风景区有此类特征。

10.3.2　风景名胜区发展面临的问题

科学技术的发展开创了工业文明新时代，随着生产力的提高和经济社会的发展，人类对大自然的依赖性相对减弱。与此同时，掠夺性的开发对大自然的破坏也日趋严重。风景名胜区的发展过程中也遇到了保护与发展兼顾的权衡问题，经济利益往往使人们忽略了对景观生态过程的保护。

(1) 错位定位

风景名胜区是人类文明的标志，是人类最珍贵的自然和文化遗产，是具有保护性、公益性、展示性和传世性的人类瑰宝。不能错误地将风景名胜区定位于"旅游资源""旅游经济开发区"，把保护性变成开发性，社会公益性变成公司私有性，展示性变成经营性，甚至将经济利益作为风景名胜区发展的唯一最终目标。

(2) 超载开发

风景名胜保护区另一个严重的问题就是建筑物密集，客流量超过环境承载能力，超载开发，导致对被保护的景观生态过程造成毁灭性的破坏。必须通过科学、合理的规划，特别是环境承载力分析，将人为负面影响降至最小，达到风景区的可持续发展和永续利用。

(3) 真实性和完整性的破坏

过度的旅游开发与人工干预将会导致风景区人工化、商业化、城市化，引起景观破碎化过程的发生，最终导致景观退化或破碎化，影响景观整体功能。具有遗产性质的风景名胜区的真实性也将受到很大的削弱，损害了自然文化遗产的价值。

10.3.3 风景名胜区景观生态规划的原则

风景名胜区规划必须符合我国国情，因地制宜地突出本风景区特性。

(1) 保护性开发原则

风景名胜区是自然和历史留给我们的宝贵而不可再生的遗产。风景名胜区的价值首先是其"存在价值"，只有在确保风景名胜资源的真实性和完整性不被破坏的基础上，才能实现风景名胜区的多种功能。因此，保护优先是风景名胜区工作的基本出发点。从生态保护角度出发，在保护生物多样性、确保其环境功能不致遭到破坏和丧失的前提下，充分利用自然、生物、景观和文化资源，实行综合开发，建设无公害农、水产品生产基地和生态旅游基地，从而获得良好的社会效益和经济效益，促进风景名胜区的可持续发展。

(2) 综合协调原则

风景名胜区规划管理的基本目标是在资源充分有效保护前提下的合理利用。虽然保护是风景名胜区工作的核心，但并不意味着要将保护与利用割裂开来。我国风景名胜区的特殊性之一就是风景区内包含有许多社会经济问题，是一个复杂的"自然—社会—经济复合生态系统"。所以只有将各种发展需求统筹考虑，依据资源的重要性、敏感性和适宜性，综合安排，协调发展，才能从根本上解决保护与利用的矛盾，达到资源永续利用的目的。

(3) 因地制宜原则

尊重风景名胜区独特的自然环境条件、特殊的生物资源特征和自然原始风貌，并以此为基础，开发出与之相适应的、特有的自然和人文景观，控制对自然和文化舶来品的应用规模。

(4) 社区参与原则

社区参与是风景名胜区管理的重要内容，可以提高社区居民的自然保护意识，同时增加社区经济收入，改善生活条件，并认识到保护自然资源与环境的重要性，自觉加入到自然保护与环境保护的行列中。

10.3.4 风景名胜区景观生态规划的内容

风景名胜区景观生态规划需要科学地保育景源遗产，典型地再现自然之美，明智地融入人为之胜，浪漫地表现生活理想，通俗化地促进风景环境的建设和管理实践。当代的风景名胜区景观生态规划，已步入科技、人文、艺术的综合领域。经济、科技、物质生产的全球一体化步伐正在加快，社会、文化、精神需求的地区多样化也在增强，在这种全球化与地区化的矛盾加剧之中，涉及自然文化遗产的风景名胜区规划，就平添了历史使命和责任感。其本质是提炼概括风景特色，把合理的社会需求融入自然中，优化成人与自然协调发展的风景游憩境域。

(1) 文化历史与艺术

这包含潜在于景观环境中的历史文化、风土人情、风俗习惯等与人们精神生活息息相关的内涵，其直接决定一个地区、城市、风景区等视觉存在的面貌，影响着人们的精神和价值观的取向。

(2) 环境、生态和资源

这包含土地利用、地形、水体、动植物、气候等人文与自然资源在内的调查、分析、评估、规划和保护。

(3) 景观感受

即基于视觉对所有自然与人工造物及感受的分析。

风景名胜区具体规划内容包括总体规划和详细规划两部分。风景名胜区总体规划又分为规划纲要和总体规划两个阶段。风景名胜区规划纲要的任务是研究总体规划的重大原则问题，结合当地的国土规划、区域规划、土地利用总体规划、城市规划及其他相关规划，根据风景区的自然、历史、现状情况，确定发展战略布署。风景名胜区纲要的主要内容包括：

①进行风景名胜资源调查与评价，明确风景资源价值等级，保存状况以及风景名胜区主要存在的问题。

②分析论证风景名胜区发展条件(优势与不足)，确定发展战略。

③拟定风景名胜区发展目标，包括资源保护目标、旅游经济目标和社会发展目标。

④论证并原则确定风景名胜区性质、范围(包括外围保护地带)、总体布局以及资源保护、利用的原则措施。风景名胜区总体规划的任务是根据风景名胜区规划纲要，综合研究和确定风景名胜区的性质、范围、规模、容量、功能结构和风景资源保护措施，优化风景名胜区用地布局，合理配置各项基础设施，引导风景名胜区健康可持续发展。

风景名胜区总体规划的内容包括：

①根据地形特征、行政区划和保护要求，划定风景名胜区规划范围，包括外围保护地带。

②确定风景名胜区规划性质、发展目标和规模容量。

③根据风景名胜区功能分区，确定土地利用规划，进行风景游赏组织。

④确定风景名胜资源保护规划，明确保护措施与要求。

⑤确定风景名胜区天然植被抚育和绿化规划。

⑥确定风景名胜区旅游服务设施规划。
⑦确定风景名胜区基础工程规划,包括道路交通、供水、排水、电力、电信、环保、环卫、能源、防灾等设施的发展要求与保障措施。
⑧确定风景名胜区内居民社会调控规划、经济发展引导规划。
⑨制定分期发展规划。
⑩对风景名胜区的规划管理提出建议。

风景名胜区详细规划的任务是以总体规划为依据,规定风景各区用地的各项控制指标和规划管理要求,或直接对建设项目作出具体的安排和规划设计。在风景名胜区内,应根据景区开发的需要,编制控制性详细规划,作为景区建设和管理的依据。主要内容有:

①详细确定景区内各类用地的范围界线,明确用地性质和发展方向,提出保护和控制管理要求以及开发利用强度指标等,制订土地使用和资源保护管理规定细则。
②对景区内的人工建设项目,包括景点建筑、服务建筑和管理建筑等,明确位置、体量、色彩和风格。
③确定各级道路的位置、断面、控制点坐标和标高。
④根据规划容量,确定工程管线的走向、管径和工程设施的用地界线。风景名胜区的修建性详细规划主要是针对明确的建设项目而言,主要内容包括:建设条件分析和综合技术经济论证、建筑和绿地的空间布局、景观规划设计、道路系统规划设计、工程管线规划设计、竖向规划设计、估算工程量和总造价、分析投资效益。

10.4 湿地景观生态规划

中国是世界上湿地生物多样性最丰富的国家之一。新中国成立以来,我国湿地面临着面积缩小、调蓄功能减弱、资源单一利用、生物多样性降低、水体污染等一系列问题。加强湿地景观生态规划是解决湿地生态环境问题的基础工作。

10.4.1 湿地及其景观结构与功能

10.4.1.1 湿地景观的概念

湿地是指天然或人工、长久或暂时的沼泽地、湿原、泥炭地或水域地带,带有静止或流动、咸水或淡水、半咸水或咸水水体者,包括低潮时水深不超过 6 m 的水域。

根据 2014 年 1 月公布的第二次全国湿地资源调查结果,中国的湿地总面积 $5\,360.26 \times 10^4 \text{hm}^2$,湿地面积占国土面积的比率(即湿地率)为 5.58%,其中,自然湿地面积 $4\,667.47 \times 10^4 \text{hm}^2$,占全国湿地总面积的 87.08%。按类型分,近海与海岸湿地 $579.59 \times 10^4 \text{hm}^2$,河流湿地 $1\,055.21 \times 10^4 \text{hm}^2$,湖泊湿地 $859.38 \times 10^4 \text{hm}^2$,沼泽湿地 $2\,173.29 \times 10^4 \text{hm}^2$,人工湿地 $674.59 \times 10^4 \text{hm}^2$。中国湿地可分为 8 个主要区域,即:东北湿地,长江中下游湿地,杭州湾北滨海湿地,杭州湾以南沿海湿地,云贵高原湿地,蒙新干旱、半干旱湿地和青藏高原高寒湿地。目前,青海湖的鸟岛、湖南省洞庭湖和香港米浦等 7 处湿地已被列入《国际重要湿地名录》。中国湿地具有类型多、绝对数量大、分布广、区域差异显著、生物多样性丰富等特点。

10.4.1.2　湿地景观结构

湿地景观的结构指景观组成单元的特征及其空间格局。以洞庭湖区为例，湖泊湿地的景观主要由明水、沼泽、洲滩、防浪林、堤垸、农耕区、村落和环湖丘岗等景观要素组成，具有碟形盆地圈带状立体景观结构的特征，并形成3个环状结构带：

①内环为浅水水体湿地　即水深不超过2 m的浅水域，包括湖泊、河流、塘堰和渠沟等。

②中环为过水洲滩地　以洪水期被淹没、枯水季节出露的河湖洲滩为主，包括湖洲和河滩两个亚类。以湖洲面积为主，河滩仅为少量，主要分布在荆江南岸。

③外环为渍水低位田　由于地下水位过高，引起植物根系层过湿，旱作物不能正常生长，适于湿生植物生长，以渍害低位田(种植水稻)为主，包括少量沼泽地及草甸地。

10.4.1.3　湿地景观功能

湿地与森林、农田、草地等生态环境一样，广泛分布于世界各地，是地球上生物多样性丰富、生产力很高的生态系统。湿地是人类最重要的环境资本之一，也是自然界富有生物多样性和较高生产力的生态系统。它不但含有丰富的资源，还有巨大的环境调节功能和生态效益。各类湿地在提供水资源、调节气候、涵养水源、均化洪水、促淤造陆、降解污染物、保护生物多样性和为人类提供生产、生活资源方面发挥了重要作用。此外，湿地还具有观光旅游、教育科研等社会价值。

10.4.2　湿地景观面临的主要威胁

当前湿地景观面临巨大的破坏压力，主要威胁来自以下3个方面：

(1) 湿地面积缩小，调蓄功能减弱

以湖泊湿地为例，与其他土地类型相比，湖边湿地内的土壤富含营养物质(氮、磷、钾)，对农业高产非常重要。研究表明，新开垦的湖边湿地土壤可高产达3年之久而无需施加任何有机或化学肥料。因此，湖区大量的湿地变成可开垦的土地。1954—1996年，江西鄱阳湖整个湖面面积减少了1 300 km^2，相应的水容量减少了8.5×10^{10} m^3(Zhu et al., 1998)。利用MODIS数据对2000—2011年间鄱阳湖湖面面积的研究表明，由于气候变化及人为活动影响，湖面积的波动范围在800~3 200 km^{2}之间。湿地的损失减少了湖泊的集水面积，减弱了湖泊的储藏和保持水的功能，使河道扭曲，泥沙在河床淤积，影响了防洪能力。在鄱阳湖，由于湿地面积减少造成洪水泛滥，自20世纪90年代以来，每两年发生一次洪灾，造成巨大的经济损失(Daniel, 1997)。另一方面，泥沙的淤积破坏了鱼类的洄游通道，使有些鱼类不能洄游到上游孵卵，导致渔业资源的退化。

(2) 过度利用与闲置并存

由于湿地资源具有多种功能，管理权限分属水利、航运、国防、渔政、农林、湖洲等多个部门，不同行政管理部门具有不同的管理目标，如水产部门要发展养殖、农业部门要围垦种植、水利部门要空湖纳洪、水运部门要通航运输、湖洲管理部门要发展芦苇等。地方之间、部门之间、上游与下游之间常出现矛盾，对开发价值大的天然资源采取"杀鸡取蛋、涸泽而渔"的过度利用方式，而对开发价值较低或破坏后生产力水平下降的湿地任其荒芜。

(3) 水污染

随着工农业生产的发展和人口增长，我国许多河流和湖泊湿地遭到严重的污染。如江西鄱阳湖的湿地生态系统比较脆弱，它依赖的水体来源于其他河流，特别是江西境内的五大河流。随着五河流域经济发展和人口的增长，大量的工业废水和生活污水被排进五大河流，然后流入鄱阳湖内，其污染份额占湖区水污染的85%。另外，湖区农业生产所产生的化学污染也对湖水水质产生影响。1986—1990年的监测数据表明，湖水中磷的含量范围在 $0.038 \sim 0.131$ mg/t，足以造成富营养化。来源于五大河流水土流失产生的悬浮物降低了水的透明度，从而抑制了水生植物的光合作用和藻类的繁殖，严重破坏了湿地的生态平衡。

10.4.3　湿地景观生态规划的原则

(1) 环境优先原则

由于人类活动的介入，湿地的生态基础、斑块都发生了很大的变化，人类活动导致的景观破碎化到一定程度后会引起本底的生态系统服务功能减弱，甚至可能造成大的灾难和损失。因此，在湿地景观设计中一定要运用"本底—斑块—廊道"理论来设计安全生态空间格局，并自觉地在设计中维护这种景观生态的合理与健康。

(2) 人文体现原则

湿地景观设计不能脱离景观文化而存在，也就是要延续当地的历史文脉，不能脱离当地的文化与审美情趣，不能忽视文化、艺术的内涵和表达，恢复人与水域之间的和谐关系。如在驳岸的设计中，应遵循生态、美学的特性，同时要对游客的内心需求有所了解，根据游客的亲水需求设计服务设施，以满足游客对亲水的心理渴望。包括适当地设计木桥、亲水平台、小型游船等。如杭州西溪湿地公园中的临水步道就突出了人们的亲水性，用木质做廊道使其原生态性和湿地植物自然完美地融为一体。

(3) 多学科技术支持原则

湿地景观设计因为涉及的范围和专业学科较广泛，如流域水文学、流体动力学、水生生物学等，所以必然需要多学科进行技术支持，以便合理安排、组织和协调各种因素。只有充分利用各学科的专业知识和技术手段，才能最终得到最合理的景观设计成果。

10.4.4　湿地景观生态规划的途径和方法

湿地景观生态规划是解决湿地生态环境问题的重要途径。在湿地景观生态规划中要重视湿地的创建，科学制定退田还湖政策法规，在空间布局上明确划分湿地保护区、恢复区、创建区和可转化区，针对不同的功能分区采取相应的生态工程措施。借鉴国内外湿地保护和管理方法，可将湿地景观生态规划途径分为3种。

(1) 将人工湿地引入城市景观设计

西方很早就将人工湿地引入景观设计，利用湿地生态系统中的物理、化学和生物的三重协同作用，通过过滤、吸附、沉淀、离子交换、植物吸收和微生物降解来实现对污水的高效净化。他们经常将凹地改造成水渠或池塘用以收集雨水，再在周围种上植物，也有的用渗透性较好的材料铺地，使雨水渗入底下进行循环。这样既节约了水源，又能创造出美丽的城市景观亮点。

如成都市活水公园人工湿地系统(黄石达等,2000),包括厌氧池、人工湿地塘、床系统,养鱼塘系统,戏水池以及连接各个工艺的水流雕塑和自然水沟等5个部分。北京中关村生命科学园园区水系统包括6个部分:位于地下的园区内各建筑组团产生的生活和实验室污水收集系统;位于园区西北的生活污水处理室,收集的污水在这里进行2级处理;环绕园区的线状湿地系统,经过初步处理的污水缓慢绕园1周后成为干净水源;以湖泊水面和挺水植物群落为主的中央湿地;屋顶和园内绿地系统,在降雨情况下形成的径流直接进入湿地系统,在绿地需要灌溉的季节可以直接从湿地系统取水;园区和外界的水交换系统。

(2) 建设湿地公园

湿地公园的概念类似于小型保护区,但又不同于自然保护区和一般意义上的公园概念。根据国内外目前湿地保护和管理的趋势,兼有物种及其栖息地保护、生态旅游和环境教育功能的湿地景观区域都可以称之为"湿地公园",如香港米埔国际湿地、澳大利亚的Moreton Bay湿地公园和日本的铳路湿地国际公园。城市区域内的湖泊、河流等天然湿地可以采用建设湿地公园的途径。

现以南京市玄武湖景观生态规划设计为例,说明湿地公园规划方法。玄武湖是著名的城市湖泊,湿地公园建设和保护规划设计主要从环境生态、视觉景观和人文活动3个层面展开。

①环境生态　主要从水体保护规划、岸线保护设计、陆地保护3个方面进行,目的在于形成一个洁净、健康的湖泊水体。作为城市的明眸,城市湖泊是城市中自然要素最为丰富的景观区域,同时也受到外围城市人工景观的衬托。

②视觉景观　为了在视觉感官上保护湖泊自然景观的纯净与周边城市建设的协调,视觉景观生态规划主要考虑建筑高度的控制、风格形式、色彩、体量以及细节处理形式的统一与限定条件,还有景观时间变化控制等,通过相应的控制与限定,最终达到规划所构想的创造一个"水面、绿地、建筑"交融的城市湖泊景观环境。因此,视觉景观生态规划包括景观高度的保护控制、景观风格风貌的保护控制和景观时间变化控制3项内容。

③人文活动　人文活动保护主要包括湖泊历史人文遗产的保护和人类景观活动的保存延伸两个方面。前者指玄武湖五洲及其沿岸历史遗迹、文化胜景、传说演义的开发利用,后者是指与水文化有关的风俗、民俗的保护。

(3) 建设湿地自然保护区

对于大面积的天然湿地,建立自然保护区是湿地景观保护与管理的主要途径。同其他类型的自然保护区一样,湿地自然保护区通常划分为核心区、缓冲区和实验区3个部分。由于湖泊湿地具有较高的观光旅游、教育科研等社会价值,在保护区的缓冲区可进行生态旅游活动。因此,湖泊湿地的自然保护规划往往与生态旅游规划结合在一起。现以湖南目平湖自然保护区缓冲区内的生态旅游总体规划为例,介绍湿地景观生态规划的方法。

目平湖湿地自然保护区位于湖南洞庭湖西部,沅水、澧水、松滋、太平、藕池等洞庭湖区8条河流会合处。保护区总面积3.5×10^4 hm^2,其中核心区面积1.2×10^4 hm^2,主要保护目平湖及周边地区的湿地水禽、水生动物及湿地生态系统。湿地自然保护区建设规划包括以下中心内容：

①景观类型划分　目平湖观鸟游览区内的主体景观类型分为沅江入湖口景观、内陆湖泊湿地景观、退田还湖堤垸景观、湖岸景观、岛屿与湿地景观。

②植被改造　为了改善目前植被的单调结构，增加景观多样性，吸引野生鸟类，并遮蔽游人活动，规划沿湖堤开展植树造林。在废堤浅水区和季节性水淹区配植水松、落羽松等耐水淹乔木树种，恢复大型树栖鸟类巢区；堤坡上配植碧桃、垂丝海棠、小蜡树等小乔木，大红袍、金樱子、小果蔷薇等灌木；堤顶配植本地杨、柳，从而形成多层次植被结构。树种的选择除注重地带性特点和耐水淹外，也可搭配一些核果类、浆果类及果皮多肉的类型，以便吸引食果鸟类，增加色彩和美感。

③小生境改造　为更好地保持湿地生境，规划可在堤坝缺口处建立水闸以保持枯水期垸内水文条件的稳定性；在垸内明水面适当位置建立1~2个土滩(或小岛，其植被可自然恢复)，形成水陆相间地带，并投放饵料，饲养绿头鸭等驯化水禽，以招引野生鸟类；秋季开始拦网蓄水留鱼，利用网箱进行育种，汛期过后在垸内放养鱼虾蚌类，为水禽类提供良好觅食条件。

④垸外洲滩改造和乡土物种引进　为进一步提高生境多样性，保护乡土物种，规划在垸外宽阔的高洲(过水性洲滩，水淹时间短)上清除部分或全部芦苇(芦苇有促淤作用，芦苇造纸导致局部污染严重)，并适当改变地形起伏状况，建立草滩、疏林灌丛及池塘、洼地、小高地等多样化的小生境，吸引鸟类；同时放养麋鹿、河麂等当地原有的动物，以恢复湿地特有的生物景观。

10.5　乡村景观生态规划

我国是一个古老的农业大国，在国家提出"新农村建设"战略决策的大背景下，乡村景观生态规划具有更加突出的理论和现实意义。20 世纪 80 年代以来，我国部分地区已处于传统农业景观向现代农业景观过渡的阶段，传统的农业生产方式逐渐被放弃。伴随着化肥农药的大量使用和机械化耕种的大面积推广，有机质减少、面源污染、土壤板结等资源环境问题日益显现，使农业景观和自然环境发生了很大变化。同时，伴随着城市化进程的加速，农村各产业的蓬勃兴起，在有限的自然资源和经济资源的条件下，各业相互竞争，物质、能量和信息在各景观要素之间流动和传递，不断改变着区域内的景观格局，加剧了农业资源与环境问题。时空格局的改变使小尺度的农业生态系统研究已无法满足农业持续发展的需要。因此，运用景观生态学原理，对我国乡村景观进行合理的规划和设计，可以促进资源的合理利用及农业的可持续发展。

10.5.1　乡村景观生态规划概述

10.5.1.1　乡村景观生态规划概念和目标

乡村景观是具有特定景观行为、形态、内涵和过程的景观类型，是聚落形态由分散的农舍到提供生产和生活服务功能的集镇所代表的地区，是土地利用以粗放型为特征、人口密度较小、具有明显田园特征的景观。根据多学科的综合观点，在空间分布与时间演进上，乡村景观是一种格局，是历史过程中不同文化时期人类对于自然环境干扰的记录，反映着现阶段人类与环境的关系，也反映人类景观中最具历史价值的遗产。从地域范围上看，乡村景观泛指城市景观以外的具有人类聚居及其相关行为的景观空间；从构成上看，乡村景观是由乡村聚落景观、经济景观、文化景观和自然环境景观构成的景观环境综合体；从特征上看，乡村景观是人文景观与自然景观的复合体，具有深远性和宽广性。乡村景观包括农业为主的生产景观和粗放的土地利用景观以及特有的田园文化特征和田园生活方式，这是它区别于其他景观的关键。

乡村景观生态规划是以景观生态学为理论基础，解决如何合理地安排乡村土地及土地上的物质和空间，以创造高效、安全、健康、舒适、优美的乡村环境的科学和艺术，其根本目标是创造一个社会经济可持续发展的整体优化和美化的乡村生态景观。乡村景观生态规划的目标体现了要从自然和社会两方面创造一种融技术和自然于一体、天人合一、情景交融的人类活动的最优环境，以维持景观生态平衡和人们生理及精神健康，确保人们生产和生活的健康、安全、舒适。

10.5.1.2 乡村景观生态规划原则

乡村景观生态规划应体现出乡村景观资源提供农产品的第一性生产，保护、维持生态环境平衡以及作为一种特殊的旅游观光资源3个层次的功能。传统农业仅仅体现了第一个层次的功能，而现代农业的发展除了立足于第一个层次功能外，将越来越强调后两个层次的功能。我国由于长时期高强度利用土地，乡村景观中自然植被斑块所剩无几，人地矛盾突出。景观生态规划要解决的首要问题是如何保证人口承载力并且维护生存环境。生态保护必须结合经济开发进行，通过人类生产活动有目的地进行生态建设，如土壤培肥工程、防护林营造、农业生产结构调整等。从空间布局而言，乡村景观生态规划应贯彻以下原则：

①建设高效人工生态系统，实行土地集约经营，保护集中的农田斑块；
②控制建筑斑块盲目扩张，建设具有宜人景观的人居环境；
③重建植被斑块，因地制宜地增加绿色廊道和分散的自然斑块，恢复景观的生态功能；
④工程建设要节约用地，重塑环境优美并与自然相协调的景观。

10.5.1.3 乡村景观规划的主要内容

乡村景观规划是一项综合性的研究工作。首先，乡村景观规划基于对景观的形成、类型的差异和时空变化规律的理解。其次，乡村景观规划是对景观进行有目的的干预，其依据是乡村景观的内在结构、生态过程、社会经济条件以及人类的价值需求。这就要求在全面分析和综合评价景观自然要素的基础上，同时考虑社会经济的发展战略、人口问题，还要进行规划实施后的环境影响评价。

在乡村景观规划的过程中，强调充分分析规划区的自然环境特点、景观生态过程及其与人类活动的关系，注重发挥当地景观资源与社会经济的潜力与优势，以及与相邻区域景观资源开发与生态环境条件的协调，提高乡村景观的可持续发展能力。这决定了乡村景观规划是一个综合性的方法论体系，其主要内容包括以下7点(刘黎明等，2004)。

①景观生态要素分析　这是对景观生态系统组成要素特征及其作用的研究，包括气候、土壤、地质地貌、植被、水文及人类建(构)筑物等。乡村景观规划中，强调人是景观的组成部分，并注重人类活动与景观的相互作用。

②景观生态分类　根据景观的功能特征(生产、生态环境、文化)及其空间形态的异质性进行景观单元分类，是研究景观结构和空间布局的基础。

③景观空间结构与布局研究　主要景观单元的空间形态和群体景观单元的空间组合形式研究，是评价乡村景观结构与功能之间协调合理性的基础。

④景观生态过程研究　是景观生态评价和规划的基础。

⑤景观综合评价　主要是评价乡村间结构布局与各种生态过程的协调性程度，并反映在景观各种功能的实现程度上。

⑥景观布局规划与生态设计　包括乡村景观生态中各种土地利用方式的规划(农、林、牧、水、交通、居民点、保护区等)、生态过程的设计，环境风貌的设计，以及各种乡村景观类型的规划设计，如农业景观、林地景观、草地景观、自然保护区景观和乡村群落景观等。

⑦乡村景观管理　主要是用技术手段(如 GIS、RS)对乡村景观进行动态监测与管理，对规划结果进行评价和调整等。

10.5.2　乡村景观生态规划的重点

乡村景观生态规划通过对乡村资源的合理利用和乡村建设的合理规划，实现乡村景观优美、稳定、可达、相容和宜居的协调发展的人居环境特征。不同区域乡村景观生态规划的重点不同。城市近郊区主要是都市农业，以园艺业和设施农业为主，同时房地产市场比较活跃，景观生态规划应注意控制区域发展的盲目性和随意性；生态脆弱地区景观生态规划的重点在于景观单元空间结构的调整和重新构建，以改善受胁迫或被破坏的土地生态系统的功能，如荒漠化地区的林—草—田镶嵌景观格局、平原农田区的防护林网络；长江三角洲、珠江三角洲等经济高速发展地区，人地矛盾突出，自然植被斑块所剩无几，通过乡村景观生态规划建立一种和谐的人工生态系统和自然生态系统相协调的现代乡村景观变得十分迫切。

针对我国乡村建设中资源利用不合理、生活贫乏、聚落零乱等主要问题，现阶段我国乡村景观生态规划的重点应集中在以下 5 个方面(王云才等，2003)。

10.5.2.1　乡村景观意象设计

乡村景观意象是人们对乡村景观的认知过程中在信仰、思想和感受等多方面形成的一个具有个性化特征的景观意境图式。从乡村景观意象规划的目的来看，重点关注乡村景观的可居性、可投入性和可进入性，体现现代乡村作为居住地、生产地和重要的游憩景观地的三大景观功能。

10.5.2.2　产业适宜地带的规划

产业适宜地带的规划，是在对乡村景观进行要素分析与景观整体分析综合的基础上，依据景观行为相容性而进行的景观生态规划。乡村景观类型主要包括乡村居民点景观、网络景观、农耕景观、休闲景观和遗产保护景观等 10 大类 30 个小类。乡村人类行为，主要包括农业生产、采矿业、加工业、游憩产业、服务业和建筑业6大类33个小类。根据景观行为相容性程度分级，建立景观相容性判断矩阵，在此基础上进行产业适宜地带规划，以确定合理的景观行为体系。

10.5.2.3　乡村土地利用景观生态规划

依据乡村景观存在的问题和解决途径与乡村可持续景观体系建设的原则，将乡村景观划分为4大区域，分别是乡村景观保护区、乡村景观整治区、乡村景观恢复区和乡村景观建设区。这4大景观区域的划分，标志着人类活动对景观的不合理利用程度、景观区域存在的主导矛盾和景观区域在乡村景观中的价值功能所在。

10.5.2.4　田园公园规划设计

田园公园是乡村旅游业发展和游憩地建设过程中的一种主题园，是以乡村景观为核心形成的自然、生产、休闲、康乐的景观综合体。田园公园的功能区通常应包括中心服务区、乡村景观观赏区、农事活动体验区、乡村生活体验区、绿色农产品品尝区、休闲度假区、公共活动区、主题园区和康体活动区等。

10.5.2.5　乡村聚落为核心的景观生态规划

乡村聚落为核心的景观生态规划，主要包括乡村聚落景观意象、性质和功能规划，土地利用景观生态规划与景观平衡，聚落形态及扩展空间景观生态规划，聚落规模与功能区规划，聚落体系与乡村聚落风貌塑造，乡村道路系统与交通规划，市政基础设施规划，绿地系统与生态景观环境建设规划，景观区划与区域景观控制规划，自然景观灾害控制等规划内容。

10.5.3　典型乡村景观生态规划案例

以北京西北近郊海淀区温泉镇白家疃村为例，分析乡村景观动态演变的机制，进行景观生态规划设计，以改善其景观结构，完善景观功能，提高环境质量，并探讨乡村景观生态规划模式(刘黎明等，2001)。

10.5.3.1　景观功能布局

景观功能布局即景观结构规划，是对构成景观的生态系统及其空间配置的规划。在白家疃村景观生态结构规划中，按照景观功能(生物生产、环境服务、文化支持)并从农业生产角度划分为5个景观功能区：

(1) 生态环境保护区

主要分布在低山中上部，控制面积502.4 hm^2。划定依据是本区地形坡度较大，不适于农业开发。灌溉水无法到达，天然降水少且难以拦蓄利用，生产没有水源保证。作为生态敏感区必须强调保护重于利用。

(2) 经济林果生产区

分布在洪积扇中部，控制面积279.3 hm^2。主要功能是果品生产，兼顾环境保护和农业。景观生态规划的目标是运用景观生态学原理，综合考虑地域或地段的综合生态特点及目标要求，构建一个空间结构和谐、生态稳定、社会经济效益理想的区域农业系统。在农业生态经济发展的过程中，通过种地与养地结合，充分利用资源与全面保护资源相结合，发展经济与保护环境相结合，实现生态、经济和社会效益的高度统一。

(3) 生活居住区

包括3个自然村，拟合并为2个大居住区。控制面积为115 hm^2，分别分布在洪积扇上部及洪积扇中部地区。本区建筑风貌直接反映了乡村的生活水平和精神风貌，便利、舒适、健康是本功能区的设计原则。

(4) 特色农业生产区

分布在洪积扇下部，灌溉水有保证，土壤肥沃。紧邻通往北京市区的公路，有较大市场和便利的运输条件。控制面积114.5 hm^2。该区功能是特色农业生产，发展园艺业和设施农业，包括苗圃、花卉植物、盆景、冬春细菜和高档菜的生产等。

(5) 稻田粮食生产区

分布在洪积扇扇缘，土地平整，土层深厚，土壤肥沃，灌溉水有保证，且因处于扇缘，地下水位为1~15 m，面积94 hm^2。该区功能是种植业，以高产、优质、高效农业为发展目标。

各功能区中景观单元类型可分为：生产性景观单元与非生产性景观单元。生产性景观单元包括洪积扇中部果园、部分农村居民点以及洪积扇下部农田；非生产性景观单元包括农村道路、河流以及生态防护林农村居民点（生态经济型的庭院）。其中，生态经济型庭院既是人居场所，又是农副产品生产功能单元，同时具备文化支持和生物生产功能。

10.5.3.2 景观生态设计

(1) 生态环境保护区

本区内斑块为人工生态林、自然林及天然草地。目前，侧柏、油松所占比例较高，树种较单调。景观设计要点是：在立地条件好的地方以植树造林为主，较差处则继续封坡种草，为造林作准备。在保持原有植被基础上，将纯林改造成多树种混交林，并适当采用层间混交技术，在空间上进行乔、灌、草合理搭配。在品种上，根据不同季相选择不同树种搭配，以体现丰富的色彩变换，使森林景观呈现出春彩、夏青、秋红、冬绿的绚丽色彩。

(2) 经济林果生产区

本区南连生态环境保护区，北接居住生活区，是景观过渡性较强的地区。景观设计要点是：提高景观的生物多样性，增强各功能系统在生态过程中的有机联系，增添乡村景观的美学效果。坚持以葡萄、苹果、梨等水果生产为主，适当发展樱桃、杏等高档水果。在沟边可种植适宜草种，草兼具绿肥、饲草、覆盖功能，同时构筑了田间绿色廊道。

(3) 生活居住区

本区是居民日常生活的主要活动区域，它的结构功能直接反映乡村的发展水平，居民的精神风貌和人文景观成分直接影响着乡村景观的整体效果。景观设计要点是：居住生活区以单体住宅、集中的功能组团为斑块，以笔直或蜿蜒顺畅的小街为廊，连接建筑景观成一体，体现着乡村特色。

(4) 特色农业生产区

以发展精品农业、观光农业和花卉业为主。在保持菜地现有面积基础上，逐步扩大保护地面积，加强现有温室、大棚等设施温湿度的调控，实现大棚蔬菜提前或延后1~2个月上市，保证蔬菜淡季供应。

(5) 稻田粮食生产区

本区基本结构是以灌溉水田为本底，菜地为斑块，灌渠、道路等为廊道的空间镶嵌格局。景观设计要点是：应向稻田等生产性斑块中引入生态缓冲与防护林体系，实现高标准农田林网化。农业景观除了以水田为主体外，适当增加蔬菜、瓜果等的比重；充分利用景观的空间镶嵌与多熟种植原理组合作物的空间结构，适当安排轮作顺序，提高集约化程度；引导和设计以灌区网络为廊道的人为活动控制地段，严格控制非农建设滥占耕地。在北侧交接洼地处，加大整修排水沟力度，提高排水能力，防止次生盐渍化。

10.6 城市绿地景观生态规划

城市绿地系统规划是城市总体规划的组成部分，在总体规划编制完成后，可以根据需要编制城市绿地系统专项规划。城市绿地系统规划也是景观生态规划中经常遇到的规划任务。

10.6.1 城市绿地景观的组成结构特点

城市是以人工生态系统为主构成的景观，斑块、本底、廊道、边界构成了一个完整的城市景观空间格局。城市绿地作为城市景观的一部分，是以绿色植被为主要存在形态的开放空间并具有相对同质性，因此城市绿地可以认为是城市的一种景观元素。从城市绿地系统角度考虑，城市绿地镶嵌于城市景观内，为城市景观中的斑块（如公园、广场等）或廊道（如道路绿地、滨河绿地），而城市中除绿地外的其他景观元素则构成城市景观的本底。因此，城市绿地斑块、城市绿地廊道、城市景观本底、城市景观边界构成了一个完整的景观空间体系，即城市绿地景观体系（图10-1）。

(1) 城市绿地斑块

城市绿地斑块是指城市景观中一切非线性的城市绿地。作为斑块意义上的城市绿地，其类型、规模、形状和空间格局对整个城市景观均有重要生态意义。根据绿地斑块的功能及其景观类型的不同，可以分为公园绿地、广场绿地、街头绿地及小游园、生产绿地、居住区附属绿地、单位附属绿地。

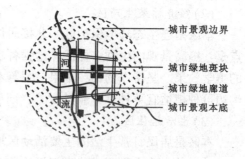

图 10-1 城市绿地景观体系示意
（引自王浩，2003）

(2) 城市绿地廊道

城市绿地廊道是指城市景观中线状或带状的城市绿地。绿地廊道对城市绿地斑块中的物种、矿物质、能量的交流具有重要意义。根据绿地廊道的不同景观类型，可分为绿道和蓝道两大类型：

①绿道 绿道是以自然植被和人工植被为主要存在形态的线状或带状绿地，包括道路绿地、游憩绿带和防护绿带3类。道路绿地指道路两旁的绿化，体现城市活力的作用最突

出；游憩绿带指非滨水的带状公共绿地；非滨水的防护绿带一般较宽，从数百米到数千米不等，如规划的上海市外环线绿带、英国伦敦的外环绿带。

②蓝道　蓝道是指城市景观中的河流廊道，包括河道、河滩和河岸带。蓝道按其用地性质又可分为河道防护绿地和滨河绿地，即以满足人们游憩需求为主要功能的滨水带状公共绿地。

③城市景观本底　城市景观本底是指城市景观中城市绿地以外的广大区域，主要由建筑、构筑物、道路、铺装等组成。城市绿地景观本底按其用地性质可分为工业区、仓储区、居住区、行政区和商业区等。

④城市景观边界　城市景观边界即城市景观的外围，是城市景观与自然景观的过渡区域。

10.6.2　城市绿地景观生态规划的内容和原则

10.6.2.1　城市绿地景观生态规划的内容

城市绿地景观生态规划的主要内容包括：
①根据城市总体规划，确定城市绿地系统规划的指导思想和原则；
②确定城市绿地系统规划的目标和主要指标；
③确定城市绿地系统的用地布局；
④确定各类绿地的位置、范围、性质及主要功能；
⑤划定需要保护、保留和建设的城郊绿地；
⑥确定分期建设步骤和近期实施项目，提出实施建议。

作为城市总体规划阶段专项规划的城市绿地景观生态规划的内容主要体现在3个方面：
①城市各类绿化用地的规划控制，即在保证用地数量的同时，形成合理的绿地布局；
②城市主要绿地体系的规划，如公园绿地、防护绿地和减灾避灾绿地等体系的建立；
③城市绿化特色的拟定，即结合城市自然条件和城市性质，针对不同用地的特点推荐不同的植物品种、配植方式，以形成富有本地特色的城市绿化景观。

10.6.2.2　城市绿地景观生态规划的原则

(1) 生态优先，生态安全

城市绿地景观系统规划应把净化大气、保护水源、缓解城市热岛效应、维持碳氧平衡、防风防灾、调节城市小气候环境等生态功能放在首位。树种引进、濒危珍稀动植物异地保护和物种驯化，应防止外来物种入侵和传染病传播，还要考虑火灾、地震、洪水等突发灾害的防灾设施和避难场所的建立。

(2) 美化环境，以人为本

城市绿地景观系统规划，应根据建成区的功能特点和当地居民的需求，进行树种选择和绿化设计，以创造出优美的人居环境。如城市森林公园的布局，应考虑城市交通的状况和居民出行的方便。

(3) 尊重自然，突出本土特色

城市绿地景观系统建设，应尽量减少对原始自然环境的改变。城市树种选择应以地带性植被为依据，以利于形成稳定而有地区特色的城市森林景观。

（4）系统最优、城乡一体化

系统最优、城乡一体化原则要求城市绿地景观各系统之间和谐共存、协调发展，最大限度地发挥其在保障城市可持续发展中的作用。针对我国城市人口密集、绿化用地紧张的现状，应在城市周围发展较大面积的近郊森林公园和自然保护区，通过市区绿化与城郊绿化的互补性，实现城市整体绿化功能的优化。

（5）生物多样性保护

城市景观生物多样性不仅是城市生存与发展的需要和城市生态系统稳定的基础，也是城市中人、自然、环境相互协调的重要标志。在城市绿地景观系统建设中，应增加绿地景观异质性，提高景观连接度，保留大面积自然植被斑块，提高生物多样性。

10.6.3 城市绿地景观系统的规划目标和步骤

10.6.3.1 城市绿地景观系统的规划目标

城市绿地景观系统规划目标在于按照城市发展的内在需要，在"以人为本""人与自然和谐共生"的基础上进行绿地景观生态规划，达到城市绿地系统的生态、游憩、景观功能的统一。城市绿地景观体系的基本构思在于把城市景观作为一个整体来考虑，把城市绿地作为对城市景观生态结构与功能有着先导性影响的景观元素进行规划，以使城市获得真正的可持续发展。

10.6.3.2 城市绿地景观系统的规划步骤

城市景观绿地系统规划工作总体上分为调查与分析、总体规划和分项规划三大步骤（图10-2）。

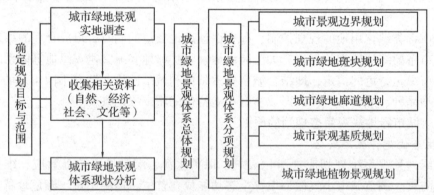

图10-2　城市绿地景观系统规划工作步骤（引自王浩，2003）

调查与分析是指对城市绿地景观现状进行实地调查、收集资料，并对城市绿地景观进行分析、综合及评价，它是构建合理城市景观绿地系统的基础。总体规划是在城市绿地景观调查与分析的基础上，通过以景观生态学为先导并综合多学科的理论知识，对城市绿地进行合理的布置与安排。分项规划是对城市绿地景观系统中不同景观要素的设计进行具体控制与引导，以保证城市绿地景观系统规划的可操作性。

10.6.4 城市绿地景观格局规划

10.6.4.1 城市绿地景观格局

"集中与分散相结合"模型，可以很好地应用于城市绿地景观系统规划布局中。由于大型绿地斑块和小型绿地斑块对城市景观的结构和功能有不同的影响力，景观生态规划中应优先考虑保护或建设的格局，包括：几个大型的自然植被斑块，作为水源涵养所必需的自然地；有足够宽的廊道，用以保护水系和满足物种空间运动的需要；开发区或建成区里有一些小的自然斑块和廊道，用以保证景观的异质性。

另一方面，作为城市景观的组成部分，城市绿地景观设计要体现城市形象(urban image)设计的要求，突出和提炼城市的风貌特征和形象主题，美化、塑造与强化城市的独特形象。根据城市形象识别和形象设计的五要素——通道(path)、节点(node)、边缘(edge)、片区(district)、标志(landmark)来进行研究。

10.6.4.2 城市绿地景观格局规划要点

城市绿地景观格局规划的要点包括：

(1) 城市景观通道

应结合城市生态绿廊和景观通道的要求设置城市自然景观轴，沿城市主要出入口公路两侧布置具地方特色的风景林。如浙江湖州市利用从杭州方向进入城市的南入口公路沿线的山坡地设置长 10 余千米的观赏竹林，给人以强烈的视觉印象。

(2) 城市景观边缘

沿城市环城公路、河流的城市边缘界面的绿化处理，要考虑从城市外部观赏城市的需要。对城市边缘区建筑密度较高、建筑景观不好的地段以常绿密林进行遮挡，对边缘区的开敞空间和建筑景观优良的地段布置以疏林或低矮灌木。

(3) 城市景观节点

在展示城市景观特色的城市广场、立交口等重要节点，绿地布置要精致和富有特色。对"城中山""湖边城"等明显的城市自然景观标志要通过景观轴、景观视廊的组织予以突出；市树、市花等城市标志性植物要在景观重要地区种植，强化城市自然景观标志作用。

(4) 城市自然景观片区

城市公园、风景区、滨水地带的景观设计以突出自然为主，植物配置采用乔木、灌木、地被植物套植，形成较稳定的植物群落，形成色相变化丰富的多层次立体种植体系。

10.6.4.3 体现城市景观特色的绿地系统规划

作为全国园林城市，南京以森林为主的城市绿地系统规划，在全国城市绿地系统规划中具有代表意义。

(1) 城市景观特色和规划目标

南京地处亚热带但气候冬寒夏热，乡土树种以落叶树为主，夏季成荫快，因而与北方城市不同，绿地以"绿色隧道"(林荫道)和"林"为特色。

城市绿地景观系统规划要充分体现以人为本，探求人与环境、环境绿化与社会、经济的最佳结合，按照城乡结合、公共绿地与附属绿地结合、大中小结合、点线面结合、发展与巩固结合的原则，形成以森林为主的各类绿地布置均匀、网络结构合理、生态环境优良、山水特征明显、城林关系协调并独具古城特色的城市森林绿地系统。

(2) 城市绿地系统的空间布局

以主城绿化为中心，城市两环和城郊结合部环城森林圈为基础，进出城干道绿色通道和沿江、沿河、沿湖防护林网为骨架，郊县成片规模的森林公园、人居森林、自然保护区等生态公益林和速生丰产林、苗木花卉、经济林果等商品林基地为板块，形成圈层式、放射状、心、环、网、片相交融的城市森林生态体系。

主城区绿地规划布局以钟山、夹江、幕燕、雨花台四大风景名胜区为主体，以明城墙风光带为绿色内环，以绕城公路绿带与主城滨江绿带为绿色外环，主城中各种公园、街头绿地星罗棋布，以内外秦淮河、金川河、护城河等滨河水系和路网组成城市生态廊道，构成"节点—星座—环网"状结构。"节点"是散布在主城内的小游园和城市绿化广场，以小、多、匀为特色。"星座"是分布在主城内相对集中、类似星座的公园绿地，以组、群为特色。"环网"为贯穿在主城内的明城墙、道路、水系等绿地，以廊带为特色。

复习思考题

1. 森林景观生态规划的目的和任务是什么？
2. 河岸森林景观对河流的作用有哪些？涉及哪些主要生态过程？
3. 什么是生物保护的景观安全格局？试述自然保护区规划的原理。
4. 结合自身经历探讨风景名胜区现存问题的可行解决方法。
5. 试分析新农村建设与乡村景观建设之间的差异与相关性。
6. 试述如何进行湿地的景观生态规划。
7. 试述如何进行城市绿地的景观生态规划。

本章推荐阅读书目

1. 郭晋平. 森林景观生态研究. 北京大学出版社, 2001.
2. 刘滨谊. 现代景观规划设计. 东南大学出版社, 2010.
3. 郝鸥, 陈伯超, 谢占宇. 景观规划设计原理. 华中科技大学出版社, 2013.
4. 张荣祖, 李炳元, 张豪禧等. 中国自然保护区区划系统研究. 中国环境科学出版社, 2012.
5. 赵慧宇, 赵军. 城市景观规划设计. 中国建筑工业出版社, 2011.

第 11 章

景观生态学与全球变化

【本章提要】

全球气候变化是指在全球范围内，气候平均状态统计学意义上的巨大改变或持续较长时间的气候变动。景观生态学主要关注于中到大尺度上包括环境变化在内的景观结构、功能和变化等相关的生态学问题，而景观的变化与气候变化关系密切关。本章在对全球气候变化介绍的基础上，论述了全球气候变化对景观的影响以及景观对全球气候变化的响应，同时还对景观生态学在全球气候变化中的应用进行了详细阐述。

11.1 全球气候变化

11.1.1 全球气候变化

全球气候变化（climate change）是指在全球范围内，气候平均状态统计学意义上的巨大改变或者持续较长一段时间（典型的为 10 年或更长）的气候变动。气候变化的原因可能是自然的内部进程，或是外部强迫，或者是人为地持续对大气组成成分和土地利用的改变。

全球气候系统指的是一个由大气圈、水圈、冰雪圈、岩石圈（陆面）和生物圈组成的高度复杂的系统，这些部分之间发生着明显的相互作用。在这个系统自身动力学和外部强迫作用下（如火山爆发、太阳变化、人类活动引起的大气成分的变化和土地利用的变化），气候不断地随时间演变（渐变与突变），而且具有不同时空尺度的气候变化与变率（月、季节、年际、年代际、百年尺度等气候变率与振荡），气候是地球系统的主要部分。地球系统包括人类与生命系统，社会—经济方面等，它是一个完整的、相互关联的具有复杂的代谢和自身调节机制的系统，它的生物过程与物理和化学过程强烈的相互作用，以此构成复杂的地球生命支持系统。

11.1.2 全球气候变化的成因

引起气候变化的原因有多种,概括起来可分成自然因素与人类活动两大类。前者包括太阳辐射的变化,火山爆发等;后者包括人类燃烧化石燃料以及毁林引起的大气中温室气体浓度的增加,硫化物气溶胶浓度的变化,陆面覆盖和土地利用的变化等。

太阳能量输出的变化被认为是导致气候变化的一种辐射强迫,也就是说太阳辐射的变化是引起气候变化的外因。地球轨道的变化也会引起太阳辐射的变化。火山爆发发生之后,向高空喷放出大量硫化物气溶胶和尘埃,可以到达平流层高度。它们可以显著地反射太阳辐射,从而改变其下层大气的能量。

人类活动引起的全球气候变化,主要包括人类燃烧化石燃料,硫化物气溶胶浓度的变化,陆面覆盖和土地利用的变化(如毁林引起的大气中温室气体浓度的增加)等。人类活动排放的温室气体主要有6种,即二氧化碳(CO_2)、甲烷(CH_4)、氧化亚氮(N_2O)、氢氟碳化物(HFC_S)、全氟化碳(PFC_S)和六氟化硫(SF_6),其中对气候变化影响最大的是二氧化碳。它产生的增温效应占所有温室气体总增温效应的63%;且在大气中的存留期很长,最长可达到200年,并充分混合,因而最受关注。温室气体的增加主要是通过温室效应来影响全球气候或使气候变暖的。地球表面的平均温度完全决定于辐射平衡,温室气体则可以吸收地表辐射的一部分热辐射,从而引起地球大气的增温。也就是说,这些温室气体的作用犹如覆盖在地表上的一层棉被,棉被的外表比里表要冷,使地表辐射不至于无阻挡地射向太空;从而使地表比没有这些温室气体时更为温暖。

自1750年以来,由于人类活动的影响,全球大气二氧化碳、甲烷和氧化亚氮等温室气体浓度显著增加。世界气象组织发布的报告显示:2014年,二氧化碳在地球大气中的浓度达到397.7ppm,是人类工业化前这一水平的143%;2014年,地球大气的甲烷浓度达到约1883ppb的新高,为工业化前水平的254%;同年氧化亚氮在大气中的浓度为327.1ppb,是工业化前水平的121%。目前已经远远超出了根据冰芯记录得到的工业化前65万年以来的自然变化浓度范围,是65万年以来最高的。根据多种研究结果证实了过去50年观测到的大部分全球平均温度的升高非常可能是由于人为温室气体浓度的增加引起的。

11.1.3 全球气候变化的后果

(1) 导致海平面上升

全世界大约有1/3的人口生活在沿海岸线60km的范围内,经济发达,城市密集。全球气候变暖导致的海水体积膨胀和高山积雪及两极冰川融化,可能在2100年使海平面上升50cm,沿海景观受到巨大影响,危及全球沿海地区,特别是那些人口稠密、经济发达的河口和沿海低地。这些地区可能会遭受淹没或海水入侵,海滩和海岸遭受侵蚀,土地恶化,海水倒灌和洪水加剧,港口受损,并影响沿海养殖业,破坏供排水系统。

(2) 影响农业和自然生态系统

随着气候变暖,二氧化碳浓度的增加可能会增加植物的光合作用,延长生长季节,使中高纬度更加适合农业生产,同时河流航运的价值提升。但中低纬度的农业生产会减产,对草原的畜牧业也有不利影响，全球气温和降雨形态及其分布格局的迅速变化，也可能使世界许多地区的农业和自然生态系统无法适应或不能很快适应这种变化，使其遭受很大的破坏性影响，造成大范围的森林植被破坏和农业灾害。

(3) 对生态环境产生影响

气候变暖导致的气候灾害增多可能是一个更为突出的问题。全球平均气温略有上升，就可能带来频繁的气候灾害——过多的降雨、大范围的干旱和持续的高温，造成大规模的灾害损失。有的科学家根据气候变化的历史数据，推测气候变暖可能破坏海洋环流，引发新的冰河期，给高纬度地区造成可怕的气候灾难。

(4) 对人类健康产生影响

气候变暖有可能加大疾病危险和死亡率，增加传染病。高温会给人类的循环系统增加负担，热浪会引起死亡率的增加。由昆虫传播的疟疾及其他传染病与温度有很大的关系，随着温度升高，可能使许多国家疟疾、淋巴腺丝虫病、血吸虫病、黑热病、登革热、脑炎增加或再次发生。在高纬度地区，这些疾病传播的危险性可能会更大。

11.1.3 全球气候变化的图景

全球气候变化会给人带来难以估量的损失，气候变化会使人类付出巨额代价的观念已为世界所广泛接受，并成为广泛关注和研究的全球性环境问题。尽管针对气候变化的影响因素及其影响程度等问题还存在不确定性，但大多数科学家和各国政府都仍认为及时采取预防措施是必要的。联合国气候变化委员会在2013—2014年发布的第五次气候变化科学评估报告，对全球变暖受到人类活动影响的可能性由上次报告的"非常高"（概率在90%以上）调至"极高"（概率在95%以上），尽管该报告的核心结论并不新颖，但是观点更加清晰，进一步增加了人类应对气候变化的紧迫性。

针对气候变化的国际响应是随着联合国气候变化框架条约（UNFCCC）的发展而逐渐成型的。1992年，UNFCCC阐明了其行动框架，力求把温室气体在大气中的浓度稳定在某一水平，从而防止人类活动对气候系统产生"负面影响"。到2015年底，UNFCCC成功地举行了21次有各缔约国参加的联合国气候变化大会，期间达成了一系列的协定和路线图。1997年，149个国家和地区的代表在大会上通过了《京都议定书》，它规定从2008到2012年期间，主要工业发达国家的温室气体排放量要在1990年的基础上平均减少5.2%，其中欧盟将6种温室气体的排放削减8%，美国削减7%，日本削减6%，但是部分发达国家不愿接受而退出，削弱其效力，最终结果仍然没有落实。随着科学家对气候科学认知的不断深入，各国政府间气候谈判模式发生根本性转变：自上而下"摊牌式"的强制减排被自下而上的"国家自主贡献"所取代。2015年12月12日，近200个国家通过共同努力终于达成《〈联合国气候变化框架公约〉巴黎协定》（简称《巴黎协定》）。新协定为2020年后全球合作应对气候变化指明了方向和目标，传递了全球向绿色低碳经济转型的信号，坚定了以合作共赢的多边机制推进全球气候治理的信心，具有里程碑意义。《巴黎协定》重申21世纪末实现2℃的全球温度升高控制目标，同时提出要努力实现1.5℃的目标；要求发达国家继续提出全经济范围绝对量减排指标，鼓励发展中国家根据自身国情逐步向全球经济范围绝对量减排或限排目标迈进。

应对气候变化是一项长期艰巨的任务,《巴黎协定》是全球治理气候的"转折点",也是新的起点,如何具体落实协定、加强 2020 年前的行动力度,仍是各国需要继续讨论的问题。2020 年后,各方将以"国家自主贡献"的方式参与全球应对气候变化行动。从 2023 年开始,每 5 年盘点一次全球行动总体进展,以帮助各国提高力度、加强国际合作,实现全球应对气候变化长期目标。

11.2　全球气候变化对景观的影响

景观变化是指由于在自然和人类的干扰下,组成景观的各个要素,在一定的时间和空间尺度内发生变化,从而引起景观的空间结构(如斑块的形状和大小等)和功能(物质流和能量流等)发生改变。景观变化例子比较普遍,如景观本身的发育过程就是一个长期变化的过程。此外,城乡间的变化以及突发性的灾变等,都是景观变化的典型范例。我们常说的全球气候变化是指大气中温室气体浓度增加、臭氧层耗损、大气中氧化作用减弱和全球气候变暖。它对景观的影响有:森林锐减,荒漠化,生物多样性减少,水资源短缺,内陆河湖水量减少或消失,高纬度地区湖泊和河流封冻期缩短,冰川面积减小,雪线上升,冰川融化,海面上升等,还能改变全球地表的景观结构。适合农业发展的亚热带和温带地区会因为气候变干而变成草原或荒漠,而较干旱的中高纬度大陆地区会因为降水增加而变得湿润,从而改变全球的农业景观。

景观变化与全球气候变化的关系表现为相辅相成,互为影响。图 11-1 即景观变化包括景观结构和功能的变化,景观变化导致下垫面的改变、大气中的痕量气体和能量的重新分配而引起全球气候的变化,全球气候变化反过来又引起景观的变化。

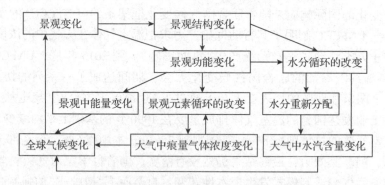

图 11-1　景观变化与全球气候变化的关系(引自傅伯杰,2011)

11.2.1　全球气候变化对森林景观的影响

11.2.1.1　森林景观在全球碳平衡中的作用

森林是地球上陆地植被的主体,是陆地生态系统中最稳定的类型。它不仅在区域环境保护和区域气候调节上具有重要作用,而且在维系全球碳循环的平衡中也有不可替代的作用。这是因为:①森林通过光合作用调节大气中 CO_2 的浓度,从而影响气候的变化。②森林生态系统的碳储量最大,占整个陆地植被碳储量的90%(表11-1)。③森林维护着大量的土壤碳储量,森林土壤的碳库(927 Pg 碳)(1 Pg = 1 Gt = 1×10^{15} g)占全球土壤碳库(1 272 Pg 碳)的73%(Post et al., 1982)。虽然近期对植被碳储量的估计值有不同程度的变化,但是森林是陆地植被中最大的碳库这一点是不容置疑的。由此可见,只要森林景观发生变化,就会改变它的源—汇功能,从而改变大气中 CO_2 浓度,导致全球气候发生变化。

表 11-1 全球主要生态系统的面积、净生产力和碳储量

碳含量:干物质×0.45

生态系统类型	面积($\times 10^6$ km^2)	净生产力($\times 10^{15}$ gC/a)	碳储量($\times 10^{15}$ gC)
热带雨林	17.0	16.8	341
热带季雨林	7.5	5.4	117
温带常绿林	5.0	2.9	79
温带落叶林	7.0	3.8	95
北方森林(泰加林)	42.0	4.3	108
灌丛	8.5	2.7	22
热带稀树草原	15.0	6.1	27
温带草原	9.0	2.4	6.3
苔原和高山草甸	8.0	0.5	2.3
荒漠	18.0	0.7	5.9
岩石、冰川和沙地	24.0	0.03	0.2
农作物	14.0	4.1	6.3
混碳沼	2.0	2.7	13.5
河流、湖泊	2.0	0.4	0.02
总 计	149.0	52.8	827

资料来源:Whittaker & Likens, 1973。

11.2.1.2 全球气候变化对森林景观结构和物种组成的影响

森林景观的结构和物种组成是系统稳定性的基础。生态系统的结构越复杂、物种越丰富,系统稳定性越高,其抗干扰能力越强。长期以来,不同物种为了适应不同的环境条件,形成了各自独特的生理和生态特征,从而形成现有不同森林生态系统的结构和物种组成。由于原有系统中不同的树木物种及其不同的年龄阶段对 CO_2 浓度上升及由此引起的气候变化的响应存在很大差别,因此,气候变化将强烈地改变森林生态系统的结构和物种组成。

(1)温度胁迫

温度是物种分布的主要限制因子之一,高温限制了北方物种分布的南界,而低温是热带和亚热带物种向北分布的限制因素。据预测,未来全球平均温度将升高,尤其是冬季低温升高,这对于一些嗜冷物种来说无疑是灾害,因为这种变化打破了它们原有的休眠节律,使其生长受到抑制。但这对于嗜温性物种来说非常有利,温度升高不仅使它们无需忍受漫长而寒冷的冬季,而且有利于其种子的萌发,加快演替更新的速度,提高竞争能力。

(2)水分胁迫

虽然现有大气环流模型预测全球降雨量将有所增加,但是由于地区和季节的不同而存在很大差别。如在中纬度内陆地区降雨会相对减少尤其是在夏季,在一些热带地区其干旱

季节也将延长。此外，气温升高也将导致地面蒸散作用增加，使土壤含水量减少，植物在生长季节中水分严重亏损，生长受到抑制，甚至出现落叶和顶梢枯死等现象。但是对于一些耐旱能力强的物种(如旱性灌丛)来说，这种变化会使它们在物种间的竞争中处于有利地位，从而得以大量地繁殖和入侵。

(3) 物候变化

冬季和早春温度的升高还会使春季提前到来，从而影响到植物的物候，对在早春完成其生活史的林下植物产生不利影响，甚至使其无法完成生命周期而导致灭亡，改变森林生态系统的结构和物种组成。

(4) 日照和光强的变化

日照时数和光照强度的增加有利于阳性植物的生长和繁育，但耐阴性植物的生长将受到严重抑制，其后代的繁育和更新将受到严重影响。

(5) 有害物种的入侵

有害物种往往有较强的适应能力，更能适应强烈变化的环境条件而处于有利地位。因此，气候变化可能使它们更容易侵入各个生态系统中，从而改变系统的种类组成和结构。此外，气候变化还将通过改变树木的生理生态特性(如气孔的大小和密度、叶面积指数等)和生物地球化学循环等途径对不同物种产生影响。不同物种的耐性、繁殖能力和迁移能力在新系统的形成中也起着重要作用。总之，气候变化对森林生态系统的结构和物种组成的影响是各个因素综合作用的结果。它将使一些物种退出原有的森林生态系统中，一些新的物种入侵原有的生态系统中，从而改变原有森林生态系统的结构和物种组成。这些影响对不同森林生态系统之间的过渡区域可能尤为严重。

11.2.1.3 全球气候变化对物种和森林景观类型分布的影响

气候是决定森林类型(或物种)分布的主要因素，影响森林景观特点和分布的两个最为显著的气候因子是温度的总量和变量以及降水量。当前，人们正是基于气候与植被(或物种)间的关系来描绘未来气候变化下物种和森林分布的情形。而另一个有利于气候变化对物种和森林分布影响的证据来自于全新世大暖期物种的迁移和灭绝。但是，与全新世相比，未来全球温度升高的速率更快，全球自然景观也因人类活动的影响而发生巨大的变化。因此，未来气候变化将给物种和森林的分布带来更为严重的影响。

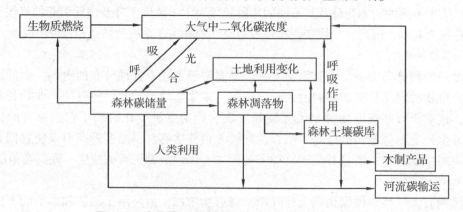

图11-2　森林景观中碳循环模式(引自傅伯杰，2011)

目前，大多数有关气候变化对森林类型分布影响的预测都是根据模拟所预测的未来气候情形下森林类型分布图与现有气候条件下森林分布图的比较而得到，都认为各森林类型将发生大范围的转移。如 Smith 等利用 Holdridge 模型，根据 GCMs 对气候变化的估测结果来预测未来植被分布的变化。他们发现森林类型的分布将发生相当大的转移，如北方森林转化为寒温带森林、寒温带森林转化为暖温带森林等，寒温带和热带森林的面积趋于增加，北方森林、暖温带森林和亚热带森林的面积则将减少。Neilson 同样发现了森林覆盖的显著转移。然而这仅考虑了气候因素对森林分布的影响，而其他环境因子在森林的分布中实际上也起着很大的作用。此外，他们通常把某一森林类型作为一个整体（如温带森林等），而且认为它与气候之间是一种平衡关系，但实际上不同物种对气候变化的响应和迁移能力等差异很大。因此，森林类型的转移（如从北方森林转化为寒温带森林）在很大程度上取决于不同物种通过景观的运动和新物种侵入现有群落中的能力。对于大多数物种来说，其迁移的时间尺度或许是几个世纪。

由于在不同的区域未来气候变化的情形不一致，而不同森林类型也有其独特的结构和功能等特点，因此气候变化对各个森林类型的影响是不同的。

(1) 热带森林

一般认为，随着全球气候变暖，热带雨林的更新将加快。热带雨林将侵入亚热带或温带地区，雨林面积将增加。李霞等对我国植被在不同气候变化条件下（温度升高4℃，降雨增加10%；温度升高4℃，降雨不变，温度升高4℃；降雨减少10%。）的模拟预测认为：全球气候变化后，我国热带雨林的面积将显著增加。但是有些地区降雨的减少也可能加速季雨林和干旱森林向热带稀树草原的转变。此外，从对环境变化的适应性来看，热带森林比温带森林更脆弱，它的生长与水分的可利用性和季节性关系更为密切，所以热带森林在其干旱的边缘地带被草地或稀树草原的吞食以及周围村落等人为活动影响下，可能会变得较脆弱。全球气候变暖的模式表明：湿热带区域的平均气温上升幅度比中、高纬度地区小，一般只有 1~2℃，但降水量可能增加较多，降雨过多，土壤积水，就要限制湿热带许多森林的生长。此外，不按季节的降雨，会使大多数树木不落叶，地面的枯枝落叶层不能形成，蜈蚣、甲虫等节肢动物因缺乏栖息生境和食物而大量减少，由此影响生物链上的一系列物种，以及整个森林生态系统的物质流、能量流，使原本复杂多样的森林生态系统失稳、简单化，直至构成一个更为脆弱的新平衡体系。此外，随全球变暖而增加的热带风暴对热带森林的结构和组成以及分布也将产生重大影响。

(2) 温带森林

温带森林是受人类活动干扰最大的森林，地球上现存的温带森林几乎都成片段化分布，气候变化对温带森林的影响是巨大的。一般认为，随着全球气候变暖，温带将向极地方向扩展，而温带森林也将侵入到当前北方森林地带，在其南界将被亚热带或热带森林取代，同时由于温带内陆地区将受到频繁的夏季干旱的影响，温带森林景观将向草原和荒漠景观转变。因此，温带森林面积的扩张或缩小主要取决于其侵入北方森林的所得和转化为热带或亚热带森林及草原的所失。目前大部分模拟预测都认为温带森林面积将减少。此外，由于温度的升高及夏季干旱频度和强度的增加，火干扰可能对未来气候变化下温带森林的变化起着决定性作用。

(3) 北方森林

北方森林被认为是目前地球上最为年轻的森林生态系统，还处于形成和发育之中，易受到各种外部因素的干扰。在未来的气候变化中，由于高纬度地区的增温幅度远比低纬度地区大，因此，研究一致认为气候变化对北方森林的影响比热带和温带森林大得多，而且其面积将明显减少。

11.2.1.4 全球气候变化对森林生产力的影响

森林生产力是衡量树木生长状况和生态系统功能的主要指标之一。大气中 CO_2 浓度上升及由此引起的气候变化将改变森林的生产力。这主要表现在 CO_2 浓度升高的直接作用和气候变化的间接作用两个方面。CO_2 浓度上升对植物将起到"肥效"作用。在植物的光合作用过程中，CO_2 作为植物生长所必需的资源，其浓度的增加有利于植物通过光合作用将其转化为可利用的化学物质，从而促进植物和生态系统的生长和发育。大部分在人工控制环境下的模拟实验也表明 CO_2 浓度上升将使植物生长速度加快，从而促进植物生产力和生物量的增加，尤其是 C_3 类植物增加的幅度可能更大。但是并不是所有植物都对 CO_2 浓度升高表现出一定的敏感性，也有研究表明：即使在高水平营养供给下，同样还有许多物种对 CO_2 浓度的升高没有反应。此外，CO_2 浓度升高对植物的影响根据其所在的生物群区、光合作用方式和生长形式的不同而存在较大差异。Wisley 分析了目前的有关研究发现：来自热带和温带生物群区的植物比来自极地生物群区的植物对 CO_2 升高的响应大；来自温带森林的物种比来自温带草原的物种对 CO_2 的响应大；落叶树比常绿树对 CO_2 的升高更为敏感。简言之，生长速率快的物种比生长速率慢的物种对 CO_2 升高的响应更大。然而这些几乎都是在人工气室中的盆栽实验，其实验时间相对较短(从数天到几年)，而且有充足的养分和水分供给。此外，还不清楚生长在野外的植物如何受 CO_2 浓度升高的长期影响，尤其是有关木本植物影响的研究在盆栽实验中往往选择幼苗作为对象，而其成熟个体所受的影响是否与其幼苗一样。一般认为，CO_2 浓度升高对森林生产力和生物量的增加在短期内有促进作用，但是不能保证其长期持续地增加，因为在竞争环境中生长的树木对 CO_2 升高的反应常比单个生长的树木小，而森林物种组成的长期变化也能间接影响森林生产力。此外，CO_2 浓度的升高将使植物叶片和冠层的温度增加，气孔传导率下降，从而使植物受到热量的胁迫，生长被抑制。CO_2 所引起的温度升高似乎对植物的生长又将进一步产生负面作用，因为大气环流模型对气候的预测结果认为晚上的增温幅度将比白天高，可能使植物在晚上的暗呼吸作用加大，从而白白"耗费"大部分初级生产力。其次，温度的升高将增加土壤的水分蒸发量，导致土壤水分下降，从而可能引起植物的"生理干旱"，限制植物的光合作用和生长速度。此外，温度的升高还会增加土壤微生物的活性，加速有机质的分解速率和其他物质循环，改变土壤中的碳氮比，使植物的生长受到氮素缺乏的制约。因此，准确评估 CO_2 浓度上升对森林生产力和生物量的影响还存在很大的困难，不仅需要综合考虑各影响因素，而且也要求进行长期的野外观测和实验。

除受上述各种因素影响外，森林生产力和生物量也受到气候因素(温度和降雨)的强烈影响。由于生产力与气候(水热因子)间存在着一定的关系，因此人们常用气候模型(如 Miami 模型、筑后模型等)估算大尺度生产力。对于未来气候变化对生产力的影响也常利用大气环流模型（GCMs）对未来气候预测的结果通过各种气候模型来模拟，然后与当前气候情形下所模拟的结果相比较。由于不同 GCM 对未来气候预测的结果不同,因此对生产力变化的预测也表现出一定的差异。此外,气候变化对森林生产力影响的预测仅仅考虑气候与生产力的线性平衡关系,而没有考虑其他因素的影响;在预测过程中假定森林植被的分布不随气候的变化而改变;预测中选用的气候因子是其年平均的年际变化,而没有考虑其季节变化。所以,其预测的结果并不能准确地反映出未来的实际情况。

11.2.2 全球气候变化对湿地景观的影响

作为地球重要的生态系统之一,湿地是由陆地和水生生态系统各种生态过程在不同尺度上综合作用的结果,具有显著的空间异质性。景观格局是指大小和形状不一的景观斑块在空间上的配置,是景观形成因素与景观生态过程长期共同作用的结果,反映了景观形成过程和景观生态功能的外在属性。景观类型与格局的完整性是湿地生态系统健康的基础,湿地景观格局的变化将影响湿地景观的演变过程及湿地生态系统的结构与功能。因此,研究湿地景观格局的动态变化可以把握湿地景观在结构单元和功能方面随时间的变化,探明其内部景观组合特征及整体性特征,为湿地的保护、修复和管理提供理论依据。

全球性的气候变化已成为不争的事实,主要表现为气温升高、全球降水量重新分配,冰川和冻土消融,海平面上升等。湿地景观是在气候、地貌、土壤、植被、水文和生物等自然因素和人为干扰作用下形成的有机整体,其中气候是湿地形成和发育的驱动力,并且湿地是对气候变化最敏感的生态系统。作为景观分析的最主要因素,气候常常在较大的时空尺度上作用于湿地景观格局并且影响结果,具有累积效应。因此,气候变化将不可避免地对湿地景观产生影响,进而促使湿地景观格局发生动态变化。气候变化对湿地景观格局的分析,即是研究在气候动态变化影响下湿地景观结构组成和空间配置关系的响应。

随着气候变化研究的深入,湿地景观格局越来越多地表现出整体面积萎缩、平均斑块面积减小、破碎度增大和景观多样性减少等特征,气候变化对湿地景观格局影响的研究日益受到关注。近年来各国主要针对气候变化,对湿地水资源面积、湿地土地利用格局、湿地植被空间格局、湿地生物多样性格局等方面的外在影响,以及由此产生的湿地生物地球化学循环、生态环境效应变化等内在影响做了较多研究,并取得了显著成果。

11.2.2.1 对湿地水资源面积的影响

20 世纪,北美洲、欧洲及澳大利亚和新西兰等地特有的一些湿地,50% 以上已经发生了改变;我国 3 期全国湿地分布遥感制图也显示,近 20 年间我国湿地总面积减少了 11.46%,这些都与气候变化不无关系。

11.2.2.2 对湿地土地利用格局的影响

气候变化可以改变湿地景观的外观特征。大尺度上的气候因素为景观格局提供了物理模板,气候因素通常决定景观在大范围内的空间一致性。气候变暖引起的海平面上升可能使得沿海地区的湿地景观被海水淹没,同时气候变化会对土壤的发育过程及土地利用格局产生影响。Hansen 应用土地利用模型分析得出,当 2100 年海平面上升 80 cm 时,处于低地势的湿地景观受到的影响最大。

11.2.2.3 对湿地植被空间格局的影响

湿地演替动态是目前国内外研究的热点之一,其中较典型的是结合景观生态学方法研究植被的演替。气候与植物维持生命所需的水分及能量密切相关,气候变化必然将影响植物的生命过程;同时温度和降水量也共同决定湿地主要植被类型的空间格局。因此气候变化可以影响植被生长发育及地理分布状况,改变湿地景观植物群落的演替模式以及植被的类型和比例。

11.2.2.4 对湿地生物多样性格局的影响

湿地生物多样性的变化是湿地生态系统稳定性变化的表征,湿地生物多样性与湿地生态系统功能的关系及其内在机制是当前生态学领域的重大问题。随着全球气候改变,特别是气温的变化,物种的分布有沿海拔和纬度梯度移动的趋势。物种为了适应气候变化而以不同的速度迁移,湿地景观单元中的物种流可能会分离为若干个单一的物种,从而影响整个湿地景观生态系统中的能量流、物质流和物种流;并且气候变化能引发多种极端气候事件,湿地生态景观单元在短时间内可能会由此造成一些物种的局部就地灭绝、迁移以至整个湿地景观的变化。

气候变化引起的湿地斑块变化,也间接对生物多样性格局产生影响。湿地破碎斑块的面积和形状特征是影响斑块内群落多样性的最重要因素,其次为斑块的破碎化程度和分离度;斑块面积、周长和周长面积比则对物种丰富度具有显著影响。

气候变化是影响湿地生态系统的重要因素,它显著影响湿地景观的各种生态过程和湿地生态系统的生产力,是控制湿地景观格局变化的动因。研究气候变化下的湿地景观格局及其动态变化,有助于从无序的景观中发现潜在的有序演化规律,揭示湿地景观格局与生态过程相互作用的机理,进而对湿地景观变化的方向、过程和效应进行模拟、预测和调控,为资源和环境的合理利用提供参考。随着社会经济的飞速发展,人类活动对湿地景观格局的影响日益加剧。相比其他类型的湿地,受人为干扰相对较小的高原湿地,是研究气候变化与湿地景观格局变化之间耦合关系的理想实验场所。

11.2.3 全球气候变化对城市景观的影响

全球气候变化对城市景观人类社会经济的影响,最集中地体现在沿海城市和沿海地区。因为海岸带是世界有海岸国家和地区人口、产业、城市、财富高度集聚的黄金地带,同时也是海、陆两大自然地理单元的结合部,最易受到来自全球气候变暖所造成或加剧的海平面上升、风暴潮、盐水入侵、海岸侵蚀、湿地生态退化等海洋灾害和沿海生态事件的影响。特别是在河口海岸地区,由于地处陆、河、海三者的交汇处,更是具有人类强势活动与自然—人工复合生态系统复杂、敏感、脆弱的双重特征和叠加因素,一旦受到全球气候变化的影响,极易产生一系列衍生效应和放大效应,从而造成严重的人员伤亡和社会经济损失,并对其他地区产生明显的影响和波及效应。

随着海平面上升,目前沿海地区高出海平面的低地景观有可能被海水淹没,使大量土地资源流失,其中受影响最大的是沿海地区的湿地景观。据估计,海平面升高将使美国沿海 25%~80% 的湿地景观被淹没(Smith & Tirpak, 1989)。此外,世界上不少沿海城市的海拔都较低,一旦海平面上升,这些城市地区就有被淹没的危险。而一些地势较低的国家,如"低地之国"荷兰约有 1/3 的国土海拔在 1m 以下,一旦海平面大幅上升,要么任其被海水淹没,要么花费巨额投资提高和加固拦海大堤,付出巨大的代价。我国受海平面升高的影响也十分严重。我国海岸线长达 18 000 km 以上,是世界上海岸线最长的国家之一。据估计,海平面上升 0.1 m,我国长江三角洲海拔 2 m 以下的 1 500 km² 低洼地将受到严重影响或被淹没;珠江三角洲海平面上升 70 cm,海拔低于 0.4 m 的低地 1 500 km² 将全部被淹没;渤海湾西海岸海平面上升 30 cm,淹没低地的面积将达 10 000 km²,天津市被淹没地区将占全市面积的 44%。此外,海平面上升 0.5m,我国沿海超过 5 000×10⁴ hm² 的滩涂将损失 24%~34%,如果上升 1 m,损失率将达 44%~56%(杨桂山和施雅风,1995)。

现有的海岸建筑物和港口建设均是依据当前海平面而设计的。一旦海平面上升,现有的港口设备和海岸建筑物或是被海水淹没,或是遭受强烈的侵蚀和冲刷。此外,大片低地受海水浸没会导致地下水位上升,使地基软化,也会对沿海地区的建筑物构成威胁。虽然有些沿海地区不会因海平面上升而直接被淹没,但当海平面上升时,这些地区的海滩和海岸也会受到海浪的无情冲刷。据估计,当美国东海岸海平面上升 0.1m 时,海岸维持工程的耗费高达数百亿美元。沿海滩涂是人们发展水产养殖业的地方,一旦海平面上升,原有的生产体系和设施就会受到影响。

11.2.4 全球气候变化对荒漠景观的影响

全球气候变化对荒漠化的影响是一个缓慢而渐进的过程,主要是通过其对旱地土壤、植被和水文循环的影响,加之人类对土地的不合理利用而改变全世界 40% 的旱地景观。有别于湿润地区富含有机质的良田沃土,旱地土壤多数贫瘠且盐碱化,决定了旱地易受风、水侵蚀的自然特征。GIS 和卫星图像的广泛应用,为准确评估旱地植被对降水变异和生物量燃烧的季节性变化提供了有利的技术手段。在考虑气候对旱地植被类型、生物量和多样性有强烈影响的同时,也不得不修正当地或区域性地势、地貌、岩性、坡向和土壤类型等因素的反馈效应。

从长远来看,环境干扰对维护热带和旱地生态系统的生物多样性和适应性具有重要作用,并对生态系统的功能发挥和恢复具有负效应;但需要对干扰的强度和频度、时间与空间尺度有准确的把握。以往对旱地生态系统处理气候变异、周期性干旱和洪水等自然灾害能力的质疑和困惑,大多是由于对生态系统的时间尺度和空间尺度界定不清造成的。

旱地生态系统对付恶劣环境(少雨高温、土壤贫瘠或盐渍化、周期性或季节性极端气候等)的策略多种多样,特别是对周期性洪水和干旱有高度的恢复力,植物和动物更是如此。生物量间的年际差异可看作对降雨变异的一种反应,而不应该同人为的荒漠化过程混为一谈。野外观测和遥感数据已确认,旱地植物的密度和生物量,除了随季节和年际雨量变化而存在时间波动外,还存在同等重要的空间变异。旱地植被的这种时间和空间变异,早已为牧场主所熟知,并看成旱地植被对限制性环境因子(水分、土壤营养)的保护性反应。Dregne 和 Tucker 利用 NOAA AVHRR 卫星图像,监测到沿撒哈拉半干旱边缘的植被变化与年降雨变率有关。Tucker 等的研究佐证了早期的发现并证实:植被对生长季节降水的反应及荒漠边缘植被的扩张和收缩,与年复一年的降雨变率高度一致。1980—1990 年,撒哈拉地区 200 mm 年降水量的南界有较大的波动,且同一经度的不同地区间存在显著差异,一些地区表现出高度变异性,而其他地区变异极小。降水分界线是根据平均植被指数确定的,即利用红外、近红外波段的卫星光谱数据推断而得,并通过对整个生长季生物量的加权平均得出初级总产量。

11.2.5　全球气候变化对农业景观的影响

全球大气中 CO_2 浓度升高、气温升高及降水量的变化等是全球气候变化对农业生产和农业生态系统影响最重要的生态因子，其影响主要表现在对农作物产量、生长发育、病虫害、农业水资源及农业生态系统结构和功能等方面。在过去的几十年，全球气候变化已对我国农业和农业生态系统，特别是我国北方旱区农业造成重大影响，其中不少影响是负面或不利的。

11.2.5.1　全球气候变化对农业水资源的影响

全球近 50 多年降水量在增加，但不同区域降水格局变化不同。北半球中高纬度陆地的降水量在 20 世纪每 10 年增加了 0.5%~1.0%，热带陆地每 10 年增加了 0.2%~0.3%，亚热带陆地每 10 年减少了 0.3% 左右。南半球的广大地区则没有发现可比的系统性变化。我国半干旱地区的中心地带，20 世纪 90 年代的平均降水量较 50 年代减少了 50 mm，且降水量的减少大多集中在夏秋降雨季节，并且 ≥50 mm 的降雨明显增多，阴雨天气明显减少。同时，气温升高加剧了土壤水分的蒸发，20 世纪 90 年代较 50 年代土壤水分蒸发量增加了 35~45 mm。由于气候变化的影响，20 世纪 90 年代降水供给作物的水分(包括降水减少与土壤水分蒸发增加)较 60 年代平均减少了 100 mm 左右。但是，20 世纪 80 年代后期，我国新疆的降水呈增加趋势。从新疆南部阿拉尔垦区 40 年的气候变化来看，降水增加，相对湿度增大，蒸发量减少。降水和蒸发的变化对河流产生了一定的影响。我国最大的内陆河塔里木河在铁干里克以下已完全断流，使下游缩短 180 km，造成罗布泊完全干涸。黑河在 20 世纪 80 年代初就已经断流，石羊河道下游现已干涸。20 世纪 60 年代以来，黄河下游出现断流，尤其是 90 年代断流时间提前，时段和距离增加。1997 年黄河断流达 226 d，断流距离 700 km。气候变暖将使黄河未来几十年的径流量呈降低趋势，汛期和年径流平均分别减少 25.4×10^8 m^3 和 35.7×10^8 m^3，其中兰州以上减少最多，占总减少量的一半以上。目前，对未来降水趋势的预测仍有很大的不确定性。有人认为，我国华北、西北地区未来(到 2030 年)降水的总趋势将减少，最大减少量在 4 mm 左右。我国华北地区未来仍然干旱、少雨，属于水资源严重缺乏地区。新疆南疆、陕甘宁和青海地区的降水略有增加，但增加幅度非常有限，最大增加量在 3 mm 左右，新疆北疆部分地区的降水量将减少。内蒙古和东北大部分地区的降水将增加，但增加幅度有限。未来 30 年我国西北及华北地区依靠自然降水增加来缓解农业水资源短缺问题是不可能的。

11.2.5.2　全球气候变化对农作物生长发育的影响

全球变暖和降水量的变化直接影响作物的生长发育。全球变暖对农作物生长发育的影响有明显的区域性差异。在我国北方旱区，从 20 世纪 60 年代以来，气候变化主要以干暖化为主要特点。宁夏南部山区，20 世纪 90 年代较 50 年代年平均降水量减少了 56 mm，其中 7~9 月减少了 50 mm；气温升高了 0.89 ℃，在 5、10、15 cm 深处的土壤温度分别升高了 0.82 ℃、0.82 ℃ 和 0.84 ℃；无霜期延长了 13 d，干旱化趋势明显加剧。青海省在 20 世纪 80 年代开始增温，至目前已持续了 20 年，预计至少还会持续 10 年。21 世纪前 10 年或更长一段时间内，青海省将以暖干型气候为主。1950—1989 年，我国年平均干旱面积

约 $2\,000 \times 10^4\,hm^2$，1990—2000 年增至约 $2\,270 \times 10^4\,hm^2$。

我国北方暖干型气候变化趋势对小麦、玉米产量的影响有利有弊，但对棉花生长有利，如暖干型气候变化有利于新疆和河西走廊绿洲的棉花生长。1998—2000 年，青海省的海南地区年平均气温较历年升高 1.8 ℃，农耕期的月平均气温较历年同期升高 1.7～2.0 ℃。这对热量条件较差的海南地区来说，有利于其进行作物引种、新品种选育、农作物的播种、出苗及后期生长和种植业结构调整。

今后 50 年全球气候变暖将给整个东北平原，特别是其中部和北部地区的大豆生产带来较有利的影响，而玉米的情况不容乐观。除目前热量不足的北部地区可能大幅增产外，其余地区均表现为明显减产。冬季气温升高对秋播和临冬播种的作物的生长发育有利。如暖冬天气的出现，对我国北方旱区的冬小麦生长有利。从 20 世纪 70 年代以来，冬小麦的种植面积从南向北逐步扩大，70 年代宁夏冬小麦种植区的北界在雨养农业区的北纬 36°，现在已经扩充到黄河灌区的北纬 39°。随着全球气候变暖，在未来 50 年内，我国冬小麦的安全种植北界将由目前的长城线逐渐北进，约跨 3 个纬度。这意味着今后东北平原南部可循序渐进地种植冬小麦，从而取代春小麦。

11.2.5.3 全球气候变化对农业生态系统的影响

一般情况下，农田生态系统的初级生产力在 CO_2 浓度增加条件下将有所增加。同时，CO_2 浓度升高将促进作物光合产物流向根系，从而提高农田生态系统地下部分对碳的固定和植物根系对水分的吸收。地下部分碳汇潜力的加强可导致农田生态系统对大气 CO_2 的永久固定。研究表明，大气 CO_2 浓度升高对农田土壤中的细菌数量有影响。增加 CO_2 浓度对土壤呼吸有促进作用，主要是由于 CO_2 浓度升高可促进土壤有机碳的输入，为土壤微生物提供更多的可降解底物，促进微生物活动，因而增强了土壤的呼吸作用。气候变化引起农业生态系统组成、结构和功能以及生物多样性发生变化。气候变暖意味着外界向农业生态系统输入更多的能量，能量的获得为生物多样性提供了更广泛的资源基础，允许更多的物种共存。农业生态系统的组成改变将直接导致农业生态系统结构和功能的变化。气候变化通过影响作物的生理过程、种间相互作用，甚至改变物种的遗传特性，进而影响农业生态系统的种类组成、结构和功能。由于不同物种对全球气候变化的反应有较大差异，因此可以预计农业生态系统的种类组成将随全球气候变化而发生显著改变。大气温度升高可能使农业生态系统的呼吸量提高，从而降低整个生态系统的碳贮存量。同时，降水量的改变和海平面的上升也会在很大程度上影响农业生态系统的功能。气候变暖将有利于病菌发生、繁殖和蔓延，使农田生态系统的稳定性降低。

11.3 景观对全球气候变化的响应

无论是景观类型、格局还是景观的结构及功能（能流和物流），都与气候存在密切的关系，一定的景观类型对应于一定的气候环境。因此，气候格局发生变化，也必然会引起原有景观生态系统类型、结构和功能发生相应的改变。

11.3.1 森林景观对全球变化的响应

Pastor 和 Post 通过气候模型输出结果驱动森林生产力和土壤过程模型，对北美东北部森林暖干气候响应的模拟发现，在冷温带森林边缘区域的森林生产力下降趋势尤为明显。Wright 通过对长期林斑数据分析发现，热带森林结构正在发生变化，其立木度、更新率、死亡率和地上生物量都呈增加趋势。全球生态系统过程模型的模拟结果也表明，随着全球气候变暖，热带森林生产力出现下降趋势。欧洲环境署研究结果显示，欧洲变暖水平高于全球平均，许多地区出现暖干趋势，尤其是极端天气事件频发，导致欧洲森林生产力急剧下降、森林火灾频发和材积损失增加。另外，由于气候变化引发旱灾发生频次、持续时间和严重性的增加，许多地区森林的组成、结构和生物地理都发生了根本性变化，尤其是树的死亡率增加、病虫害暴发成灾、林野火灾频发、冰冻和风暴时有发生。有关加拿大北方森林对气候变化响应的研究结果显示，虽然温度升高延长了北方森林的生长季，但由于干旱加重和自养呼吸增强，对森林生长产生了负面影响。

国际上在森林生态系统对气候变化响应的情景研究方面，同样开展了大量研究。Pitman 等关于气候变化对森林火灾影响的未来情景模拟结果显示，在高排放情景下，2050 年的火灾发生概率将提高 25%；而在低排放情景下，2100 年火灾的发生概率与 2050 年相比，将提高 20%。Urban 等运用林窗模型进行气候变化对太平洋西北部针叶林潜在影响评估的结果表明，由于森林不同类型区的空间位移，高海拔林种面临灭种危险。Flannigan 和 Woodward 运用响应曲面模型对 CO_2 倍增情景下气候变化对北美北部红松分布影响的模拟发现，红松的分布区将向东北移动 600~800 km，红松总面积将减少，但单位面积材积将呈增加趋势。Sykes 和 Prentice 结合林窗模型与生物气候模型对北欧北方森林的气候响应模拟表明，许多北方林种的分布范围、森林的结构和组分特征，在不同气候变化情景下将发生显著变化。Dixon 和 Wlsniewski 对全球森林植被对气候变化响应的研究过程中发现，全球森林植被和土壤的含碳量为 1 146 PgC，其中低纬度森林占 37%、中纬度森林占 14%、高纬度森林占 49%，未来气候变化将对高纬度地区森林分布和生产力产生较大的影响。Leathwick 等利用非参数回归方法，运用 14 500 个林斑数据，在对新西兰 41 个树种分布与温度、太阳辐射、水平衡和岩性之间关系进行分析的基础上，对温度上升 2 ℃对树种分布的影响进行了综合评估。Iverson 和 Prasad 运用地理信息系统技术和树种回归统计分析模型，定量分析 CO_2 倍增时，气候变化对美国东部 80 个树种空间分布的影响结果显示，大约 30 个树种的分布范围将扩大，36 个树种至少北移 100 km，4~9 个树种将北移出境进入加拿大。结合生态系统过程模型和空间景观模型，进行美国威斯康星州北部林种对气候变暖的响应的模拟结果显示，其北方林种将在 300 年内消失，并将演替为南方林种。Scheller 和 Mladenoff 结合空间景观动态模拟模型和广义生态系统过程模型，对气候变化干扰、森林分布、树林生物量和林木死亡率以及林种间和林种内竞争的可行性进行了模拟分析。Alkemade 等通过全球环境综合评估模型（IMAGE）与气候包络线模型的集成，对全球变暖与树种分布关系的模拟结果表明，2100 年北欧地区树种将发生较大的变化，35% 以上将是新出现的树种，25% 以上的现有树种将在这一地区消失。另外，研究表明，在 CO_2 倍增的情况下，中国东部地区阔叶林将增加，针叶林将减少，气候变暖将导致寒温带冷杉林转变为目前广泛分布于西藏高原东部山地的桦林,寒温带森林将移动到目前为冻原的高寒地区。

虽然气候变化是决定森林类型分布的主要因素,植被分布规律与气候之间密切相关这一客观事实早被人们所认知,而且大量研究结果表明在高海拔和高纬度地区的森林分布、树种和生产力对气候变化更具敏感性,但是目前尚处在基于气候与植被物种间的关系来描绘未来气候变化条件下物种和森林分布的阶段。此外,由于树木群落的相互作用,森林对气候变化的响应尤为复杂。

因此,目前人类关于森林生态系统变化对气候变化响应的研究与认识仍然处于初级阶段。国内在森林生态系统对气候变化响应研究方面开展了大量工作,尤其是进入 20 世纪以来,在气候变化对森林类型分布的影响、森林生态系统对气候变化的敏感性、气候变化对森林灾害的影响、树木年轮对气候变化的响应,以及物候对气候变化的响应方面取得了系列研究进展。方精云研究分析了气候变化引起的森林光合作用、呼吸作用和土壤有机碳分解等系列森林生态系统的生物物理过程的改变机理,以及森林生态系统的结构、分布和生产力变化特征。延晓冬等运用自主研发的中国东北森林生长演替模拟模型(NEWCOP),对中国东北森林生长演替过程及其气候敏感性的模拟分析表明,未来东北森林中落叶阔叶树的比重将大幅度增加。赵宗慈和刘世荣等运用 7 个全球气候模式(GCMs)所提供的 2030 年中国气候情景预测数据,构建了中国森林气候生产力模型,并对中国森林第一性生产力的未来情景进行了预测分析,结果表明气候变化引起的中国森林第一性生产力变化率从东南向西北递增(递增幅度 1%~10% 不等)。根据气候变化引起的森林生产力变化率的地理格局和树种分布状况的预测,揭示了中国主要造林树种生产力的变化是兴安落叶松生产力增益最大(8%~10%),红松次之(6%~8%),油松为 2%~6%(局部地区达 8%~10%),马尾松和杉木为 1%~2%,云南松为 2%,川西亚高山针叶林增加可达 8%~10%;而主要用材树种生产力增加从大到小的顺序为兴安落叶松、红松、油松、云南松、马尾松和杉木,增加幅度为 1%~10%。丁一汇关于气候变化对森林灾害影响的研究结果表明,气候变化引起水热区域和季节分配发生变化,一方面温度升高可以延长生长季,提高森林生产力;另一方面,可能引发倒春寒甚至春季冻害。树木年轮对气候变化的响应主要体现在对气温和降水主要气候要素的响应。研究表明,春季降水量与当年树轮宽度呈正相关,干旱半干旱地区树木生长对气温的高低尤为敏感,在当年的生长季节,较高的气温有利于光合作用,温度与年轮宽度呈显著正相关。但是,如果生长季节气温过高,容易加快土壤蒸发并提高饱和水汽压差,从而限制树木的生理代谢活动,导致生长季的高温与年轮宽度呈负相关。

其他气候因素与树木生长具有不同程度的相关关系,如大气 CO_2 浓度增加对辽东栎次生木质生长具有明显的正效应。在物候对气候变化的响应方面,徐雨晴等采用统计学方法对北京地区 1963—1988 年 20 种树木芽萌动期和 1950—2000 年 4 种树木开花期的变化及其对气温变化响应的研究表明,北京树木芽萌动的早晚主要受冬季气温的影响,冬季及秋末气温的升高使春芽萌动提前。萌芽早的树木萌动期长,萌芽晚的树木萌动期短,前者对温度的变化反应更敏感,且前者的萌动期长度随着萌动期间(主要在早春)气温的升高而缩短,后者的萌动期长度随着初冬、秋末平均最低气温的升高而延长。始花前 2~9 旬,特别是前5旬，气温对始花期的影响最显著；始花期对气温变化的响应最敏感。北京春温每升高1℃，开花期平均提前3.6 d。我国在森林类型、森林生态系统结构与功能、土壤有机质、物候效应、树木年轮等对气候变化的响应方面开展了大量研究，而且利用物候观测资料分析了近40年我国木本植物物候变化及气候变化的响应关系，并建立了不同年代物候期与地理位置之间的关系模式，分析了当前气候增暖背景下物候期地理分布规律变化对气候变化的响应关系。但仍存在各种森林生态系统类型对气候变化响应机理和研究对象的广度不够，没有充分利用积累的森林清查数据、长期定位观测和监测数据、遥感数据进行定量模拟和准确分析森林生态系统对气候变化的响应等问题，而且缺乏在不同时空尺度上的森林生态系统对气候变化响应的综合模拟分析。

11.3.2 山地景观对全球变化的响应

山地的海拔高度、地势结构和地形复杂，成为气候系统的重要组成部分，对大气流形造成影响，是中纬度地区气旋产生的一个主要触发机制。山脉作为世界上许多大河流系统的发源地，也是地球水循环的一个重要组分。此外，山脉对其附近云和降水的形成也有影响，而它们又是热量和水分垂直输送的间接机制。因此，山地系统的气候相当复杂，要准确了解这种气候特征非常困难。正是山地系统具有复杂的气候和地形等因素，才形成了多种多样的山地景观类型。由于寒冷山区的冰雪景观接近融解状态，它们对大气环境的变化特别敏感，因而逐渐引起人们对全球变化可能导致山地景观类型变化的关注。山地系统主要存在以下几方面响应：

(1) 冰雪景观退缩

随着气候变暖，由于冰雪的消融，山区的冰川和雪线都将退缩上移。研究表明，预计在未来100年内温度升高4℃，全球现存的高山冰川的1/3~1/2将消失(Kuhn, 1993; Oerlemans & Fortuin, 1992)。随着冰雪的消融，山地永冻层的融冻深度也将加大。

(2) 山地森林景观上移

气候的变化将使各垂直带向上位移，从而导致各垂直带上的森林景观也向上迁移，林线升高，森林景观面积将扩大。如张新时和刘春迎(1994)对青藏高原的研究表明，在温度升高4℃、降水增加10%的情况下，高原东南部的森林面积将增加6.4%，尤其是热性和温性森林的面积将显著增加。但是，对于没有足够高度的山体有可能会导致寒性针叶林的消失。此外，冰川消融所遗留的冰渍沉积物也会成为森林向上迁移的障碍。

(3) 高山草甸景观的变化

随着气候的变化，高山草甸景观的面积将减少。一方面，其下部由于寒性针叶林的入侵而被取代；另一方面，其上部受土壤条件的限制而无法扩展。

(4) 对山地周围其他景观类型的影响

冰雪消融以及降水量空间和季节的变化，将对起源于山区的河流水系产生影响，从而影响其周围及下游的景观类型。这种影响既可能有利(如能源生产、农业灌溉)，又可能有害(如洪水的泛滥)。此外，冰雪消融和降水增加可能导致雪崩、岩崩和泥石流等，尤其是在高于25℃的坡地上更危险。

11.3.3 草原景观对全球变化的响应

气候与植被之间的相互作用主要表现在植被对于气候的适应性与植被对于气候的反馈作用两个方面。降水、温度等关键生态因子的变化影响植被类型、生态系统的群落结构和功能、主要优势物种的生理生态等过程，使植被在不同尺度上产生适应性变化。

11.3.3.1 对水分变化的响应

水分亏缺是在世界范围内，尤其是干旱和半干旱地区，限制草原生产力的重要因素。草原生产力不论是在自然状态还是在人为干扰强烈的情景下，都受降水梯度变化的极大影响。草原的净初级生产力与降水关系密切，横跨北美大平原有一个从东到西降水逐渐增加的梯度，与之相对应的草原生态系统净初级生产力也有一个从矮草草原到高草草原逐渐增加的梯度。草原的净初级生产力与降水之间呈线性关系，然而其斜率受不同区域环境的影响。如在美国的矮草草原，较大区域得到的斜率较大。Lauenroth 等对美国大平原草地生态系统的研究表明，草地生产力受降水梯度的影响显著，但年降水利用率受年均降水的影响较小。中国东北样带的研究表明，净生产力随着降水量的减少而降低，说明降水不足是限制此区域植物生长的主要因素。降水梯度也是强烈影响蒙古国草原生态系统生产力的重要因素。对产量和气候因子的关联分析也表明水分是制约中国东北羊草草原群落产量的主导因子，生长季内降雨的多少决定了产量的高低。

干旱区的降水利用率在湿润年比旱年低，主要原因是植物群落结构的限制阻碍了对快速降水的利用。降水量与草地生产力的回归关系受到物种组分的影响，降水对生产力的效应因物种组成稳定而加强，而且降水利用率(PUE)受物种组成的影响较大。湿润年较多的降水对沙地生长期短的植物功能类型的长期保持至关重要，尤其是较丰的降水能促进旱地区域中较多生长期短的草本植物生长繁殖，提高光合速率，并促进开花和地下部分的生长。Knapp 等在美国 Konza 草原生物站的灌溉实验表明，灌溉使高地和低洼地上的净初级生产力(ANPP)分别增加了 22% 和 31%。前者的变异系数(CV)大于后者，而且草本植物 *Andropogon gerardii* 中午的叶水势 8 年中有 6 年灌溉处理的比对照显著减少，说明了水分对不同地形和物种间的异质性。

11.3.3.2 对温度变化的响应

温度对植物生长和干物质分配的影响取决于不同的物种及其环境。Morgan 等预测，在未来温度升高 2.6℃ 的条件下，美国矮草草原的生产力将增加。周华坤等采用国际冻土计划(ITEX)模拟增温效应，结果表明在温度增加 1℃ 以上的情况下，矮嵩草(*Kobresia humilis*)草甸的地上生物量增加 3.53%，其中禾草类增加 12.30%，莎草类增加 1.18%。模拟全球变暖带来的温度升高和降水变化对植被生产力和土壤水分的影响表明，温度升高造成生态适应性差的野古草(*Arundine hirta*)生产力显著下降，致使整个群落的生产力降低；低海拔实验点的生产力显著低于高海拔实验点，而对铁杆蒿(*Artemmisas acrorum*)和黄背草(*Themeda japonica*)的影响较小。但 Bachelet 等采用平衡模型(MAPSS)和动态模型(MC1)的模拟结果显示，温度升高 4.5℃ 将使美国主要生态系统面临干旱的威胁，4.5℃ 是影响生态系统的温度阈值。Carlen 等对欧洲冷带地区草本植物的研究表明，随着温度的升高两物种的干物重、RGR 和比叶面积等均呈升高趋势，显示了温度是限制两种草本植物生长的关键因子，*Festuca pratensis* 的竞争力显著减弱与它在高温环境下的低根冠比有关。另有研究表明，增加热量使西欧寒温草地生态系统的多年生禾本科非克隆类草叶面积指数增加，但主要原因是增加了单株的分蘖数而不是单位分蘖的叶面积。模拟研究表明，昼夜温差的加大将使单株羊草的生物量增加，分蘖和根的生物量增加，而鞘的生物量稍有降低，对叶、根茎的影响较小。温差加大提高了分蘖和根的投资比例，降低了其他器官的投资，表明夜间温度的降低将促进叶等源器官和鞘等暂储器官干物质的向外转移，增加对分蘖和根的投资，这是羊草对昼夜温差加大的适应性反应。

另外，温度还影响草原生态系统中凋落物的分解速率。王其兵等研究发现，温度升高对草原生态系统凋落物的分解过程产生深刻影响，在气温升高 2.7℃、降水基本保持不变的气候背景下，草甸草原、羊草草原和大针茅草原 3 种凋落物的分解速率分别升高 15.38%、35.83% 和 6.68%。说明温度的升高将增加草原生态系统凋落物的分解速率。

11.3.4　城市景观对全球变化的响应

在全球气候变化的影响下，城市景观也会从社会、经济和环境 3 个层次作出响应，具体表现为社会人口的响应、经济产业和能源消耗碳排放的相应变动以及城市局地气候的城市"五岛效应"。

11.3.4.1　社会人口数量、密度和结构对气候变化的响应

2009 年，联合国人口基金会国际环境和发展研究所，联合国人类住区规划署和联合国人口司共同主办"人口动态与气候变化"专家小组会议，人口与气候变化的关系问题日益受到国际社会的重视。国内学者王红瑞、蔡越虹等（1999）采用多元通径分析的数学模型计算结果表明，现阶段我国庞大的人口数量和以煤炭为主的能源资费结构是造成环境污染的主要根源目前，IPCC 把人口规模和人口增长纳入对温室气体排放的预测，人口的绝对数量及其增长速率已成为计算人口影响全球气候变化的重要指标。但实际上，每个人的生活方式和消费方式不同，对气候变化的贡献，即排放的温室气体是不同的。如兹落特尼克（2010）认为人口增长速度和人均收入之间的反比关系，与收入水平造成的温室气体排放量之间的正比关系形成了鲜明的对比。这表明低收入国家和地区的人口增长快，但其人均排放温室气体较少。因此，人口增长和气候变化之间的关系并不是一目了然的。

11.3.4.2　经济产业与能源消费对气候变化的响应

城市化地区不仅是人口的聚集地，也是经济生产和能源消费的积聚地。因此，城市经济产业和能源消费会通过不同的碳排放方式而影响全球气候变化。李健和周慧（2012）通过对我国 28 个城市三次产业与碳排放强度关联度的分析，证明第二产业是影响地区碳排放强度的主要因素，第三产业对地区碳排放强度的降低效应并不明显，第一产业对碳排放强度的影响最小。第一产业所从事的农林牧渔生产活动，对环境资源的依赖是可持续再生循环的，因此对能源和环境资源的消耗相对较低，同时发挥一定的碳汇功能。其中，现代嫩叶带来的污染问题主要是农药和化肥残留物。第三产业的服务业中提供的服务产品是非实物消费，多以人力资本作为最重要的资源，因而对环境的影响也较低。第二产业的实体经济则不同，工业化的进程中工业生产消耗了大量的化石能源，排放了大量的污染和碳，资源要素的投入是促进产能提升的重要途径，因此第二产业越发达带来的环境压力越大。

11.3.4.3 城市局地气候变化的"五岛效应"

城市自然生态系统中,城市局地气候变化的主要表现形式为城市岛效应。其中,城市热岛效应被广泛关注,但近年来,雨岛效应、干岛效应、混池岛效应(雾岛)和暗岛效应的影响也逐渐显现和加剧。城市热岛效应,是指城市温度高于周边地区的现象。城市热岛效应主要影响因子是城市下垫面中建筑和道路材料改变了地表交换及大气动力学特性,反射率小从而吸收较多的太阳辐射。同时,城市中居民生产生活形成人为热源、城市空气污染物的保温作用、城市高层建筑阻挡使热平衡水平输送困难等因素都加剧了城市的热岛效应。城市的年平均气温一般比农村地区高3.5~4.5℃,大城市温差可高达10℃,这一温差预计10年后将使城市化地区气温升高1℃。城市雨岛效应,即城区及下风方向降水增多的效应。其机制首先是由于城市热岛效应,使得城市气压相对周围地区较低,四周的气流向城市区域聚集,气流上升,并在周围下沉,流向城区。当上升气流中的水汽和其他条件合适时,就会产生城区对流雨。此外,城市空气中的工厂、汽车排放废气使凝结核悬浮颗粒物多,遇到上升气流中的水汽易形成降水。城市干岛效应,是指城市相对湿度在逐渐降低,城市在逐渐变干。其成因主要是由于城区下垫面大多是硬化的水泥路面和封闭的排水管道,降雨后雨水很快流失,阻断了空气中水汽的循环。热岛效应加速水汽蒸发,加剧了城市干岛效应。

11.3.5 农业景观对全球变化的响应

农业景观对气候变化的响应主要是现有的农业景观格局由于各地区水热条件的改变而发生改变。气温变暖将使现有的温度带向两极方向位移,农作物及耕作制度也将发生变化,但是在人类的帮助下,农业景观对这种变化的适应与自然景观相比容易得多,物种迁移也不会受到太多限制。

对于未来气候变化对农业的影响,人们更多地关注粮食产量的变化,因为全球不断增长的人口增加了对粮食生产的需要,这直接关系到人类自身的生存和发展。一般认为,气候变化对全球农业总体生产不会有很大的影响。但是在地区之间存在很大的差别,一些国家和地区可能会因气候变化对农业生产气候条件的改善而获益;一些国家和地区可能会因为气候条件的恶化以及农耕地的丧失而遭受惨重的损失,尤其是小岛农业、干旱及半干旱地区的农业更为敏感。

大气中CO_2浓度增加,许多C_3类杂草可能会从中受益,因为它们具有较高的CO_2补偿点,但是CO_2补偿点较低的甘蔗、玉米和高粱等的生长可能受到抑制,从而使杂草大量侵入到作物中,使作物的生长和产量进一步受到影响。气候变暖也将导致有害昆虫大量生长繁殖,从而使虫灾的暴发更加频繁,严重影响农业生产。

11.4 景观生态学在全球变化研究中的应用

11.4.1 景观尺度上全球变化的研究

生态系统是指相互作用的生态单元,通常包括一系列功能不同的生物体和变化的非生物环境。生态系统本身并不包含任何特定的空间概念，但是由于生态系统间相互交错、相互渗透，生态系统常在不同的尺度上得到体现。全球变化研究的核心问题是探讨土地利用变化和气候变化对生态系统的影响及其反馈机制以及人们在未来气候（环境）变化下要采取的适应性管理对策。因此，与传统的生态模拟相比，有关全球变化对生态系统影响的模型模拟都是以大尺度（全球或区域尺度）的空间格局及其动态变化作为主要研究对象。然而大尺度的生物地理模型都应从模拟小尺度的生态过程开始，并最终校正到大尺度的地理格局上。因此，研究尺度的选择是全球变化研究中所面临的主要问题之一，这关系到各种尺度之间的转换和大尺度模拟的精确度。由此可见，如何建立能够抓住所有尺度上重要过程的简单模型结构是问题的关键，这就要求我们对各种尺度有所了解，而斑块、景观和领域3种尺度在研究中至关重要。

①斑块是指可作为同质处理的土地单位。它具有生态系统的特性，其空间尺度通常为十几米到上百米（几百平方米至上万平方米）。②景观由一系列具有不同生物和非生物结构的不连续斑块所组成（Pickett & Cadenasso, 1995），它是一些异质性土地类型、植被类型以及土地利用的镶嵌体，其地理跨度从几千米到十几千米（即几平方千米至几百平方千米）。③区域由大量景观单元组成，空间尺度一般至少为 100 km^2，可大至几个 GCM 的网格单元（每个网格单元为 500 km^2）。

不同尺度在空间上形成了一个等级序列，而景观尺度在这一空间等级序列中起着承上启下的作用。此外，如气体交换、干扰、物种的扩散和迁移、养分循环、痕量气体释放以及水分交换等许多重要的生态过程都发生在景观的尺度上，而这些生态过程对全球变化影响的动态模拟至关重要，因而在景观尺度上开展全球变化的研究显得尤为关键。

与传统生态学强调过程的同质性不同，景观生态学将空间异质性看成生态系统中的主要因果要素，并认为系统的空间动态和生态学所关注的系统的时间动态同等重要（Pickett & Cadenasso, 1995）。因此，景观格局在时空尺度上的动态变化是其研究的一个主要方向。

由于大气组成的变化特别是 CO_2 浓度的增加和气候变化将在景观水平上对生态系统结构和组成产生显著影响。在此尺度上人类活动造成的土地利用变化及与此相关的地面覆盖的变化都将对生态系统的结构和组成产生深远影响。景观格局的变化在一定程度上反映了土地利用变化状况以及干扰类型和程度，此外将对物种的迁移和扩散以及养分循环和痕量气体的释放等产生巨大影响。因此，了解和模拟景观格局的动态变化将对预测全球变化对生态系统的影响及生态系统的反馈机制具有重要作用。但是，由于自然界中生态系统的复杂性和多样性，不可能进行全面而细致的研究，这就要求依据其特性划分不同功能类型，在不同类型中选择一些典型区域和类型对环境因素（如温度和降水）、生态系统结构和组成、生物地球化学循环以及水文动态等方面的变化进行长期观测和研究，并利用这些研究成果，结合景观格局（斑块）的动态变化状况，建立斑块尺度的生物地球化学循环和水文等生态过程的模型，进行斑块动态的模拟，从而为景观和区域等更大尺度上生态系统动态变化的模型建立提供良好基础。然而，从斑块尺度建立景观及区域模型并非简单的模型聚合过程，因为一些生态过程可能体现在更大的尺度上，如物种的迁移和扩散就往往体现在景观尺度上。

物种的迁移和扩散是确定植被组成在全球变化条件下如何变化的一个重要生态因子。

物种的迁移速率除取决于其本身的能力外，环境因素也起着极其重要的作用，景观的破碎化对物种的迁移起着很大的阻碍作用，因此在区域或全球尺度上模拟物种的迁移过程或植被的变化时应考虑景观动态变化所带来的影响。而以往有关物种迁移和植被变化的模拟研究都忽略了这些因素的影响，所以很难反映出物种迁移和植被变化的真实情形。为了准确地体现其未来的变化情形，就必须在景观尺度上加强对物种迁移、扩散和竞争机制以及景观格局的变化所带来的影响等方面的研究，从而建立一些景观尺度上的模型。如景观转换模型(landscape-transition model)利用细胞自动机(cellular-automata)方法(该方法在空间模型中主要是追踪各位置间的相互作用)发现植被边界的地点、大小、形状和组成的变化，该模型在土地利用变化和气候变化的结合中得到了很好的利用。此外，Gardner等(1994)也发展了一个细胞自动机模型，来模拟物种分布中两个竞争物种在严重干扰下的空间分布状况。

人类活动引起的土地利用变化是造成景观格局和陆地覆被变化的决定性因子。此外，干扰和极端活动等的迅速改变将导致生态系统的变化，如火、极端干旱以及大风暴等。这些极端干扰事件的发生，常创造出年龄不一的斑块，极大地改变景观格局。因此，在景观尺度和区域尺度或更大尺度上对生态系统动态变化的模型预测必须能够解释人类活动和极端干扰事件的影响。

总之，模拟生态系统对未来气候变化的响应是一个十分复杂的进程，如何利用模型来精确预测未来气候变化的响应既是一个挑战，对于未来资源的管理也是至关重要的。因此，在全球变化的研究中只有充分运用景观生态学的原理和方法，加强对景观格局的动态变化及其相应生态过程(气体交换、物种迁移和扩散、生物地球化学循环和水文过程等)的变化和影响因素的研究，建立斑块、景观和区域尺度上的模型，有利于更准确地预测全球变化对生态系统的影响及其反馈作用。

11.4.2　景观生态学在海洋资源环境中的应用

(1) 海洋赤潮景观

海洋赤潮是海洋中某些浮游藻类、原生动物或细菌，在一定环境条件下暴发性繁殖或聚集而引起海洋水体变色的一种有害生态异常现象。海洋赤潮不仅破坏海洋渔业资源和生产、恶化海洋环境、影响滨海旅游业，而且人们还会因误食被有害赤潮生物污染的海水产品而造成中毒、死亡。近年来，海洋赤潮灾害频繁发生，危害越来越大，已经成为工业化进程中沿海国家普遍面临的严重海洋环境灾害之一。

海洋赤潮是在正常海洋黄绿色水体景观本底上发生的褐色、棕红色、锈红色水色异常斑块镶嵌的海洋灾害景观。赤潮斑块的颜色、形状、方位随赤潮藻种类型、赤潮生态过程和海域环境特征等发生快速变化，其空间尺度一般在几十平方千米到上万平方千米不等。与陆地各种景观类型相比，海洋赤潮景观是一种快速演变的景观类型，从海洋赤潮景观出现到其发育、发展、萎缩、消亡历时 10～100 d 不等。

海洋赤潮景观具有发生空间范围大、演化速度快、生命周期短、驱动机制复杂、危害性大等特点，使得从景观生态学视角研究海洋赤潮空间格局演变、赤潮空间格局变化与驱动力关系、赤潮空间格局与赤潮生态过程之间的关系、赤潮空间格局演变的环境效应、赤潮发生模型等方面具有独特的优势。景观生态学的格局分析方法可以用来分析海洋赤潮发生过程中各种藻类斑块的空间形态、运移、演变等空间格局演变过程。景观指数分析方法可以用来量化海洋赤潮发生的空间特征,作为海洋赤潮灾害风险评估的量化手段。景观驱动力分析方法可以用来分析海洋赤潮灾害发生、发展的海域环境特征(温度、营养盐、洋流等)驱动机理。景观格局与生态过程关系分析方法可以用来分析海洋赤潮灾害的空间格局与海洋赤潮藻(菌)类发生的生态过程、海洋水文过程等多种海洋过程之间的关系,建立海洋赤潮景观格局与赤潮生态过程之间的耦合途径。景观评价分析方法可以用来进行海洋赤潮灾害的灾害、危害评估与评价。景观变化分析方法可以用来研究海洋赤潮灾害空间特征的演变过程。近10多年来,国内外就海洋赤潮灾害问题,从海洋赤潮的发生成因、动态过程、发生规律、生物/生态过程、检测方法,海洋赤潮的光谱特征、遥感监测方法、灾害损失评估方法、赤潮管理等多方面展开了大量研究工作。但纵观国内外的海洋赤潮研究,还没有从景观生态学视角来分析、研究和评价海洋赤潮灾害,从海洋赤潮景观尺度探索研究海洋赤潮灾害。

(2) *海洋污染景观*

随着沿海经济的快速发展,海洋环境污染日趋严重。污染物在海洋中随着波浪、洋流、风流而不断扩散,在海域表面形成各种面积、形状不一的污染物分布区。不同的污染物在海洋表面的空间分布斑块镶嵌于正常的海洋表面本底上,就形成了海洋环境污染景观。海洋污染有很多种类型,如海洋溢油污染、海洋营养盐异常、海洋病菌污染、海洋化学污染、海洋热污染、海洋核辐射污染等,相应地形成了多种类型的海洋污染景观。由于各类海洋污染物的环境效应、扩散机理不同,其相应的污染景观格局演变过程、污染景观格局的环境效应、污染景观格局的驱动机制各不相同,需要针对各种具体的海洋污染实例深入探讨。

随着全球范围内大规模海洋石油开发和石油海运的迅速发展,大量的石油及其制成品进入海洋,形成海洋溢油。频繁发生的海洋溢油事件对海洋浮游生物、海洋鱼类、海洋底栖生物、海鸟及人类自身造成了严重危害。海洋溢油已成为与海洋赤潮灾害齐名的海洋环境污染灾害之一。当发生海上溢油时,一部分石油及其制成品溶解和分散于海水中,一部分遇到海水后凝固成团状、片状、块状漂浮于海水中,另一部分形成海面油膜,在风场、波浪场、洋流场等作用下逐步扩散成各种形状的油斑,漂浮于海面。海面油斑由于石油及其制成品种类、成分、产地、油膜厚度等的差异,油斑色彩也呈黑褐色、黑色、蓝褐色、蓝色和彩虹色等各种颜色。这些色彩不同的油斑镶嵌于海洋水体的黄绿色本底上,构成海洋溢油景观。海洋溢油景观变化主要是由海面油斑的物理扩散、溶解、挥发过程以及海洋菌(藻)类的生物降解过程所驱动。

20世纪90年代以来,卫星遥感、航空遥感和雷达遥感等遥感监测技术广泛地应用于海面溢油灾害的动态监测,获取了大量海洋溢油图片和影像数据,提取了各类溢油灾害事件详细的油斑数量、油斑类型、油斑形状、油斑空间格局等数据,建立了相应的海洋溢油灾害监测、评价与评估方法。由于缺乏详细的空间格局分析、评价、研究方法与理论,海洋溢油灾害的监测、评价与评估都是建立在油斑分布海域面积、油斑数量、油斑厚度、溢油类型等溢油空间特征的简单描述基础上,而没有从溢油灾害空间格局演变角度展开深层次的研究。

景观生态学着眼于空间格局、尺度变换、生态过程、驱动机制等方面的研究视角、理论体系与分析方法，为海洋溢油灾害的空间演变过程提供了较为完整的监测指标、分析评价方法、演变驱动机理和基于空间格局的灾害损失评估与评价方法，在海洋溢油灾害研究中具有广阔的应用领域。由于海洋溢油灾害景观具有类型较少、景观结构简单、景观格局演化速度快等特点，也可作为景观格局变化与驱动力研究、景观演变模型、尺度转换研究等方面的实验对象，推动景观生态学理论与应用不断深化。

(3) 海域使用景观

随着世界范围内海洋经济的快速发展，许多自然海域被大面积开发利用，各种海域使用类型在自然海域空间上镶嵌交错，构成海域使用景观。海域使用景观变化及其生态环境效应和陆地土地利用景观变化一样将越来越多地受到关注。与陆地地表各类具有光谱、纹理特征的土地利用景观斑块组成的空间镶嵌格局不同，海域使用景观是在相对均一的海洋自然水体景观本底基础上人为开发利用的各类海域使用类型组成的空间镶嵌体。在海域使用空间格局上，有些海域使用景观的斑块和陆地土地利用斑块一样存在明显的空间边界线，如盐田、围塘养殖、浮筏养殖和围海造田等；有些海域使用景观的斑块则是人类根据开发利用需要而专门划定的一定海面水域，不存在明显的斑块空间边界线，如航道、锚地等；还有一些海域使用景观的斑块在海面有一定的海域使用类型标记和边界线，但由于目标相对较小，在大景观尺度上很难看到这些目标，如滨海浴场、人工鱼礁和网箱养殖等。这种海域使用景观在空间表现上的复杂性，为海域使用景观数据的获取提出了许多技术难题，阻碍着海域使用景观的研究和管理。

随着海域使用范围的不断扩大和环境的不断恶化，海域使用领域迫切需要相关的监测、评价与研究方法的支持。景观生态学作为一门关注于空间格局与生态学过程的基础应用学科，其研究技术、分析方法和研究视角已经成功地应用于陆地土地利用变化及其生态过程中。借鉴景观生态学在陆地土地利用方面的成熟思路，可以发现景观生态学在海域使用景观现状监测，海域使用景观变化分析、海域使用变化的生态效应评价和研究、海域功能区划，海域开发利用规划等方面都存在广泛的应用前景。海域使用景观研究的主要难点在于海域使用空间数据的获取。遥感技术作为当前景观生态研究的主要数据获取方式之一，在海域使用景观数据获取上同样十分重要，是围垦造田、围塘养殖、临海晒盐和浮筏养殖等许多海域使用类型的主要数据获取方式。对于通过遥感技术无法获取的海域使用类型信息，如港口、航道、锚地、底波养殖和海底工程等，地理信息系统、全球定位系统和其他图件也是重要的景观数据获取的补充方式。

(4) 滨海湿地景观

与其他海洋领域相比，滨海湿地是景观生态学涉足较早的研究领域之一，但研究的领域仅限于河口湿地、红树林等少数滨海湿地类型。早在20世纪80年代，美国景观生态学者就关注了河口湿地。

国内的景观生态学研究开始于辽河三角洲湿地景观格局的研究。近20年来，滨海湿地景观生态学研究出现了大量的报道，国内在辽河三角洲湿地、黄河三角洲湿地、长江三角洲湿地、珠江三角洲湿地等大河河口进行了大量的潮上带景观格局变化与分析、景观变化驱动力、景观生态功能等方面的研究,在红树林景观格局变化方面也有一些研究,但在海草床、珊瑚礁、滨海滩涂、海洋入侵物种等潮下带景观生态学方面研究的较少。景观生态学在滨海湿地方面的应用主要集中在潮上带河口湿地景观的实例研究,也有少量的红树林湿地景观研究,但是面对类型众多的滨海湿地景观,景观生态学还没有真正应用于滨海湿地空间格局演化的监测、评价和管理工作。虽然景观生态学中存在诸多用于描述空间格局的景观指数,但是针对类型多样的滨海湿地及其特殊的环境空间特征,构建和选取哪些景观指数才能反映滨海湿地环境演化的空间过程,目前还缺乏深入的研究。因此,针对各类滨海湿地类型空间特征的特殊性,如何应用景观生态学对其进行监测评价与研究,是滨海湿地景观生态学亟待解决的问题。

(5) 海岛景观

传统的种群生态学研究主要集中在种群结构、发育动态以及种群在时空上的数量变动规律等方面,但是对于因生境空间异质性对种群结构的影响方面很难得出有说服力的结论。随着景观生态学的发展,传统的生态学家越来越重视从景观生态学角度研究种群变化与空间格局的关系,如复合种群理论、景观遗传理论、岛屿生物地理理论等,这些传统的生态学研究都与空间异质性有关。分布于广阔海面上的海岛和群岛在海洋表面的空间分布格局,影响许多生物种群的相互交流。群岛上的很多生物种群,可能是研究复合种群理论、岛屿生态理论和景观遗传理论等生态学理论的理想试验区。景观生态学可以通过分析群岛的空间分布格局,将种群生态过程与海岛的景观空间格局结合起来,研究海岛之间的空间分布格局与海岛生物种群数量、种群质量、种群遗传之间的关系。另一方面,海岛的空间分布格局也影响海岛资源的保护与开发。海岛的面积、距离大陆远近及其群岛的空间分布格局也会因其资源赋存数量、交通、通讯的便利性等直接影响海岛资源开发的成本。

(6) 其他海洋景观

除上述的主要海洋景观类型外,还有由海洋生物集聚分布的生境斑块镶嵌而成的海洋生境景观,在中、高纬度由不同形状的海冰斑块与海面本底构成的海冰景观,由海洋温度、盐度、浊度的空间异质性形成海洋物理景观;由海洋风场、流场、潮汐场等动力作用导致的空间异质性而形成的海洋动力景观等。景观生态学在海洋资源环境的监测、评价、管理、规划与研究中具有很多应用领域,需要景观生态学者通过众多的海洋实例研究,去开拓和发展景观生态学在海洋资源环境中的应用,为海洋环境保护探索新的视角,为景观生态学发展寻求新的活力。

11.4.3 景观生态学在退化生态系统恢复中的理论应用

景观生态学是研究一个相当大的区域内,由许多不同生态系统组成的景观的空间结构、相互作用、协调功能及动态变化的一门生态学新分支。景观生态学的理论和方法与传统生态学有本质的区别,它注重人类活动对景观格局与过程的影响。退化和被破坏的生态系统和景观的保护与重建也是景观生态学的研究重点之一。景观生态学理论可以指导退化生态系统恢复实践,如为重建所要恢复的各种要素,使其具有合适的空间构型,从而达到退化生态系统恢复的目的;通过景观空间格局配置构型来指导退化生态系统恢复,使恢复工作获得成功。

(1) 景观格局与景观异质性理论

景观异质性是景观的重要属性之一，Webster 字典将异质性定义为"由不相关或不相似的组分构成的"系统。异质性在生物系统的各层次上都存在。景观格局一般指景观的空间分布，是指大小与形状不一的景观斑块在景观空间上的排列，是景观异质性的具体体现，又是各种生态过程在不同尺度上作用的结果。恢复景观是由不同演替阶段和不同类型的斑块构成的镶嵌体，这种镶嵌体结构由处于稳定和不稳定状态的斑块、廊道和本底构成。斑块、廊道和本底是景观生态学用来解释景观结构的基本模式，运用景观生态学这一基本模式，可以探讨退化生态系统的构成，定性、定量地描述基本景观元素的形状、大小、数目和空间关系，以及这些空间属性对景观中运动和生态流的影响。研究表明，斑块边缘由于边缘效应的存在而改变了各种环境因素，如光入射、空气和水的流动，从而影响了景观中的物质流动。同时，不同的空间特征也决定了某些生态学过程的发生和进行。斑块的形状和大小与边界特征(宽度、通透性、边缘效应等)对采取的恢复措施和投入有很大关系，如紧密型形状有利于保蓄能量、养分和生物；松散型形状(长宽比很大或边界蜿蜒曲折)易于促进斑块内部与周围环境的相互作用，特别是能量、物质和生物方面的交换。如斑块内部边缘比较高，则养分交换和繁殖体的更新更容易。不同斑块的组合能够影响景观中物质和养分的流动、生物种的存在、分布和运动，其中又以斑块的分布规律影响大，并且这种运动在多尺度上存在，这种迁移的传播速率和传播距离都与均质景观不同。总体而言，景观异质性或时空镶嵌性有利于物种的生存和延续及生态系统的稳定，如一些物种在幼体和成体不同生活史阶段需要两种完全不同的栖息环境，还有不少物种随着季节变换或进行不同生命活动时也需要不同类型的栖息环境。所以通过一定人为措施，如营造一定砍伐格局、控制性火烧等，有意识地增加和维持景观异质性有时是必要的。利用景观生态学的方法，能够根据周围环境的背景来建立恢复的目标，并为恢复地点的选择提供参考。这是因为景观中有些点对控制水平生态过程有关键性的作用，抓住这些景观战略点(strategic points)，将给退化生态系统恢复带来先手、空间联系及高效的优势。在退化生态系统的某些关键地段进行恢复措施有重要意义。在异相景观中，有一些对退化生态系统恢复起关键作用的点，如一个盆地的进出水口、廊道的断裂处、具有"跳板"(stepping stone)作用的残遗斑块、河道网络上的汇合口及河谷与山脊的交接处在这些关键点上采取恢复措施可以达到事半功倍的效果。位于景观中央的森林斑块比其他地段的森林斑块更易成为鸟类的栖息地。

研究表明，关键点对孤立区域的恢复不如对连接区域恢复所起的作用大。McChesney 比较了在废矿地恢复过程中恢复地和自然景观中的幼苗发生，明确指出了在大尺度本底下选取恢复地点的重要性。对于退化生态系统恢复是否成功，迫切需要从景观生态学角度来评价，恢复生态学家，要从景观远景来评价是否恢复了退化生态系统受破坏以前的生态功能。由于所需要恢复的退化生态系统具有不同的特性，其描述参数也不同。描述斑块恢复是否成功的参数很多，但本底不同，其参数是不同的。如对于郊区环境下的斑块恢复的描述参数必然与城市的斑块恢复有所不同。评价恢复工作是否取得成功时，一个很重要的问题是：人为恢复的景观是否代表了未破坏前的景观。对于不同大尺度的空间动态和不同恢复类型，都可利用斑块形状、大小和镶嵌等景观指数来表示。如果可以将物质流动和动植物种群的发生与不同的景观属性联系起来，那么对景观属性的测定可以使恢复实施者预见到所要构建的生态系统的反应,并且提供新的、潜在的、更具活力的成功恢复方案。我国西部地区的各民族在长期的生产实践中已创造出很多成功的生态系统恢复模式,如黄土高原小流域综合治理的农、草、林立体镶嵌模式,风沙半干旱区的林、草、田体系,牧区基本草场的围栏建设与定居点"小生物圈"恢复模式等。它们的共同特点是采取增加景观异质性的办法创造新的景观格局,注意在原有的生态平衡中引进新的负反馈环,改单一经营为多种经营综合发展。

(2) 干扰理论

干扰出现在从个体到景观的所有层次上。干扰是景观的一种重要的生态过程,是景观异质性的主要来源之一,能够改变景观格局,同时又受制于景观格局。不同尺度、性质和来源的干扰是景观结构与功能变化的根据。在退化生态系统恢复过程中如果不考虑干扰的影响就会导致初始恢复计划失败,浪费大量的人力、物力和财力。恢复生态学的目标是寻求重建受干扰景观的模式,所以在恢复和重建受害生态系统的过程中必须重视各种干扰对景观的影响。退化生态系统恢复的投入同其受干扰的程度有关,如草地由于人类过度放牧干扰而退化,如果控制放牧则很快可以恢复,但当草地被野草入侵且土壤成分已改变时,控制放牧就不能使草地恢复,而需要投入的更多。在亚热带区域,顶极植被常绿阔叶林在干扰下会逐渐退化为落叶阔叶林、针阔叶混交林、针叶林和灌草丛,每越过一个阶段恢复的投入就越大,尤其是从灌草丛开始恢复时投入更大,控制人类活动的方式与强度,补偿和恢复景观生态功能都会影响退化生态系统的恢复。如对土地利用方式的改变,对耕垦、采伐、放牧强度的调节,都影响生态系统功能的发挥或恢复。在退化生态系统恢复过程中可以采取一些干扰措施以加速恢复,对盐沼地增加水淹可以提高动植物利用边缘带,从而加快恢复速率。因此,可以通过一定的人为干扰使退化生态系统正向演替,推动退化生态系统的恢复。

(3) 尺度

由于景观是处于生态系统之上、大地理区域之下的中间尺度,许多土地利用和自然保护问题只有在景观尺度下才能有效地解决,全球变化的影响及反应在景观尺度上也变得非常重要,因而不同时间和空间的景观生态过程研究十分重要。退化生态系统的恢复可以分尺度研究。在生态系统尺度上揭示生态系统退化和发生机理及防治途径,研究退化生态系统生态过程与环境因子的关系,以及生态过渡带的作用与调控等。在区域尺度上研究退化区生态景观格局时空演变与气候变化和人类活动的关系,建立退化区稳定、高效、可持续发展模式等。景观尺度上研究退化生态系统间的相互作用及其耦合机理,揭示其生态安全机制以及退化生态系统演化的动力学机制和稳定性机理等。对于退化生态系统的恢复研究,在尺度上可以从土壤内部矿物质的组成扩展到景观水平。多种不同尺度上的生态学过程形成景观上的生态学现象。如矿质养分可以在一个景观中流入和流出,或者风、水及动物从景观的一个生态系统到另一个生态系统的重新分配。

随着世界经济的发展,欧洲农业、环境和自然保护问题的国际管理格局的形成,尺度将越来越大,这些不可避免地需要采用相关科学的研究方法。但是到目前为止,大多数科学研究结果均来源于小尺度(小区、小区域)研究,这些小尺度研究结果在某种程度上反映了一定大尺度问题研究,但是其准确程度还不清楚,所以需要研究选择相关尺度的必要性及如何使用可靠的方式把一种尺度的成果推广应用到另一种尺度。但根据 O. Neil 等的等级理论，属于某一尺度的系统过程和性质即受约于该尺度。每一尺度都有其约束体系和临界值。外推所获得的结论将很难理解。但 King 认为，不同等级上的生态系统之间存在信息交流，这种信息交流就构成了等级之间的相互联系，这种联系使尺度上推和下推成为可能。所以利用景观生态学中的模型来完成尺度推绎问题，必须特别重视景观、社会问题和决策过程中的尺度协调。很多研究都表明评价恢复工作是否取得成功，都需要从大尺度来考虑，并且这是很多工作的主要目标。Broome 得出恢复地周围环境很重要的原因是附近沙丘能够通过保留水而改变盐度。Sacco 等讨论了随着恢复盐沼地的增加，底栖动物种群也有所增加。Haven 等不同恢复盐沼地和受破坏之前的自然盐沼地的动物种群研究后，认为研究区动物的分布与小溪流的存在和不同植物的分布密度有关，也与恢复区的大小和形状有关(未调查土壤本底的不同)。

11.4.4 景观生态学在自然资源适应性管理中的应用

自然资源关系到人类长期的发展和生存，自然资源的管理和保护一直是人们关注的重点。现有对自然资源的静态管理和保护措施主要是考虑当前的土地覆被、物种丰度和气候特征的关系，因此还存在很多不足之处。人口的膨胀和人类活动的加强正在不断加速全球变化，全球变化直接导致生态系统结构、组成和分布区域的改变，从而影响人类对资源的利用和保护。因此，针对全球变化可能带来的影响，主要问题是如何减少全球变化带来的损失或从全球变化中受益。这就要求我们首先能准确预测未来全球变化的情形及其影响，在此基础上对未来全球变化下的自然资源采取适应性的管理和保护措施，做到未雨绸缪。

由于全球变化，尤其是全球气候变化可能带来巨大的潜在影响，有关未来全球变化情形下的自然资源和土地利用的管理引起人们极大的兴趣(Halpin, 1997)。人们根据对未来全球变化的预测结果，提出了一系列可能的管理措施(Dale et al., 2000; Hajpin, 1997)。在这些管理措施中，生态学，特别是景观生态学的一些原理得到了充分的利用，如景观连接度常被用来处理景观破碎化与物种迁移之间的关系。根据未来全球气候变化的预测结果，物种将向极地的方向迁移以适应不断升高的气温。物种能否与不断变化的环境保持一致，主要取决于气候变化的速率、物种的迁移能力、物种间的竞争压力以及物种迁移时遇到的物理障碍等因素。然而人们担心的是当前严重的景观破碎化可能会成为物种迁移路线中难以逾越的障碍，并最终导致一些物种在未来气候变化下灭绝。正是基于这种忧虑，人们首先想到的是人类帮助其渡过难关，因此一些原始而粗略的想法也随之产生，如在区域生态系统水平上为物种的迁移提供相互连接的廊道系统，建立一定的缓冲带等。一些学者更是认为这些在自然区域间相互连接的廊道系统应按照海拔方向、滨海内陆方向和南北方向(极地方向)排列，以利于物种在气候变化情形下的运动。但是，由于缺少试验上的证明，这些管理措施很大程度上是基于假设未来景观需求的一种直觉的、理论上的假想，并不具备普遍性。

Halpin (1997)对大气环流模型(GCM)预测的美国未来气候变化下潜在植被图和现实植被图进行叠加分析，发现自然景观过渡带和人类为主的景观自然景观过渡带(即农业自然过渡带)的边界具有明显变化，是对气候变化比较敏感和危险的区域。因为即使在当前气候条件下，生态过渡区也存在着高度的空间异质性和一系列环境变化梯度，因此，该区域内所包含的景观类型丰富多样，其景观格局和景观结构相当复杂，不同斑块间的物质和能量交换极其活跃，景观动态变化的时间尺度相对较短，尤其在人类为主的景观与自然景观过渡带内，受人类活动的强烈干扰，景观格局的变化更为急剧。

依据未来全球变化的情形，一些学者对自然资源的管理和保护提出了5类措施。

(1) 选择足够多的保护区

对于每个重要的群落类型，至少要设计1个以上的保护区；在确定大尺度生境类型的覆盖时，必须考虑气候特性。

(2) 保护区的选择应提供生境的多样性

新的保护区应足够大，现有的保护区应扩大；保护区应尽可能体现更多海拔梯度和纬度梯度上的变化；地形上高度异质性的区域由于其气候、土壤和水文等生境特征的局域变化最大，应加以保护；各植被类型间的主要过渡区应确定在保护区的中心，以减少因气候变化导致植被迁移出保护区的可能性；为了适应潜在的海平面上升，滨海保护区应增加生境的保护面积。

(3) 对缓冲带适应性的管理

缓冲带应建立在保护区的周围，以扩大在未来气候和土地利用区域下管理的选择性；在保护区的周围应设立一些灵活的带状调节区域，以允许未来环境条件下土地利用的变更。

(4) 对景观连接度的管理

在自然区域之间应建立相互连接的廊道系统，以利于物种的迁移；保护区应建立接近其他保护区或具有相似生境类型而未保护的区域的地方，以允许物种的迁移；对于一些濒危物种应进行移植，以帮助其扩散。

(5) 对生境维持的管理

在保护区内，自然干扰动态(如火和放牧)或模拟自然扰动的人为干扰将被管理，以维持在未来气候变化下人类想要的景观结构；应加强控制或减少对保护区的外在压力(如污染、病虫害、外来物种等)，以使保护区的自然恢复力保持在最高水平；在重建保护区以适应新的气候条件和种群时，必须对生境进行重建和改善。

虽然，目前对确定未来全球变化下自然资源(或景观)管理的具体措施还存在很大的困难，但相信景观生态学的一些原理和方法无论是在全球变化对生态系统影响的研究还是在未来全球变化情形下自然资源的管理中都会发挥重要的作用。

复习思考题

1. 景观变化的表现形式包括哪些？
2. 全球气候变化对景观有哪些影响？
3. 景观对全球气候变化的响应有哪些？
4. 试述景观变化与全球变化的关系。
5. 景观生态学在全球变化中有哪些方面的应用？

本章推荐阅读书目

1. 傅伯杰,陈利顶,马克明等. 景观生态学原理与应用(第2版). 科学出版社,2011.
2. 国家气候变化对策协调小组办公室,中国21世纪议程管理中心著. 全球气候变化——人类面临的挑战. 商务印书馆,2004.
3. 慈龙骏. 全球变化对我国荒漠化的影响. 自然资源学报,1994,9(4):289-303.
4. 张新时,周广胜,高琼等. 中国全球变化与陆地生态系统关系研究. 地学前缘,1997,4(1-2):137-144.
5. 肖笃宁,布仁仓,李秀珍. 生态空间理论与景观异质性. 生态学报,1999,17(5):453-461.
6. 刘世荣,郭泉水,王兵. 中国森林生产力对气候变化响应的预测研究. 生态学报,1998,18:178-483.
7. 任继周,梁天刚,林慧龙. 草地对全球气候变化的响应及其碳汇潜势研究. 草业学报,2011,20:1-22.
8. 朱建华,侯振宏,张治军. 气候变化与森林生态系统:影响、脆弱性与适应性. 林业科学,2007,43:138-145.

第12章

景观生态数量化方法

【本章提要】

　　景观生态研究属于宏观尺度的研究，数量化研究方法具有特别重要的意义。本章在简要介绍景观生态学数量化研究在景观生态学中的地位和作用，以及目前研究概况的基础上，从景观要素分类和景观生态数量化研究数据、景观要素斑块特征分析、景观异质性分析、景观要素空间关系分析、景观总体空间分布格局分析、景观动态模拟和预测6个方面介绍景观生态学数量化研究中涉及的主要方法和技术问题。并简要介绍了景观格局分析软件Fragstats的使用方法。

12.1　景观生态数量化研究方法概述

12.1.1　景观生态数量化研究的意义

　　景观生态学的发展依赖于数量化研究方法的发展，有效的数量化研究方法将对能够研究哪些景观生态学问题起决定性作用，景观水平的研究需要建立和发展一些新的数量化研究方法来定量地描述空间格局，比较不同景观，分辨具有特殊意义的景观结构差异，以及确定景观格局和功能过程的相互关系等(Turner and Gardner,1991)。

　　学科的发展在很大程度上取决于其研究方法的完善和发展。景观生态学作为生态学的一个新的学科分支，不仅给生态学带来了许多新思想和新概念，在研究方法上也为生态学家提供了新的发展方向，体现出许多特点和新的要求(李哈滨等，1988；Turner and Gardner, 1991；伍业钢等，1992)。具体表现在：

　　①由于景观是一个宏观系统，景观生态学研究是一种在较大时间和空间尺度上的研究，是以往经典生态学不够重视的大时空尺度特征，其观测和研究的时间和空间尺度都要比生态学其他分支(如生态系统生态学)大得多，常常要涉及大量的空间数据，传统的数量

化模型不能完全适应新的要求。

②过去生态学中许多常用的方法都是为研究同质性(homogeneous)系统而提出并发展起来的,而景观是一个异质性等级系统(heterogeneous hierarchical system),需要研究的是多变量复杂过程,一般的数量化方法无法满足需要,而不同等级水平上系统的异质性和同质性交错,给景观生态学研究带来了新的困难和要求。

③与过去经典生态学研究相比,景观生态学的大尺度实验研究更加困难,特别是跟踪调查需要的时间长、花费大,某些植被景观的演替周期要远远长于人的生命周期,需要更多地采用模型化方法进行模拟和预测研究。

④景观的空间结构是景观的重要属性,景观生态学研究就是对一组异质性生态系统的空间属性及其相互关系的研究,空间数据的获取和分析是景观生态学研究的重要特征。对景观格局进行定量描述和分析,是揭示景观结构与功能之间的关系,刻画景观动态的基本途径。景观生态研究重视空间数据的分析,以及空间数据与属性数据的结合,广泛而深入地应用地理信息系统技术是景观生态研究的特点之一,也是区别于其他生态学分支的重要标志。

因此,景观生态研究离不开遥感(remote sensing)、地理信息系统(geographical information system)、计算机和数学模型(modeling)等技术的发展。随着计算机技术的发展,数据处理和分析能力的提高,使景观生态学家可以通过景观数量化方法对景观格局和过程进行分析,描述和度量景观异质性、确定景观的时间和空间格局、模拟景观过程,以解决生态学理论问题和景观规划、建设、管理和保护中的实际问题。

12.1.2 景观生态数量化研究方法的分类

景观格局是许多景观过程长期作用的产物,同时景观格局也直接影响景观过程。不同的景观格局对景观上的个体、种群或生态系统的作用差别很大。由于景观是等级结构系统,而且有森林景观、湿地景观、城市景观和农业景观等多种类型,通过长期的多个尺度上不同的角度进行综合分析,因而逐步形成和发展了多种数量化研究方法。为了使研究方法不断完善,许多人对现有的研究方法加以总结归类。

李哈滨在介绍景观格局数量研究方法时将它们分为景观异质性指数、景观格局分析方法、景观模型和模拟3大类(李哈滨,1988)。傅博杰等也按类似的3类进行介绍的(傅博杰等,2001)。陈文波等(2002)分析了多种指标的表征作用以及指标之间的相互独立性。郭晋平在对山西关帝山森林景观进行系统研究时将景观指数分为景观要素斑块特征分析指数、景观异质性分析指数、景观要素空间相互关系分析指数、景观总体空间分布格局分析指数、景观动态模拟预测模型5个部分(郭晋平,2001)。如果系统地对景观数量化分析指数和模型进行分类,可以先将它们分成5大类,并进一步分为9个类(表12-1)。

景观生态学作为一门新兴学科,相应的数量化研究方法也在不断发展和完善过程中,许多其他相关学科中发展起来的方法被介绍到景观生态学研究中来,特别是基于地理信息系统的FRAGSTAT景观格局数量化分析软件的出现,大大方便了景观生态数量化研究工作的开展。但应当指出,一是FRAGSTAT软件包所提供的分析指标还不够完整,许多新的方法还没有反映出来;二是FRAGSTAT软件虽然解决了指标计算问题,但并不能做出分析结论,还存在许多信息重复、交叉,甚至矛盾的指标,需要研究者进行具体分析,如果对各指标的数学意义和生态学意义缺乏了解,很难对这些指标的计算结果作出科学的分析,得出可靠的结论。因此,景观生态研究和规划人员在进行景观格局分析时,应当对方法论特点及其意义有基本的了解。

表 12-1 景观指数分类表

一级分类	二级分类	三级分类	四级分类
景观要素特征分析	个别景观要素斑块特征分析	斑块大小	斑块面积
		斑块形状	斑块形状指数
			斑块近圆率指数
			斑块方形指数
		斑块内部生境面积	斑块平均内部面积
			斑块内缘比
		斑块边界	斑块边界分维数
	同类景观要素斑块特征分析	同类斑块大小	同类斑块平均面积
			同类斑块面积范围
			同类斑块粒级结构
			同类斑块面积标准差
		同类斑块形状	同类斑块形状指数
			同类斑块近圆率指数
			同类斑块方形指数
		同类斑块内部面积	同类斑块平均内部面积
			同类斑块内部面积范围
			同类斑块内缘比
		同类斑块边界特征	同类斑块边界分维数
			同类斑块边缘密度
景观要素空间相互关系分析	景观要素个别成分空间关系分析指数	同类景观要素个别斑块空间关系	空间距离
			空间方位
		异质景观要素个别斑块空间关系	空间距离
			空间方位
	景观要素总体空间关系分析指数	同类景观要素空间关系	同类景观要素连接度指数
			同类景观要素连通度指数
			同类景观要素联系度指数
		异质景观要素空间关系	聚集度指数
			关联度指数
			相邻度指数
景观异质性分析	景观组成要素异质性	景观多样性指数	
		景观优势度指数	
		景观均匀度指数	
	景观空间构型异质性	景观镶嵌度	
		景观斑块密度	
		景观边缘密度	

(续)

一级分类	二级分类	三级分类	四级分类
景观总体空间分布格局分析	景观要素空间分布模式	分布模式拟合检验	二项分布
			泊松分布
			耐曼分布
			负二项分布
		分布型指数	扩散系数
			MORISITA 指数
			CA 指数
			E-尺度指数
			最小距离指数
	景观要素的空间分布格局	空间趋势面分析	
		空间局部插值	
		空间自相关分析	
		聚块方差分析	
景观模型	景观动态模拟预测模型	零假设模型	
		静态描述模型	
		个体行为模型	
		景观过程模型	

近年来，景观生态学的数量方法不断涌现。一些以往的空间数据分析方法重新受到重视(Pielou，1969，1977；Greig-Smith，1983)，一些新的方法被综合在《景观生态学的数量方法》一书中(Turner and Gardner，1991)。这些指数定量地描述景观异质性，可用于比较不同景观，从而有助于研究异质性如何影响景观的结构、功能和过程。

12.2 景观生态研究数据

数据是一切研究和规划工作的基础，由于景观生态研究具有自身的特点，其数据类型和来源也有自己的特点。

12.2.1 景观生态研究的数据类型

景观生态研究数据一般包括两类，即空间数据和属性数据。

12.2.1.1 空间数据

空间数据是反映景观要素空间位置、空间大小或规模、空间形状、空间关系的数据。由于景观生态学将景观结构、功能、变化及景观管理作为主要研究内容，特别重视景观空间结构对景观功能及其变化过程的影响和控制作用，因此就离不开空间数据。

(1) 空间位置

空间位置包括景观要素的地理位置和景观要素在所研究景观中的相对位置。在大尺度景观乃至区域生态研究中，景观要素或景观总体所在的地理位置对景观结构、功能及其动态变化特征都有重大影响，决定着景观生物生产潜力和景观承载力的基本格局，也决定着景观在气候、土壤、植被、水文等方面的本底或背景。

(2) 空间大小

空间大小或称空间范围，是指景观总体的空间范围大小，景观要素或景观结构成分的平均规模、变异程度以及大小结构(谱)等，一般用面积表示。景观和景观要素斑块的大小对景观异质性、景观生态过程、景观生境质量、景观生态功能都有显著影响，是景观生态研究中反映景观结构特征的重要指标。

(3) 空间形状

空间形状包括景观要素的斑块形状特征、边界特征和分形特征等。斑块形状对经过景观斑块间物质、能量和信息流动方向、速率和途径等都有重要意义，对生境质量、景观稳定性和斑块演替等也具有决定性意义。

(4) 空间关系

空间关系是指欲研究的景观中一定类型的景观要素斑块或景观结构成分相互之间及其与其他景观要素或结构成分之间的空间位置关系。景观要素斑块之间空间关系的差异会对景观要素斑块之间生态功能关系产生不同的影响。如森林斑块对迹地斑块的种源作用、生境斑块之间的源—汇关系、植被斑块对河流廊道水量和水质的影响等；城市景观中绿地斑块对建成区斑块的微气候影响等。

遥感技术、地理信息系统技术和全球定位系统技术等现代技术相结合，为空间数据的收集和处理提供了便利条件，通过许多图形处理系统可以方便地建立空间要素或实体之间的空间关系，并建立相应的数据库。

12.2.1.2 属性数据

属性数据是指反映景观要素或景观中任意空间点上的自然地理学、生物学、生态学、社会经济学和美学特征或属性的数据，既有定量数据，也有定性数据。对景观要素及景观总体功能和动态变化的研究，无论从经典的研究角度还是宏观生态研究角度，都是必不可少的。

(1) 属性数据的范围

最基本的属性数据包括地质、土壤、水文、地貌、小气候、植被类型、组成结构、生产力、更新和演替的阶段和趋势、水土流失状况、干扰的类型、强度和频度、人为经营管理状况、美学价值和宜人性等，也包括由上述数据和空间数据分析产生的派生数据，如生境适宜性指数、立地指数、立地生物生产潜力等。

(2) 属性数据类型

属性数据可以是直接的数值数据，如土壤层厚度、土壤 pH 值、温度、降水、流域径流量、侵蚀模数等；也可以是等级评价量化数据，如地位级、美感度等；可以是二值化数据，如某种植物的出现与否、某种干扰的有无等。都可根据研究内容和对象的特点进行设计。

12.2.2 景观生态研究数据的收集

重视空间数据的收集是景观生态学的基本特征之一。根据研究对象的规模，确定合适的空间尺度或分辨率非常必要。不同的研究尺度，数据收集方法和来源也不相同。

12.2.2.1 现有资料的收集

尽可能地了解并收集研究地区已有的调查和分析资料是提高景观生态研究工作效率、降低研究成本、获得预期研究成果的基础。

(1) 专业调查资料

有许多资料可以直接利用，如研究地区的生产单位、教学科研单位开展的各种专项调查研究获得的标准地和样地调查资料，各种资源调查(植被、森林、土壤、地质、动物、植物、生境等)样地和标准地调查资料，特别是森林经理调查获得的小班调查资料和各类作业设计调查获得的标准地资料，都有比较详细的调查记录。其他相关的专业调查和研究项目所获得的资料也常有重要的利用价值，如地质调查、土壤普查、植被调查、森林立地条件调查、火灾调查或火险等级评价、水文调查观测资料、气候资料，以及其他专业调查形成的调查资料和分析成果。这些资料对了解和掌握研究地区景观现状和历史发展都有很大帮助，对提高遥感数据和图像解译质量也起到重要作用。

(2) 图面历史资料

收集有关研究地区的地质、土壤、气候、植被、立地条件、生境质量、火险等级、水土流失等方面的图面资料具有更重要的应用价值，许多资料可以直接作为空间数据和属性数据的数据源，有些资料可以作为辅助资料充实当前的调查资料，或者作为提高遥感图像判读精度的参考资料。特别是土壤图、植被图、立地类型图、林相图等，对于建立景观分析的图形数据库具有重要意义。

12.2.2.2 遥感技术的应用

遥感是指通过任何不接触被观测物体的手段来获取相关信息的过程和方法。遥感技术的迅速发展和广泛应用，在很大程度上已经成为景观生态学迅速发展的基本技术条件，没有遥感技术的发展，很难设想景观生态学如何有效地对大尺度和跨尺度的景观结构、功能和过程开展研究。遥感技术不仅能够为景观生态学研究提供地理空间实体的空间位置、形态和关系，而且可以提供景观实体表面甚至深层特征，包括植被类型及其分布、植被的斑块镶嵌特征、土地利用状况及其分布、生物生产力及其分布、土壤类型及其分布、水文特征、植被叶面积指数、蒸腾及蒸发强度等各种生态学特征，它们都是景观生态研究中经常应用的基础数据资料。

广义遥感包括多种获取信息的技术平台，这里仅限于讨论航空摄影像片和卫星影像数据(或像片)，其他形式的遥感由于应用范围和实用性小，不做介绍。

(1) 航空遥感

航空摄影相片的优点是空间分辨率高、历史资料多、小范围成本低，而且不同比例尺的航空相片可以提供不同分辨率的景观信息，对于景观生态研究中涉及跨尺度耦合的研究中具有更重要的作用。较大比例尺的航片甚至可以清楚地判读出森林群落的林分斑块、林中空地、树种组成，明确分辨各种森林类型的边界，有效地研究群落边界的移动、形态的变化，结合林学知识甚至可以判读森林的年龄、高度，并测定森林蓄积量等林分测树因子，特别是红外假彩色航片的判读性能更好。航空相片的另一个现实优点是，资料积累时间长，便于进行景观动态研究并作为建立预测模型的依据。在美国有 20 世纪 30 年代拍摄的航片。我国也在 50 年代后陆续对全国大部分地区进行了大规模的航测，这些珍贵的资料为研究景观的动态变化提供了便利。

航片的使用主要是通过人工判读解译和各种转绘方法，编绘成景观底图，再经过数字化仪、扫描仪等进行数字化处理，建立景观空间数据库。因此，判读转绘程序费工费时，费用大，成本高，工作量大，开展较大范围的研究工作困难较大。同时由于其成本较高而效率较低，拍摄周期较长，不便于提供短期的变化信息。

(2) 卫星遥感

卫星影像数据的优点是数据获取周期短、单位成本低、覆盖范围大，能在较短的时间内重复提供同一地区的地面乃至地质信息，因而成为较大尺度景观生态研究的主要数据来源，特别适合于对短期迅速变化的景观结构和生态过程进行的研究以及对景观生态安全进行的实时监测。但与航空遥感相比，由于其分辨率较低，许多研究不能满足要求，在较小尺度景观生态研究中的应用受到一定限制。

卫星遥感数据的处理一般是通过计算机图像处理系统进行的，使用较多和比较著名的软件有 ERMAP、ERDAS、PCI 等，这些计算机卫星图像处理系统的普遍应用，大大提高了图像处理效率，使卫星图像数字信息成为景观结构与动态分析的重要数据源。

上述两种遥感技术都可以提供研究地区景观的空间数据和多种属性数据，满足不同尺度上景观生态研究的要求，成为相互补充而又互不替代的两种有效的数据收集手段。

12.2.2.3 社会经济状况数据

景观结构及其变化与人类活动的关系极为密切。随着人口的增长，人类活动强度不断提高，范围迅速扩大，影响无处不在。景观生态学将人类活动方式及其影响作为重要的研究内容，因而与景观结构、功能及其变化相关的人类活动的内容、方式、强度、频度等数据必不可少。通过对研究地区的社会经济状况进行调查，可以从总体和细节上为评价和预估人类生产和生活对景观的现实和潜在压力提供依据。如森林产品产量、道路状况、人口密度、经济来源、农业耕作方式、畜牧业发展状况以及与森林资源利用相关产业的发展状况等。

12.2.3 景观要素分类

景观要素的分类是开展森林景观生态研究，揭示森林景观格局、生态功能和动态变化过程的基础，也是为森林景观建设、管理、保护和恢复进行规划设计的基础。

12.2.3.1 景观要素分类的原则和要求

景观要素是指研究地区在景观尺度上可分辨的相对同质单元。因此，景观要素分类要根据研究工作的需要，结合所收集的航片资料的分辨率，即分类的实际可能性，确定分类的详细程度。分类过粗会影响将来的研究深度，分类过细则会大大增加工作量和计算机的数据存储量，进而影响分析效率。一般应掌握以下几个原则性要求：

(1) 尽量与通用或常用的分类系统相一致或衔接

无论对什么景观进行研究，如森林景观、湿地景观、城市景观、农业景观等，在制定景观分类系统时都要与现行相关分类系统相协调,如对森林景观的分类,不能完全另行一套,要尽可能与森林植被分类、森林立地分类等现有分类系统协调,特别是在高级层次上的分类,在较低层次上可根据实际适当调整。

(2) 与研究目的相适应

景观分类的目的是为研究和解决景观具体科学问题和实践问题,研究问题的重点、侧重面和角度不同,对分类的要求也有差别。重点或主要研究对象的分类可以细一些,而其他景观要素可以分的粗一些。如研究城市景观中绿地系统的景观生态功能、结构和规划问题时,对各类绿地的分类可以细一些,而对街区类型的划分就可以相对粗一些。

(3) 与数据的分辨率或详细程度相适应

研究工作中主要的数据来源如何,也是确定分类系统要考虑的因素,特别是编制景观图的主要数据源,原始数据分辨率很低,确定过细的分类系统,达不到实际要求,造成大量分类错误,影响研究结论的可靠性。

(4) 保证分类系统的完备性

要求制定的分类系统要涵盖研究地区的所有可能出现的类型。

(5) 类型之间的分异性

要保证分类系统中各类型之间,在景观视觉、结构、功能或过程方面有明确的分异,而且是可测度的。

(6) 类型判别的唯一性

要求分类系统中对景观要素类型的确定标准是明确的,而且是唯一的,即根据分类系统的分类依据不可能将某一地块既定为此一类型,又定为另一类型。

12.2.3.2 各类景观的景观要素分类

显然,不同类型的景观,如森林景观、城市景观、农业景观和湿地景观等,需要研究的问题和重点不同,景观组成各异,相应地要有不同的景观分类系统和方法。但对于同类景观,要逐步形成相对统一的景观分类系统,以便研究成果的比较、交流和共享,这需要结合生产和研究的实际需要,做很多扎实的基础工作。这里只介绍若干已经发表或应用的景观分类系统,供参考。

(1) 森林景观分类

在山西关帝山森林景观生态研究中,根据研究工作的深入程度,采用了以地形斑块为基础,与植被类型和土地利用类型斑块叠加整合的方法,通过综合植被类型、土地利用类型和地形特征,构成景观中相对同质的景观要素单元(表12-2、表12-3)。

表12-2 地形斑块分类标准

地形部位	坡	度	坡 向
宽阔山脊 宽阔山顶 宽阔沟谷	平坡	≤5°	

(续)

地形部位	坡度		坡向	
坡面	缓坡	6°~15°	阴坡	北坡和东北坡 方位：337.5°~67.5°
	斜陡坡	16°~35°	半阴坡	东坡和西北坡 方位：67.5°~112.5° 292.5°~337.5°
	急险坡	≥36°	半阳坡	东南坡和西坡 方位：112.5°~157.5° 247.5°~292.5°
			阳坡	南坡和西南坡 方位：157.5°~247.5°

根据表12-2标准，在研究地区范围内三项指标的所有出现的组合都作为一个现实的地形斑块。确定生成坡度和坡向变更线的标准，确定地形斑块的分辨率，在 Arc/Info 软件支持下，将研究地区 1:2.5 万地形图的等高线，按等高距 50m，在 ADS 方式下经数字化仪输入计算机，采用 Arc/Info 软件的 TIN 模块，经编辑检查后对图层进行处理，生成地形特征斑块图。在计算机生成的基础上，经屏幕监督编辑，进行必要的取舍和合并后，即可生成研究地区的统一地形斑块图层。

植被和土地利用类型的划分可根据研究的需要和航片（或卫片、卫星影像数据）分辨率制定分类标准。如：可以按航片上可识别的植被优势成分的差异为主要依据，划分植被类型和森林类型，加上其他土地利用或土地覆盖类型，建立了适用于航片解译判读的林区景观分类系统及相应的划分标准（表12-3）。

表12-3 关帝山森林景观要素分类系统

一级分类	二级分类	三级分类
林地	寒温性针叶林	落叶松林
		云杉林
		云杉落叶松林
		落叶松云杉林
		杨桦落叶松林
	山地落叶阔叶林	落叶松杨桦林
		杨桦林
		油松辽东栎林
	温性针叶林	油松林
		辽东栎油松林
人工幼林	人工幼林	人工幼林
疏林	疏林	疏林
灌丛	灌丛	灌丛
草甸	亚高山草甸 山地草甸	亚高山草甸 山地草甸

(续)

一级分类	二级分类	三级分类
迹地	新迹地 老迹地	新迹地 老迹地
稀疏灌草丛	稀疏灌草丛	稀疏灌草丛
耕地	沟地 坡耕地 撂荒地	沟地 坡耕地 撂荒地
河流	河流	河流
村庄	村庄	村庄
其他	裸岩 矿区 水库	裸岩 矿区 水库

资料来源：郭晋平《森林景观生态研究》，2001。

(2) 城市景观分类

城市景观分类也要根据城市景观研究的目的和城市景观规划设计的需要，建立城市景观分类系统。由于目前还没有统一的分类系统，需要在研究与实践中做更多的工作。但从城市绿地系统规划的角度来看，城市绿地景观的分类则可以在参照国家绿地分类标准的基础上，制定分类系统(表12-4)。

(3) 湿地景观分类

中国湿地资源比较丰富，境内分布着多种类型的湿地景观。但目前，对湿地景观的分类尚未形成统一标准，由于各个国家和地区国情不同，湿地研究目的和角度不同，世界各国采用的湿地分类系统也多种多样。

表12-4 城市绿地分类系统

大类	中类	小类	大类	中类	小类
G_1 公园绿地	G_{11} 综合公园	G_{111} 全市性公园	G_2 生产绿地		
		G_{112} 区域性公园	G_3 防护绿地		
	G_{12} 社区公园	G_{121} 居住区公园	G_4 附属绿地	G_{41} 居住绿地	
		G_{122} 小区游园		G_{42} 公共设施绿地	
	G_{13} 专类公园	G_{131} 儿童公园		G_{43} 工业绿地	
		G_{132} 动物园		G_{44} 仓储绿地	
		G_{133} 植物园		G_{45} 对外交通绿地	
		G_{134} 历史名园		G_{46} 道路绿地	
		G_{135} 风景名胜公园		G_{47} 市政设施绿地	
		G_{136} 游乐公园		G_{48} 特殊绿地	
		G_{137} 其他专类公园	G_5 其他绿地		
	G_{14} 带状公园				
	G_{15} 街旁绿地				

资料来源：《城市绿地系统分类标准》，中国标准出版社。

总的说来，国际上都有两类分类研究，一是以国家或地区的全部湿地为对象研究涵盖全部湿地类型的完整分类系统。如 1990 年在 Ramsar 公约第四届成员国大会上制定了 Ramsar 湿地分类系统，是目前比较普遍被接受的国际湿地分类系统。在国内外多种湿地分类方法中，以水文条件和优势植物群落分异规律是主要的分类依据。《中国沼泽》以发生学为分类原则，将沼泽划分为富营养、中营养和贫营养三大类，再根据建群植物生态型和植物群落划分沼泽组和沼泽体。陆健健(1990)在《中国湿地》中按 Ramsar 公约湿地定义将中国湿地分为 22 种类型。季中淳(1991)根据水源补给、地貌类型、水动力条件与优势生物群落，将我国海岸湿地划分成 3 类和 12 个湿地自然与人工综合体：潮上带湿地(芦苇沼泽、盐田湿地、草甸湿地等)，潮间带湿地(底栖硅藻滩涂湿地、草滩滩涂湿地、红树林滩涂湿地、海草滩涂湿地)和潮下带湿地(海草沼泽、微型藻类湿地)，这都属于全局性的景观分类研究。

另一类是在某一具体湿地景观范围内为进行湿地结构、功能、过程和利用、保护规划而进行的湿地分类。即针对某一具体湿地的景观分类，以小尺度研究居多。如肖笃宁等在对黄河三角洲和辽河三角洲这两个环渤海最大的三角洲湿地的研究中，在借鉴国内外湿地分类研究成果的基础上，根据河流三角洲的特点，以湿地形成的动力因子为主导，综合考虑湿地的水文、生态及植物优势群落等要素，结合研究需要制定了三角洲湿地景观三级分类系统(表 12-5)。

表 12-5　三角洲湿地分类系统

一级分类	二级分类	三级分类	界定标准
自然湿地	河流湿地	河流	潮流界以上淡水水域
		古河道与河口湖	淡水水域，牛轭湖、河口湖等
	河口湿地	潮间带河口水域	淡、咸水交汇，潮流界至河口口门
	草甸湿地	潮上带重盐碱化湿地	碱蓬、翅碱蓬、荒盐碱地
		湿草甸	獐茅、白茅等
	沼泽湿地	芦苇沼泽	芦苇地
		其他沼泽	以香蒲沼泽为主
	疏林湿地	低平地人工林	垂柳、旱柳、杞柳、刺槐林等
	灌丛湿地	灌丛	柳滩等
	滨海湿地	潮下带浅海水域	低潮线至水深 6m
		滩涂湿地	潮间带
人工湿地	水库与水工建筑	水渠、水库	运河、灌渠
		坑塘	水库、鱼塘、积水土坑等
	人工盐沼	虾蟹池	多分布于滨海滩涂
		盐池	多分布于滨海滩涂
	稻田湿地	水稻田	水稻田

资料来源：肖笃宁等《环渤海三角洲湿地的景观生态学研究》，2001。

12.2.4 景观分类图的编绘

景观分类图的编绘是景观生态研究的基础，不管该过程是以什么样的形式和技术手段实现，也不论是研究现实景观的结构和功能、景观的动态变化过程或趋势、景观评价，还是进行景观的规划设计，都需要进行景观制图，并进行数字化处理，以便于大量的数量化分析。在实践中，绘制景观分类图一般要进行如下工作：

12.2.4.1 确定分辨率

图形的分辨率简单地说是图形的详细程度，一般用图上反映现实状况的最小面积或长度表示。确定图形的分辨率首先要考虑数据来源的分辨率，如航片、卫片的空间分辨率和判读性能，经过处理的图形，其分辨率不可能超过原始数据的分辨率；其次要考虑研究目的和要求，根据所要研究问题的性质和空间尺度，确定适当的图形分辨率；第三要考虑数据处理能力和成本。如可以确定一定比例尺的图面上斑块长轴的长度及其相应的实地长度。另外，也可以针对不同对象确定不同的分辨率。

12.2.4.2 遥感数据或图像的解译判读与制图

航片、卫星影像数据的处理和制图过程有很大的差别。

(1) 航片的解译判读和制图

一般来说对于航空相片以采用目视解译判读为主，包括用各种类型和功能的立体镜作为辅助手段，根据像素特征和判读标准进行解译判读。对地形起伏变化较小的景观，也可将航片经过扫描在计算机上进行拼接编辑后进行监督分类区划。将航片上的判读结果经过各种转绘技术，如目视转绘、网格转绘、射线交会转绘等方法转绘到地形图上作为底图，再经过数字化过程，如数字化仪直接数字化、扫描图像自动数字化和监督数字化等技术建立景观数字图层。对于地形破碎、地性线和明显地物点多的研究地区，如山地林区景观、流域上游景观等，较易实施转绘控制，解译判读成果可以采用随判读随转绘随注记，即时检查逐片连接的程序，直接转绘到地形图上。对不在明显地性线上，难于确定的界线，采用多点引线交会和比例定点等方法确定若干控制点后，按界线走向描绘。转绘好的景观斑块图经检查、清绘和着墨后，透绘在绘图用聚酯薄膜上，制成景观要素类型斑块底图，再进行数字化处理。

(2) 卫星影像数据的处理和制图

卫星影像数据一般要通过各种遥感图像处理软件进行自动分类区划和监督分类区划，有时要结合一定的人工区划。为了建立分类样本训练数据库，可以结合应用 GPS 系统，进行典型样点数据采集，在各类典型景观要素斑块内进行 GPS 采点，记录其空间位置和要素类型，作为对分类区划软件的训练样本，由软件自动生成多波段分类模型。当然，样点越多，训练水平越高，软件的分类区划精度也越高，特别要求样点应包括景观范围内的各类景观要素，对主要的景观要素类型应适当多采一些样点。在计算机自动分类区划的基础上进行监督和必要的修正，有时要进行几次试分类，必要时补充训练样点。

(3) 景观生态研究数据库的建立

将上述经处理后的图形转入地理信息系统，建立多边形拓扑关系，经编辑生成数字景观图层及相应的拓扑数据库。将相应的图斑属性数据和编码等输入数据库，加上 GIS 系统软件自动生成的数据库及派生数据,构成研究地区景观格局及其动态分析的基础图层数据库和相应的属性数据库。

12.2.4.3 景观要素编码

编码是将经过分类的信息用适当的数码(数值或字符串)表示,以便于对信息进行分析和处理,特别是许多属性信息要经过编码才能与空间数据连接起来。在景观生态研究中,将景观要素进行合理编码,对提高空间分析和相关的数据库分析效率具有重要作用。

(1)景观要素编码的原则

一般来说,对各类信息进行编码应当遵循以下原则:

①唯一性 编码要与分类项一一对应,要避免出现一个代码对应多个分类项或者多个代码对应一个分类项的情况。

②可扩充性 所确定的编码方法,要使每一个分类级都能在不改变原有分类系统和编码系统的情况下为新增加的分类项编码。

③易识别性 编码方法要容易理解,容易记忆,容易做出推论。

④简单性 编码要尽可能简单,容易在以后的数据库操作中处理。

⑤完整性 编码系统应当包括所有可能分类项,不能有例外,以防信息不能统一处理。

(2)景观要素编码举例

郭晋平等在对山西关帝山林区森林景观进行生态学研究中,采用了逐级定位编码的方法。即按照景观要素分类系统,每一等级占用1～2位数字,根据各级可能出现的最多分类项确定其占有的位数,依次占据相应位置,连续编码。所用编码系统见表12-6。

表12-6 景观要素编码表

一级分类	编码	二级分类	编码	三级分类	编码
林地	11000000	寒温性针叶林	11310000	落叶松林	11310100
				云杉林	11310200
				云杉落叶松林	11310300
				落叶松云杉林	11310400
				杨桦落叶松林	11310500
		山地落叶阔叶林	11320000	落叶松杨桦林	11320600
				杨桦林	11320700
				油松辽东栎林	11320800
		温性针叶林	11330000	油松林	11330900
				辽东栎油松林	11331000
人工幼林	12000000	人工幼林	12000000	人工幼林	12000000
疏林	20000000	疏林	20000000	疏林	20000000
灌丛	30000000	灌丛	30000000	灌丛	30000000

(续)

一级分类	编码	二级分类	编码	三级分类	编码
草甸	40000000	亚高山草甸 山地草甸	41000000 42000000	亚高山草甸 山地草甸	41000000 42000000
迹地	50000000	新迹地 老迹地	51000000 52000000	新迹地 老迹地	51000000 52000000
稀疏灌草丛	60000000	稀疏灌草丛	60000000	稀疏灌草丛	60000000
耕地	70000000	沟地 坡耕地 撂荒地	71000000 72000000 73000000	沟地 坡耕地 撂荒地	71000000 72000000 73000000
河流	80000000	河流	80000000	河流	80000000
村庄	90000000	村庄	91000000	村庄	91000000
其他	90000000	裸岩 矿区 水库	92000000 93000000 94000000	裸岩 矿区 水库	92000000 93000000 94000000

资料来源：郭晋平《森林景观生态研究》，2001。

实际的编码只对研究中给定的最低级景观要素类型进行编码，在数据库操作时，可以通过对编码的函数运算实现对高级类型的操作和运算。如要在数据库中统计寒温性针叶林的面积、斑块数量等，可以对编码除以 10 000 并取整数，只要其结果等于 1 131，即为寒温性针叶林，以此作为选择记录的条件，再进行相应的统计和分析。这样可以大大简化数据库结构，减少数据输入工作，并减少人为因素带来的误差。

12.2.5 景观格局分析空间取样方法

由于景观生态研究的宏观性和尺度性，逐个地、全面地观测和分析景观中每一个要素和组分的行为和过程几乎是不可能的，也是不必要的，按照一定的规则和要求，通过取样（sampling）获得一定数量的样品组成样本，通过对样本的分析推断总体属性。因此，取样是景观生态学研究中的一项基础工作，如何从景观生态研究的实际要求出发，保证取样的有效性和代表性，是必须解决的现实问题。

为了使景观要素空间特征适应数量化分析的要求。郭晋平等在对关帝山林区森林景观的研究中，设计了适用于景观格局分析中应用地理信息系统技术（GIS）实现数据库管理及分析运算的两种景观格局分析空间取样方法，设计了相应的基准面积法和样方斑块数法两种样方取值法。

12.2.5.1 统一网格样方取样法

(1) 建立统一网格样方图层

在 Arc/nfo 支持下，采用与要研究的景观图层相同的图层定位控制点（TIC 点）点和相同的范围，用 GRID 命令建立研究地区统一网格图层。网格大小可根据景观要素斑块平均规模确定。本研究采用 $25hm^2$ 的正方形网格。对每个网格进行自动顺序编码，给用户标识码赋值。

用研究地区边界图层对统一网格图层进行剪切操作，删除落在边界线以外的样方和剪切后不完整的样方后，重新建立多边形拓扑关系，就建成了研究地区统一网格样方图层。

(2) 网格样方取样与数据库的建立

对上述建立的网格样方图层与要研究的景观图层进行叠加操作，可获得叠加(取样)后的复合图层。

对复合图层中的多边形属性表(PAT)表中的数据进行分析，按样方取值法确定每个样方的取值。

12.2.5.2 样方取值的计算方法

按照统一网格样方取样法对景观进行取样后，还需要确定各样方的取值。为此设计了两种样方取值计算方法，即基准面积法和样方斑块数法。

(1) 基准面积法

假设景观要素在整个景观中均匀分布于统一网格的每一个样方中，即景观要素斑块由可分的面积单元构成，这些面积单元可以任意小，以致可看作空间中的点。在此基础上，景观要素斑块就可看作由有限"点"组成的聚合，均匀分布时的"点"数可用平均每个样方中景观要素的面积表示，以此面积为标准与每一样方中景观要素实际面积之比，即为该样方的观测值。

设欲研究的景观要素(生态系统)总面积为 A_i，景观的总面积为 A，统一网格样方面积为 a，整个景观可分为 N 个样方。若第 i 景观要素落入第 j 样方中的面积为 a_{ij}，则定义第 i 景观要素在第 j 样方中的取值为第 i 景观要素在第 j 样方中的面积与该景观要素在全部样方中的平均面积之比。即：

$$X_{ij} = INT(\frac{a_{ij}A}{aA_i}) \tag{12-1}$$

在上述复合图层的多边形属性表(PAT 表)中，分别样方统计该景观要素的面积，代入式(12-1)进行计算可得各样方的取值。

(2) 样方斑块数法

样方斑块数法是将景观要素斑块看做可分割的面积实体，将景观要素在统一网格样方中出现的次数计为景观要素的样方取值。实际应用时，可根据分辨率确定一个样方中出现某一景观要素斑块的最小斑块面积下限，统一网格样方中出现 1 个面积超过该阈值的该景观要素亚斑块即计为 1，样方中所要研究的景观要素出现的斑块数即为该景观要素在该样方中的取值。

12.2.5.3 统一网格样点取样法

在景观生态研究中，常常会用到样点数据，只要求获得某些样点上的属性数据，用来进行景观格局分析或建立景观模型。如建立景观要素空间分布趋势面模型、建立景观要素转移概率矩阵模型等。也采取与统一网格样方取样法类似的步骤进行取样，称作统一网格样点取样法。

(1) 建立统一网格样点图层

首先，在 Arc/Info 支持下，采用与统一网格样方取样法一样的方法和步骤，建立研究地区统一网格样方图层。然后用 Arc/Info 确定中心点的功能确定每一个网格样方的中心点，将中心点作为 LABEL 点，统一按顺序自动编号，删除所有的网格线，按点建立拓扑关系就建成了统一网格样点图层。

（2）网格样点取样与数据库的建立

将上述建立的网格样点图层与所要研究的景观图层、数字化地形图或其他属性的数字景观图层叠加，可对相应的属性图层进行样点取样。

将网格样点图层与其他专题数字图层叠加，得到复合图层，通过对复合图层的分析，可获得相应的取样数据。如：与数字化地形图叠加，应用地理信息系统的 DEM/DTM 功能，可获得各样点的地形特征属性数据，如纵坐标、横坐标、海拔、坡向和坡度等；与景观图层叠加，可获得各样点景观要素属性数据，如植被类型、土地利用类型、立地条件类型、景观要素生产潜力等。

将复合图层按点建立拓扑关系后，对复合图层 PAT 表中的数据进行分析，按样点号获得该点的属性，可以建立相应的数据库。

对于统一网格样点取样法，样点上的数据一般就是所要取样的景观图层上该样点的属性数据。

12.3 景观要素斑块特征分析

景观要素斑块特征主要包括景观要素斑块规模、景观要素斑块形状和景观要素斑块边界特征等。对于作为生物生境的斑块，由于斑块大小、形状、内部生境面积等是影响生境质量的重要斑块空间特征，人们在研究生境的空间特征时，常将它们综合地作为评价生境破碎化程度的指标。

12.3.1 景观要素斑块规模

不同景观类型要素的斑块规模大小，对斑块内部及斑块之间的物质和能量交换，斑块稳定性与周转率，斑块的生物多样性等都有重要影响。由于斑块大小影响斑块内部生境面积和边缘面积的关系，进而对以某种景观要素斑块为栖息地的物种种群数量和生态行为产生影响。因此，景观要素斑块的规模一直是景观格局分析的一项基本内容。

直接反映景观中某一景观要素类型斑块规模的指标可分为斑块面积和斑块内部生境面积两类。

12.3.1.1 斑块面积

斑块面积包括类斑平均面积、最大斑块面积、最小斑块面积、类斑面积标准差及变动系数。斑块内部生境面积包括类斑内部生境总面积和类斑平均内部生境面积。

（1）类斑平均面积

类斑平均面积是景观中某类景观要素斑块面积的算术平均值。反映该类景观要素斑块规模的平均水平。

$$\bar{A}_i = \frac{1}{N_i} \sum_{j=1}^{N_i} A_{ij} \qquad (12\text{-}2)$$

式中 N_i——第 i 类景观要素的斑块总数；

A_{ij}——第 i 类景观要素第 j 个斑块的面积。

（2）最大和最小斑块面积

最大和最小斑块面积是景观中某类景观要素最大和最小斑块的面积。反映该类景观要素斑块规模的极端情况。

$$A_i\max = \max(A_{ij}) \quad (j = 1, 2, 3, \cdots, N_i) \quad (12\text{-}3)$$

$$A_i\min = \min(A_{ij}) \quad (j = 1, 2, 3, \cdots, N_i) \quad (12\text{-}4)$$

（3）类斑面积标准差和变动系数

类斑面积标准差和变动系数是景观中某类景观要素斑块面积的统计标准差和变动系数。反映该类景观要素斑块规模的变异程度。

$$S_i = \sqrt{\frac{1}{N_i}\sum_{j=1}^{N_i}(A_{ij} - \bar{A}_i)^2} \quad (12\text{-}5)$$

$$C_i = \frac{S_i}{\bar{A}_i} \times 100\% \quad (12\text{-}6)$$

式中 S_i——第 i 类景观要素的斑块面积标准差；

C_i——第 i 类景观要素的斑块面积变动系数。

计算上述各个斑块面积指标最基本的数据是各类型景观要素每个斑块的面积 A_{ij}。在 ARC/INFO 支持下，将景观斑块图层经数字化输入计算机，用 CLEAN 或 BUILD 命令按多边形（POLYGON）建立拓扑关系后，可以自动计算各斑块面积并记入相应的数据库中，表中面积单位为图纸上的面积单位，经比例尺转换可变成实际面积。输入斑块属性数据，按斑块某一属性分类，就相当于对数据库中的记录按某一数据项进行分类。对分类后各条记录中的面积项按上述公式进行计算，可以方便地得到各指标。

12.3.1.2 内部生境面积

内部生境面积是指斑块面积减去受边际效应影响的边际带的剩余面积，针对不同的研究对象和研究项目，边际带的宽度也应有所不同，但由于基础研究尚显不足，对各类斑块边际带宽度的确定还没有普遍接受的原则和标准。内部生境面积的分析可以用类斑内部生境总面积反映景观中某种生境的整体数量，用平均内部生境面积反映实际生境斑块的大小。

（1）类斑内部生境总面积

类斑内部生境总面积是该类生境全部斑块内部面积之和。

$$AI_i = \sum_{j=1}^{N_i}(A_{ij} - EA_{ij}) \quad (12\text{-}7)$$

式中 AI_i——第 i 类生境的内部生境总面积；

A_{ij}——第 i 类生境的斑块平均内部生境面积；

EA_{ij}——第 i 类景观要素第 j 斑块的边际带面积。

（2）平均内部生境面积

平均内部生境面积是该类生境全部斑块内部面积算术平均值。

$$\overline{AI}_i = \frac{1}{N_i} \sum_{j=1}^{N_i} (A_{ij} - EA_{ij}) \tag{12-8}$$

实际研究工作中，某一类生境斑块内部生境面积的测度，并不通过式(12-8)计算，而是在 GIS 支持下通过生成该类斑块的边际缓冲带(buffer)图层后，直接由非缓冲带面积得到。缓冲带的宽度可以根据斑块属性、边界两侧斑块属性差异等因素来确定。如果没有 GIS 的支持 EA_{ij} 的测度将是极为困难和艰苦的工作，对于复杂景观的分析几乎是不可能的。

12.3.2 景观要素斑块形状

12.3.2.1 景观要素斑块形状指数

目前提出的景观要素斑块形状指数，因研究目的和标准形状的不同而有多种。本研究采用的形状指数包括类斑形状指数、类斑近圆指数和类斑方形指数。

(1) 类斑形状指数

类斑形状指数是现实斑块周长与相同面积圆形斑块周长之比的面积加权平均值。

$$SI_i = \frac{1}{2\pi A_i} \sum_{j=1}^{N_i} P_{ij} A_{ij} \tag{12-9}$$

式中　SI_i——第 i 类景观要素斑块的类斑形状指数；

　　　P_{ij}——第 i 类景观要素斑块中第 j 斑块的边界长度；

　　　A_i——第 i 类景观要素斑块总面积。

类斑形状指数的取值一般都大于或等于 1。类斑形状指数越接近 1，说明该类景观要素斑块的形状越接近于圆形，数值越大说明该类斑块的形状越复杂，偏离圆形越远。

(2) 类斑近圆率指数

根据 Miller 的近圆率指数式，改进后的类斑近圆率指数是某类景观要素各斑块面积与具有相同周长圆形面积之比的面积加权平均值。

$$SIC_i = \frac{4\pi}{A_i} \sum_{j=1}^{N_i} \left(\frac{A_{ij}}{P_{ij}}\right)^2 \tag{12-10}$$

式中　SIC_i——类斑近圆率指数。

现实景观的类斑近圆率指数一般都小于 1，类斑近圆率指数越接近于 1，说明该类景观要素斑块的形状越接近于圆形；数值越小，说明景观要素斑块的形状越复杂。

为便于理解和实际分析中进行数值比较，又定义：

$$SIQ_i = \frac{1}{SIC_i} \tag{12-11}$$

(3) 类斑方形指数

将正方形作为标准形状时，可构造出类斑方形指数(李哈滨等，1992)。它是现实斑块周长与相同面积正方形周长之比的面积加权平均值。

$$SIS_i = \frac{1}{4A_i} \sum_{j=1}^{N_i} P_{ij} A_{ij} \tag{12-12}$$

式中　SIS_i——类斑方形指数。

类斑方形指数与以圆形为标准的形状指数成比例关系，具有一致的生态学意义。

12.3.2.2 景观要素斑块分维数

分形几何中不规则几何图形的分维数(fractal dimension，Df)，可以反映空间实体几何形状的不规则性。由曼德布罗特提出的小岛法是测量分维数的简捷而适用的方法(Mandelbrot，1982)，适用于测度景观要素斑块的边界分维数。

非欧几何不规则图形的周长 P 与其面积 A 之间的关系可以表示为：

$$P^{\frac{1}{Df}} \propto A^{\frac{1}{2}} \tag{12-13}$$

式中 Df——不规则图形边界的分维数。

由上式可知，图形的面积、周长与分维数之间存在如下关系：

$$\ln P = C + \frac{Df}{2}\ln A \tag{12-14}$$

式中 C——常数。

由此可以推出，对于具有相似边界特性的斑块，其面积、周长与其边界的分维数同样存在上述关系。则该类斑块的边界分维数可由同类斑块的周长和面积数据经对数处理后，用最小二乘法计算确定回归直线的斜率，其斜率的 2 倍即是该类斑块的边界分维数。

$$Df_i = 2\frac{\sum_{j=1}^{N_i}\ln A_{ij}\ln P_{ij} - \frac{1}{N_i}\sum_{j=1}^{N_i}\ln A_{ij}\sum_{j=1}^{N_i}\ln P_{ij}}{\sum_{j=1}^{N_i}(\ln A_{ij})^2 - \frac{1}{N_i}\left(\sum_{j=1}^{N_i}\ln A_{ij}\right)^2} \tag{12-15}$$

式中 Df_i——第 i 类景观要素斑块的边界分维数。

当边界分维数接近 1 时，说明该类斑块的形状接近于正方形，边界分维数值越高说明该类景观要素斑块形状越复杂(肖笃宁，1991)。

计算上述景观要素斑块形状特征指数的基础数据是各类型景观要素斑块面积 A_{ij} 和周长 P_{ij}。在多边形属性表中各斑块面积和周长都是基本数据项，对景观要素斑块进行属性分类后利用多边形属性表中数据按相应的公式就可以方便地计算上述指标。

12.4 景观异质性分析

景观异质性可以通过景观的斑块密度、边缘密度、景观多样性和景观镶嵌度等指标加以描述和分析。

12.4.1 景观斑块密度和边缘密度

12.4.1.1 景观斑块密度

斑块密度包括景观斑块密度和景观要素斑块密度。景观斑块密度是指景观中包括全部异质景观要素斑块的单位面积斑块数。景观要素斑块密度是指景观中某类景观要素的单位面积斑块数。

$$PD = \frac{1}{A}\sum_{j=1}^{M} N_i \tag{12-16}$$

$$PD_i = \frac{N_i}{A_i} \tag{12-17}$$

式中 PD——景观总体斑块密度；

PD_i——第 i 类景观要素的斑块密度；

M——研究范围内某空间分辨率上景观要素类型总数；

A——研究范围景观总面积，且有 $A = \sum_{i=1}^{M} A_i$。

12.4.1.2 景观边缘密度

景观边缘密度包括景观总体边缘密度（或称景观边缘密度）和景观要素边缘密度（简称类斑边缘密度）。景观边缘密度（ED）是指研究景观范围内单位面积上异质景观要素斑块间的边缘长度。景观要素边缘密度（ED_i）是指研究对象单位面积上某类景观要素斑块与其相邻异质斑块之间的边缘长度。

$$ED = \frac{1}{A} \sum_{i=1}^{M} \sum_{j=1}^{M} P_{ij} \quad (j \neq i) \tag{12-18}$$

$$ED_i = \frac{1}{A_i} \sum_{j=1}^{M} P_{ij} \quad (j \neq i) \tag{12-19}$$

式中 P_{ij}——景观中第 i 类景观要素斑块与相邻第 j 类景观要素斑块间的边界长度。

可见，只要对多边形属性表中的记录（每一条记录代表一个斑块）按某一属性分类后，将其面积和周长按上述各公式进行统计计算即可得到各分析指标。

12.4.2 景观多样性

12.4.2.1 多样性指数与均匀度

借用信息论中信息不确定性的计算公式，用来描述景观中景观要素斑块类型的不确定性，把它作为描述景观多样性的定量指标。其中以 Shannon-Weaner 指数较常用。

$$H = -\sum_{i=1}^{m} AP_i \log_2 AP_i \tag{12-20}$$

式中 AP_i——第 i 类景观要素面积占景观总面积的比例，且 $AP_i = \sum_{j=1}^{N_i} A_{ij}/A$。

均匀度（E）是景观实际多样性指数（H）与最大多样性指数（H_{max}）的相对比值。

$$E = \frac{H}{H_{max}} \tag{12-21}$$

其中，
$$H_{max} = -\log_2\left(\frac{1}{M}\right)$$

12.4.2.2 景观要素优势度

在群落生态学研究中优势度用来反映种群在群落组成结构中的地位和作用，借用优势度指数的原理构造景观优势度指标，也可以用来测度整体景观受一种或少数几种景观要素控制的程度（肖笃宁，1991；刘先银，1994）。景观中某一类景观要素的优势度越高，则景观受该类景观要素控制的程度越高；相反，如果不存在明显占优势的景观要素，表明景观具有较高的异质性。其中，景观要素的相对密度、相对频度和相对盖度是构造景观优势度指标时首先考虑的因素。

为了强调景观中景观要素的面积(或称盖度)在景观要素优势度指标中的作用，相应地提高了相对盖度在优势度指标计算式中的系数。第 i 类景观要素的优势度可用下式计算：

$$D_i = \frac{1}{4}DP_i + \frac{1}{4}DF_i + \frac{1}{2}DC_i \tag{12-22}$$

式中　　DP_i——第 i 类景观要素的相对密度，即第 i 类景观要素斑块数占所研究的景观总斑块数之比；

DF_i——第 i 类景观要素的相对频度，是景观网格样点中第 i 类景观要素斑块出现的样点数占总样点数之比；

DC_i——第 i 类景观要素的相对盖度，即景观中该类景观要素总面积占景观总面积之比。或景观网格取样时，某类景观要素的取样面积占总取样面积之比。

对于多样性指数和均匀度，可以直接分类统计多边形属性表中的各类型斑块数，其面积即可按上述公式计算。对于景观要素优势度指数，DP_i 和 DC_i 可通过类似方法直接对多边形属性表中数据进行分类统计计算获得，而 DF_i 则需采用景观网格样方取样法进行全景观取样后，对样点属性进行分类统计计算获得。

12.4.3　景观镶嵌度和聚集度

景观镶嵌度描述景观中相邻异质景观要素斑块(生态系统)之间的对比程度，也是景观异质性的一个测度指标。当考虑较大区域范围内森林与其他景观要素的对比程度时，可用来描述森林的破碎化程度。

12.4.3.1　景观镶嵌度

(1) 景观总体镶嵌度

景观总体镶嵌度描述景观总体景观要素斑块(生态系统)对比程度，相应的指标称为景观镶嵌度指数。可以用式(12-23)计算。

$$PI = \frac{1}{E_t} \sum_{i=1}^{m} \sum_{j=1}^{m} EN_{ij}D_{ij} \tag{12-23}$$

其中，

$$E_t = \sum_{i=1}^{m} \sum_{j=1}^{m} EN_{ij}$$

式中　　PI——景观总体镶嵌度；

E_t——景观中异质景观要素斑块间的共同边界总长度；

EN_{ij}——相邻的第 i 类景观要素斑块和第 j 类景观要素斑块之间的共同边界长度；

D_{ij}——根据研究对象的特点和生态学意义确定的第 i 类景观要素与第 j 类景观要素之间的生态学相异程度。它可以是专家经验数据，也可用群落生态研究中确定的群落相似性等指标。

(2) 景观要素镶嵌度

如果只考虑某一类斑块与其他各类斑块间的相异性，其相应的指数则为景观要素镶嵌度指数，用来描述景观中某一类景观要素与其相邻的异质景观要素斑块间的对比度。

$$PI_i = \frac{1}{E_{ti}} \sum_{j=1}^{m} EN_{ij}D_{ij} \tag{12-24}$$

其中，
$$E_{ti} = \sum_{j=1}^{m} EN_{ij}$$

式中，EN_{ij} 由基于多边形的景观图层弧段属性表中的弧段长度经比例尺转换获得。根据图层弧段属性表中各弧段左右多边形(景观要素斑块)的属性，按照一定的生态学或其他意义确定两者之间的差异 D_{ij}。将相应数据代入上述公式可以计算各指标。

12.4.3.2 景观聚集度指数

景观聚集度描述景观中不同景观要素的团聚程度，反映一定数量的景观要素在景观中的相互分散性。由于它与镶嵌度指数一样，包含了景观中各类要素之间的空间关系，自 O'Neill(1988)提出以来，在景观生态学研究中常被用来分析景观结构与异质性，并得到改进(李哈滨，1992)。其计算公式如下：

$$RC = 1 - \frac{C}{C_{\max}} \tag{12-25}$$

其中，
$$C = -\sum_{i=1}^{m}\sum_{j=1}^{m} EP_{ij}\log_2 EP_{ij}$$
$$C_{\max} = 2\log_2 m$$

式中　RC——相对聚集度指数；
　　　C——复杂性指数；
　　　$C_{\max}$——C 的最大可能取值；
　　　EP_{ij}——第 i 类景观要素与第 j 类景观要素相邻接的概率。

实际计算中以第 i 类景观要素与第 j 类景观要素之间的共同边界长度(EN_{ij})占景观中同一分类等级上异质景观要素类型之间共同边界总长度(EN_t)之比作为估计值。即：

$$EP_{ij} = \frac{EN_{ij}}{EN_t} \tag{12-26}$$

RC 的取值范围为(0~1)。RC 取值小，表明景观由少数较大斑块组成，异质性程度较低；RC 取值大，则说明景观总体由相互分散交错分布的许多异质小斑块组成，景观的异质程度高。

聚集度指数也可针对个别景观要素进行分析，此时它表示该景观要素与景观内其他异质景观要素的聚集程度。则：

$$RC_i = 1 - \frac{C_i}{C_{\max}} \tag{12-27}$$

其中，
$$C_i = -\sum_{j=1}^{m} EP_{ij}\log_2 EP_{ij}$$
$$C_{\max} = \log_2 m$$

RC_i 的取值范围为(0~1)。RC_i 取值大，说明第 i 类景观要素与较多的异质景观要素相聚集；RC_i 的取值小，说明第 i 类景观要素斑块仅与少数几类景观要素的较大斑块相聚集。上述公式中，EN_{ij} 和 EN_t 的数据来源与前述景观镶嵌度指数相同。

12.5 景观要素空间相互关系分析

景观要素的空间关系包括同类景观要素的空间关系和异质景观要素之间的空间关系，可以从同质景观要素空间相互关系和异质景观要素空间相互关系两方面进行分析。

12.5.1 同质景观要素的空间关系

同质景观要素之间的空间关系指的是某一类景观要素内部斑块之间或同类景观要素的不同结构成分之间的空间关系。如同一森林类型斑块之间的空间连接度，同一森林类型本底、破碎斑块和树篱廊道之间的空间关系等。

景观要素连接度指数和联系度指数都可以反映同类景观要素斑块之间的空间结构关系和生态功能联系的指标。

12.5.1.1 景观要素连接度指数

景观要素连接度指数用来描述景观中同类景观要素斑块的联系程度。尽管对连接度的概念、意义和测度方法都有不同意见，在这里我们仍将它作为一个结构性指标。由李哈滨在最小距离指数基础上，改进而成的连接度指数是最近邻体距离的面积加权平均数，我们暂称为 L – 连接度指数，其取值范围为 $(0, 1)$，连接度指数的取值越大，说明该类斑块间的连接度越高，其相互联系越紧密。

$$PX_i = \sum_{j=1}^{N_i} \left(\frac{A_{ij}}{\min(d_{ij}) \times \sum_{j=1}^{N_i} \frac{A_{ij}}{d_{ij}}} \right)^2 \tag{12-28}$$

式中　A_{ij}——第 i 类景观要素第 j 斑块的面积。

12.5.1.2 景观要素联系度指数

景观要素联系度指数是编者在对关帝山森林景观的研究中，为描述景观中同类景观要素斑块之间的相互联系程度而建立的一项新指标。

由景观中某类景观要素斑块化为标准圆形斑块时的半径与其最近邻体斑块间距离之比的面积加权平均数表示。

$$PC_i = \frac{1}{A_i} \sum_{j=1}^{N_i} \frac{A_{ij} \cdot \sqrt{\pi \cdot A_{ij}}}{\min(d_{ij})} \tag{12-29}$$

式(12-28)和式(12-29)中，d_{ij} 是某景观要素类型第 i 斑块中心点与第 j 斑块中心点之间的距离。在 ARC/INFO 支持下，首先确定斑块重心点以代替斑块中心点。应用 ARC/INFO 计算点间距离的功能，搜索各景观要素斑块中心点到周围同类景观要素斑块中心点的最小距离。

12.5.2 异质景观要素之间的空间关系

异质景观要素之间的空间关系是指景观中不同属性的景观要素的结构成分之间的空间关系。如同类景观要素的空间关联度和异质景观要素的空间相邻度等。

12.5.2.1 景观要素空间关联度

空间关联分析可用来分析不同景观要素类型之间在空间分布上的相互联系。同群落生态研究中类似，景观要素之间可能存在正关联、负关联或无明显关联。

在 ARC/INFO 支持下，通过生成网格样方图层，在景观图上通过叠加取样，获得欲研究各景观要素在各样方中的二元数据，经统计后列出列联表，则两景观要素类型间的关联系数 R，可由下式计算：

$$R = \frac{ad - bc}{\sqrt{(a+b)(c+d)(a+c)(b+d)}} \tag{12-30}$$

R 的取值介于 $-1 \sim +1$ 之间，$R > 0$ 为正相关，$R < 0$ 为负相关，$R = 0$ 为无关联。对 R 值的大小可进行关联度显著性检验。

$$\chi^2 = \frac{n(ad-bc)^3}{(a+b)(c+d)(a+c)(b+d)} \tag{12-31}$$

若 $\chi^2 > \chi^2_\alpha(1)$，则说明两景观要素类型之间关联显著；若 $\chi^2 < \chi^2_\alpha(1)$，则说明两景观要素之间无显著空间关联。

12.5.2.2 景观要素相邻度指数

景观要素空间相邻度表示某一类景观要素斑块与另一类景观要素斑块间相邻接的程度。可以反映所研究的景观中两类景观要素空间相互关系的密切程度。

$$NI_{ij} = \frac{EN_{ij}}{EN_i} \tag{12-32}$$

式中 NI_{ij}——景观中第 i 类景观要素与第 j 类景观要素的空间相邻度；

EN_{ij}——第 i 类景观要素与第 j 类景观要素斑块间相邻边界总长度；

EN_i——第 i 类景观要素斑块与相邻异质景观要素斑块间的边界总长度。

公式中 EN_{ij} 和 EN_i 的数据来源与前述景观镶嵌度指数相同。

12.6 景观要素空间分布格局分析

景观总体空间格局分析包括 4 个方面，即景观要素空间分布随机性判定；景观要素空间格局的规模或尺度分析；景观要素之间在空间分布上的相互关系；景观要素空间分布规律，用以反映景观空间分布规律的不同方面。

12.6.1 景观要素空间分布随机性判定

通过对景观要素空间分布随机性判定，可以确定景观要素的空间分布是否存在某种格局及格局的性质，为进一步对格局特征进行分析提供依据。

空间实体随机性判定方法可分为两类。一类是分布拟合法，通过用理想分布模型的调查数据对现实分布进行拟合，通过对拟合效果的检验确定其分布模式。另一类是分布型指数法，通过对空间分布调查数据的分析，计算各种指标，用以判定其是否具有随机分布的特征及其偏离程度。由牛文元提出的 E-尺度指标，是另一种具有独特取样和计算方法的实体空间分布检验方法，也属于分布型指数法。

12.6.1.1 分布拟合法

在分布特征较典型的情况下，分布拟合法能够提供实体空间分布模式的具体信息。常见的理论分布模型有正二项分布、泊松分布、耐曼分布和负二项分布。

(1) 二项分布

二项分布代表研究实体间空间距离均匀地分布格局，也称均匀分布。这种分布格局在自然景观中很少见，偶尔在同质景观的本底中出现。在人工景观和管理景观中某些景观要素的空间分布会表现为均匀分布。

二项分布的分布模型为：

$$P_r = C_k^r p^r q^{k-1} = \frac{k!}{r!(k-r)!} p^r q^{k-r} \tag{12-33}$$

式中　p——景观要素在取样中出现的概率；

　　　q——景观要素在取样中不出现的概率；

　　　k——观测项目可能出现的数据组合数或观测值的组数；

　　　r——样本中出现某类景观要素基准面积单元的个数；

　　　P_r——样本中出现 r 个基准面积单元的该类景观要素的概率。

且有

$$\begin{cases} \bar{x} = kp \\ S_x^2 = kpq \end{cases} \tag{12-34}$$

式中　$\bar{x}$——样本观测值的平均值；

　　　S_x^2——样本观测值的方差；

　　　其余符号意义同前。

用取样数据通过式(12-34)可以对式(12-35)中的参数进行估计。

(2) 泊松分布

泊松分布代表典型的随机分布格局，即景观要素在每一个网格样方中出现的概率相等，与该样方中是否已经存在该类景观要素无关。

泊松分布的概率分布模型为：

$$P_r = e^{-\bar{x}} \frac{\bar{x}^r}{r!} \tag{12-35}$$

由于泊松分布的 $\bar{x}$ 和 S_x^2 相等，只要根据样本数据计算出样本平均值即可得出上式中的参数。

(3) 耐曼分布

耐曼分布是泊松分布的变形，它可以表示景观要素斑块以聚集团块形式出现，聚块的大小相近，聚块在总体景观中呈随机分布，且聚块内的景观要素仍呈随机分布的格局。

耐曼分布因选择不同的 n 参数而有不同的模型，耐曼(Neyman)1939 年仅提出 $n = 0$,1,2 时的分布模型，分别被称为耐曼 A 型、耐曼 B 型和耐曼 C 型分布。以后比尔等提出了理论通式，扩展到任意 n 值。其概率分布模型为：

$$\begin{cases} P_0 = e^{-m_1} e^{m_2} f(0) \\ P_{r+1} = \dfrac{m_1}{r+1} \sum_{k=0}^{r} F_k P_{r-k} \end{cases} \qquad (12\text{-}36)$$

其中，
$$\begin{cases} F_0 = (m_2 + n) f(0) - n \\ F_1 = [(m_2 + n)^2 + n] f(0) - n[(m_2 + n) + 1] \\ F_k = \dfrac{m_2 + n + k}{k} F_{k-1} - \dfrac{m}{k-1} F_{k-2} \end{cases} \qquad (12\text{-}37)$$

其中，
$$f(0) = n!(-m_2)^{-n} \left(e^{-m_2} - \sum_{s=0}^{n-1} \dfrac{(-m_2)^s}{s!} \right) \qquad (12\text{-}38)$$

其中，
$$\begin{cases} m_1 = \dfrac{s^2 - \bar{x}}{\bar{x}} = \dfrac{(n+2)(s^2 - \bar{x})}{2\bar{x}} \\ m_2 = \dfrac{\bar{x}}{s^2 - \bar{x}} = \dfrac{(n+1)\bar{x}}{m_2} \end{cases} \qquad (12\text{-}39)$$

(4) 负二项分布

负二项分布代表由不同密集程度的实体聚块，聚集构成的格局。其概率分布模型为：

$$P_r = \dfrac{(k+r-1)!}{r!(k-1)!} q^{-k-r} p^r \qquad (12\text{-}40)$$

式中参数 k 的矩法估计可以由式(9-38)得出：

$$\begin{cases} k = \dfrac{\bar{x}}{p} \\ p = \dfrac{s^2}{\bar{x}} - 1 \\ q = p - 1 \end{cases} \qquad (12\text{-}41)$$

(5) 概率分布模型的适合性检验

概率分布模型的适合性检验采用如下步骤进行：

①分别以泊松分布、耐曼分布和负二项分布作为理论分布模型，将统一网格样方取样法中两种样方取值方法得到的各景观要素样方观测值，按样方取值大小分组统计样方频数，即得现实样方频数分布。

②采用矩法估计各模型参数，计算理论分布频数。

③采用 χ^2 检验法对现实和理论分布进行差异显著性检验，确定现实分布是否符合理论分布。

12.6.1.2　分布型指数法

通过计算各种分布型指数，以判断空间实体附合和背离随机分布的程度。这类指数的种类很多，计算比较简单，但多数指数只提供实体是否存在聚集分布的趋势及聚集程度，而并不能指明有关聚集分布的细节，如扩散系数、Taylor 指数、Cossie 和 Kuno 应用的 C_a 指数，以及 Lloyd 提出的平均拥挤度指数等。在不需要了解实体空间分布细节时常被采用，如扩散系数(DI)、Morisita 指数(MI)、CA 指数 E-尺度指数和最小距离指数等。

(1) 扩散系数

扩散系数即方差均值比，或称偏离系数，许多人称之为分布指数(皮洛著，卢泽愚译，

1978)

$$DI = \frac{V}{X} \tag{12-42}$$

其中，
$$V = \frac{\sum_{i=1}^{n} X_i^2 - \left(\frac{1}{N}\sum_{i=1}^{n} X_i\right)^2}{N-1}$$

$$\bar{X} = \frac{1}{N}\sum X_i$$

式中　X_i——样方观测值；
　　　N——样方总数；
　　　V——样本方差；
　　　$\bar{X}$——样本均值。

DI 的取值范围为(-1，$+1$)。若 $DI = 1$，表明该景观要素在景观空间中趋向于随机分布；若 $DI > 1$，表明该景观要素为聚集分布的趋势；若 $DI < 1$，表明该景观要素趋向于均匀分布。DI 是否显著偏离1，可以用 t 值检验法进行检验。通过对 t 值和 t 值表中查到的 t_α 进行比较，确定其显著性水平。

$$t = \frac{DI - 1}{S}, \quad S = \frac{2}{N-1}, \quad f = N - 1$$

（2）Morisita 指数

Morisita 指数是由 Morisita 为克服扩散系数受样方平均值影响较大的缺点而提出的（郑师章，1994；Greig-Smith，1983；Pielou，1969；Hill，1973）。

$$MI = n\frac{\sum_{i=0}^{n} X_i(X_i - 1)}{N(N-1)} \tag{12-43}$$

式中　n——样方数；
　　　X_i——样方观测值；
　　　N——观测总个体数。

MI 的取值范围为(-1，$+1$)。当 $MI = 1$ 时，表明该景观要素为随机分布；当 $MI > 1$ 时，表明该景观要素趋向于聚集分布；当 $MI < 1$ 时，表明该景观要素趋向于均匀分布。MI 是否显著偏离1，可用 F 值检验。

$$F = \frac{(N-1) + n + N}{n - 1} \tag{12-44}$$

通过 F 与 F_α 进行比较，可确定研究对象偏离随机分布的显著性水平。

（3）CA 指数

CA 指数实质上是负二项分布理论模型中参数 K 的估计值。由样本样方观测值进行估计时，可由下式计算。

$$CA = \frac{V - \bar{X}}{\bar{X}^2 - \frac{V}{N}} \tag{12-45}$$

CA 的取值范围为(-1，$+1$)。当 $CA = 0$ 时，表明该景观要素为随机分布；当 $CA <$

0 时，表明该景观要素趋向于均匀分布；当 $CA > 0$ 时，表明该景观要素趋向于聚集分布。

(4) E - 尺度指数

E - 尺度指数是由牛文元在应用近邻分析、引力理论和概率论基本原理的基础上提出的，用于分析和判断生态系统空间分布的随机性(牛文元，1984)。

$$E = \frac{D_a}{(D_a)_p} \tag{12-46}$$

其中，$D_a = \sum_{1}^{h} \sum_{\theta=1}^{\delta} \left\{ [d_{ij} + \Delta d]_{\min} _{\theta(0,\pi/4,\pi/2,\cdots,3\pi/2,7\pi/4)} \times \left[\frac{P_i}{(1-P_i)} \right] \right\}$

$$(D_a)_p = \frac{(D_a)_u}{2\sqrt{n/A}}$$

式中 d_{ij}，Δd——分别为空间网格中某一样方在 8 个方向上含有同类景观要素的最近相邻面积单元之间的距离及其增量；

P_i——样方中欲研究的景观要素面积占相邻两样方中该景观要素总面积的比率；

h——景观中全部该景观要素的样方总数；

A——景观总面积；

n——景观中网格样方总数；

$(D_a)_u$——当该景观要素均匀分布于整个景观中时，该类景观要素斑块间的距离之和，可由上式计算，其中 $d_{ij} = 1$，$\Delta d = 0$。

可见，在上述景观要素空间分布随机性判别指数和方法中，除 E-尺度指数外，样方数据的取得都不考虑样方的空间位置关系，取样方法简便，在相关研究中应用得较多。E-尺度指数的计算则要求考虑包含同类景观要素的样方之间的邻接关系，计算分析较复杂，适用于研究较大尺度上生态实体的空间分布，特别是在 GIS 支持下，通过生成网格样方图层，与景观图层叠加后，应用自制的 LSAN 软件包，读取景观图层对应的 PAT 数据，可以较方便地计算出不同景观要素类型的 E-尺度指数，并进行分析比较。

(5) 最小距离指数

最小距离指数来源于无样地取样技术中的最近邻体法(郑师章等，1994)。计算时不用样方数据而直接由最近邻体距离作为观测值。

最小距离指数是由 Clark 和 Evans(1954) 提出的，用于测定群落中种群空间分布是否服从随机分布。许多人认为将其计算式中个体间最小距离用斑块间最小距离代替时，可在景观生态研究中用于分析景观要素斑块的分布状况(李哈滨等，1992)。

$$NNI = \frac{2}{\sqrt{N_i A}} \times \sum_{j=1}^{N_i} \min(d_{ij}) \quad (i \neq j) \tag{12-47}$$

式中 $\min(d_{ij})$——景观中某类景观要素的第 i 斑块与其最邻近的同类型斑块之间的距离，用两斑块中心点间距离表示；

N_i——景观中某类景观要素的斑块总数。

NNI 的取值范围为 $(0 \sim 2.149)$。当 NNI 趋于 0 时，表明该景观要素为聚集分布；当 NNI 趋于 1 时，表明该景观要素为随机分布；当 NNI 趋于极大值 2.149 时，表明该景观要素趋于均匀分布。

实际应用中，通过计算分析表明，该指标由于受斑块大小的影响，并不能客观反映景观要素的空间分布格局。在各景观要素之间以及同类景观要素的斑块大小差异越大，其可靠性越差，最终被淘汰未用。至于能否被用来描述景观中同类景观要素斑块之间相互联系的密切程度，未见报道。

12.6.2　景观要素空间分布趋势面分析

趋势面分析(trend surface analysis)在植物生态研究中作为一种特殊的排序方法(阳含熙，1981)，用来研究植物群落或种群某一属性在一定范围内的地理分布趋势，又被称为大规模格局分析(张金屯，1995)。通过建立趋势面模型去除局部因素影响，确立群落或种群地理分布受环境因子控制的系统变化趋势。由于环境因子控制作用的复杂性，在地理空间中的分布规律不明确，一般选用多项式作为趋势面拟合模型。

郭晋平等在对关帝山森林景观的研究中采用了二元中次多项式构造趋势面模型，分析景观中各要素类型空间分布趋势，及其受海拔、坡向和坡度的影响。

$$Z = B_0 + B_1 + \cdots + B_n \tag{12-48}$$

12.6.2.1　模型变量的确定

建立趋势面模型的目的是反映研究地区景观要素在景观范围内沿地理或环境梯度分布的总体趋势，揭示景观要素空间分布的控制因素及机制。为此，确定景观要素生态潜力数量化评分值为拟合模型的趋势值，以南北方向和东西方向地理位置、海拔、坡向和坡度为控制变量，进行趋势面分析。

以样点纵、横坐标和样点所在位置的景观要素生态潜力评分值建立景观要素水平空间分布趋势面模型。一般认为三次多项式已能收到较好的拟合效果(阳含熙，1981)。次数进一步升高，对提高拟合精度效果不明显，由于样点数量大，为解决模型参数估计过程中数值溢出问题而进行数据转换不仅工作量大，而且容易发生数据信息损失。

以东南角为景观范围独立坐标系原点，采用统一网格样点取样法，以样点所在位置景观要素的生态潜力评分值作为观测值，以南北方向线为横轴，以东西方向线为纵轴，以样点离开原点的距离为坐标值，由2 288个样点数据建立地理空间趋势模型。为进一步揭示地形因素对景观要素空间分布的控制作用，分别以样点位置的海拔高度、坡向、坡度为模型变量建立了趋势面模型。为便于分析并建立直观的趋势面立体模型，按水平方向和海拔、坡向、坡度两两分别建模。

12.6.2.2　趋势面模型参数估计

模型参数估计采用最小二乘法。在计算机上通过样点数据库建立正规方程，求解正规方程系数估计模型参数。

设由网格样点法得 N 组样点观测值，X_i，Y_i 和 Z_i。其中 X_i 和 Y_i 为样点空间位置(或地形地势等环境因子值)，Z_i 为样点景观要素生态潜力评分值。则由原始数据矩阵

$$W = \begin{pmatrix} X_1 & X_2 & X_3 & \cdots & X_n \\ Y_1 & Y_2 & Y_3 & \cdots & Y_n \\ Z_1 & Z_2 & Z_3 & \cdots & Z_n \end{pmatrix} \tag{12-49}$$

可进一步计算正规方程全部系数项，计为向量 P 和 G。

$$P = \left(N, \sum X, \sum Y, \sum X^2, \sum XY, \sum Y^2, \sum X^3, \sum X^2Y, \sum XY^2, \right.$$
$$\left. \sum Y^3, \sum X^4, \sum X^3Y, \sum X^2Y^2, \sum XY^3, \sum Y^4\right)$$

$$G = \left(\sum Z_1, \sum XZ, \sum YZ, \sum X^2Z, \sum XYZ, \sum Y^2Z, \sum X^3Z, \sum X^2YZ, \right.$$
$$\left. \sum XY^2Z, \sum Y^3Z, \sum X^4Z, \sum X^3YZ, \sum X^2Y^2Z, \sum XY^3Z, \sum Y^4Z\right)$$

并令:

$$P_1 = \left(1, \sum X, \sum Y, \sum X^2, \sum XY, \sum Y^2, \sum X^3, \sum X^2Y, \sum XY^2, \right.$$
$$\left. \sum Y^3, \sum X^4, \sum X^3Y, \sum X^2Y^2, \sum XY^3, \sum Y^4\right)$$

且二元四次趋势面模型的参数计为向量 B。

$$B = (B_0, B_1, B_2, \cdots, B_{14})$$

则二元四次趋势面模型参数最小二乘估计的正规方程可计为:

$$P^T \cdot P_1 \cdot B^T = G^T \tag{12-50}$$

由式(12-50)可解得 B,代入式(12-48)即得以 X 和 Y 为控制变量,以 Z 为趋势值的二元四次趋势面模型,可用于进一步分析(郭晋平,2001)。

12.6.3 景观要素空间分布格局聚块样方方差分析

聚块样方方差分析(blocked quadrat variance analysis)法来源于群落分析中对种群在群落中的空间分布格局的分析,是一种简单而有效的生态学空间格局分析方法(Greig-Smith,1983),在群落生态学研究中已经发展了多种改进的分析方法。用于景观格局分析,也可以揭示某一景观要素在景观中的空间分布格局特征。

这种方法的取样以样带法比较普遍,聚块是若干样方组成的聚合体,随着聚块所包含的基本样方数目从 1,2,4,8,…呈指数式增长,以聚块为单元的方差也随之改变,通过分析聚块方差随聚块大小的变化,可以了解景观中是否存在同类斑块的聚集分布格局,以及聚集规模和强度等特征。

假定在一样带上连续分布 n 个样方,样方的观测值为 x,随着聚块逐渐的增大,有相应的聚块方差计算方法。

当聚块仅包含 1 个样方时,方差计算公式为:

$$MS(1) = \frac{2k}{n}\sum_{i=1}^{n-2k+1}(x_i - x_{i+1})/2k = \frac{1}{n}\sum_{i=1}^{n-1}(x_i - x_{i+1})^2 \tag{12-51}$$

式中 $MS(1)$——当聚块大小为 1 时的均方差值;

k——聚块所含样方数(这里 $k=1$);

$n/2k$——聚块对总数。

当聚块包含 2 个样方时的方差计算式为:

$$MS(2) = \frac{1}{n}\sum_{i=1}^{n-3}[(x_i + x_{i+1}) - (x_{i+2} + x_{i+3})]^2 \tag{12-52}$$

依此类推,直到聚块所含样方数为 $n/2$ 为止,此时均方差的计算式为:

$$MS\left(\frac{n}{2}\right) = \frac{1}{n}\sum_{i=1}^{1}[(x_i + x_{i+1} + \cdots + x_{i+\frac{n}{2}-1}) - (x_{i+1} + x_{i+2} + \cdots + x_{i+\frac{n}{2}})]^2 \tag{12-53}$$

此时只有一个聚块对，k 的最大可能取值为 $n/2$。

聚块样方方差分析结果一般用方差随聚块大小而变化的二维曲线图表示，其纵坐标为聚块方差，横坐标为聚块所含样方数，或者是聚块所含样方数乘以样方在聚块方向上的长度所得到的聚块长度。如果该变化曲线出现峰值，表明景观上某种景观要素空间分布呈有规律的聚集分布，曲线峰值所对应的聚块长度即为聚集斑块平均直径。如果方差分布曲线没有明显的峰值，表明该景观要素的空间分布没有明显的聚块。峰值的大小可以说明聚集的强度。

12.6.4 景观空间自相关分析

空间自相关分析是用来检验空间变量的取值是否与相邻空间上该变量取值大小有关，如果相关，可以相应地表现为空间正相关和空间负相关。空间自相关分析的数据可以是类型变量、序数变量、数量变量或二元变量。变量在一定空间单元的取值可以是直接观测值，也可以是样本统计值。变量应满足正态分布，并由随机抽样而获得。空间自相关分析一般涉及取样、计算空间自相关系数或建立自相关函数以及显著性检验 3 个步骤（Cliff and Ord, 1981; Goodchild, 1986）。

空间自相关分析的第一步是对所检验的空间单元进行配对和采样。空间单元的分布可以是规则的，也可以是不规则的。所有配对的空间单元对都可以用连线图表示出来。

空间自相关分析的第二步是计算空间自相关系数。这里我们介绍 2 种用于分析数量变量的自相关系数。

一种是 Moran 的 I 系数：

$$I = \frac{n \sum_{i=1}^{n} \sum_{j=1}^{n} W_{ij}(X_i - \overline{X})(X_j - \overline{X})}{\left(\sum_{i=1}^{n} \sum_{j=1}^{n} W_{ij}\right) \sum_{i=1}^{n} \sum_{j=1}^{n} (X_i - X_j)^2} \quad (i \neq j) \tag{12-54}$$

另一种是 Geary 的 C 系数：

$$C = \frac{(n-1) \sum_{i=1}^{n} \sum_{j=1}^{n} W_{ij}(X_i - X_j)^2}{2\left(\sum_{i=1}^{n} \sum_{j=1}^{n} W_{ij}\right) \sum_{i=1}^{n} \sum_{j=1}^{n} (X_i - X_j)^2} \quad (i \neq j) \tag{12-55}$$

式中　X_i，X_j——分别为变量 X 在配对空间单元 i 和 j 上的取值；

$\overline{X}$——变量 X 的平均值；

W_{ij}——相邻权重；

n——空间单元总数。

相邻权重 W_{ij} 的确定最常用的是二元相邻权重，即当空间单元 i 和 j 相连接时 W_{ij} 为 1，否则为 0（实际计算中，可规定如果有 $i=j$，则定义 $W_{ij}=0$）。其他相邻权重有两空间单元的距离，或者两空间单元相连接边界长度。I 系数取值从 $-1 \sim +1$；当 $I=0$ 时表示空间无关；I 取正值时为正相关；I 取负值时为负相关。C 系数取值大于或等于 0，但通常不超过 3；C 取值小于 1 时，代表正相关；C 取值越大于 1 则相关性越小。

空间自相关分析的第三步是进行显著性检验。I 和 C 系数的期望值和方差的计算式如下：

$$E(I) = -1/(n-1)$$
$$Var(I) = \frac{n^2 S_1 - n S_2 + 3 S_0^2}{(n^2 - 1) S_0^2} \tag{12-56}$$

$$E(C) = 1$$
$$Var(C) = \frac{(n-1)(2S_1 + S_2) - 4S_0^2}{2(n-1)S_0^2} \tag{12-57}$$

式中　$E(C)$——期望值；
　　　$Var(C)$——方差。

此外，

$$I = \sum_{i=1}^{n} \sum_{j=1}^{n} W_{ij}$$

$$S_1 = \sum_{i=1}^{n} \sum_{j=1}^{n} (W_{ij} + W_{ji})^2 / 2$$

$$S_2 = \sum_{i=1}^{n} \left(\sum_{j=1}^{n} W_{ij} + \sum_{j=1}^{n} W_{ji} \right)^2$$

其他各项的定义与上面自相关系数计算式中相同。标准正态统计数 z 为：

$$z = [C - E(C)] / Var(C)$$

显著性程度可由比较 z 值与统计表值而确定。

12.6.5　地统计分析

地统计学（geostatistic）是以区域化变量理论（regional variable theory）为基础发展起来的一系列检测、模拟和估计变量在空间上的相关关系和格局的统计方法。区域化随机变量与普通随机变量不同，普通随机变量的取值按某种概率分布而变化，而区域化随机变量则根据其在一个域内的位置取不同的值。区域化随机变量考虑系统属性在所有分离距离上任意两样本间的差异，并将此差异用其方差来表示，具体包括变异矩和相关矩。

(1) 变异矩

变异矩研究和描述随机变量的空间变异性，定义为：

$$g(h) = E\{Z(x) - Z(x+h)^2\}/2 \tag{12-58}$$

式中　$g(h)$——变异矩；
　　　h——两样本间的分离距离；
　　　$Z(x)$，$Z(x+h)$——分别是随机变量 Z 在空间位置 x 和 $x+h$ 上的取值。

由于上式有 1/2 这个因子，$g(h)$ 常被称为半变异矩（semivariogram）。变异矩是分离距离的函数，是随机变量 Z 在分离距离 h 上各样本的变异的量度。变异矩的实际计算公式为：

$$g(h) = \frac{1}{2N(h)} \sum_{i=1}^{N(h)} [Z(x_i) - Z(x_i + h)]^2 \tag{12-59}$$

式中　$N(h)$——在分离距离为 h 时的样本对总数。

其他符号意义同前。

（2）相关矩

相关矩描述随机变量的空间相关性，其数学定义为：

$$r(h) = C(h)/C(0) \tag{12-60}$$

式中　$r(h)$——相关矩；

　　　$C(h)$——自协方差；

　　　$C(0)$——通常所用的方差（即与距离无关）。

$C(h)$ 和 $C(0)$ 的数学定义为：

$$C(h) = E\{[Z(x) - \mu][Z(x+h) - \mu]\} \tag{12-61}$$

$$C(0) = E\{[(Z(x) - \mu)^2]\} \tag{12-62}$$

式中　μ——随机变量 Z 的数学期望，其他各项定义同前。

用来计算相关矩的自协方差和方差的实际计算式为：

$$C(h) = \frac{1}{N(h)} \sum_{i=1}^{N(h)} \{[(Z(x)_i Z(x_i+h)]^2 - \overline{Z}\}^2 \tag{12-63}$$

$$C(0) = \frac{1}{N} \sum_{i=1}^{N} \{[Z(x_i)]^2 - Z\} \tag{12-64}$$

其中，

$$\overline{Z} = \sum_{i=1}^{N} Z(x_i)/N$$

式中　N——景观中随机变量 Z 的样本单元数；

　　　$\overline{Z}$——样本平均数；

　　　其他符号意义同前。

变异矩和相关矩是两个紧密相关的统计数。在理想状态下，它们可以相互转换，即：$g(h) = C(0) - C(h) = C(0)[1 - r(h)]$。

12.7　景观动态模拟预测模型

景观生态学不仅要考虑大空间尺度和空间异质性，而且还要考虑景观格局和过程的相互作用，在景观这个水平上做野外控制实验困难极大，在许多情况下甚至是不可能的。许多实验只能通过计算机模拟，通过建立景观动态模拟模型，可以模拟和分析景观动态过程，揭示景观结构、功能和过程之间的相互关系，在给定参数下模拟系统的结构、功能或过程，通过检查不同参数对系统行为的影响来确定和比较系统在不同条件下的反应，并预测景观的未来变化，为景观管理与规划提供依据。

由于森林景观的复杂性和多因素控制及动态演替等特点，国际景观模型领域尤以森林景观模型的研究最具有挑战性，模型的发展也最多，进展更快。

12.7.1　景观模型概述

景观模型一般分为空间模型（spatial model）和非空间模型（non-spatial model）两类（Baker,1989)。景观空间模型中,景观要素的空间位置和关系是直接的模型参数,空间结构对景观变化的影响得到了直接反映;而在非空间模型中不考虑景观的空间结构。许多人根据邬建国在介绍景观模型时的体系,将景观模型分为零假设模型(null hypothesis model)、景观空间动态模型(spatial dynamic landscape model)、景观个体行为模型(individual based landscape model)和景观过程模型(process based landscape model)四大类。郭晋平等按森林景观静态模型、个体行为模型、林隙动态模型、干扰模型、区域森林变化模型和森林经营规划模型加以介绍(郭晋平等,2002)。但无论如何划分景观模型的类别,都是为了更好地理清景观模型的发展过程和发展趋势,明确模型或建模途径之间的渊源关系,为建模理论和方法的发展和模型的合理应用提供指导。

(1) 零假设模型

零假设模型又称中性模型(neutral model)、随机模型(random model)或基线模型(baseline model)。零假设模型在假定某一特定景观过程不存在的前提条件下建立期望格局,然后将其与实际数据比较,以揭示景观过程与实际格局之间的关系。例如,对经验数据的分析表明某一景观格局可能是某种过程控制的结果,则可以先做假设"过程 A 控制格局 AP",在排除过程 A 的条件下建立模拟模型进行模拟,若格局 AP 在没有过程 A 的情况下仍然出现,说明格局 AP 并不受过程 A 制约,应拒绝假设。显然,零假设模型是一种方法论在建模技术上的体现,也是一种简易和有效地检验科学假说的工具。

渗透模型(percolation model)是中性模型的典型代表。渗透模型以相变物理学中的渗透理论为基础,研究网格上空间随机过程所产生的单元群的位置、形状、大小等性状,尤其是在临界渗透状态下(即 $P > Pc$)的变化情况。渗透模型由 Gardner 及其同事最早应用于景观生态学(Gardner et al. 1987)。景观生态学中的渗透模型是在假定景观格局不存在的条件下(即零假设),利用二维渗透网格来模拟随机景观格局;它可以用来研究火、病虫害和物种在景观中的传播、景观中斑块的聚集性状和空间结构、资源在不同尺度上的可利用性等。渗透模型很有启发性,为景观生态学理论的发展做出了很大的贡献。然而,渗透模型有两个局限性:一是它仅适用于二元景观(即只有两个组分的景观);二是对于给定网格类型,临界渗透概率固定不变(即临界渗透现象何时出现是已知的)。

(2) 景观变化的静态模型

20 世纪 70 年代开始将群落或生态系统演替理论应用于建立植被演替和变化的预测模型,逐步形成了几条重要的建模途径。其中马尔可夫转移模型(Markov transition model)是一条重要的建模途径,对景观模型的发展具有探索和开拓意义。

早在 1968 年,Feller 就将静态马尔可夫模型用于描述基于森林转移观测结果的演替过程。我国也有学者用马尔可夫模型模拟和预测森林群落的变化和景观变化(阳含熙等,1988;肖笃宁等,1990)。静态马尔可夫模型的转移概率矩阵是根据统计学原理确定的,在预测树种随时间的更替和生态系统的组成结构随时间的变化时,转移概率矩阵是不变的,也就是说是静态的。这类模型都建立在几个基本假设前提条件下:①演替是一种随机过程;②从一个阶段到另一个阶段的转移概率仅仅与生态系统的当前状态有关,生态系统的历史因素对演替的作用极小,可以忽略;③转移概率不随时间的变化而变化。该建模方法存在的问题已有许多评述,概括起来主要有:①植物群落和植被景观的演替或变化过程并不是静态的，转移概率可能随时间的变化而变化；②静态马尔可夫模型是典型的初始决定论模型，状态的转移仅取决于当前状态；③静态马尔可夫模型属于非空间模型，转移概率不受相邻关系的影响。许多人曾对此建模途径进行改进和完善，但无论如何，马尔可夫模型属于整体论演替观基础上的描述性模型而不是机理性模型，以不变的和不受景观格局影响的转移概率为核心来模拟和预测景观的动态变化，本质上还属于静态模型。由于景观空间动态的复杂性，决定了景观动态模型的复杂性和多样性，而任何模型都不能包罗万象，每一个模型只能根据其建模目的解决一定的问题。

(3) 景观个体行为模型

景观个体行为模型以生物个体为基本单位，以每一个体的行为及个体间和个体与景观之间的相互作用为模型变量或参数，建立景观整体动态变化模型，通过对个体行为和作用的模拟来体现景观整体结构动态和功能变化。景观个体行为模型的倡导者认为，许多模型的建立都假设景观中的个体行为和作用稳定不变，忽略了个体间相互作用因个体而异，个体对景观的作用因时因地而异，个体的行为更是因时而异这些基本特征，用简单的群体动态公式来预测系统或群落的性质是不可靠的，而景观个体行为模型具有对多尺度的功能、过程和现象的解释能力。它可以在个体水平上模拟个体的生长、繁殖、习性和活动规律等；在群体水平上，它着重于种内竞争、种群大小和年龄结构以及种群在空间的分布；在群落或生态系统水平上，可以模拟种间竞争、种类组成、演替、总生产力、能量流动和物质循环以及系统的稳定性；在景观水平上，它则主要研究资源的空间分布格局、种群对不同空间格局的反应及个体迁移的规律等。总之，景观个体行为模型同时提供个体、种群、生态系统和景观等不同水平上的信息，具有高度的时间和空间尺度协调性要求。

模型中的景观空间结构是以网络形式来表达的。每一个单元的生境类型和性质直接影响动物和植物个体。

(4) 景观过程模型

景观过程模型研究某种生态过程（如干扰或物质扩散）在景观空间中发生、发展和传播。这一类模型主要模拟干扰现象或物质在景观上的扩散速率，景观空间异质性其他因素对扩散的影响，以及不同干扰现象或物质扩散所产生的景观格局的异同。同其他空间模型一样，景观过程模型把景观视为一个网格，而干扰现象或物质在景观上的扩散是在空间单元里逐个进行的。

景观过程模型假定其基本空间单元内部是同质的，而单元之间则可以是异质的。单元所含面积的大小，直接影响模型的精度，单元格面积大，则单元内同质性假设就可能不成立；反之，单元格面积小，则景观所包含的单元数越多，模拟所需的计算时间也就越长。如林火扩散模型和林隙动态过程为基础的景观变化模型都属于景观过程模型。

12.7.2 马尔可夫模型及其应用

建立在马尔可夫无后效假设基础上的马尔可夫模型，在生态学研究的模型化途径中发挥了开拓性作用，在森林生态研究中首先被用来描述森林植物群落的动态演替过程，而且转移概率矩阵的确定方法也不断得到改进。随着景观生态学的发展，马尔可夫模型同样被用于景观空间格局动态过程的模拟和预测，并成为景观动态建模的一条重要途径。马尔可夫模型有效性的关键是转移概率的确定是否合理,介绍这一方法也有助于对其他模型化方法的理解。

12.7.2.1 建模原理

一般认为,以马尔可夫模型为基础发展起来的景观模型都隐含着3点基本假设:第一,景观的变化是一种随机过程而不是确定性过程,即景观要素的转化是一种概率事件,可用转移概率刻画。第二,景观空间格局由一个阶段向另一阶段的转移或转化只依赖于目前的状况而与其先前状况无关。第三,景观要素之间的转移概率保持不变。这正是此类模型建模较方便,参数较易确定,也是模型存在一定局限性的根源。为此,许多学者致力于对转移概率确定方法的改进,千方百计将景观动态变化的机制性因素考虑在转移概率的确定中,使其具有时空动态特征和具有某种机制性。显然,由于许多领域的基础研究尚显不足,要建立基于景观要素个体行为及动态的机制性模型还会遇到困难,马尔可夫模型的应用与发展在景观生态研究中仍将在一定时期发挥作用,对于景观动态的短期预测仍是有效和可行的途径。

马尔可夫模型用转移概率矩阵模拟景观从一种状态向另一种状态转移的动态过程,这种景观动态过程被称为马尔可夫过程。用马尔可夫模型表示为:

$$A(t+1) = A(t)P \tag{12-65}$$

式中 $A(t+1)$——景观在 $t+1$ 时间点的状态,称为期末状态向量,由表示景观组成的全部景观要素属性向量构成;

$A(t)$——景观在 t 时间点的状态,称为期初状态向量;

t——根据研究对象特点确定的时间间隔。

由上式不难推论,n 个时间间隔后的景观状态为:

$$A(t+n) = A(t)P^n$$

当 n 充分大时,即 $n \to \infty$ 时,可以证明:

$$A(\infty) = A(t) \lim_{n \to \infty} P^n$$

满足

$$A(\infty) = A(\infty)P$$

即存在一个特定景观状态 $A(\infty)$ 与期初状态无关而仅取决于转移概率矩阵 P。$A(\infty)$ 即为该转移概率矩阵决定的稳定状态。它表明,景观状态转移附合马尔可夫过程,则无论其初始状态如何,总存在一个由转移概率矩阵唯一确定的稳定状态。

12.7.2.2 建模方法

在 GIS 支持下,转移概率矩阵可通过两个途径构建:

一是采用统一网格样点取样法,在各期景观图层上进行取样,通过对相同样点上景观要素类型之间的变化数据进行整理和统计分析,确定各时期不同景观要素类型之间的样点转移频数,由转移频数计算转移频率,作为景观要素转移概率的估计值。

二是在 GIS 支持下,通过各时期景观要素图层之间的叠加操作,确定不同时期各斑块保持不变的面积和转化为其他类型的斑块面积,计算各景观要素类型之间的转换面积占该类型原有面积的比率作为转移概率的估计值。

由于各时期的斑块数量都很大,叠加过程中产生的微小斑块数量巨大,操作较困难,且不能提高估测精度,远不如增加网格样点的抽样数量更能提高效率。因此,郭晋平等在对山西关帝山森林景观的研究中采用了统一网格样点取样法建立取样数据库,通过对样点数据库中的数据进行样点转换数量的统计分析,即所有样点上前后两个时期景观要素类型的变化,建立转移概率矩阵。

12.7.2.3 模型举例

(1) 模型的建立

郭晋平等在对关帝山森林景观动态变化的模拟预测研究中,借助地理信息系统,采用统一网格样点取样法,在各个时期的景观要素图层上,设置统一网格样点4 576个,在全景观范围内进行取样,取得各个时期各样点景观要素类型观测值,建立相应的数据库,将各期不同景观要素类型之间相互转换的样点频数占该类景观要素总样点数之比作为该类景观要素向各类景观要素转移概率的估计值,并以矩阵形式表示,构成相应期间各类景观要素之间的转移概率矩阵。不同景观要素类型间的转移概率除以相应的期间年数,得异质景观要素类型间的年平均转移概率,不发生类型转移的概率相应增加。

若以 $f_{ij}^{(t)}$ 表示在 t 年间,由 i 景观要素类型转换为 j 景观要素类型的样点频数。$i=j$ 时表示景观要素 i 保持未变的样点频数。则以 $f_{ij}^{(t)}$ 为元素,以行表示期初景观要素类型,以列表示期末景观要素类型,排成矩阵形式,可构成 t 期间各景观要素类型间的转移样点频数矩阵。

$$F^{(t)} = (f_{ij}^{(t)})_{m \times m} \tag{12-66}$$

式中 m——景观要素分类的类型数。

由 $F^{(t)}$ 矩阵可得:

$$F_i^{(t)} = (\sum_{j=1}^{m} f_{ij}^{(t)}), \; F_j^{(t)} = (\sum_{i=1}^{m} f_{ij}^{(t)}) \tag{12-67}$$

式中 $F_i^{(t)}$——i 类景观要素类型的期初样点总频数;

$F_j^{(t)}$——j 类景观要素类型的期末样点总频数。

进一步,若以 $p_{ij}^{(t)}$ 表示 t 期间,第 i 类景观要素转移为第 j 类景观要素的概率,则由矩阵 $F^{(t)}$ 可得:

$$P^{(t)} = (p_{ij}^{(t)})_{m \times m} \tag{12-68}$$

其中,

$$\begin{cases} p_{ij}^{(t)} = \dfrac{f_{ij}^{(t)}}{t \times f_i^{(t)}} & (i \neq j) \\ p_{ij}^{(t)} = 1 - \sum\limits_{j=1}^{m} p_{ij}^{(t)} & (i = j) \end{cases}$$

根据上述方法,可以获得景观要素空间转移概率矩阵。由于各时期植被恢复和景观要素斑块动态具有不同的特征,各个时期的转移概率矩阵也一定有差别。为说明问题仅举1982—1992年期间的转移概率矩阵(表12-7)。

表12-7 1982—1992年期间景观要素转移概率矩阵

景观要素类型	寒温带针叶林	落叶阔叶林	温带针叶林	人工幼林	疏林	灌丛	草甸	迹地	灌草丛	农田	河流	其他	村庄
寒温带针叶林	.8762	.0394	.0220	.0015	.0136	.0076	.0018	.0304	—	.0030	.0017	.0030	—
落叶阔叶林	.0426	.8302	.0501	.0120	.0169	.0106	.0324	.0015	.0015	.0016	.0001	.0030	—
温带针叶林	.0120	.0150	.9498	.0005	.0106	.0017	.0006	.0038	.0024	.0026	.0008	.0003	—

(续)

景观要素类型	寒温带针叶林	落叶阔叶林	温带针叶林	人工幼林	疏林	灌丛	草甸	迹地	灌草丛	农田	河流	其他	村庄
人工幼林	.0049	.0049	.0325	.9091	.0292	.0146	—	—	.0033	—	.0016	—	—
疏林	.0167	.0164	.0128	.0014	.9329	.0107	.0022	.0010	.0025	—	.0011	.0003	—
灌丛	.0076	.0115	.0055	.0009	.0140	.9473	.0033	.0007	.0050	.0026	.0014	.0001	.0001
草甸	.0130	.0058	.0020	.0036	.0101	.0205	.9344	.0003	.0016	.0075	.0003	.0010	—
迹地	.0071	.0546	.0108	.0079	.0029	.0013	—	.9144	—	.0003	.0008	—	—
灌草丛	.0004	.0004	.0038	—	.0081	.0170	—	—	.9490	.0149	.0009	.0051	.0004
农田	.0031	.0011	.0012	—	.0020	.0074	—	.0001	.0018	.9754	.0068	—	.0011
河流	.0052	.0065	.0062	—	.0021	.0038	.0007	.0007	.0014	.0151	.9576	—	.0007
其他	.0114	—	—	—	.0189	—	.0038	—	.0076	—	—	.9583	—
村庄	—	—	—	—	—	—	—	—	—	—	.0040	.0237	.9724

资料来源：郭晋平《森林景观生态研究》，2001。有删节。

(2) 模型的检验

有了转移概率矩阵，就可以建立模拟和预测模型进行模拟和预测。为此，首先还要对模型的可靠性或模拟精度进行检验。

对模型的检验采用模拟结果与实际值的误差分析方法进行。

设被拟合时点的状态向量为：

$$X = (X_1, X_2, X_3, \cdots, X_m) \quad (12\text{-}69)$$

拟合结果的状态向量为：

$$X' = (X_1', X_2', X_3', \cdots, X_m') \quad (12\text{-}70)$$

则拟合误差率 E 为：

$$E = \sqrt{\sum_{i=1}^{m} \left(\frac{(X_i - X_i')^2}{X_i} \right) \Big/ \sum_{i=1}^{m} X_i} \times 100 \quad (12\text{-}71)$$

拟合效果检验结果列于表 12-8。

表 12-8 转移概率矩阵模型拟合效果分析表

景观要素类型	实际值	模型模拟值	景观要素类型	实际值	模型模拟值
寒温带针叶林	13 024.7	13 581.1	草甸	1 125.1	1 593.4
落叶阔叶林	9 732.5	10 187.7	迹地	2 486.1	2 042.4
温带针叶林	10 100.4	9 913.8	灌草丛	1 452.3	1 211.4
林地	(32 857.7)	(33 682.6)	农田	4 669.9	4 162.2
人工幼林	1 129.4	337.7	河流	1 713.9	1 681.4
疏林	5 064.4	5 212.6	其他	269.6	138.1
灌丛	6 253.1	6 491.6	村庄	178.7	146.6
			拟合误差 E	10.56%	

资料来源：郭晋平《森林景观生态研究》，2001。有删节。

可见模型的模拟效果较好,由此推断其短期预测的误差也是可以接受的,能够用来进行景观动态预测。

(3) 模型的应用——景观动态预测

以景观结构现状值为状态向量,用转移概率矩阵去乘,结果即为转移后的预测值,预测若干年后的结果只要进行若干次矩阵乘法运算即可。该模型分别预测 2010 年的景观组成结构和达到稳定状态时的景观组成结构,预测结果见表 12-9。在此基础上,对采取不同的景观管理模式下景观动态变化的可能结果和趋势进行了进一步分析。

表 12-9 两个动态预测模型预测 2010 年和 2030 年达到稳定状态时的景观结构

景观要素类型	2010 年的景观结构	2030 年的景观结构	景观要素类型	2010 年的景观结构	2030 年的景观结构
寒温带针叶林	14 619.2	14 952.8	草甸	1 387.3	1 308.6
落叶阔叶林	9 678.0	9 544.8	迹地	2 116.0	2 098.4
温带针叶林	12 000.6	12 737.4	灌草丛	1 086.0	1 023.2
林地	(36 297.8)	(37 235.0)	农田	3 540.0	3 298.0
人工幼林	659.5	665.7	河流	1 682.9	1 655.5
疏林	4 613.6	4 474.7	其他	225.9	220.2
灌丛	5 446.2	5 981.1	村庄	144.8	139.6

资料来源:郭晋平《森林景观生态研究》,2001。有删节。

12.8 景观格局分析软件 Fragstats 及其应用

Fragstats 是由美国俄勒冈州立大学森林科学系开发的计算景观指标软件,是目前使用比较广泛的景观格局分析软件。

12.8.1 软件简介

Fragstats 是一个地图空间模式分析程序(McGarigal et al., 2002),可以对用户指定的任何空间现象进行分析(Forman et al., 1986)。Fragstats 能够量化空间边界和景观中的空间斑块结构;用户需提供一个定义和测量景观的合理依据(包括景观的范围和斑块),确定哪个斑块被分类和描绘外形。只有研究的景观镶嵌格局有意义时,从 Fragstats 输出的结果才具有意义(Burrough, 1986)。Fragstats 对景观分析的比例尺没有特别限制,但软件中距离和面积的单位默认为 m 和 hm^2。因此,具有极限的范围或者分辨率的景观可能会产生复杂或者是错误的结果。然而 Fragstats 在 ASCII 格式中输出的数据文件,可以对比例尺的单位作出重新设定或改变。

Fragstats 是由 Microsoft Visual C^{++} 编写,在 Windows 操作环境中应用的独立程序。Fragstats 在 Windows NT 和 2000 操作系统中开发和测试,所以它可以在任何 Windows 操作系统下运行。Fragstats 具有高度的平台依赖性,所以不容易移植到其他平台。Fragstats 软件有两种版本,矢量版本运行在 Arc/Info 环境中,接受 Arc/Info 格式的矢量图层;栅格版本可以接受 Arc/Info、IDRISI、ERDAS 等多种格式的格网数据。两个版本的区别在于：栅格版本可以计算最近距离、邻近指数和蔓延度，而矢量版本不能；另一个区别是对边缘的处理，由于网格化的地图中拼块边缘总是大于实际的边缘，因此栅格版本在计算边缘参数时会产生误差，这种误差取决于网格的分辨率。

Fragstats 软件功能强大，可以计算出 60 多个景观指标。它能为整个景观、斑块类型甚至每个斑块计算一系列指标。在斑块类型和景观尺度上，有些用来度量景观的组成，有些用来度量景观的空间布局。景观的组成和空间布局可以影响生态学过程，这种影响可以由景观的组成或空间布局单独完成，也可以由二者交互实现。因此，弄清每个指标是从哪方面对景观格局进行度量是非常必要的。另外，有些指标是从相似或相同的角度对景观构型进行度量，这些指标是部分或完全缀余的。大多数情况下，这些缀余指标都有较高的相关性。如在景观尺度上，斑块密度（PD）和平均斑块面积（MPS）具有相同的含义，因此它们是完全相关的。在应用时，这些缀余的指标可以任选其一。Fragstats 中之所以把它们都列在其中，是考虑到对于不同的应用操作或使用者，会有不同侧重点和使用偏好。使用者必须对这些缀余指标有深入理解，以便在大多数应用过程中只选择其中 1 个。另外针对某个特定的应用操作，还有一些指标从经验上来说是多余的，对于研究的特定景观来说，对景观构型不同方面的度量也具有统计上的相关性。这种经验上的多余与前面所说的指标缀余并不相同。我们不能从缀余指标中提取更多的信息，却可以通过分析经验性多余指标而获得更多信息。

12.8.2 软件数据格式

Fragstats 软件可接受多种格式的栅格图像，包括 ArcGrid、ASCII、BINARY、ERDAS 和 IDRISI 图像文件，但不接受 Arc/lnfo 矢量覆盖文件。如 Fragstats2.0 版本的输入数据格式有如下要求。

所有的输入栅格必须是被标记为整数的栅格，理论上包括所有的非零类数值（即分配一个整数值给每个单元，这个数值对应其类的斑块数或者斑块类型）。给一个类标记为 0 是允许的，在输入的景观中，Fragstats 会对所有零值的单元重新分配一个新类值，等于 1 加上最大类的值。

这个过程是必需的，一个零背景值的类在移动窗口分析中可能会引起麻烦。因为在输出栅格中一个为零的背景值，不能和计算值为零的尺度区分。另外，景观包含一个边界时，一个值为零的类可能会引起麻烦（位于边界的单元必须是负的整数值）。因此，所有零值的单元被假定在景观内部（即在景观影响范围之内）。由于这些原因，必须避免零值的类在一起。

所有的输入栅格要由单位为 m 的单元组成。ASCII 和 BINARY 等一些输入格式中，这不是问题，因为单元被设定为方形，而且需要在用户绘图界面中输入单元大小。然而，Fragstats 假定其他图像格式（ArcGrid、ERDAS 和 IDRISI）包括定义单元大小的表头信息。因此，所有图像必须有一个尺度文件以确保单元大小在尺度单元中给出。

12.8.3 软件输出文件

对于一个给出的景观镶嵌图（Forman，1995），Fragstats 可计算 3 种尺度：镶嵌图中的每个斑块，镶嵌图中的每个斑块类型和整个景观镶嵌图。Fragstats 计算相邻的矩阵(Fortin，1994)，它们在类别和景观转换尺度标准计算中可以使用。

Fragstats 的输出文件取决于使用者选择的尺度，对应于 3 个尺度标准和相邻矩阵，Fragstats 创建 4 种输出文件。使用者为输出文件提供一个基础名，Fragstats 在基础名后生成后缀 .patch、.class、.land 和 .adj 的 4 种文件。所有创建的文件都是 ASCII 文件和可视文件。这些文件被格式化后容易输入电子数据表和数据库管理。

12.8.4 软件指标简介

许多斑块度量指标，在斑块类型和景观尺度上都有相应的指标与之对应。如许多对斑块类型进行度量的指标，在对某一斑块进行度量时有相应的指标与之对应，度量斑块类型的平均形状指数(SHAPE—MN)和度量某一单独斑块的斑块形状指数(SHAPE)就是如此。与此类似，许多景观尺度上的度量指标都来自于斑块和斑块类型的特征。所以，许多斑块类型(景观尺度)指标都是由斑块(斑块类型)尺度上指标的平均值或者总和计算得来。因此有些斑块类型或景观尺度上的指标基本含义相同，只是算法上稍有差异。斑块类型指标代表景观中某一类斑块空间布局特征和模式，而景观尺度上的指标代表整个景观镶嵌体的空间布局模式，它同时考虑了景观中的所有斑块。然而，尽管在斑块类型和景观尺度上有许多指标相互对应，它们的含义却不尽相同。绝大多数对斑块类型进行度量的指标都是用来度量某一斑块类型的空间布局特征，可以看作是"破碎性指标"；绝大多数对整个景观进行度量的指标都是用来对整个景观格局进行度量，可以看作是"混杂性指标"。因此，对每个指标的理解都应该结合不同的尺度。

Fragstats 可以计算许多指标，这些指标可以按其所测度的景观格局的不同方面划分为 8 类：面积/密度/边缘指标、形状指标、核心面积指标、独立/临近指标、对比度指标、蔓延度/离散度指标、连通性指标、多样性指标。这八类指标内部又分别可以按指标所测度的尺度，划分为斑块尺度、斑块类型尺度和景观尺度 3 个层次。

12.8.5 软件菜单及操作简介

12.8.5.1 软件开始窗口

开始窗口中的标题栏是当前或者运行的文件名称，参数文件包括当前的参数系统。

(1) File 菜单

下拉菜单包括新建(New)文件、打开(Open)一个已经存在的参数文件、保存(Save)当前文件、将当前文件另存为(Save As)指定的路径和文件名称、退出(Exit)系统等选项。

(2) Fragstats 菜单

包括设置运行参数(Set Run Parameter)、选择斑块水平指标(Select Patch Metrics)、选择类型水平指标(Select Class Metrics)、选择景观水平指标(Select Land Metrics)、清除所有(Clear All Menus)、执行 Fragstats(Execute)。

(3) Tools 工具栏

包括批处理文件编辑(Batch file editor)、类属性(Class properties)、浏览结果(Browse result)、清除记录(Clear log)、保存记录(Save log)。

(4) Help 菜单

包括帮助内容(Help content)、关于 Fragstats(About Fragstats)。

12.8.5.2 设定运行参数

打开 Fragstats 的界面后,首先要设置运行参数(Set Run Parameter)。通过选择下拉菜单设置运行参数选项,显示设置运行参数对话框。对话框包括除了指数选择以外运行 Fragstats 所需的全部参数。可以定义输出栅格或批处理文件,指定输出数据类型,选择分析类型,选择输出斑块 ID 码,选择斑块距离的相邻法则,指定类属性文件,选择计算的指数水平。它包括了大部分命令行的信息。即使部分参数有逻辑频率,参数设定的指定顺序并不重要。点击 OK 保存参数。

12.8.5.3 选择和限定斑块、类和景观指标

选择和限定斑块、类、景观指标,即选择斑块水平指标(Select Patch Metrics)、选择类型水平指标(Select Class Metrics)、选择景观水平指标(Select Land Metrics),这些选项只有在运行参数对话框中选择所有的指标选项下才可用。在 Fragstats 下拉菜单中选择斑块指标选项,将斑块指数对话框打开,通过选择类选项和景观选项,相应的对话框也会出现。每一个对话框都包括一系列的活动页,每个又都代表一组相关的指标。

指标的选择是直接的,在每个活动页中利用选择按钮选择希望的独立指标,或者使用全选按钮选择所有。如果选择了所有指标,功能键将变为清除所有,这时选择该键将会取消所有的指标。

在计算之前,需要用户为像素的数目提供独立的附加参数。在许多情况下,这可以简单地从提供的选项中选择,有时需要在数值框中输入一个数值。其他情况涉及需要设定一个独立用户提供的文件。

12.8.5.4 批处理文件的运行

如果要分析一个独立的景观,在运行参数对话框中选择景观模式作为输入文件类型,并且跳过这一步。但是,若想分析许多文件,在运行参数对话框中选择批处理文件模式。如果选择了批处理模式,必须指定一个合适的格式文件。点击批处理文件名按钮,并选择合适的文件。注意,Fragstats 使用的批处理文件类型为 .fbt,指定文件时将依据此类型寻找文件。根据选取类型以记事本形式输入景观记录,保存后,将其扩展名改为 .fbt。分界 ASOI 文件,每一行指定输入景观文件名、单元大小、背景值、行数、列数和输入数据类型。

12.8.5.5 运行 Fragstats

通过选择 Fragstats 开始菜单下拉列表中的执行选项运行 Fragstats,或者直接按动按钮。执行完毕后信息会显示程序运行完成。注意在状态栏中的过程显示图标表明正在运行的过程。对于独立的输入景观类型,显示绿色选择条。对于一组输入文件,表明正在运行的记录数目。

12.8.5.6 浏览和保存结果

浏览输出的结果,可保存到文件夹中。浏览对话框中的要求,保存前要快速检查和评价分析结果,可以节省从独立编辑器中打开结果的时间,也可以直接点击自动保存按钮。

复习思考题

1. 为什么数量化研究方法在景观生态研究中具有特别重要的意义？
2. 景观生态数量化研究中常用的方法和指标有哪些类型？
3. 景观生态研究的数据有哪些类型？如何收集这些数据？
4. 景观生态研究中景观要素分类应遵循和满足哪些原则和要求？
5. 你认为景观格局分析研究中有哪些有效的空间取样方法？如何实施？
6. 景观空间格局分析中，景观要素空间分布有哪些理论模型？
7. 如何进行景观要素空间分布趋势面分析，工作步骤如何？如何阐述分析结果？
8. 反映景观要素斑块特征的指标有哪些？如何进行分析？
9. 分析景观异质性可以从哪些方面进行？如何理解这些分析指标的生态学意义？
10. 如何分析景观要素之间的空间关系？如何理解这些分析指标的生态学意义？
11. 分析景观要素空间分布格局有哪些方法？各自的特点和适用性如何？
12. 景观生态模型有哪些类型？各有什么特点？在景观生态研究中的意义如何？
13. 景观格局分析有哪些软件？

本章推荐阅读书目

1. 傅伯杰，陈利顶，马克明等. 景观生态学原理及应用. 科学出版社，2001
2. 郭晋平，肖扬. 森林景观模型研究进展. 植物科学进展. 2002，(4)：255-270.
3. 郭晋平. 森林景观生态研究. 北京大学出版社，2001.
4. 李哈滨，伍业钢. 景观生态学的数量研究方法. 见：刘建国主编. 当代生态学博论. 中国科学技术出版社，1992. 209-234.
5. 牛文元. 生态学报. 生态系统的空间分布. 1984，4(4)：299-309.
6. 肖笃宁. 景观生态学：理论、方法及应用. 中国林业出版社，1991.
7. 阳含熙，潘愉德，伍业钢. 长白山阔叶红松林马氏链模型. 生态学报，1988，8(3)：211-219.
8. 张金屯. 植被数量生态学方法. 中国科学出版社，1995.
9. 郑师章，吴千红等. 普遍生态学——原理、方法和应用. 复旦大学出版社，1994.
10. 郑新奇，付梅臣. 景观格局空间分析技术及其应用. 科学出版社，2010.
11. Cliff A D and Ord J K. Spatial Processes: Models and Applications. Pion Limited, 1981.
12. Goodchild M F. Spatial Autocorrelation. Geo Book, 1986.
13. Greig-Smith P. Quanlitative plant Ecology (3rd ed). Blackwell Scientific Publications, 1983.
14. Griffith D A. Advances spatial statistics: Special topics in the exploration of quantitative spatial data series. Kluwer Academic Publishers, 1988.
15. Legendre P Fortin M-J. Spatial pattern and ecological analysis. Vegetatio, 1989, 80:

107-138.

16. Legendre P. Spatial autocorrelation: Trouble or new paradigm? Ecology, 1993, 74: 1659-1673.

17. Pielou E C. Introduction to mathematical ecology. Wiley Interscience, 1969.

18. Turner M G, Gardner R H. Quantitative Methods in Landscape Ecology. Springer-verlag, 1991.

19. Gardner R H *et al*. Neutral models for the analysis of broad scale landscape patterns, Landscape Ecology, 1987, 1: 19-27.

参考文献

安国柱，2013. 长白山生态旅游开发及营销推广研究[D]. 长春：吉林大学.

布仁仓，王宪礼，肖笃宁，1999. 黄河三角洲景观组分判定与景观破碎化分析[J]. 应用生态学报，10(3)：321-324.

曾辉，姜传明，2000. 深圳市龙华地区快速城市化过程中的景观结构研究[J]. 生态学报，20(3)：378-383.

曾辉，邵楠，郭庆华，1999. 珠江三角洲东部常平地区景观异质性研究[J]. 地理学报，21(3)：1542-1550.

常禹，布仁仓，2001. 地理信息系统与基于个体的空间直观景观模型[J]. 生态学杂志，20(2)：61-65.

潮洛蒙，俞孔坚，2003. 城市湿地的合理开发与利用对策[J]. 规划师，19(7)：75-77.

陈芳，周志翔，肖荣波，等，2013. 城市工业区绿地生态服务功能的计量评价——以武汉钢铁公司厂区绿地为例[J]. 生态学报，26(7)：2229-2236.

陈利顶，傅伯杰，1996. 黄河三角洲地区人类活动对景观结构的影响分析[J]. 生态学报，16(4)：337-344.

陈利顶，傅伯杰，徐建英，等，2003. 基于"源、汇"生态过程的景观格局识别方法[J]. 生态学报，23(11)：2406-2413.

陈利顶，傅伯杰，张淑荣，等，2002. 异质景观中非点源污染动态变化比较研究[J]. 生态学报，22(6)：808-816.

陈利顶，傅伯杰，张淑荣，等，2003. 于桥水库流域地表水中水溶性氮季节变化特征[J]. 中国环境科学，23(2)：210-214.

陈利顶，傅伯杰，赵文武，2006. "源""汇"景观理论及其生态学意义[J]. 生态学报，26(5)：1444-1449.

陈利顶，李秀珍，傅伯杰，等，2014. 中国景观生态学发展历程与未来研究重点[J]. 生态学报，34(12)：3129-3141.

陈莹，王旭东，王鹏飞，2011. 关于中国乡村景观研究现状的分析与思考[J]. 中国农学通报，27(10)：297-300.

陈玉福，董鸣，2001. 毛乌素沙地景观的植被与土壤特征空间格局及其相关分析[J]. 植物生态学报，25(3)：265-269.

程国栋，肖笃宁，王根绪，1999. 论干旱区景观生态特征与景观生态建设[J]. 地球科学进展，14(1)：11-15.

慈龙骏，1994. 全球变化对我国荒漠化的影响[J]. 自然资源学报，9(4)：289-303.

邓红兵，王青春，王庆礼，等，2001. 河岸植被缓冲带与河岸带管理[J]. 应用生态学报，12(6)：951-954.

丁丽娜，2010. 城市景观格局梯度分析——以苏锡常为例[D]. 南京：南京农业大学.

丁一汇，2008. 人类活动与全球气候变化及其对水资源的影响[J]. 中国水利(2)：20-27.

董锁成,陶澍,杨旺舟,等,2010.气候变化对中国沿海地区城市群的影响[J].气候变化研究进展,6(4):284-289.

董哲仁,孙东亚,赵进勇,等,2010.河流生态系统结构功能整体性概念模型[J].水科学进展,21(4):550-559.

范瑛,吴丹,张冰琦,等,2014.北京地区自然和人文旅游热点问题研究进展[J].北京师范大学学报(自然科学版),50(2):183-188

房艳刚,刘继生,2012.理想类型叙事视角下的乡村景观变迁与优化策略[J],地理学报,67(10):1399-1410.

傅伯杰,陈利顶,1996.景观多样性的类型及其生态意义[J].地理学报,51(5):454-462.

傅伯杰,1995.黄土区农业景观空间格局分析[J].生态学报,15(2):113-120.

傅伯杰,陈利顶,马克明,等,2011.景观生态学原理及应用[M].2版.北京:科学出版社.

古炎坤,2005.生态资源可持续发展理论与实践——广州市白云山国家重点风景名胜区[M].北京:中国林业出版社.

顾朝林,陈田,丁金宏,等,1993.中国大城市边缘区特性研究[J].地理学报,48(4):317-328.

郭达志,方涛,杜培军,等,2003.论复杂系统研究的等级结构与尺度推绎[J].中国矿业大学学报,32(3):213-217.

郭海英,赵建萍,索安宁,等,2006.陇东黄土高原农业物候对全球气候变化的响应[J].自然资源学报,21(4):608-614.

郭晋平,肖扬,2002.森林景观模型研究进展[J].植物科学进展(4):255-270.

郭晋平,薛俊杰,李志强,等,2000.森林景观恢复过程中景观要素斑块规模的动态分析[J].生态学报,20(2):218-223.

郭晋平,阳含熙,张芸香,1999.关帝山林区景观要素空间分布及其动态研究[J].生态学报,19(4):468-473.

郭晋平,张芸香,薛俊杰,1999.关帝山林区景观要素空间关联度与景观格局分析[J].林业科学,35(5):28-33.

郭晋平,2001.森林景观生态研究[M].北京:北京大学出版社.

郭志华,臧润国,蒋有绪,2002.生物多样性的形成、维持机制及其宏观研究方法[J].林业科学,38(6):116-124.

中华人民共和国建设部,1999.风景名胜区规划规范:GB 50298—1999[S].北京:中国建筑工业出版社.

国家气候变化对策协调小组办公室,中国21世纪议程管理中心,2004.全球气候变化——人类面临的挑战[M].北京:商务印书馆.

韩海荣,2002.森林资源与环境导论[M].北京:中国林业出版社.

韩兴国,1994.生物多样性研究的原理与方法[M].北京:中国科学技术出版社.

郝鸥,陈伯超,谢占宇,2013.景观规划设计原理[M].武汉:华中科技大学出版社.

黄真理,傅伯杰,杨志峰,1998.21世纪长江大型水利工程中的生态与环境保护[M].北京:中国环境科学出版社.

贾宝全，杨洁泉，2000. 景观生态规划：概念、内容、原则与模型[J]. 干旱区研究，17(2)：70-77.

姜世中，2010. 气象学与气候学[M]. 北京：科学出版社.

蒋志刚，马克平，韩兴国，1997. 保护生物学[M]. 杭州：浙江科学技术出版社.

金明仕，2005. 森林生态学[M]. 曹福亮，译. 北京：中国林业出版社.

景贵和，1986. 土地生态评价与土地生态设计[J]. 地理学报，41(1)：1-6.

孔繁花，尹海伟，2008，济南城市绿地生态网络构建[J]. 生态学报，28(4)：1711-1719

况平，1994. 景观生态规划[J]. 四川建筑，14(2)：21-24.

冷传明，焦士兴，2003. 小流域景观生态规划[J]. 岱宗学刊，7(1)：39-41.

李哈滨，伍业钢，1992. 景观生态学的数量研究方法[C]. 当代生态学博论. 北京：中国科学技术出版社.

李俊祥，宋永昌，2003. 浙江天童国家森林公园景观的遥感分类与制图[J]. 生态学杂志，22(4)：102-105.

李敏，2002. 自然保护区生态旅游景观规划研究——以目平湖湿地自然保护区为例[J]. 旅游学刊(5)：62-65.

李团胜，程水英，曹明明，2002. 西安市环城绿化带的景观生态效应[J]. 水土保持通报，22(4)：20-23.

李团胜，石玉琼，2009. 景观生态学[M]. 北京：化学工业出版社.

李晓文，胡远满，肖笃宁，1999. 景观生态学与生物多样性保护[J]. 生态学报，19(3)：472-478.

纳维，2010. 景观与恢复生态学——跨学科的挑战[M]. 李秀珍，译. 北京：高等教育出版社.

李振鹏，刘黎明，张虹波，等，2004. 景观生态分类的研究现状及其发展趋势[J]. 生态学杂志，23(4)：150-156.

李忠魁，洛桑桑旦，2008. 西藏湿地资源价值损失评估[J]. 湿地科学与管理，4(3)：24-29.

梁成华，2002. 地质与地貌学[M]. 北京：中国农业出版社.

林煜，2009. 区域文化旅游主题筛选评价及其实证研究[D]. 福州：福建师范大学.

刘滨谊，张琰轶，2003. 景观规划设计中的城市湖泊保护[J]. 中国园林(5)：63-64.

刘滨谊，王云才，2002. 论中国乡村景观评价的理论基础与指标体系[J]. 中国园林(5)：76-79.

刘滨谊，2010. 现代景观规划设计[M]. 南京：东南大学出版社.

刘红玉，李玉凤，曹晓，等，2009，我国湿地景观研究现状存在的问题与发展方向[J]. 地理学报，64(11)：1394-1401.

刘建国，1992. 当代生态学博论[C]. 北京：中国科学技术出版社.

刘黎明，曾磊，郭文华，2001. 北京市近郊区乡村景观规划方法初探[J]. 农村生态环境，17(3)：55-58.

刘林德，高玉葆，2002. 论中国北方农牧交错带的生态环境建设与系统功能整合[J]. 地球科学进展，17(2)：174-181.

刘茂松, 张明娟, 2004. 景观生态学——原理与方法[M]. 北京: 化学工业出版社.

刘南威, 2001. 自然地理学[M]. 北京: 科学出版社.

刘世荣, 郭泉水, 王兵, 1998. 中国森林生产力对气候变化响应的预测研究[J]. 生态学报, 18(5): 478-483.

刘文海, 2012. 世界旅游业的发展现状趋势及启迪[J]. 中国市场(33): 62-65.

刘艳红, 郭晋平, 2009. 基于植被指数的太原市绿地景观格局及其热环境效应[J]. 地理科学进展(5): 798-804.

马建章, 1992. 自然保护区学[M]. 哈尔滨: 东北林业大学出版社.

马世骏, 1990. 中国生态学发展战略研究[M]. 北京: 中国经济出版社.

麦金托什, 1992. 生态学概念和理论的发展[M]. 徐嵩龄, 译. 北京: 中国科学技术出版.

毛齐正, 罗上华, 马克明, 等, 2012. 城市绿地生态评价研究进展[J]. 生态学报, 32(17): 5589-5600.

缪坤裕, 陈桂株, 黄玉山, 1999. 人工污水中的磷在模拟秋茄湿地系统中的分配与循环[J]. 生态学报, 19(2): 236-241.

牛文元, 1984. 生态系统的空间分布[J]. 生态学报, 4(4): 299-309.

欧阳志云, 王如松, 赵景柱, 1999. 生态系统服务功能及其生态经济价值评价[J]. 应用生态学报, 10(5): 635-640.

皮洛, 1978. 数学生态引论[M]. 卢泽愚, 译. 北京: 科学出版社.

齐童, 王亚娟, 王卫华, 2013. 国际视觉景观研究评述[J]. 地理科学进展, 32(6): 975-979.

祁元, 王一谋, 王建华, 2002. 农牧交错带西段景观结构和空间异质性分析[J]. 生态学报, 22(11): 2006-2014.

钱宗旗, 2011. 俄罗斯北极开发国家政策剖析[J]. 世界经济与政治论坛(5): 78-91.

任继周, 梁天刚, 林慧龙, 2011. 草地对全球气候变化的响应及其碳汇潜势研究[J]. 草业学报, 20(2): 1-22.

任婉侠, 耿涌, 薛冰, 2011. 沈阳市生活垃圾排放现状及产生量预测[J]. 环境科学与技术, 34(9): 105-110.

邵天一, 周志翔, 王鹏程, 等, 2004. 宜昌城区绿地景观格局与大气污染的关系[J]. 应用生态学报, 15(4): 691-696.

沈清基, 1998. 城市生态与城市环境[M]. 上海: 同济大学出版社.

盛连喜, 2002. 环境生态学导论[M]. 北京: 高等教育出版社.

斯特拉勒A N, 斯特拉勒A H, 1983. 现代自然地理学[M]. 翻译组, 译. 北京: 科学出版社.

王成, 徐化成, 郑均宝, 1999. 河谷土地利用格局与洪水干扰的关系[J]. 地理研究, 18(3): 327-335.

王根绪, 程国栋, 2000. 干旱荒漠绿洲景观空间格局及其受水资源条件的影响分析[J]. 生态学报, 20(3): 363-368.

王国平, 刘景双, 2012. 湿地生物地球化学研究概述[J]. 水土保持学报, 16(4): 144-148.

王浩, 汪辉, 李崇富, 等, 2003. 城市绿地景观体系规划初探[J]. 南京林业大学学报(社科版),3(2):69-73.

王军,傅伯杰,陈利顶,1999. 景观生态规划的原理和方法[J]. 资源科学,21(2):71-76.

王克林,1998. 洞庭湖湿地景观结构与生态工程模式研究[J],生态经济(5):1-4.

王宪礼,肖笃宁,布仁仓,等,1997. 辽河三角洲湿地的景观格局分析[J]. 生态学报,17(3):317-323.

王云才,刘滨谊,2003. 论中国乡村景观及乡村景观规划[J]. 中国园林(1):55-58.

邬建国,2007. 景观生态学——格局、过程、尺度与等级[M]. 2版. 北京:高等教育出版社.

吴秀芹,蒙吉军,2004. 基于NOAA/AVHRR影像和地理空间数据的中国东北区景观分类[J]. 资源科学,26(4):133-139.

伍光和,王乃昂,胡双熙,等,2008. 自然地理学[M]. 北京:高等教育出版社.

奚雪松,俞孔坚,胡佳文,等,2008. 从Landscape and Urban Planning 20年来的论文看国际景观规划研究动态[J]. 北京大学学报(自然科学版),44(4):651-660.

肖笃宁,布仁仓,李秀珍,1999. 生态空间理论与景观异质性[J]. 生态学报,17(5):453-461.

肖笃宁,高峻,2001. 农村景观规划与生态建设[J]. 农村生态环境,17(4):48-51.

肖笃宁,李秀珍,高峻,等,2010. 景观生态学[M]. 2版. 北京:科学出版社.

肖笃宁,石铁矛,阎宏伟,1998. 景观规划的特点与一般原则[J]. 世界地理研究,7(1):90-97.

肖笃宁,钟林生,1998. 景观分类与评价的生态原则[J]. 应用生态学报,9(2):217-221.

肖笃宁,1991. 景观生态学:理论、方法及应用[M]. 北京:中国林业出版社.

肖笃宁,1999. 景观生态学研究进展[M]. 长沙:湖南科学技术出版社.

肖建武,康文星,尹少华,等,2011. 广州市城市森林生态系统服务功能价值评估[J]. 中国农学通报,27(31):27-35.

谢凝高,2010. 风景名胜遗产学要义[J]. 中国园林(10):26-28.

谢霞,杨国靖,王增如,等,2010. 疏勒河上游山区不同海拔梯度的景观格局变化[J]. 生态学杂志,29(7):1420-1426.

徐化成,1996. 景观生态学[M]. 北京:中国林业出版社.

徐化成,1998. 中国大兴安岭森林[M]. 北京:科学出版社.

徐岚,1991. 景观网络结构的几个问题[A]. 肖笃宁主编. 景观生态学——理论方法及应用[C]. 北京:中国林业出版社

阳含熙,潘愉德,伍业钢,1988. 长白山阔叶红松林马氏链模型[J]. 生态学报,8(3):211-219.

杨赉丽,1995. 城市园林绿地规划[M]. 北京:中国林业出版社,

杨玉坡,等,1993. 长江上游(川江)防护林研究[M]. 北京:科学出版社.

余晓新,牛健植,关文彬,等,2006. 景观生态学[M]. 北京:高等教育出版社.

俞孔坚,李迪华,段铁武,1998. 生物多样性保护的景观规划途径[J]. 生物多样性,6

(3): 205-212.

俞孔坚, 李海龙, 李迪华, 等, 2009. 国土尺度生态安全格局[J]. 生态学报, 29(10): 5163-5175.

俞孔坚, 1998. 景观: 文化、生态与感知[M]. 北京: 科学出版社.

臧润国, 刘静艳, 董大方, 1999. 林隙动态森林生物多样性[M]. 北京: 中国林业出版社.

张金屯, 1995. 植被数量生态学方法[M]. 北京: 中国科学技术出版社.

张晋石, 2009. 乡村景观对西方现代风景园林的影响及启示[J]. 中国园林(2): 83-89.

张荣祖, 李炳元, 张豪禧, 等, 2012. 中国自然保护区区划系统研究[M]. 北京: 中国环境科学出版社.

张新时, 周广胜, 高琼, 等, 1997. 中国全球变化与陆地生态系统关系研究[J]. 地学前缘, 4(1/2): 137-144.

章家恩, 徐琪, 1997, 生态退化研究的基本内容与框架[J]. 水土保持通报, 17(6): 46-53.

赵慧宇, 赵军, 2011. 城市景观规划设计[M]. 北京: 中国建筑工业出版社.

赵文武, 傅伯杰, 陈利顶, 2002. 尺度推绎研究中的几点基本问题[J]. 地球科学进展, 17(6): 905-911.

赵羿, 李月辉, 2001. 实用景观生态学[M]. 北京: 科学出版社.

郑师章, 吴千红, 王海波, 等, 1994. 普通生态学——原理、方法和应用[M]. 上海: 复旦大学出版社.

郑新奇, 付梅臣, 2010. 景观格局空间分析技术及其应用[M] 北京: 科学出版社.

钟祥浩, 何毓成, 等, 1992. 长江上游环境特征与防护林体系建设[M]. 北京: 科学出版社.

朱建华, 侯振宏, 张治军, 等, 2007. 气候变化与森林生态系统: 影响、脆弱性与适应性[J]. 林业科学, 43(11): 138-145.

左建, 2007. 地质地貌学[M]. 北京: 中国水利水电出版社.

Awal M A, Ohta T, Matsumoto K, et al., 2010, Comparing the carbon sequestration capacity of temperate deciduous forests between urban and rural landscapes in central Japan[J]. Urban Forestry & Urban Greening, 9: 261-270.

Brack C L, 2002. Pollution mitigation and carbon sequestration by an urban forest[J]. Environmental pollution, 117(S1): 195-200.

Burgess R L and Sharpe D M, 1981. Forest island dynamics in man-dominated landscapes[M]. New York: Springer-Verlag.

Cliff A D, Ord J K, 1981. Spatial processes: models and applications [M]. London: Pion Limited.

Costanza R, 1997. The value of the world's ecosystems services and natural capital[J]. Nature, 387: 253-260.

Farina A, 1997. Principles and method in landscape ecology [M]. London: Chapman & Hall.

Forman R T T, Godron M, 1986. Landscape ecology[M]. New York: John Wiley and Sons.

Forman R T T, 1995. Landscape mosaics: The ecology of landscape and region[M]. New York: Cambridge University Press.

Forman R T T, Godron M, 1990. 景观生态学[M]. 肖笃宁, 等译. 北京: 科学出版社.

Gardner R H, et al., 1987. Neutral models for the analysis of broad scale landscape patterns [J]. Landscape Ecology, 1: 19 – 27.

Goodchild M F, 1986. Spatial autocorrelation[M]. Norwich: Geo Book.

Greig – smith P, 1983. Quanlitative plant ecology[M]. 3rd ed. Oxford: Blackwell Scientific Publications.

Griffith D A, 1988. Advances spatial statistics: Special topics in the exploration of quantitative spatial data series[M]. Dordrecht: Kluwer Academic Publishers.

Hansen A J, Castri F Di, 1992. Landscape boundaries: Consequences for biotic diversity and ecological flows[M]. New York: Springer-Verlag.

Legendre P, Fortin M J, 1989. Spatial pattern and ecological analysis[J]. Vegetatio, 80: 107 – 138.

Legendre P, 1993. Spatial autocorrelation: Trouble or new paradigm[J]. Ecology, 74: 1659 – 1673.

Lowe J C, Moryadas S, 1975. The geography of movement[M]. Boston: Houghton Mifflin.

McIntosh R P, 1985. The background of ecology: Theories and concept[M]. London: Cambridge University Press.

Molles M C, 2000. Ecology: Concept and application[M]. Beijing: Science Press.

Naiman R J, Decamps H, McClain M E, 2005. Riparian: Eology, conservation, and management of streamside communities[M]. Amsterdam: Elsevier Academic Press.

Naveh Z and Lieberman A S, 1994. Landscape ecology: Theory and application[M]. 2nd ed. New York: Springer-Verlag.

Nicholson S E, 1989. Long-term changes in African rainfall[J]. Weather, 44: 46 – 56.

Nowak D J, Crane D E, 2002. Carbon storage and sequestration by urban trees in the USA[J]. Environmental Pollution, 116(3): 381 – 389.

Pielou E C, 1969. Introduction to mathematical ecology[M]. New York: Wiley Interscience.

Stafford-Smith D M, Morton S R, 1990. A framework for the ecology of arid Australia[J]. Journal of Arid Environments, 18: 255 – 278.

Turner M G, Gadner R H, 1991. Quantitative methods in landscape ecology[M]. New York: Springer – Verlag.

Turner M G, 1987. Landscape heterogeneity and disturbance[M]. New York: Springer-Verlag.

Zonneveld I S, Forman R T T, 1990. Chanding landscape: An ecological perspective[M]. New York: Springer – Verlag.